大数据与人工智能技术丛书

# 数据结构

（Python语言描述） 第2版·微课视频版

张玉华 吕强 主 编
朱晓旭 副主编

清华大学出版社
北京

## 内容简介

本书系统介绍了数据结构和算法的核心理论，利用 Python 语言对数据结构进行存储表示及操作实现。全书共 12 章内容。其中，第 1 章概括介绍 Python 语言的基础知识、面向对象编程方法及常用模块等内容；第 2 章介绍数据结构和算法的概念以及算法分析的目的和方法；第 3～5 章及第 7～10 章系统介绍线性表、栈、队列、树、二叉树、图等常见数据结构，详细介绍各种数据结构的基本概念、特点、存储表示以及基本操作的算法实现，对每种数据结构给出多个应用实例；第 6 章介绍递归以及相关的常见算法设计模式；第 11 章和第 12 章分别介绍计算机中最常见的查找、排序操作的实现技术，并简单介绍 Python 语言中字典下的查找和 TimSort 排序。

本书为"十三五"江苏省高等学校重点教材。全书内容丰富、结构合理、层次清晰、重点突出、讲解透彻、图文并茂，可作为高等院校计算机及相关专业"数据结构"课程的教材，也可供从事计算机软件开发和应用的工程技术人员阅读参考。

版权所有，侵权必究。举报：010-62782989，beiqinquan@tup.tsinghua.edu.cn。

**图书在版编目（CIP）数据**

数据结构：Python 语言描述：微课视频版/张玉华，吕强主编. -- 2 版. -- 北京：清华大学出版社，2025.5. -- （大数据与人工智能技术丛书）. -- ISBN 978-7-302-69161-7

Ⅰ. TP312.8

中国国家版本馆 CIP 数据核字第 20258T6B48 号

策划编辑：魏江江
责任编辑：王冰飞
封面设计：刘　键
责任校对：李建庄
责任印制：宋　林

出版发行：清华大学出版社

网　　址：https://www.tup.com.cn，https://www.wqxuetang.com
地　　址：北京清华大学学研大厦 A 座　　邮　编：100084
社 总 机：010-83470000　　邮　购：010-62786544
投稿与读者服务：010-62776969，c-service@tup.tsinghua.edu.cn
质量反馈：010-62772015，zhiliang@tup.tsinghua.edu.cn
课件下载：https://www.tup.com.cn，010-83470236

印 装 者：北京鑫海金澳胶印有限公司
经　　销：全国新华书店
开　　本：185mm×260mm　　印　张：25.5　　字　数：592 千字
版　　次：2020 年 11 月第 1 版　　2025 年 6 月第 2 版　　印　次：2025 年 6 月第 1 次印刷
印　　数：5301～6800
定　　价：69.80 元

产品编号：106724-01

# 前言

党的二十大报告指出:教育、科技、人才是全面建设社会主义现代化国家的基础性、战略性支撑。必须坚持科技是第一生产力、人才是第一资源、创新是第一动力,深入实施科教兴国战略、人才强国战略、创新驱动发展战略,开辟发展新领域新赛道,不断塑造发展新动能新优势。高等教育与经济社会发展紧密相连,对促进就业创业、助力经济社会发展、增进人民福祉具有重要意义。

信息社会让计算无所不在。所谓计算思维,是指用计算机解决现实世界问题的思考框架。计算思维首先把现实世界的目标问题用计算机能够加工处理的数据对象描述。这些基本数据对象及其相关加工方法就是"数据结构"课程的主要内容。本课程是计算机科学及相关专业的专业基础课,同时也适用于其他与信息技术相关的从业人员。

数据对象的相关加工方法需要用计算机程序语言表达。由于语言简洁、开发效率高、可移植性强、资源丰富等优势,Python已经成为人工智能和大数据时代的第一开发语言,也逐渐成为各高校计算机编程入门教学的第一语言,在计算机各相关专业中使用Python进行数据结构教学将成为必然趋势。

近年来,国家大力加强人工智能领域的人才培养力度,提出到2030年实现人工智能领域全球领先的战略目标。高校是人工智能战略目标实施的主要阵地,截至2024年,全国共有约500所大学获得人工智能本科专业建设资格。由于"数据结构"课程的重要性,高校的人工智能本科专业培养方案中都将数据结构列为学科基础课;又因Python在数据科学、人工智能领域的绝对优势,将Python与数据结构相结合进行教学是人工智能专业建设的不二选择。

本书共12章,分为三部分。第一部分为基础篇(第1章),介绍课程涉及的Python相关知识,包括Python语言面向对象的相关内容、生成器、迭代器及常用的模块等;第二部分为数据结构与算法篇(第2~10章),介绍数据结构及算法、算法分析的基本概念以及算法的特点、描述方法、算法分析的目的和方法,介绍线性表、栈、队列、树、二叉树、图等常见数据结构的基本概念、特点、存储表示、基本操作的算法实现,并给出各种数据结构的应用实例以及常见的算法设计模式;第三部分为查找与排序篇(第11章和第12章),介绍计算机中最常见的查找、排序等操作的算法原理、实现方法,并对算法的时间、空间性能等进行综合分析。

目前,数据结构C++版、Java版的教材较为丰富,而Python语言描述的数据结构教材较少,配套的教学资源也比较少,很难满足Python语言描述数据结构教学的多样性需求。本书是作者集多年的"数据结构"教学经验,参照高等院校"数据结构"课程教学要求编写而成。

本书具有以下特色:

(1) 数据结构理论与Python语言紧密结合。本书在介绍数据结构普遍性理论的同时,不仅将Python语言作为数据结构和算法的描述工具,而且将Python语言的内置结构作为具体数据结构的案例进行剖析。学生不仅能深入理解 Python 内置数据结构的内部表示和操作实现，避免低效算法，提升 Python 语言的运用能力，还能通过内置结构的特点和性能表现，加深对各种数据结构性质的理解。

（2）注重基础理论的同时，加强应用和实践能力培养。本书用 Python 语言实现了所有经典数据结构，每种数据结构都可以作为单独的模块供后续章节使用。每章配备丰富的案例、例题和实验，融合理论与实践，提升学生在数据结构选择、算法设计和编程方面的能力。

（3）内容完整，兼顾通用性与创新性。本书系统介绍了数据结构的基础理论、算法设计的基本方法及 Python 语言的基本知识，内容完整，适用于计算机及相关专业数据结构的通用教学要求。书中既涵盖基础理论，又与时俱进，去除了陈旧内容，增加了如 TimSort 等现代排序算法的实现方法。

（4）以学生易学易懂、习得能力为编写主旨，注重细节设计与多维表达。教材采用对比、举例、小结、图表等多种方式进行多维度表达；对同一问题举一反三，用不同方案进行求解；对教学难点进行螺旋式教学；配备丰富的实验和大量习题，方便教师和学生使用；教材包含近 300 张插图和 100 余张表格，大量精心设计的插图和表格将抽象的内容形象化，可有效降低理解问题的难度。

本书配套资源丰富，包括教学大纲、教学课件、程序源码、在线题库、部分习题答案、教学进度表及 1000 分钟的微课视频。

---

**资源下载提示**

**课件等资源**：扫描封底的"图书资源"二维码，在公众号"书圈"下载。

**素材（源码）等资源**：扫描目录上方的二维码下载。

**在线自测题**：扫描封底的作业系统二维码，再扫描自测题二维码，可以在线做题及查看答案。

**视频等资源**：扫描封底的文泉云盘防盗码，再扫描书中相应章节的视频讲解二维码，可以在线学习。

---

本书由苏州大学的张玉华、吕强、朱晓旭共同编写，特别感谢杨季文教授在本书编写和校对过程中给予的大力指导，感谢赵雷、周克兰、唐自立和何俊等多位专家和老师给予的指点和帮助。

由于时间和编者水平有限，书中不当之处在所难免，敬请诸位同行、专家和读者批评指正。

编　者

2025 年 3 月

# 目 录

扫一扫

源码下载

## 第一部分 基 础 篇

**第1章 Python语言程序设计基础** ·················································· 2
  1.1 Python基础知识 ································································ 2
    1.1.1 Python概述及运行环境 ·············································· 2
    1.1.2 Python的变量和数据类型 ············································ 4
    1.1.3 Python的运算符 ······················································ 13
    1.1.4 函数 ········································································ 15
    1.1.5 输入、输出和文件 ······················································ 19
    1.1.6 异常处理 ·································································· 22
    1.1.7 模块 ········································································ 24
  1.2 Python面向对象编程 ························································· 26
    1.2.1 面向对象的基本概念 ··················································· 26
    1.2.2 类的定义和使用 ························································ 27
    1.2.3 继承与派生 ······························································ 28
    1.2.4 迭代器与生成器 ························································ 29
  1.3 与数据结构和算法相关的Python模块 ···································· 31
    1.3.1 抽象基类和abc模块 ·················································· 31
    1.3.2 ctypes模块 ······························································ 32
    1.3.3 array模块 ································································ 32
    1.3.4 NumPy模块 ···························································· 32
    1.3.5 collections模块 ························································· 33
  1.4 上机实验 ··········································································· 33
  习题1 ······················································································ 33

## 第二部分 数据结构与算法篇

**第2章 数据结构概述** ································································ 36
  2.1 基本概念 ··········································································· 36
    2.1.1 数据与数据结构 ························································ 36
    2.1.2 数据类型 ·································································· 41

2.2 "数据结构"课程讨论的内容 43
2.3 算法及性能分析 46
  2.3.1 算法 46
  2.3.2 算法分析基础 48
  2.3.3 同一问题的不同算法 56
2.4 上机实验 59
习题 2 59

## 第 3 章 线性表 60

3.1 线性表的基本概念 60
3.2 线性表的抽象数据类型 61
3.3 线性表的顺序存储及实现 63
  3.3.1 线性表顺序存储的基本方法 63
  3.3.2 Python 列表的内部实现 64
  3.3.3 基于 Python 列表的实现 67
  3.3.4 基于底层 C 数组的实现 68
3.4 线性表的链式存储及实现 74
  3.4.1 单链表 74
  3.4.2 循环链表 80
  3.4.3 双向链表 81
3.5 顺序表与链表实现小结 83
  3.5.1 顺序表与链表的比较 83
  3.5.2 各种链表实现的比较 85
  3.5.3 自顶向下的数据结构实现 85
  3.5.4 算法设计的基本步骤 86
3.6 线性表的应用 87
  3.6.1 求两个线性表的相同元素 87
  3.6.2 约瑟夫环问题 88
3.7 线性表算法举例 91
  3.7.1 顺序表下的算法 91
  3.7.2 带头结点单链表下的算法 92
  3.7.3 与线性表具体实现无关的算法 95
3.8 上机实验 96
习题 3 96

## 第 4 章 栈 97

4.1 栈的基本概念 97
4.2 栈的抽象数据类型 98
4.3 栈的顺序存储及实现 99
  4.3.1 利用 Python 列表实现 99

|       | 4.3.2 记录容量和栈顶位置的实现 …………………………………… 100 |
| ----- | --------------------------------------------------------- |
| 4.4   | 栈的链式存储及实现 …………………………………………………… 102 |
| 4.5   | 栈的典型应用 104 |
|       | 4.5.1 括号匹配检验 …………………………………………………… 104 |
|       | 4.5.2 计算后缀表达式的值 …………………………………………… 106 |
|       | 4.5.3 计算中缀表达式的值 …………………………………………… 109 |
|       | 4.5.4 迷宫求解 ……………………………………………………… 115 |
| 4.6   | 上机实验 …………………………………………………………………… 123 |
| 习题 4 | …………………………………………………………………………… 123 |

## 第 5 章 队列 …………………………………………………………………… 124

| 5.1   | 队列的基本概念 …………………………………………………………… 124 |
| ----- | --------------------------------------------------------- |
| 5.2   | 队列的抽象数据类型 ……………………………………………………… 125 |
| 5.3   | 队列的顺序存储及实现 …………………………………………………… 125 |
|       | 5.3.1 物理模型法 …………………………………………………… 125 |
|       | 5.3.2 线性顺序队列 ………………………………………………… 126 |
|       | 5.3.3 循环队列 ……………………………………………………… 129 |
| 5.4   | 队列的链式存储及实现 …………………………………………………… 132 |
| 5.5   | 队列的应用 ………………………………………………………………… 135 |
|       | 5.5.1 杨辉三角形的输出 …………………………………………… 135 |
|       | 5.5.2 一元多项式的计算 …………………………………………… 136 |
|       | 5.5.3 基于队列的迷宫求解 ………………………………………… 141 |
| 5.6   | 双端队列 …………………………………………………………………… 144 |
|       | 5.6.1 双端队列的基本概念 ………………………………………… 144 |
|       | 5.6.2 Python 的双端队列类 ………………………………………… 145 |
|       | 5.6.3 双端队列的应用 ……………………………………………… 146 |
| 5.7   | 优先级队列 ………………………………………………………………… 147 |
| 5.8   | Python 提供的多种队列 …………………………………………………… 148 |
| 5.9   | 上机实验 …………………………………………………………………… 148 |
| 习题 5 | …………………………………………………………………………… 148 |

## 第 6 章 递归 …………………………………………………………………… 149

| 6.1 | 递归及递归算法 …………………………………………………………… 149 |
| --- | --------------------------------------------------------- |
|     | 6.1.1 什么是递归 …………………………………………………… 149 |
|     | 6.1.2 问题求解方法的递归定义 …………………………………… 149 |
| 6.2 | 线性表下递归算法的设计 ………………………………………………… 152 |
|     | 6.2.1 数据结构的递归定义 ………………………………………… 152 |
|     | 6.2.2 顺序表下的递归算法 ………………………………………… 154 |
|     | 6.2.3 单链表下的递归算法 ………………………………………… 155 |
| 6.3 | 递归求解举例 ……………………………………………………………… 160 |

    6.3.1 n 皇后问题 ·········· 160
    6.3.2 迷宫求解 ············ 161
    6.3.3 组合数求解 ············ 162
  6.4 递归算法性能分析 ············ 163
    6.4.1 函数调用与栈 ············ 163
    6.4.2 递归函数的运行过程及性能分析 ············ 166
    6.4.3 递归函数转换为非递归函数 ············ 170
  6.5 常见的算法设计模式 ············ 171
    6.5.1 穷举算法 ············ 172
    6.5.2 贪心算法 ············ 172
    6.5.3 递归算法 ············ 173
    6.5.4 带备忘录的递归算法 ············ 174
    6.5.5 动态规划法 ············ 175
  6.6 上机实验 ············ 177
 习题 6 ············ 177

## 第 7 章　字符串和数组 ············ 178

  7.1 字符串 ············ 178
    7.1.1 字符串的基本概念 ············ 178
    7.1.2 字符串的抽象数据类型 ············ 179
    7.1.3 字符串的存储 ············ 179
    7.1.4 字符串的匹配 ············ 180
  7.2 数组 ············ 185
    7.2.1 数组相关概念 ············ 185
    7.2.2 表格的存储 ············ 186
    7.2.3 特殊矩阵的压缩存储 ············ 190
    7.2.4 数组的应用 ············ 193
  7.3 上机实验 ············ 194
 习题 7 ············ 194

## 第 8 章　二叉树 ············ 195

  8.1 基础知识 ············ 195
    8.1.1 二叉树的基本概念 ············ 195
    8.1.2 相关术语 ············ 196
    8.1.3 一些特殊的二叉树 ············ 198
    8.1.4 二叉树的抽象数据类型 ············ 200
  8.2 二叉树的性质 ············ 200
  8.3 二叉树的存储结构及实现 ············ 202
    8.3.1 二叉树的顺序存储 ············ 202
    8.3.2 二叉树的嵌套列表存储 ············ 203

8.3.3　二叉树的链式存储及实现 ………………………………………………… 204
　8.4　二叉树的操作 …………………………………………………………………………… 205
　　　8.4.1　二叉树的遍历 …………………………………………………………………… 205
　　　8.4.2　二叉树遍历的递归算法 ………………………………………………………… 208
　　　8.4.3　二叉树的递归算法举例 ………………………………………………………… 209
　　　8.4.4　二叉树的非递归遍历 …………………………………………………………… 212
　　　8.4.5　二叉树的创建 …………………………………………………………………… 217
　　　8.4.6　二叉树的图形化输出 …………………………………………………………… 220
　8.5　堆与优先级队列 ………………………………………………………………………… 222
　　　8.5.1　二叉堆的定义 …………………………………………………………………… 222
　　　8.5.2　二叉堆的主要操作 ……………………………………………………………… 223
　　　8.5.3　二叉堆的实现 …………………………………………………………………… 223
　8.6　哈夫曼树及其应用 ……………………………………………………………………… 226
　　　8.6.1　哈夫曼树的相关概念 …………………………………………………………… 226
　　　8.6.2　哈夫曼树的构造 ………………………………………………………………… 228
　　　8.6.3　哈夫曼编码 ……………………………………………………………………… 231
　8.7　上机实验 ………………………………………………………………………………… 233
　习题 8 ………………………………………………………………………………………… 233

第 9 章　树 …………………………………………………………………………………………… 234
　9.1　基础知识 ………………………………………………………………………………… 234
　　　9.1.1　树的基本概念 …………………………………………………………………… 234
　　　9.1.2　树的抽象数据类型 ……………………………………………………………… 236
　　　9.1.3　树的性质 ………………………………………………………………………… 237
　9.2　树的存储结构 …………………………………………………………………………… 237
　　　9.2.1　双亲表示法 ……………………………………………………………………… 237
　　　9.2.2　孩子链表表示法 ………………………………………………………………… 238
　　　9.2.3　孩子兄弟链表表示法 …………………………………………………………… 238
　9.3　树与二叉树的转换 ……………………………………………………………………… 240
　　　9.3.1　树转换为二叉树 ………………………………………………………………… 240
　　　9.3.2　二叉树转换为树 ………………………………………………………………… 240
　　　9.3.3　森林转换为二叉树 ……………………………………………………………… 240
　　　9.3.4　二叉树转换为森林 ……………………………………………………………… 242
　9.4　树与森林的遍历 ………………………………………………………………………… 243
　　　9.4.1　树的遍历 ………………………………………………………………………… 243
　　　9.4.2　森林的遍历 ……………………………………………………………………… 243
　9.5　树的实现 ………………………………………………………………………………… 244
　　　9.5.1　树的孩子兄弟链表结点类 ……………………………………………………… 244
　　　9.5.2　树的孩子兄弟链表类 …………………………………………………………… 244

9.6 上机实验 ················································································· 247
习题 9 ························································································ 247

## 第 10 章 图 ················································································· 248

10.1 基础知识 ················································································ 248
  10.1.1 图的定义 ········································································ 248
  10.1.2 图的相关术语 ··································································· 250
  10.1.3 图的抽象数据类型 ······························································ 253
10.2 图的存储结构及实现 ···································································· 254
  10.2.1 邻接矩阵 ········································································ 254
  10.2.2 邻接表 ·········································································· 259
10.3 图的遍历 ················································································ 266
  10.3.1 深度优先搜索 ··································································· 266
  10.3.2 广度优先搜索 ··································································· 272
  10.3.3 遍历算法的应用 ································································· 274
10.4 最小生成树 ·············································································· 280
  10.4.1 Prim 算法 ······································································· 281
  10.4.2 Kruskal 算法 ····································································· 285
10.5 最短路径 ················································································ 288
  10.5.1 单源点最短路径 ································································· 289
  10.5.2 每对顶点间的最短路径 ························································· 292
10.6 拓扑排序 ················································································ 295
  10.6.1 概述 ············································································· 295
  10.6.2 广度优先拓扑排序 ······························································ 296
  10.6.3 深度优先拓扑排序 ······························································ 299
10.7 关键路径 ················································································ 301
  10.7.1 相关概念 ········································································ 301
  10.7.2 算法设计 ········································································ 302
  10.7.3 算法实现 ········································································ 305
10.8 上机实验 ················································································ 308
习题 10 ······················································································· 308

## 第三部分 查找与排序篇

## 第 11 章 查找 ················································································ 310

11.1 基础知识 ················································································ 310
  11.1.1 相关概念 ········································································ 310
  11.1.2 查找的分类 ····································································· 311
  11.1.3 查找算法的性能衡量 ···························································· 311
  11.1.4 查找表的抽象数据类型 ························································· 312

|   |   | 11.1.5 记录类型的定义 | 312 |
|---|---|---|---|
| 11.2 | 线性表下的查找 |  | 313 |
|   | 11.2.1 | 基于无序线性表的查找 | 313 |
|   | 11.2.2 | 基于有序线性表的查找 | 315 |
|   | 11.2.3 | 索引顺序表及分块查找 | 325 |
|   | 11.2.4 | 查找算法性能的下界 | 326 |
| 11.3 | 二叉树下的查找 |  | 328 |
|   | 11.3.1 | 二叉查找树 | 328 |
|   | 11.3.2 | 平衡二叉树 | 336 |
| 11.4 | 哈希表查找 |  | 344 |
|   | 11.4.1 | 哈希表的定义 | 344 |
|   | 11.4.2 | 哈希函数设计方法 | 345 |
|   | 11.4.3 | 解决冲突的方法 | 347 |
|   | 11.4.4 | 哈希表的实现 | 350 |
|   | 11.4.5 | 哈希查找性能分析 | 353 |
| 11.5 | Python的集合和字典 |  | 354 |
| 11.6 | 查找小结 |  | 356 |
| 11.7 | 上机实验 |  | 356 |
| 习题11 |  |  | 357 |

## 第12章 排序 ... 358

| 12.1 | 基础知识 |  | 358 |
|---|---|---|---|
|   | 12.1.1 | 相关概念 | 358 |
|   | 12.1.2 | 排序表的类型定义 | 358 |
|   | 12.1.3 | 排序的分类 | 359 |
|   | 12.1.4 | 排序算法的性能衡量 | 360 |
| 12.2 | 插入排序 |  | 360 |
|   | 12.2.1 | 直接插入排序 | 360 |
|   | 12.2.2 | 折半插入排序 | 363 |
|   | 12.2.3 | 希尔排序 | 364 |
| 12.3 | 交换排序 |  | 366 |
|   | 12.3.1 | 冒泡排序 | 366 |
|   | 12.3.2 | 快速排序 | 368 |
| 12.4 | 选择排序 |  | 372 |
|   | 12.4.1 | 简单选择排序 | 372 |
|   | 12.4.2 | 堆排序 | 374 |
| 12.5 | 归并排序 |  | 377 |
|   | 12.5.1 | 自底向上的归并排序 | 377 |
|   | 12.5.2 | 自顶向下的归并排序 | 380 |

12.6 基数排序 ································································· 382
    12.6.1 多关键字排序 ···················································· 383
    12.6.2 链式基数排序 ···················································· 383
12.7 各种排序算法的比较 ····················································· 386
12.8 高级语言中使用的排序 ··················································· 389
    12.8.1 C++标准模板库中的排序 ········································· 389
    12.8.2 TimSort 排序 ···················································· 390
12.9 上机实验 ································································· 395
习题 12 ······································································· 395
**参考文献** ································································· 396

# 第一篇 基 础 篇

# 第 1 章

# Python 语言程序设计基础

人类的自然语言具有歧义性,因此需要使用程序设计语言来编写程序从而控制计算机。计算机程序设计语言在机器语言、汇编语言之后出现了上百种高级语言。有些程序设计语言已经慢慢消亡,随着机器学习、人工智能和大数据技术的发展,Python 已经成为目前最主流的程序设计语言之一。

## 1.1 Python 基础知识

### 1.1.1 Python 概述及运行环境

**1. 概述**

Python 诞生于 20 世纪 90 年代初,它是一种支持面向对象的解释型计算机程序设计语言,现在已经非常成熟和稳定。Python 既允许单句代码交互式执行,也支持大量代码以源程序方式运行,非常灵活。和其他主流程序设计语言相比,Python 的优点是学习曲线非常平滑、开发效率高、代码移植性强,表 1.1 列出了目前常见的几种主流程序设计语言的对比情况。

表 1.1 几种主流程序设计语言的对比

| 属　　性 | Python | Java | C | C++ | C# | JavaScript |
| --- | --- | --- | --- | --- | --- | --- |
| 运行效率 | ★ | ★★ | ★★★ | ★★★ | ★★ | ★ |
| 学习曲线 | ★★★ | ★★ | ★ | ★ | ★★ | ★★ |
| 代码移植性 | ★★★ | ★★★ | ★ | ★ | ★ | ★★★ |
| 开发效率 | ★★★ | ★★ | ★ | ★★ | ★★ | ★★ |
| 适用领域 | ★★ | ★★ | ★★★ | ★★★ | ★ | ★ |

从表 1.1 中可以看出，Python 的主要缺点是运行效率低，这是因为 Python 属于解释型的程序设计语言，通常而言解释型的语言的运行效率要低于编译型的语言，但由于计算机的性能不断提高，这一缺点逐渐在淡化。

Python 包含 2.x 和 3.x 两个系列，二者并不兼容。从 2020 年 1 月 1 日起，Python 2.x 停止更新，Python 2.7 被确定为最后一个 Python 2.x 版本。本书以 Python 3.x 进行讲解，在控制台输入如下命令可以查看当前计算机安装的 Python 版本。

```
python - V
```

**2. 运行环境**

因为 Python 属于解释型语言，所以在计算机上配置 Python 开发运行环境首先需要安装解释器。目前 Python 解释器支持所有的主流操作系统，例如 Windows、macOS、Linux 和 UNIX。macOS、Linux 和 UNIX 操作系统已经内置了 Python 的解释器，在 Windows 上需要用户自行安装 Python 的解释器。

通常需要先到"https://www.python.org/downloads/"网址对应的网页根据自己的计算机操作系统选择对应版本的 Python 解释器下载，然后安装。对于 Windows 而言，x86 表示 32 位版本，x64 表示 64 位版本，例如，Windows x86-64 executable installer 表示同时支持 32 位和 64 位 Windows 的可执行安装文件。

安装完成后，通过开始菜单或者在计算机控制台直接输入 Python，就可以进入 Python 的交互编程模式，图 1.1 是 Python 交互界面。

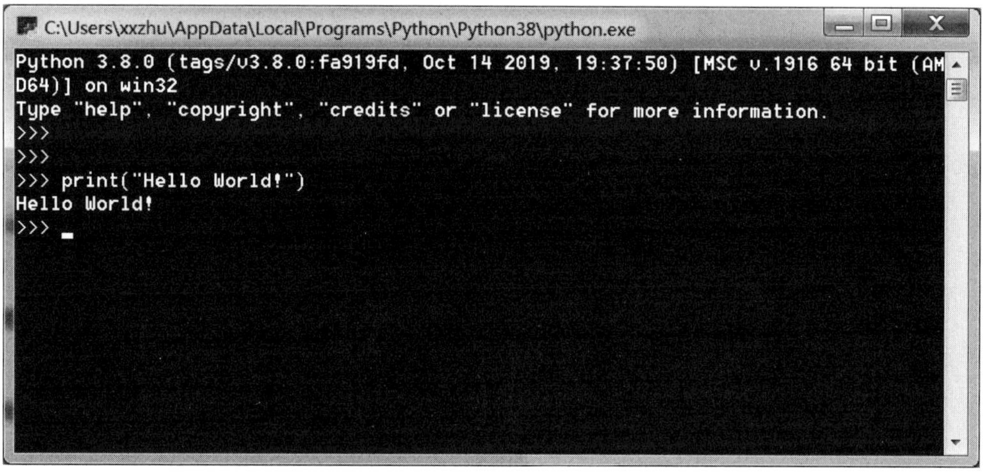

图 1.1　Python 交互界面

在实际开发时往往需要使用集成开发环境，集成开发环境是综合了项目管理、代码编写、语法高亮显示、智能提示、调试、运行等功能于一体的开发软件，一个好的集成开发环境可以大幅提高开发效率。

下面通过代码缩进的例子来看集成开发环境带来的好处。对大多数计算机程序设计语言而言，在编写源程序时保持规范的缩进是一个良好的习惯，因为这样可以充分展示代码的层次关系，如 if 的内部语句块、循环的循环体等。而 Python 把源程序的缩进提升到了刚性的要求，如果程序不缩进或者缩进不正确会导致语法错误。得益于此，Python 源程序的可读性通常非常好。Python 官方推荐使用 4 个空格进行缩进，但是新手在编写程序时会混用 4 个空格和 Tab 键进而导致语法错误，而且仅用肉眼区分不出二者的差异，如果在编写代码时统一借助集成开发环境的源程序缩进功能就可以避免此问题。

Python 常用的集成开发环境有 Python IDLE、PyCharm、Visual Studio 和 Eclipse 等。下面简要介绍 Python IDLE 和 PyCharm。

1) Python IDLE

IDLE 是 Integrated Development and Learning Environment 的缩写，它是 Python 解释器自带的一个简易集成开发环境。IDLE 本身是用 Python 开发的，得益于 Python 优秀的跨平台性，IDLE 可以运行在多个操作系统上。IDLE 不仅支持代码编辑、运行和调试等开发的必要功能，还提供语法高亮显示、界面个性化定制等增值功能。图 1.2 是 IDLE 的界面，用户可以直接在其中的交互区域运行命令，也可以通过 File 菜单新建源程序文件运行完整程序。

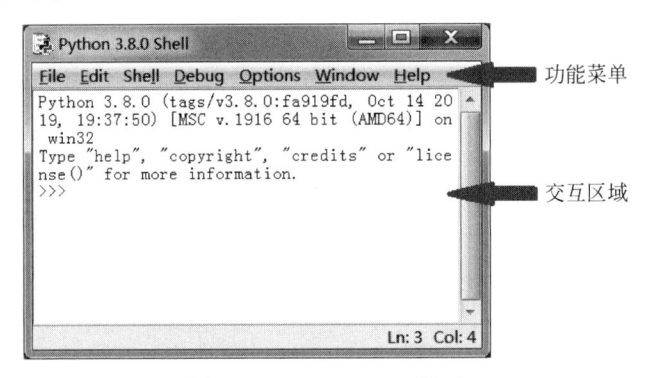

图 1.2　Python IDLE 界面

2) PyCharm

PyCharm 是 JetBrains 公司提供的一个优秀的 Python 开发环境，支持多个操作系统，版本更新很快。PyCharm 有专业版和社区版之分，其中社区版是免费的。图 1.3 是 PyCharm 的主界面，读者能很容易看出 PyCharm 包含的功能远多于 IDLE。

### 1.1.2　Python 的变量和数据类型

变量本质上是一块内存，变量主要有 3 个属性，即名、值和地址。变量名是供程序员使用的，变量的命名通常需要做到顾名思义，而不是简单地用一个字母；变量的值是给程序的用户使用的，例如一个游戏软件中的某个变量存储了游戏角色的生命值，用户对此变量的值会非常关注；把变量所占用内存的起始地址编号称为变量的地址，Python 属于动态语言，变量的地址在其被赋值后可能会发生变化，Python 的解释器和运行环境会维护这种变化。通常，程序的使用者无须知道程序中变量的名称和地址，大多数 Python 程序员也并不用关心变量在内存中的地址。

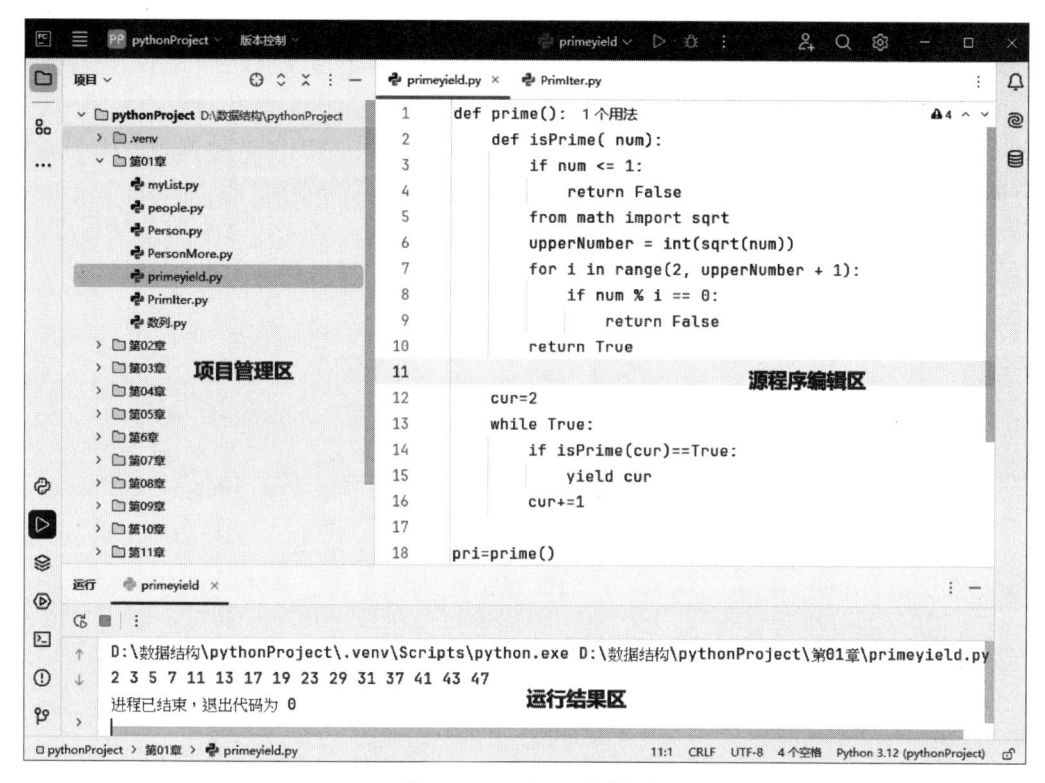

图1.3　PyCharm主界面

Python程序中的变量无须定义就可以直接使用,在赋值时计算机会自动推导出变量的类型。Python支持变量跨类型赋值,如下代码可以显示给变量跨类型赋值导致变量的类型发生变化。

```
num = 5                    #直接赋值解释器自动推导类型
print(type(num))
num = 5.8                  #通过赋值改变变量的类型
print(type(num))
```

虽然Python的变量在使用前不用定义是什么类型,但是Python依然属于强类型的语言,弱类型语言的一个代表是JavaScript。数据类型不仅规定了取值的范围,还确定了可以对其进行的操作,只有熟练掌握数据类型才能得心应手地编写程序。下面简要介绍Python的数据类型。

**1. 数值型**

Python 3支持4种数值型,即整型(int)、浮点型(float)、复数型(complex)和布尔型(bool)。

整型是最简单且常用的数据类型,C/C++语言提供了unsigned、short和long等关键字与int搭配使用,可以让程序员根据具体的应用需求选择合适的整型。若程序员选择不当，就可能出现超出所选类型表示范围的"溢出"错误。而 Python 使用的内存管理机制不同于传统的语言，可以随着整型变量值的大小而动态改变所用内存的大小，因此 Python 的整型在使用时无须担心变量的"溢出"。

Python 的整型支持加、减、乘、除、求余和乘方数学运算，其中除又分为整数除和实数除，前者的运算符是"//"，后者的运算符是"/"。乘方的运算符是"**"。

Python 3 只有一种浮点型，并不区分单精度和双精度。它支持常见的数学运算，甚至可以求余。但用户必须清醒地认识到一点：计算机对浮点数的表示并不精确。例如，下面两句代码的运行结果并不一样。

```
print(0.1 * 26)                    #0.1乘以26
print(0.1 + 0.1 + 0.1 + 0.1 + 0.1 + 0.1 + 0.1 + 0.1 + 0.1 + 0.1 + 0.1 + 0.1 + 0.1
    + 0.1 + 0.1 + 0.1 + 0.1 + 0.1 + 0.1 + 0.1 + 0.1 + 0.1 + 0.1 + 0.1 + 0.1 + 0.1)
                                   #26个0.1连加
```

因此，在判断两个浮点数是否相等时不可以直接判断相等，通常是判断二者的差的绝对值是否小于一个很小的数。这个很小的数到底是多少，取决于具体问题的精度需求。

Python 本身就支持复数，而不依赖于标准库或者第三方库。复数由实部和虚部组成，在 Python 中复数的虚部以 j 或者 J 作为后缀，具体格式为：

```
a + bj
```

其中，a 表示实部，b 表示虚部。通过复数对象的 real 属性可以得到复数的实部，通过复数对象的 image 属性可以得到复数的虚部，通过 conjugate 方法可以得到当前对象的共轭复数。

复数直接支持加、减、乘、除和乘方数学运算，但如果需要对复数执行复杂的数学运算，则需要引入 cmath 模块，然后调用其中的函数实现。

在 Python 3 中布尔型只有 True 和 False 两个值，它们的值本质上是 1 和 0，因此它们可以和数字进行数学运算，例如"1 + True"。

### 2. 字符串

字符串是数值型之外使用最多的数据类型，对字符串的便捷访问是 Python 的一个极大优势。与其他主流程序设计语言相比而言，Python 的字符串的明显特色有多样的书写方式、负索引以及灵活的切片。

Python 在定义字符串常量时可以使用闭合的单引号、双引号、3 个单引号和 3 个双引号，这 4 种方式可以根据具体情况选择。例如，'hello'和"hello"完全等价；在"I'm a student."中由于存在单引号，此时用双引号闭合就不会产生二义性；Python 三引号允许使用"所见即所得"的方式描述一个字符串常量，此时字符串中可以包含换行符、制表符以及其他特殊字符。下面样例代码中两个 print 语句的结果完全相同，但是显然第二个字符串常量的可读性比第一个好很多。

```
print('< html >\n\t< head >\n\t</head >\n\t< body >\n\t</body >\n</html >')
print('''< html >
    < head >
    </head >
    < body >
    </body >
</html >''')
```

从上面的例子可以看到,和大多数程序设计语言类似,在 Python 中反斜杠 '\' 是转义符,表 1.2 中列出了常见的特殊符号在 Python 中的转义表示形式。例如,'\n'表示换行,'\\'表示反斜杠。

表 1.2　Python 中常见转义表示的符号

| 转义表示形式 | 说　　明 | 转义表示形式 | 说　　明 |
| --- | --- | --- | --- |
| \\ | 反斜杠 | \n | 换行 |
| \' | 单引号 | \v | 纵向制表符 |
| \" | 双引号 | \t | 横向制表符 |
| \b | 退格 | \r | 回车 |

Python 允许在字符串常量前面写一个 r 抑制转义,例如,r "\\"表示两个反斜杠,而不是一个反斜杠。如下代码中两个字符串常量是等价的,显然后者无论书写的方便性还是可读性都明显好于前者。

```
print("C:\\Users\\Public\\Downloads")
print(r"C:\Users\Public\Downloads")
```

图 1.4 是对字符串'SOOCH'的元素进行索引访问的示例。大多数程序设计语言访问字符串的最后一个字符通常首先需要获取字符串的长度,而 Python 提供了负索引,因此访问字符串的最后一个元素特别方便。从图 1.4 中很容易看出,字符串的索引是从 0 开始计数的,负索引是从 -1 开始的。

通过切片可以非常方便地得到字符串的子串或者子串的变形,下面的代码演示了切片的具体使用。

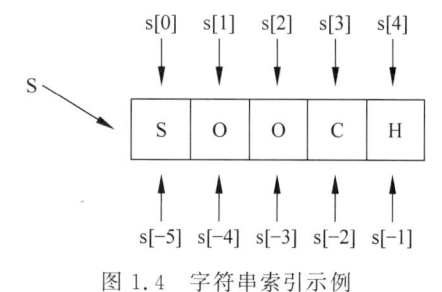

图 1.4　字符串索引示例

```
str1 = "Soochow"
print(str1[2 : 4 : 1])      # 对第 2 个和第 3 个字符切片
print(str1[2 : 4 :])        # 对第 2 个和第 3 个字符切片
print(str1[: : 2])          # 从头到尾每隔一个字符切片
print(str1[: : -1])         # 通过切片得到字符串的逆序串
```

字符串可以通过"＋"运算符实现字符串连接操作,可以通过"＊"运算符实现重复 n

次的操作。借助 ord 函数可以得到字符的内码,通过 chr 函数能得到一个内码所对应的字符。如下代码演示了这几个操作。

```
print('Soochow' + " University")    #字符串连接
print("dog" * 3)                    #字符串重复3次
print(ord('A'))                     #得到 A 的内码
print(chr(97))                      #得到 97 作为内码所对应的字符
```

Python 也为字符串提供了大量方法,例如转大写、转小写、找子串和字符串替换等。表 1.3 列出了字符串的常用方法,具体的方法参数与细节可以通过 help 命令查询,或者查阅官方文档。

表 1.3  字符串的常用方法

| 方 法 | 说 明 |
| --- | --- |
| string.count() | 返回字符串指定子串出现的次数 |
| string.endswith() | 检查字符串是否以指定字符串结束 |
| string.find() | 查找子串,如果存在,返回开始的索引值,否则返回−1 |
| string.index() | 和 find() 方法一样,但如果子串不存在将会出现一个异常 |
| string.isalnum() | 如果 string 的所有字符都是字母或数字,返回 True,否则返回 False |
| string.isalpha() | 如果 string 的所有字符都是字母,返回 True,否则返回 False |
| string.isdecimal() | 如果 string 只包含十进制数字,返回 True,否则返回 False |
| string.isdigit() | 如果 string 只包含数字,返回 True,否则返回 False |
| string.isnumeric() | 如果 string 只包含数字字符,返回 True,否则返回 False |
| string.isspace() | 如果 string 只包含空格,返回 True,否则返回 False |
| string.join() | 拼接字符串 |
| string.lower() | 转换 string 的所有大写字符为小写 |
| string.replace() | 字符串替换 |
| string.rfind() | 类似于 find() 方法,但是从右边开始查找 |
| string.rindex() | 类似于 index() 方法,但是从右边开始查找 |
| string.split() | 拆分字符串 |
| string.startswith() | 检查字符串是否以指定字符串开头 |
| string.title() | 将所有单词转换为以大写开始,其余字母均为小写 |
| string.upper() | 转换 string 的所有小写字符为大写 |

对于字符串还有一点需要强调:字符串是不可修改的,如果对字符串进行修改,实质是得到一个新的字符串。

**3. 列表**

列表相当于其他语言中的动态数组,可以通过下标便捷地访问列表的元素,也可以很容易地修改、添加和删除元素,并且列表自带了排序、逆序等方法。另外,Python 中的列表可以是异构的,即一个列表中每个元素的类型可以不同。列表也可以嵌套,即列表的元素可以是另外一个列表,这种嵌套常可以用来对应其他语言中的二维和多维数组。

Python 中的列表使用方括号定义,用一对空的方括号表示空列表。如下代码演示了几个不同列表的初始化。

```
lst1 = []                    #空列表
print(lst1)
lst2 = [1, 2, 3]             #列表的初始化
print(lst2)
lst3 = [1, 'abc', [3, 4]]    #元素类型不同的列表
print(lst3)
lst4 = list("hello")         #将字符串转换为列表
print(lst4)
```

通过下标索引来访问列表的元素，可实现读取或者赋值。但需要注意的是，列表的索引从 0 开始编号，最后一个元素的索引比列表的长度小 1，因此在使用时需要谨慎，避免索引越界。

和字符串的操作类似，可以通过"＋"运算符实现两个列表的连接，可以用"＊"运算符把一个列表重复 n 次。表 1.4 中列出了几个常用的列表操作函数，需要读者熟练掌握。

表 1.4　常用的列表操作函数

| 函　数 | 说　明 |
| --- | --- |
| len() | 返回列表元素的个数 |
| list() | 将其他序列转换为列表 |
| max() | 返回列表元素的最大值 |
| min() | 返回列表元素的最小值 |
| sorted() | 返回排序的结果 |

列表和字符串都属于序列，因此列表同样支持负索引和切片操作，列表是可以修改的，甚至还可以通过负索引和切片进行修改。如下代码把列表中的元素修改成了 0 和 1 交替的数值。

```
lst = [1, 2, 3, 4, 5, 6, 7, 8, 9]
lst[: : 2] = [0] * len(lst[: : 2])
lst[1: : 2] = [1] * len(lst[1: : 2])
print(lst)
```

为了便于进行数据处理，列表内置了多个方法，列表的常用方法参见表 1.5。

表 1.5　列表的常用方法

| 方　法 | 说　明 |
| --- | --- |
| list.append() | 在列表末尾添加新的对象 |
| list.clear() | 清空列表 |
| list.copy() | 复制列表 |
| list.count() | 统计某个元素在列表中出现的次数 |
| list.extend() | 在列表末尾扩展某个列表中的所有元素 |
| list.index() | 从列表中找出某个值第一个匹配项的索引位置 |

续表

| 方　　法 | 说　　明 |
| --- | --- |
| list.insert() | 将对象插入列表指定的位置 |
| list.pop() | 删除列表中的一个元素（默认最后一个元素），且返回该元素的值 |
| list.remove() | 基于值删除列表中的第一个匹配项 |
| list.reverse() | 逆序列表中的元素 |
| list.sort() | 对列表进行排序 |

其中，append 方法和 extend 方法有些容易混淆，这里用两个例子简要解释。如果执行如下代码：

```
lst = [1, 3, 5]
lst.append([2, 7])
print(lst)
```

运行的结果是[1,3,5,[2,7]]，也就是说[2,7]这个列表作为一个元素被添加到 lst 的最后，lst 的长度是 4。如果执行如下代码：

```
lst = [1, 3, 5]
lst.extend([2, 7])
print(lst)
```

运行的结果是[1,3,5,2,7]，也就是说[2,7]这个列表的两个元素被分别添加到 lst 的最后，lst 的长度是 5。

表 1.4 中的 sorted 函数和表 1.5 中的 sort 方法都用于排序，但二者有所区别：sorted 函数的第一个参数是待排序的数据，但是并不会修改它，而是将排序结果以列表形式返回；sort 方法对当前对象排序，因此当前对象会被修改成排序后的结果，该方法的返回结果是 None。

另外，还有一个需要注意的地方，即列表的浅拷贝和深拷贝。请看如下代码：

```
lst1 = [1, 3, 5]
lst2 = lst1
lst2[2] = 7
print(lst1)
```

运行的结果是[1,3,7]，在代码中利用 lst1 初始化了 lst2，接着修改了 lst2 的最后一个元素，最后发现 lst1 的对应元素也被修改。究其原因，因为 Python 列表的赋值默认是浅拷贝，也就是说修改了 lst2 就是修改了 lst1。如果需要实现二者的独立存储，可以使用如下代码实现：

```
lst1 = [1, 3, 5]
lst2 = lst1.copy()
lst2[2] = 7
print(lst1)
```

**4．元组**

元组可以看作不可以修改的列表，可以认为元组所能完成的功能用列表一定可以做到。但是站在程序设计数据安全的角度，在有些场合中数据的不可修改性非常重要，这些场合选用元组将会降低因为误修改数据而导致程序逻辑错误的可能性。

创建元组时在圆括号中列出元素，并使用逗号隔开即可。空的元组就是一对空的圆括号，但是如果元组只包含一个元素，则需要在此元素后面添加逗号。请考虑为什么。当然也可以用 tuple 将列表转换为元组，如下代码演示了元组的创建：

```
tup1 = ()                   #空元组
tup2 = (3,)                 #一个元素的元组
tup3 = ("湖北", "浙江")     #多个元素的元组
lst = ['武汉', '孝感', '黄冈']
tups = tuple(lst)           #从列表得到元组
```

元组的元素不可以被删除，但是可以用 del 删除整个元组。因为元组具有不可修改性，如果确实有修改的需要，通常是生成新的元组。

表 1.4 中除了 list 函数之外的函数都适用于元组，表 1.5 中不涉及修改的方法都适用于元组。

**5．集合**

上述字符串、列表和元组都是有序的序列，而集合是一个无序的且无重复元素的序列，因此集合非常适用于去除重复项。

可以使用大括号{}或者 set()函数创建集合，但是创建一个空集合必须用 set()而不是用一对空的{}，因为空的{}用来表示一个空字典。

在向集合中添加元素时可以用 add 方法或者 update 方法，在添加时如果该元素不存在则添加，否则不进行任何操作。

集合除了可以增、删、改、查之外，还有一系列特有的方法，集合的常用方法参见表 1.6。

表 1.6　集合的常用方法

| 方　　法 | 说　　明 |
| --- | --- |
| add() | 为集合添加元素 |
| clear() | 清除集合的所有元素 |
| copy() | 产生集合的一个副本 |
| difference() | 返回多个集合的差集 |
| discard() | 删除集合指定的元素，如果不存在就放弃 |
| intersection() | 返回集合的交集 |
| isdisjoint() | 判断两个集合是否包含相同的元素 |
| issubset() | 判断指定集合是否为该方法参数集合的子集 |
| issuperset() | 判断指定集合是否为该方法参数集合的超集 |

续表

| 方 法 | 说 明 |
| --- | --- |
| remove() | 删除指定元素,如果不存在就抛出异常 |
| symmetric_difference() | 返回两个集合不重复的元素集合 |
| union() | 返回两个集合的并集 |
| update() | 给集合添加元素或集合 |

### 6. 字典

上述列表、元组和字符串都是用整数作为索引来访问元素,而字典可以用关键字作为索引。与集合一样,字典中的数据对于 Python 程序员而言是无序的。

字典用于表示"键:值"对的数据,键就是关键字,在一个字典中一个关键字只能出现一次,不可以重复。字典的关键字可以是任意不可变的类型,通常是字符串和整数。如果一个元组中只包含字符串和数字,那么此元组也可以作为关键字,但不能用列表作为关键字。可见字典的键必须唯一,而值可以是任意类型的对象,也可以重复。

显式创建字典的语法如下:

字典名 = { 关键字 1 : 值 1 [, 关键字 2 : 值 2, …, 关键字 n : 值 n ] }

其中,关键字与值之间用冒号":"分隔,字典元素与元素之间用逗号","分隔,当"关键字:值"对都省略时产生一个空字典。

另外,也可以用 dict 函数创建字典。如果 dict 函数的参数为空,表示空字典;如果参数是列表或者元组,可以基于参数直接生成字典。下面是创建字典的几个例子:

```
dict1 = {}                                  #空字典
dict2 = dict()                              #空字典
dict3 = {'壹':1, '贰':2, '叁':3}             #显式定义字典
dict4 = dict((['dog', '狗'], ['cat', '猫'])) #基于元组定义字典
print(dict4['dog'])                         #通过 key 作为索引访问字典的元素
```

上面代码的最后一行是通过字典的键获取对应的值,在用此方法访问时必须确保该键在字典中是存在的,否则会引发异常。

因为字典和列表、元组以及集合有较大的差异,所以字典有一些自己特有的方法,表 1.7 列出了字典的常用方法。

表 1.7 字典的常用方法

| 方 法 | 说 明 |
| --- | --- |
| clear() | 删除字典内的所有元素 |
| copy() | 返回字典的一个副本 |
| fromkeys() | 基于现有的序列创建一个新字典 |
| get() | 返回指定键的值,如果值不在字典中,则返回指定的默认值 |
| items() | 以列表返回可遍历的(键,值) |

续表

| 方　　法 | 说　　明 |
|---|---|
| keys() | 返回所有的键 |
| update() | 合并指定字典的项到当前字典 |
| values() | 返回所有的值 |
| pop() | 删除字典中指定键所在的项,并返回该项的值 |
| has_key() | 判断指定的键在字典中是否存在 |

下面的代码让用户输入中文,输出对应中文的英文单词。因为使用了字典,所以实现检索功能的代码非常简单。其中用到了字典的 get 方法,该方法在遇到不存在的键时不会引发异常,而是返回指定的默认值。

```
words = {"星期一" : "Monday",
        "星期二" : "Tuesday",
        "星期三" : "Wednesday",
        "星期四" : "Thursday",
        "星期五" : "Friday",
        "星期六" : "Saturday",
        "星期天" : "Sunday"}
word = input("请输入中文")
print(words.get(word, "查无此词"))
```

### 1.1.3　Python 的运算符

Python 运算符可以对一个或者多个操作数进行计算并返回结果。例如,表达式 3+5 的操作数是 3 和 5,运算符是+,结果是 8。如果一个运算符只有一个操作数,就被称为一元运算符,也被称为单目运算符,如负号运算符、逻辑非运算符。如果一个运算符有两个操作数,就被称为二元运算符,也被称为双目运算符,如乘方运算符、逻辑与运算符。

**1. 常用运算符**

表 1.8 列出了 Python 的常用运算符,同时假设其中用于演示结果的变量 num1 和 num2 的值分别是 3 和 5。

表 1.8　Python 的常用运算符

| 运算符的类型 | 运算符 | 说　　明 |
|---|---|---|
| 算术运算符 | + | 加法,num1 + num2 的结果是 8 |
| | - | 减法,num1 - num2 的结果是 -2 |
| | * | 乘法,num1 * num2 的结果是 15 |
| | / | 除法,num1 / num2 的结果是 0.6 |
| | % | 求余,num1 % num2 的结果是 3 |
| | ** | 乘方,num1 ** num2 的结果是 243 |
| | // | 整数除,num1 // num2 的结果是 0 |

续表

| 运算符的类型 | 运算符 | 说明 |
|---|---|---|
| 关系运算符 | > | 大于，num1 > num2 的结果是 False |
|  | < | 小于，num1 < num2 的结果是 True |
|  | >= | 大于或等于，num1 >= num2 的结果是 False |
|  | <= | 小于或等于，num1 <= num2 的结果是 True |
|  | == | 等于，num1 == num2 的结果是 False |
|  | != | 不等于，num1 != num2 的结果是 True |
| 逻辑运算符 | and | 逻辑与，num1 > 1 and num2 < 6 的结果为 True |
|  | or | 逻辑或，num1 >= 4 or num2 <= 5 的结果为 True |
|  | not | 逻辑非，not num1 的结果为 False |
| 简单赋值运算符 | = | 赋值运算符，num1 = num2 的结果是使得 num1 = 5 |
| 位运算符 | & | 按位与，num1 & num2 的结果是 1 |
|  | \| | 按位或，num1 \| num2 的结果是 7 |
|  | ~ | 按位取反，~num1 的结果是 -4 |
|  | ^ | 按位异或，num1 ^ num2 的结果是 6 |
|  | << | 左移，num1 << 1 的结果是 6 |
|  | >> | 右移，num1 >> 1 的结果是 1 |
| 成员资格运算符 | in | 是否存在，num1 in [1, 3, 5] 的结果为 True |
|  | not in | 是否不存在，num2 not in [2, 4, 6] 的结果为 True |
| 身份运算符 | is | 是否引用同一对象，num1 is num2 的结果是 False |
|  | is not | 是否引用非同一对象，num1 is not num2 的结果是 True |

除了简单赋值运算符之外，还有复合赋值运算符，它们由二元运算符和"="组合而成。例如，num1 += 1 等价于 num1 = num1 + 1。表 1.8 中的算术运算符、位运算符都可以和"="组合出复合赋值运算符。

Python 中的很多运算符都被重载，Python 解释器可以根据代码上下文辨别它们的准确含义。例如，"+"在表 1.8 中是算术加法运算符，但是它在对字符串进行操作时实现字符串的连接，它在对两个列表进行操作时实现两个列表的连接。

"=="和"is"有时会引起混淆，前者判断两个对象的值是否相等，后者判断两个对象是否引用同一个对象。如下代码片段反映了二者的区别，请读者仔细体会。

```
lst1 = [1, 2]
lst2 = [1, 2]
print(lst1 == lst2)      #此行会输出 True
print(lst1 is lst2)      #此行会输出 False
```

**2. 运算符的优先级**

大家在小学就知道算术运算是先乘除后加减，Python 中的运算符也是存在优先级的，表 1.9 列出了常用运算符的优先级，从上到下优先级越来越低。

表 1.9　常用运算符的优先级

| 序　号 | 运　算　符 | 说　　明 |
|---|---|---|
| 1 | ** | 乘方 |
| 2 | ~ | 按位取反 |
| 3 | +、- | 正、负 |
| 4 | *、/、%、// | 乘、除、求余、整除 |
| 5 | +、- | 加、减 |
| 6 | <<、>> | 移位运算符 |
| 7 | & | 按位与 |
| 8 | ^ | 按位异或 |
| 9 | \| | 按位或 |
| 10 | <、<=、>、>=、!=、== | 关系运算符 |
| 11 | is、is not | 身份运算符 |
| 12 | in、not in | 成员测试 |
| 13 | not | 逻辑非 |
| 14 | and | 逻辑与 |
| 15 | or | 逻辑或 |
| 16 | = | 赋值(包括复合赋值) |

和数学表达式一样,在 Python 中可以通过圆括号来改变运算的优先级顺序,例如 (3+5)*5 就是先加后乘。因此,在编写程序时如果对优先级不太清晰,可以通过圆括号指明优先顺序,这样还可以提高代码的可读性。如下两行代码虽然执行结果一样,但前者的可读性弱于后者。

```
num1 > 2 and num1 < 5 or num2 > 4 and num2 < 8
(num1 > 2 and num1 < 5) or (num2 > 4 and num2 < 8)
```

### 1.1.4　函数

函数是可重复使用的程序代码段,是一个能完成特定功能的代码块。Python 中的函数可以分为内置函数和用户自定义函数。函数具有诸多优点,例如便于程序架构,使得问题被分而治之;便于协作代码编写,提高代码复用,降低代码冗余等。一个程序应该是由多个小函数而不是少量的大函数构成。

**1. 函数的定义**

编写用户自定义函数的工作主要包括指定函数名,设计函数的参数,再实现函数的功能代码。定义函数的语法形式为:

```
def 函数名([形式参数表]):
    函数体
```

其中,函数名和变量名一样,需要尽量做到顾名思义。函数的形式参数可以有多个,也可以没有参数,但是在没有参数时一对圆括号不能省略。函数体属于函数定义的内部语句块,因此必须缩进。

如下代码定义了一个函数,其功能为判断一个正整数是不是素数。

```
def isPrime(num):
    '''
    本函数用于判断一个正整数是不是素数
    :param   num:    待判断的正整数
    :return:         True - 是素数
                     False - 不是素数
                     None - 参数不合法
    '''
    if isinstance(num, int) == False:
        return None
    if num <= 0:
        return None
    if num == 1:
        return False
    import math
    maxNumber = int(math.sqrt(num))
    for i in range(2, maxNumber + 1):
        if num % i == 0 :
            return False
    return True
```

### 2. 函数的返回值

从上面的代码可以看到,函数可以用 return 语句向调用者传递值。Python 中的函数返回值非常灵活,可以是数值常量、变量、表达式等,甚至是函数。

Python 中的函数用 return 关键字显式地传递返回值,但是如果一个函数没有 return 语句,那么该函数最终会返回 None。None 是一个特殊对象,表示空值。因此可以说 Python 中的函数一定有返回值。函数在执行时一旦遇到 return 语句,该函数的后续代码将不再执行,因此在函数中只有最后一个语句可以是独立的 return 语句,前面的 return 通常需要放在条件语句中。

Python 中的函数还可以方便地返回多个值,如下函数完成从 3 个以上的得分中获取最高分、最低分以及去掉最高分和最低分之后的平均分。

```
def calc(marks):
    maxVal = max(marks)
    minVal = min(marks)
    return maxVal, minVal, (sum(marks) - maxVal - minVal) / (len(marks) - 2)

maxMark, minMark, averMark = calc([88, 65, 78, 99, 45, 72])
print('最高分: ', maxMark)
print('最低分: ', minMark)
print('平均分: ', averMark)
```

上面 calc 函数的 return 语句一次返回 3 个值,其实质是将 3 个值放到一个元组中,然后返回该元组,在调用返回处通过序列解包把元组的内容分别赋给 3 个变量。

### 3. 函数的调用

函数被定义后,如果没有被调用,其中的代码不会被执行。调用函数的过程是给函数传递参数(满足运行条件),从而使函数可以运行并得到返回结果的过程。

定义函数时的参数被称为形式参数,调用函数时的参数被称为实际参数。调用时通常需要满足两个条件:①实际参数和形式参数的数量相同;②实际参数的顺序和形式参数一一对应。

按照对象的不同,在函数调用时可以将实际参数分为普通对象和可变对象。二者主要的差异如下:①如果在函数中通过形式参数修改了普通对象的值,并不会影响调用的实际参数;②如果在函数中通过形式参数修改了可变对象的值,则会改变调用的实际参数的值。

下面来看两个例子,首先看如下代码:

```
def exchange(num1, num2):
    num1, num2 = num2, num1
    print(num1, num2)       # 输出交换后的值

num1 = 5
num2 = 7
print(num1, num2)           # 输出调用前的值
exchange(num1, num2)        # 试图交换
print(num1, num2)           # 输出调用后的值
```

上述代码的运行结果如下:

```
5 7
7 5
5 7
```

第 1 行的"5 7"非常容易理解,第 2 行的输出是 exchange 函数中的 print 语句的结果,从结果上感觉 num1 和 num2 交换成功,但是第 3 行又变成了"5 7"。可见,对于普通对象的参数传递是单向的,也就是只能从实际参数传递给形式参数,无法把形式参数的修改传递回来。

最常见的可变对象是列表和字典,请看如下代码:

```
def change(lst, dict1):
    lst[0] = 2
    dict1['one'] = "一"

lst = [1, 2, 3]
dict1 = {'one':1}
change(lst, dict1)
```

```
print(lst)
print(dict1)
```

在 change 函数中通过形式参数修改了列表和字典的内容,该代码的运行结果如下:

```
[2, 2, 3]
{'one' : '一'}
```

从上面的结果可以看出,列表 lst 和字典 dict1 的内容确实被 change 函数修改。但不要认为用了列表就一定可以修改成功,请看如下代码:

```
def change(lst):
    lst = list(set(lst))     #试图利用集合去重再转回列表
    print(lst)

lst = [1, 2, 3, 2, 3]
change(lst)
print(lst)
```

运行结果如下:

```
[1, 2, 3]
[1, 2, 3, 2, 3]
```

从函数中的输出结果可见,在 change 函数中确实已经去重,但是从 change 函数出来之后 lst 未做任何修改。

Python 中的函数在调用时允许采用指定形式参数名的方式实现"乱序"调用,如下例子展示了这一过程:

```
def example(num1, num2):
    print("num1 = ", num1, "num2 = ", num2)

example(20, 10)
example(num2 = 10, num1 = 20)
```

在上面代码中调用了两次 example 函数,第二次通过指定形式参数名来调用,所以两次参数传递的顺序不同,但是运行结果一致。

Python 中的函数也支持给形式参数设置默认值,如果默认值的取值科学,这一技术可以为函数调用者带来极大的方便。例如,系统自带的 sorted 函数的原型如下:

```
sorted(iterable, key = None, reverse = False)
```

该函数后面的两个参数都提供了默认值,因为大多数场合下的排序是从小到大,所以在这些情况下调用该函数时最后一个参数可以不写,此时系统会自动将 False 赋值给

reverse；同样，如果不需要特殊排序规则可以不用给 key 传实际参数，系统将会用默认规则排序。

**4. 常用的内置函数**

Python 内置了大量函数供用户直接使用，表 1.10 中列出了一些常用的内置函数。

表 1.10  常用的内置函数

| 函 数 名 | 说 明 |
| --- | --- |
| bin() | 返回数字转换为二进制的结果字符串 |
| chr() | 返回内码所对应的字符 |
| eval() | 计算表达式的值 |
| help() | 返回指定模块或者函数的说明文档 |
| hex() | 返回数字转换为十六进制的结果字符串 |
| id() | 返回对象的内存地址 |
| isinstance() | 判断一个对象是否指定类的实例 |
| map() | 返回对指定序列映射后的迭代器 |
| ord() | 返回字符的内码，对于西文而言就是 ASCII 码 |
| range() | 返回一个可迭代对象 |
| type() | 返回对象的类型 |

## 1.1.5  输入、输出和文件

程序通常需要通过输入、输出与用户交互，有时需要读/写文件，下面分别简要介绍。

**1. 输入和输出**

Python 3 中的输入是通过 input 函数，输出是通过 print 函数。

input 函数接受一个标准输入数据，返回值为字符串类型，该函数的原型如下：

```
input([prompt])
```

其中的 prompt 是在运行时给用户提示的字符串，可以省略，但通常不应该省略。因为省略后用户会比较迷惑，不知道当前该输入什么。该函数的返回值是字符串，因此经常需要强制转换为所需要的类型。下面的代码展示了常见的获取输入后的转换，其中列表 nums 的获取过程如下：首先用 input 函数获取到一个包含以空格分开的多个数字的字符串，然后用 split 方法把该字符串拆分成一个字符串的列表，再用 map 函数把列表中的每个元素转换成 int 类型得到 map 对象，最后把该对象转换为列表。

```
str1 = input("请输入一个字符串")            #获取字符串输入则无须转换
print(str1)
num = int(input("请输入一个整数"))          #获取整数可以强制转换为 int 类型
print(num)
nums = list(map(int, input("请输入多个整数用空格分开").split()))   #获取多个整数到列表
print(nums)
```

print 函数用于打印输出,该函数的原型如下:

```
print( * objects, sep = ' ', end = '\n', file = sys.stdout, flush = False)
```

objects 表示可以一次输出多个对象,在输出多个对象时需要用","分隔;sep 用于分隔输出的多个对象,默认值是一个空格;end 表示 print 输出完成后的结束符号,默认值是换行符'\n';file 表示要重定向的文件对象,默认值 sys.stdout 为标准输出(显示器);flush 表示输出是否被缓存。

### 2. 文件

文件是存储在外部介质上的一组相关信息的集合,文件为程序持久存储数据提供保障。对文件的操作可以抽象成 3 个步骤:首先打开文件,然后进行读/写操作,最后关闭文件。其中的读操作是指从文件输入数据到内存变量,写操作是指从内存变量输出到文件。

按照文件的组织形式可以把文件分成文本文件和二进制文件。这里主要介绍文本文件的操作。

打开文件必须用 open 函数,该函数的原型如下:

```
open(file, mode = 'r', buffering = -1, encoding = None)
```

其中的 file 参数是一个字符串,用于指定文件的路径,该路径可以是相对路径,也可以是绝对路径;mode 也是一个字符串,用于指定打开文件的模式,具体的打开模式参见表 1.11;encoding 用于指定文件的编码格式。

表 1.11 常用的文件打开模式

| 模式 | 说明 |
| --- | --- |
| b | 以二进制格式打开文件 |
| r | 以只读方式打开文本文件 |
| rb | 以二进制格式打开一个文件用于只读 |
| r+ | 打开一个文件用于读/写 |
| rb+ | 以二进制格式打开一个文件用于读/写 |
| w | 打开一个文件只用于写入。如果该文件已存在则打开文件(原有内容会被删除),否则创建新文件 |
| wb | 以二进制格式打开一个文件只用于写入。如果该文件已存在则打开文件(原有内容会被删除),否则创建新文件 |
| w+ | 打开一个文件用于读/写。如果该文件已存在则打开文件(原有内容会被删除),否则创建新文件 |
| wb+ | 以二进制格式打开一个文件用于读/写。如果该文件已存在则打开文件(原有内容会被删除),否则创建新文件 |
| a | 打开一个文件用于追加。如果该文件已存在则打开文件并定位文件指针到文件结尾,否则创建新文件 |

续表

| 模式 | 说明 |
|---|---|
| ab | 以二进制格式打开一个文件用于追加。如果该文件已存在则打开文件并定位文件指针到文件结尾,否则创建新文件 |
| a+ | 打开一个文件用于读/写。如果该文件已存在则打开文件并定位文件指针到文件结尾,否则创建新文件 |
| ab+ | 以二进制格式打开一个文件用于追加。如果该文件已存在则打开文件并定位文件指针到文件结尾,否则创建新文件 |

open 函数的返回值是文件对象,在文件操作结束后需要关闭文件。无论是用什么模式打开的文件,都可以用文件对象的 close 方法关闭,文件被关闭后就不可以再进行读/写操作。因为在操作系统中同时打开的文件数量是有上限的,所以如果打开文件不关闭,可能会导致后续打开文件失败,故及时关闭文件是一个良好的习惯。

文件提供了一些读/写方法供用户选择,表 1.12 列出了这些常用方法。

表 1.12  常用的文件读/写方法

| 方法 | 说明 |
|---|---|
| close() | 关闭文件 |
| flush() | 强制把内部缓冲区中的数据立刻写入文件 |
| read() | 从文件读取指定的字节数,如果为空或为负则读取所有 |
| readline() | 读取一行 |
| readlines() | 读取所有行并返回列表 |
| seek() | 移动文件读取指针到指定位置 |
| tell() | 返回文件当前位置 |
| write() | 将字符串写入文件 |
| writelines() | 向文件写入列表中的所有数据 |

read 方法如果不传参数或者传入负数就会读取整个文件,readlines 方法也是读取整个文件,所以当文件非常大时会消耗大量的内存,因此用户在使用时需要慎重。

通过文件读/写方法很容易实现文件的复制,如下代码可以实现文本文件的复制。

```python
def copyFile(src, des):
    srcFp = open(src, "r")
    desFp = open(des, "w")
    
    ch = srcFp.read(1)
    while ch != "":
        desFp.write(ch)
        ch = srcFp.read(1)
    
    srcFp.close()
    desFp.close()
```

上面的代码以读和写模式分别打开源文件和目标文件,然后用 read 方法每次从源文件读 1 字节,再写入目标文件,当文件结束时停止循环,最后关闭文件,这样就可以实现文件的复制。读者可以尝试修改代码使得每次读/写更多的字节,从而提高效率。另外,在写入目标文件时,如果对原始数据稍做修改就可以实现文件加密功能。

用户在编写程序时可能会忘记关闭文件,从而给代码的稳定运行带来隐患。在 Python 中可以用 with 的语句块操作文件,这样做的好处是系统在 with 的语句块执行完后自动关闭文件。下面的代码演示了打开文件通过相关方法得到一个文件的长度,因为用了 with 语句块,所以不需要用 close 方法关闭文件。

```
def getLen(filename):
    with open(filename, "r") as file:
        file.seek(0, 2)          #定位文件指针到文件的最后
        return file.tell()       #返回文件指针所在的位置
```

### 1.1.6 异常处理

程序运行可能会遇到错误,错误可以分为语法错误、运行错误和逻辑错误。因为软件的复杂性,导致程序在运行时可能会遇到各种各样的异常。例如,网络通信程序可能遇到网络断开、通信不畅的情况;大数据处理程序可能遇到内存不够的情况。

一个良好的程序需要处理程序运行时的异常,使得程序在运行遇到异常时做出合理的反应。例如,编辑器工具软件在保存文件时,如果用户输入了不合法的文件名,此时不应该直接结束程序,而应让用户重新输入,否则就会给用户带来数据丢失这种灾难性后果。

**1. Python 与异常**

对 Python 而言,异常是一个事件,它发生在程序的运行期,在遇到无法正常处理的代码时会引发异常。出现异常会影响程序的正常执行,导致程序的运行过程偏离设计的流程,因此当 Python 程序发生异常时必须捕获并处理它,否则程序将会被终止执行。显然程序员希望程序的执行过程在掌控之中,不希望因为用户操作不当或者运行环境变化等缘故导致程序被终止执行。

Python 对异常处理提供了完备的支持,主要涉及的关键字是 try、raise、except、finally,此外还经常用到 else。其中,try 用于监视异常;raise 用于抛出异常;except 和异常类型相结合可以捕获指定类型的异常;finally 负责异常处理的收尾和善后操作;else 不仅可以用于循环中,还可以用于异常处理。

**2. 异常处理器**

用 try 和 except 组成的代码被称为异常处理器,一个异常处理器可以包含一个 try 和多个 except。为了简单化,这里给出了只包含一个 except 的异常处理器,在该异常处理器中 except 的后面没有写异常类型,表示它可以捕获任意类型的异常。

```
try:
    语句块
except:
    异常处理语句块
后续代码
```

上述异常处理器首先执行 try 内部的语句块,如果执行正常,直接转异常处理器后面的后续代码执行;如果执行语句块引发异常,那么将会到 except 后执行异常处理语句块,此后继续执行异常处理器后面的代码。因此,在处理完异常之后并不会返回引发异常处的代码行,如果希望达到这样的效果,需要自己用循环来控制流程。

下面来看一个完备的异常处理器:

```
try:
    语句块
except 异常类型1[ as 错误描述]:
    异常处理语句块 1
…
except 异常类型 n[ as 错误描述]:
    异常处理语句块 n
except:
    默认异常处理语句块
else:
    未出现异常才执行的语句块
finally:
    一定被执行的语句块
```

在上面的异常处理器中有多个处理不同类型的 except,从而对不同类型异常区别处理,并包含一个不带异常类型的 except。该 except 一定要写在最后一个,否则后续的 except 将没有机会捕获异常,else 中的语句块只有在未发生任何异常时才会执行,finally 中的语句块无论是否发生异常都一定会被执行。

### 3. 错误与异常处理原则

程序中的错误与异常处理主要包括以下原则。

(1) 程序遇到错误情况时,如果还能以某种方式执行下去,不要随意终止执行,不轻易崩溃。例如,在考试成绩管理系统处理百分制成绩时,如果遇到用户输入超过 100 分的成绩就立刻终止程序,这是不合适的。

(2) 在遇到错误时,不出现任意的非预期行为,任何时候的行为都应该符合预期。例如,无人驾驶汽车的控制程序如果遇到从未见过的障碍物就转身冲入悬崖,这显然也是不可以接受的。

(3) 当某个局部发生错误时尽可能局部处理。

在一个函数中出现了异常,而该函数中未能捕获和处理,那么该异常将会被抛给该函数的主调函数。如果主调函数也不处理,就会层层向上传递,最终抛给操作系统,操作系统的干预方式通常是终止当前程序的执行。

异常处理机制已经成为现代程序设计处理错误的标准模式,在使用了异常处理之后会显著增强程序的健壮性。当然,世界上的事物是有两面性的,已经有测试表明异常处理会略微降低程序的性能,但随着计算机性能的不断提升,这个性能损耗可以忽略不计。

### 1.1.7 模块

函数可以提高代码的复用性,但是随着软件规模越来越大,一个大的程序往往包括多个源文件。Python 源文件的扩展名是.py,其中通常包含用户自定义的变量、函数和类,这样的一个源文件可以被称为模块。若干功能相关的模块组合在一起称为包,包中必须有一个名称为__init__.py 的文件,包中除了有模块之外还可以有包,若干功能相关的包在一起称为库。当然,在一个包中也可以只有一个模块,因此包和模块两个词汇的区分有时并不明显。

Python 的标准库和第三方库中包含了大量的模块。例如,标准库中的 random 模块含有用于产生随机数的相关函数,wordcloud 是一个第三方提供的专门用于绘制词云的库。

**1. 导入模块**

可以使用 import 语句导入模块,从而使用模块中定义的类和函数。导入模块主要有以下 3 种形式。

1) import 模块名 1 [as 别名],[模块名 2 [as 别名]…]

以下是导入 random 和 numpy 两个模块的例子,前者没有使用别名,后者使用了别名。

```
import random
import numpy as np
```

用此方式导入的模块,在使用其中的函数时必须加上模块名限定,以下是导入 math 模块并利用其中的 sqrt()函数求平方根以及用 cos()函数求余弦值的例子。

```
import math
print(math.sqrt(2))
print(math.cos(math.pi))
```

2) from 模块名 import 函数名 [as 别名],[函数名 [as 别名]…]

用此方式导入的模块,在使用其中的函数时无须加上模块名限定,但是只能使用指定的函数,无法调用模块中的其余函数。下面例子中的 sqrt 在调用时无须添加前置 math 模块限定,但是对 cos 的两个调用都是错误的,在注释中已经写明错误原因。

```
from math import sqrt
print(sqrt(2))
print(cos(pi))              # 本句代码会出错,因为没有导入 cos 和 pi
print(math.cos(math.pi))    # 本句代码会出错,因为没有导入完整的 math 模块
```

3) from 模块名 import *

用此方式导入的模块,在使用其中的函数时无须加上模块名限定,并且可以使用模块中的全部函数。下面例子中的两句代码都是正确的。

```
from math import *
print(sqrt(2))
print(cos(pi))
```

从上面 3 种导入模块的方式可以看出,最后一种方式调用模块中的函数和数据最简单。但是这种方式在导入多个模块时可能会遇到歧义问题。例如,在同一个程序中用第 3 种方式分别导入了模块 A 和 B 中的全部内容,如果 A 和 B 中都有 test 函数,那么直接调用 test 函数将会引发二义性。

**2. 安装第三方包**

Python 附带了一个包的管理工具——pip,它提供了对 Python 包的查找、下载、安装和卸载功能,pip 的主要功能参见表 1.13。

表 1.13　pip 的主要功能

| 功　　能 | 命　　令 |
| --- | --- |
| 显示版本 | pip --version |
| 查看帮助 | pip --help |
| 安装包 | pip install 包名 |
| 安装指定版本的包 | pip install 包名==版本号 |
| 升级包 | pip install -u 包名 |
| 显示包的信息 | pip show 包名 |
| 列出已经安装的包 | pip list |
| 查看可以升级的包 | pip list -o |
| 搜索包 | pip search 包名 |
| 卸载包 | pip uninstall 包名 |

**3. 创建自定义模块**

模块本质上就是一个 py 文件,在进行程序开发时应将程序分成多个模块,这样不仅结构清晰而且方便管理。每个模块不仅可以自己运行,也可以被导入其他模块中调用。以下是一个模块的例子,设模块的文件名为 GetAUrlText.py。

```
import urllib.request
from bs4 import BeautifulSoup          #导入用于解析网页

def getAurlHtmlAndParse(url):
    htm = urllib.request.urlopen(url)   #获取网页
    soup = BeautifulSoup(htm.read().decode('utf-8'), 'html.parser')
    return soup
```

```python
def delScriptAndStyleFromHtml(soup):
    for script in soup(["script", "style"]):
        script.extract()                          #过滤脚本和样式
    text = soup.get_text()
    lines = [line.strip() for line in text.splitlines()]
    chunks = [phrase.strip() for line in lines for phrase in line.split(" ")]
    text = ''.join(chunk for chunk in chunks if chunk)
    text = text.replace(" ", "")
    return text

def GetTextFromUrl(url):
    soup = getAurlHtmlAndParse(url)               #获取网页
    text = delScriptAndStyleFromHtml(soup)        #去除脚本和样式
    return text

if __name__ == "__main__":
    print(GetTextFromUrl("http://www.tup.tsinghua.edu.cn/"))
```

在上面的模块中包含了3个函数和一段测试代码，为了保证测试代码不会被其余模块误调用，把它放在了一个 if 条件中。其中，__name__ 是一个变量，在每个模块中都有自己的 __name__ 变量，当一个模块主动执行时，该模块的 __name__ 的值为 "__main__"，否则 __name__ 的值是调用此模块的文件名。

下面以 GetAUrlText.py 为例介绍调用自定义模块中函数的过程，首先把 GetAUrlText.py 文件复制到项目所在的文件夹，然后用如下代码调用：

```python
import GetAUrlText
print(GetAUrlText.GetTextFromUrl("http://www.suda.edu.cn"))
```

## 1.2 Python 面向对象编程

### 1.2.1 面向对象的基本概念

计算机世界是对真实世界的抽象和映射，自然界中的每个事物都可以看成一个对象。面向过程的方法以功能(函数)为中心考虑问题，把功能和数据(变量)分离开来。面向对象的方法把功能和数据整合在一起构成对象，更加符合真实世界。

在面向对象中有一些专用术语，下面列出一些常用术语并进行简要解释。

**类**：具有相同属性和方法的对象的集合。例如，人类是一个类。

**对象**：对象是类的实例，类和对象是抽象和具体的关系，一个类可以产生多个实例。例如，一个自然人就是一个对象，他是人类的实例。

**方法**：类中的函数被称为方法，方法是类的动态特性，方法也被称为函数成员。例如，列表的 sort 方法可以对列表元素进行排序。

**属性**：类中的变量被称为属性，属性是类的静态特性，属性也被称为数据成员。例如，汽车类的汽车颜色就是一个属性。

**封装与隐藏**：在设计类的时候将抽象出方法和属性的过程称为封装，把通过设置权限将部分方法和属性不为外界所用的过程称为隐藏。

**继承与派生**：允许在创建类时基于已有的类扩展，已有的类称为基类（父类），新建的类称为派生类（子类）。继承和派生本质上是一个含义，只是所站的立场不同，站在基类的角度可以说派生出了子类，站在子类的角度可以说从基类继承而来。

类是面向对象的基础，有了类才可以封装、隐藏、继承和派生。但是有些非常简单的问题通过完备的类来解决反而显得拖沓冗长，Python同时支持面向过程和面向对象。

### 1.2.2 类的定义和使用

在 Python 中不仅可以使用系统定义好的类，也支持用户自定义类。定义类的语法如下：

```
class 类名:
    属性的定义
    函数的定义
```

以下是一个描述银行活期账户类的例子：

```
class BankCard:
    rate = 0.02                              #公有的类变量
    __sequence = 0                           #私有的类变量
    def __init__(self, name, money):
        BankCard.__sequence += 1             #利用类名访问类变量
        self.bank_id = BankCard.__sequence   #实例变量
        self.bank_name = name                #实例变量
        self.bank_amount = money             #实例变量

    def show(self):
        print('====================== ')
        print("卡号:", self.bank_id)
        print("姓名:", self.bank_name)
        print("金额:{:.2f}".format(self.bank_amount))

card1 = BankCard('王老虎', 10000.0)          #产生对象
card1.show()                                 #通过对象调用成员
card2 = BankCard('张大牛', 30000.0)
card2.show()
print(BankCard.rate)
print(BankCard.__sequence)                   #本句会发生错误,因为不可在外部访问类的私有成员
```

下面对上述代码中的有关知识点进行介绍。

**1. self 参数**

上面代码中的两个成员函数的第一个参数都是 self,在这里 self 是一个约定俗成的变量名，用于表示当前对象。为什么类的成员函数必须有一个 self 参数呢？因为类的成

员函数是本类的所有对象共享的,每个对象在调用成员函数时自动把自身传递过来,因此通过 self 可以得到调用成员函数的当前对象。

**2. 类变量**

类变量定义在类内部但又在类的成员函数之外,它是类的所有对象共享的、公用的。也就是说,如果一个类有一个类变量,该类无论产生多少个对象,它们的此类变量只有一份,是大家公用的。

**3. 实例变量**

实例变量是每个实例独有的,每个对象的实例变量互不影响。如果一个类有一个实例变量,该类产生了 n 个对象,就有 n 份此实例变量。

**4. 成员的权限**

类中的成员可以有 3 种权限,即公有、私有和保护,面向对象的隐藏必须依赖私有和保护权限才能实现。如果把类的成员称为内部,把类的使用者称为外部,3 种权限的成员差异如下:在类内、外部都可以访问公有的成员;只有内部可以访问私有的成员;内部和子类的成员函数都可以访问保护的成员,外部无法访问保护成员。

Python 是依靠成员的名称来区分 3 种权限的,如果以两个下画线开头表示是私有成员,如果以一个下画线开头表示是保护成员,否则就是公有成员。

**5. \_\_init\_\_方法**

\_\_init\_\_是类的一个特殊方法,被称为类的构造方法。以两个下画线开头暗示了它是私有的,因此不可以被类外部直接调用。该方法比较特殊,每当用类产生对象时都会自动调用此方法,因此它非常适合用于初始化数据成员。

**6. 类的实例化以及访问成员**

用类产生对象的过程就是类的实例化的过程,在上面的代码中用 BankCard 产生了两个对象,分别是 card1 和 card2。在类的外部可以通过"对象名.成员名"的方式访问类的公有成员,在上面的代码中通过对象名调用了 show 成员函数。类变量是属于类的,所有对象是共享的,因此也可以通过"类名.成员"的方式来访问公有类变量。

### 1.2.3 继承与派生

类的第一个作用是产生对象,第二个作用是作为基类进行继承和派生。Python 不仅支持单一继承,还支持多重继承,继承和派生的语法如下:

```
class 类名(基类名称 1[,基类名称 2…]):
    属性的定义
    函数的定义
```

在下面的示例中首先定义了 person 类,然后基于该类派生出 teacher 类。其中,基类和派生类都实现了自己的 __init__ 成员函数,在派生类的 __init__ 成员函数中通过基类名称调用了基类的 __init__ 成员函数。基类和派生类有一个同名的公有方法——introduceSelf,这种现象被称为在派生类中覆盖基类的方法。

```python
class person:
    def __init__(self, name, age):
        self.name = name
        self.age = age
    def introduceSelf(self):
        print("{:}说:我{:2d}岁".format(self.name, self.age))
    def getName(self):
        return self.name

class teacher(person):
    def __init__(self, name, age, sub):
        person.__init__(self, name, age)       #调用父类的函数
        self.subject = sub
    #覆盖父类的方法
    def introduceSelf(self):
        print("{:}说:我{:2d}岁,我教{:}".format(self.name, self.age, self.subject))

per1 = person('Tom', 20)
per1.introduceSelf()

sir1 = teacher("Jerry", 40, "Programing")
sir1.introduceSelf()
print(sir1.getName())                          #getName是基类的方法
```

上述代码中的最后一行调用的 getName 方法是基类的方法,这显示了继承带来的优势。

这里考虑一个多重继承遇到的问题,如果在多个基类中都有公有方法 test,那么当通过派生类的对象调用 test 方法时就会遇到歧义问题。为了解决这种歧义,很多语言设计了一系列语法规则。Python 的解决办法是依次检索各基类,调用第一个检索到的基类中的 test 方法。由此可见,在多重继承时基类的顺序有时也是需要注意的细节。

### 1.2.4 迭代器与生成器

下面简要介绍 Python 中两个常用的特殊对象,即迭代器和生成器。

**1. 迭代器**

迭代器是一个可以遍历而且自己记录遍历位置的对象。它的工作模式属于"懒惰模式",也就是在调用迭代器时才会返回下一个元素。这样在处理海量数据时就无须预先产生大量数据或者把大量数据加载到内存。迭代器从数据的第一个元素开始访问,直到所有的元素被访问完结束,迭代器只能单向往前,不可以后退,因此迭代器内部需要维护自

己的状态。

一个类如果实现了__iter__和__next__方法就属于迭代器类。迭代器是一个有状态的对象,在调用next()的时候返回下一个值,如果没有更多元素,就会抛出StopIteration异常。以下是一个迭代指定范围内素数的迭代器类。

```python
class prime:
    def __init__(self, n):
        self.cur = 1
        self.top = n

    def __iter__(self):
        return self

    def isPrime(self, num):
        if num <= 1:
            return False
        from math import sqrt
        upperNumber = int(sqrt(num))
        for i in range(2, upperNumber + 1):
            if num % i == 0:
                return False
        return True

    def __next__(self):
        for i in range(self.cur + 1, self.top + 1):
            if self.isPrime(i) == True:
                self.cur = i
                return i
        raise StopIteration

pri = prime(50)
for i in pri:                    #在迭代器中迭代
    print(i)
```

### 2. 生成器

生成器也是可迭代的,但它不用实现__iter__和__next__方法,只需要使用关键字yield。下面使用生成器实现了类似上面素数迭代器的功能。

```python
def prime():
    def isPrime(num):
        if num <= 1:
            return False
        from math import sqrt
        upperNumber = int(sqrt(num))
        for i in range(2, upperNumber + 1):
            if num % i == 0:
```

```
            return False
        return True

    cur = 2
    while True:
        if isPrime(cur) == True:
            yield cur
        cur += 1
pri = prime()
for i in range(20):
    print(next(pri))
```

从上面的代码可以看出,这里的生成器实质上是一个函数,但是在该函数中未使用 return,而是使用了 yield 关键字。另外,为了增加代码的独立性,上面的生成器把判断素数的函数 isPrime 的定义写在了 prime 函数中,这在 Python 中是允许的。

## 1.3 与数据结构和算法相关的 Python 模块

### 1.3.1 抽象基类和 abc 模块

类通常有两个作用,分别是产生对象和作为基类。如果一个类不能产生对象,那么这个类被称为抽象类。抽象类只能作为基类,因此抽象类也被称为抽象基类。

抽象类最大的作用是使子孙类都有所希望的方法,从而使调用者可以规范、统一地调用处理子孙类的方法。

在 Python 中实现抽象基类需要使用 abc(abstract base class)模块,如下代码使用 abc 模块定义了一个抽象类 animal,并提供了一个抽象方法,该抽象方法在 3 个子类中各自有具体的实现代码。

```
import abc
class animal(metaclass = abc.ABCMeta):       #抽象类
    @abc.abstractmethod
    def sound(self):                          #抽象方法
        pass

class dog(animal):
    def sound(self):                          #给出具体实现
        print("汪汪汪")

class cat(animal):
    def sound(self):                          #给出具体实现
        print("喵喵喵")

class duck(animal):
    def sound(self):                          #给出具体实现
```

```
            print("嘎嘎嘎")

    def playSound(temp):        ♯本函数代码无须修改,可以调用animal的各种派生类的sound方法
        temp.sound()

    dog1 = dog()
    cat1 = cat()
    duck1 = duck()

    playSound(dog1)
    playSound(cat1)
    playSound(duck1)
```

从上面的例子可以看到,dog、cat和duck类都是从抽象基类animal继承而来,因此3个类都必须实现sound方法。3种动物的叫声不同,所以3个sound的内部代码也不同。因为animal的子孙类一定有sound方法,所以playSound函数无须做任何修改,甚至可以调用将来才实现的animal子孙类的sound方法。这样就可以避免调用代码和具体的类强耦合,提高了程序的扩展性。可见,通过抽象基类保证了子类具有共同的接口但功能不同,最终使函数调用者的代码实现一对多的效果,也可以达到解耦的目的。

### 1.3.2 ctypes模块

众所周知,C语言的运行效率较高,如果能够在一些非常在乎效率的场合用Python调用C语言写的代码,将是一个开发效率和运行效率兼得的方案。Python的ctypes模块提供了一系列与C、C++语言兼容的数据结构类与方法,可以调用C源代码编译得到的动态链接库,从而实现Python程序与C程序之间的数据交换与调用。

此外,操作系统的API(Application Programming Interface,应用程序接口)的参数通常是用C语言描述。因此,借助ctypes模块为Python打开了调用API从而直接和操作系统交互的大门。

### 1.3.3 array模块

Python的列表相当于传统语言的数组,但是比数组方便、灵活。例如,元素可以异构,可以很方便地调整大小。但是世上万物"有得必有失",列表的每个元素比较复杂,因此它的效率和传统语言的数组相差甚远。Python提供了array模块,它是一种高效的数组存储类型,所有的数组成员必须是同一种类型,在创建数组的时候就需要确定数组的类型。

### 1.3.4 NumPy模块

NumPy(Numerical Python)是Python的一个扩展程序库,支持大数组与大型矩阵运算,并提供了大量的数学函数库。它本身用C语言实现,把上层提供的数据类型和操作推到底层执行,效率非常高。因为NumPy具有一系列优点,大量的第三方科学计算、机器学习模块都基于NumPy,例如pandas、SciPy等。

NumPy 的核心是 ndarray，它是存储单一数据类型的多维数组，不仅支持 Python 所有的算术运算符，而且在执行算术运算时采用了向量化操作。例如，把 array1 的每个元素乘方赋值给其他数组，可以直接写 array1 ** 2，效率远高于自己用循环把每个元素乘方。NumPy 的 ndarray 也附带了大量的函数，包括算术、多项式、排序、聚合函数等，方便程序员快速地计算或获取结果。

### 1.3.5 collections 模块

在 Python 内置数据类型的基础上，collections 模块还提供了额外的数据类型，这些数据类型实现精良、运行效率高，熟练掌握有时可以达到事半功倍的效果。下面仅列出这些数据类型，对于具体使用，读者可以查阅 Python 帮助文档。

（1）Counter：计数器，统计可哈希的对象。
（2）OrderedDict：有序字典。
（3）Defaultdict：带有默认值的字典。
（4）Namedtuple：可以用名字访问元素内容的元组。
（5）Deque：双端队列。
（6）ChainMap：统一多映射视图的字典。

## 1.4 上机实验

扫一扫

上机实验

## 习题 1

扫一扫

习题

扫一扫

自测题

# 第二篇 数据结构与算法篇

# 第 2 章

# 数据结构概述

用计算机求解问题离不开程序设计。程序设计的实质就在于解决两个主要问题：一是根据实际问题选择一种好的数据结构；二是设计一个好的算法。本章将介绍数据结构的相关概念、数据结构课程的主要内容，以及算法的概念和算法分析的基本方法。

## 2.1 基本概念

### 2.1.1 数据与数据结构

**1. 数据**

**数据**(data)是指所有能够输入计算机中存储并被计算机处理的符号的总称，它是计算机程序所处理的对象的集合，是计算机程序加工的原料，是信息的编码表示。数据的范畴不断动态扩展。最初计算机只能处理数值型数据，随着计算机技术的发展，数据的含义已极为广泛，数值、字符、文本、声音、图像、视频等都属于数据的范畴。例如，天气预报程序处理的是气压、气温、风速、风向、湿度等数据，文字翻译程序处理的数据是各国语言文本字符串，视频编辑软件处理的是视频、图片、背景音乐等多媒体数据，购物 App 处理的则是各类商品的数据。

**2. 数据元素**

**数据元素**(data element)是数据集合中的一个"个体"，是数据的基本单位，在计算机程序中通常将其作为一个逻辑整体进行处理。在不同的应用中数据元素可以是各种类型的，例如一个整数、一个字符串、一段文本、一个商品记录、一节讲课视频等。在不同场合下数据元素也常被称为元素、结点、记录和顶点等。

### 3. 数据项

当一个数据元素包含多个部分信息时,其中每个部分的信息被称为**数据项**(data item),包含多个数据项的数据元素通常被称为记录。例如,一件商品的记录可能包含商品名称、编号、类别、价格等多个数据项。数据项是构成数据元素的不可分割的最小单位,也被称为字段、域或属性。

### 4. 数据对象

数据对象(data object)是性质相同的数据元素的集合,是数据的一个子集。例如,整数的数据对象是集合$\{0, \pm 1, \pm 2, \cdots\}$,英文字母的数据对象是集合$\{'a', 'A', 'b', 'B', \cdots\}$。在具体应用中,一个数据对象中的元素相互之间通常存在某种关系。

### 5. 数据结构

在具体应用中,对于具有相同性质的一组数据元素,程序通常把它们作为一个整体进行统一管理。例如,图书借阅系统中对所有图书记录的统一管理,城市地铁系统对车站数据的统一管理。在各种应用中,数据元素之间的关系可能不同,为确保元素可以被高效地访问及处理,对它们的组织及操作的策略和方法也随之不同。因此,抽象出实际问题中数据元素之间的关系,对同种类型的关系研究其操作的共性,具有重要的意义。

带关系的数据元素构成的集合称为**数据结构**(data structure)。本书所介绍的某确定数据结构中的数据元素具有相同性质、相同类型。

如图 2.1 所示,最外面的圆圈表示数据这个大集合,标识为 A 和 B 的两个圆分别表示两个数据对象集合,除此之外的较小的圆表示各种不同大小的数据元素。在两个数据对象 A、B 中分别包含了若干相同类型的数据元素,B 数据对象中的数据元素之间存在关系,即形成一种数据结构。

实践和研究表明,精心选择的数据结构可以带来更高的运行效率或存储效率。例如,图书馆对所有图书进行分类编号并按序陈列,而不是将所有书无序陈列,原因就是更科学、合理的图书组织方式能带来更高的检索效率。因此,想要实现大型的复杂程序,必须首先对程序所处理的数据结构进行深入的研究。

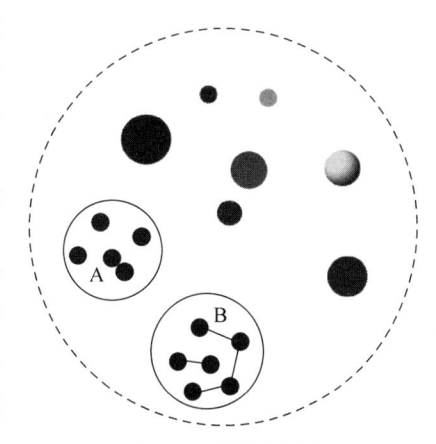

图 2.1 数据的层次

数据结构是数据组织、存储和管理的方式,对数据结构的研究主要从逻辑结构、存储结构及其基本操作三方面进行。

**6. 逻辑结构**

**逻辑结构**(logical structure)是指数据结构中各数据元素之间的内在关系。根据元素之间关系的不同特性,数据结构被抽象为4类逻辑结构,即**线性结构**(linear structure)、**树结构**(tree structure)、**图结构**(graph structure)和**集合**(set)。

1) 线性结构

元素之间的关系是前趋和后继的关系,每个元素都有自己对应的位序号,除了首元素之外,每个元素都有一个直接前趋;除了尾元素之外,每个元素都有一个直接后继,元素之间的关系也称为"一对一"的关系。例如,学生成绩表、电话号码本都属于线性结构,虽然两者包含的数据元素性质不同,但当把一个学生记录看成一个整体,把一个电话号码记录看成一个整体时,则都可以用如图2.2所示的逻辑结构示意图来表示。另外,对它们的处理方式也是基本相同的,例如可以增加或删除一个学生或号码记录、查找某个学生或某个号码等。线性结构主要包括普通的线性表、栈和队列等。

图 2.2 线性结构

2) 树结构

元素之间存在"一对多"的关系,即除了起始元素(根结点)之外,每个元素都有一个直接前趋,除各个终端元素(叶子结点)之外,每个元素都有一个或多个直接后继。在树结构中元素是按层次分布的,因此树结构也称为层次型的结构。例如,家族族谱图、行政机构组织、文件目录结构都属于树结构,如图2.3所示。在树结构中包含二叉树和多路树等。

3) 图结构

图结构也称为网结构。在图结构中,元素之间存在"多对多"的关系,每个数据元素可能有多个直接前趋和多个直接后继,图中的任意两个数据元素都可能发生关系,如图2.4所示。例如,物质的分子结构图、交通线路图、数据传输网都属于图结构。

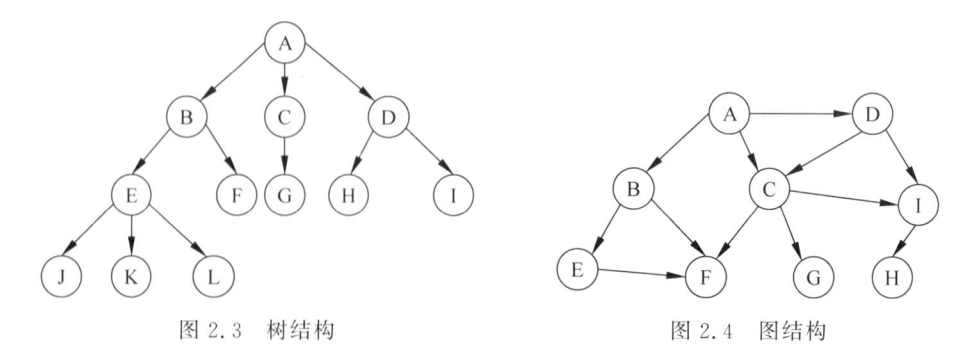

图 2.3 树结构    图 2.4 图结构

4) 集合

集合中数据元素之间除了"同属于一个集合"的关系以外别无其他关系,如图2.5所示。例如，一袋玻璃球就是集合的一个例子。

树结构、图结构和集合都不属于线性结构，统称为**非线性结构**。

在逻辑结构示意图中，每个小圆表示一个数据元素，小圆之间的线段表示对应数据元素之间存在前趋和后继关系，箭头表示关系的方向性，当方向是明确的或者总是双向的时候常省略箭头。例如，在线性结构示意图（图 2.2）中，默认左边的元素是前趋，右边的元素是后继；在树结构（图 2.3）中，上一层的元素是前趋，下一层的元素是后继，因此在线性结构和树形结构示意图中常省略箭头。

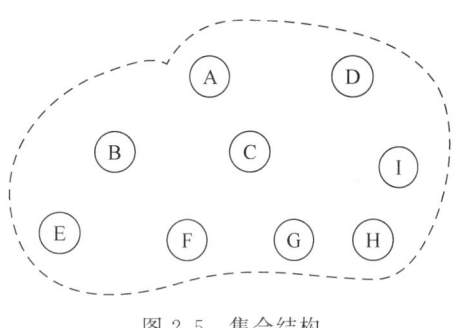

图 2.5 集合结构

不管多么复杂的应用，也不管处理多么复杂的数据，程序所处理的数据结构无外乎以上 4 种或它们的复合结构。

逻辑结构是从具体问题中抽象出来的数学模型，独立于计算机，与是否存储在计算机中无关。它涉及两方面的内容：一是数据元素，二是数据元素间的逻辑关系。逻辑结构除了可以用逻辑结构示意图表示之外，还可以用以下二元组方式来表示：

```
Logical_Structure = (D, R)
```

其中，D 是数据元素的有限集合，R 是 D 上关系的有限集合。

【**例 2.1**】 设有数据结构 G=(D,R)，其中 D={A,B,C,D,E}，R={<A,B>,<A,E>,<B,C>,<C,D>,<D,B>,<D,A>,<E,C>}，画出其逻辑结构示意图。

在该数据结构中有 5 个元素、7 对有向的关系，不难画出如图 2.6 所示的逻辑结构示意图，显然这是一个图结构。

在 Python 的内置数据类型中，列表（list）、元组（tuple）和字符串（str）等的逻辑结构属于线性结构，集合（set）和字典（dict）等属于集合。

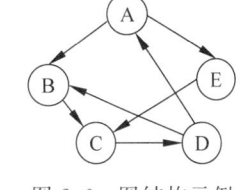

图 2.6 图结构示例

### 7. 存储结构

**存储结构**是指数据结构在计算机中的表示（又称映像）方法，是逻辑结构在计算机中的存储实现。对数据结构的存储应包含两方面的内容，即数据元素本身及数据元素之间的关系。数据元素的映像方法比较固定，在高级语言中，只要根据数据元素的性质选取对应的类型进行存储，最终对应于若干字节的二进制位串。例如，在 Python 中，整数对象存储了若干字节的对象头部和若干字节的二进制补码。

"元素之间关系"的映像方法主要有以下 4 种。

1) 顺序存储

**顺序存储结构**（sequential storage structure）是指将所有的数据元素存放在一片连续的存储单元中。在对线性结构进行顺序存储时，具有前趋、后继关系的两个元素的内存映像也是相邻的,元素之间物理位置的相邻直接反映它们逻辑关系的前后。

高级语言在实现顺序存储结构时,根据语言和存储对象的不同特点,具体有两种实现方式,即**元素内置的顺序存储**和**元素外置的顺序存储**。对于逻辑上相邻的任意一对元素<x,y>,在元素内置的顺序存储方式中,连续内存空间中依次存储的是 x 和 y 对象,如图 2.7(a)所示;而在元素外置的顺序存储方式中,连续内存空间中依次存储的是指向 x 和 y 这两个对象的引用,如图 2.7(b)所示。绝大多数高级语言提供元素内置的顺序存储方式,例如 C 和 C++中的数组。在 Python 中则两者并存,例如字符串和列表这两种线性结构都以顺序存储方式存储,其中字符串的存储方式为元素内置的顺序存储,如图 2.7(a)所示;列表的存储方式为元素外置的顺序存储,如图 2.7(b)所示。在分析问题时经常将顺序存储结构的图示统一简化为图 2.7(a)所示的结构。

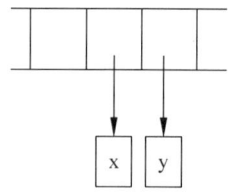

(a) 元素内置的顺序存储　　　　(b) 元素外置的顺序存储

图 2.7　顺序存储结构

2) 链式存储

在链式存储结构(linked structure)中,元素之间的逻辑关系由附加的链域(常称为指针域)来指示,该链域中存储当前元素的后继(或前趋)元素在内存中的映像的地址。每个数据元素在内存中的映像包含元素值和指针域两部分,称为结点。每个结点单独分配空间,因此无须占用连续内存。对于逻辑上相邻的一对元素<x,y>,在存储值 x 的同时附加存储 y 对应结点的地址(称为指向 y 的指针),如图 2.8 所示。

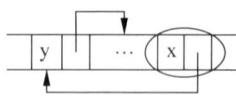

图 2.8　链式存储结构

由于不用关心元素在内存中的具体位置,因此图 2.8 可简化为图 2.9 所示的链式存储结构示意图。

这时一个线性表(A,B,C,D,E)则可用图 2.10 所示的链表表示,通过首元素 A 对应结点的地址 head 可对整个链表进行访问和处理。

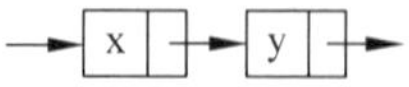

图 2.9　简化的链式存储结构示意图 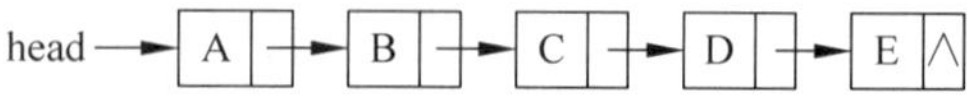　　　　图 2.10　线性表的链表结构

3) 索引顺序存储

**索引顺序存储结构**包含两部分,即主数据表和索引表,其主要用于快速查找数据元素。具体内容请参考 11.2.3 节。

4) 哈希存储

**哈希存储结构**也称为**哈希表**或**散列表**,通常是一个稀疏顺序表,用于存储集合,目的是提高数据的查找效率。Python 中的字典 dict 和集合 set 即采用哈希存储结构。具体内容请参考 11.4 节。

顺序存储结构和链式存储结构是两种最基本、最常用的存储结构。在实际应用中可以将顺序存储结构和链式存储结构进行组合,构造出复杂的存储方案。

同一种逻辑结构采用不同的存储方案,可以得到不同的存储结构。选择何种存储结构表示相应的逻辑结构要视不同的应用场合确定,通常从存储结构的空间性能、常用基本操作的时间性能以及算法的简便性等角度进行考虑。

## 2.1.2 数据类型

### 1. 数据类型及分类

在高级语言中,通过**数据类型**(data type)来存储不同性质的数据并对它们进行操作。在某种特定的语言中,确定了对象的数据类型,也就确定了该对象的取值范围、存储方法和可进行的操作。因此,数据类型这个概念是针对具体编程语言的。例如,Python 中的整数数据类型用于存储任意位数的整数,采用变长结构进行存储,可进行加、减、乘、除、求余数等操作。

Python 中的数据类型包括内置的数据类型、模块中定义的数据类型和用户自定义的数据类型。内置数据类型包括数值类型、序列类型、集合类型等,数值类型则包括整数、浮点数、复数和布尔类型。

按照对象值是否可分解,数据类型也常被分为**原子类型**和**组合类型**。例如,Python 数值对象的值不可再分解,属于原子类型;而列表、集合、字典等类型的对象包含了多个成分,属于组合类型。

### 2. 抽象数据类型

**抽象数据类型**(Abstract Data Type,ADT)是指一个数学模型及定义在该模型上的一组操作。这个概念允许用户定义现实世界中的任何对象,它仅包含两方面:一是对该数学模型本身性质的描述,二是对该模型的基本操作的描述。在该定义忽略了数据类型概念中对象的具体存储方法和基本操作的实现细节。ADT 定义的两方面对应于数据结构的逻辑结构和对其进行的基本操作,因此可以用 ADT 定义来描述数据结构。

假设定义一个抽象数据类型"容器",该类型的对象可以容纳多个元素,并且具有以下基本操作。

(1) 返回容器中元素的个数。
(2) 判断容器是否为空。
(3) 在容器中放入元素 item。
(4) 从容器中删除元素 item。
(5) 判断容器中是否包含元素 item。
(6) 清空容器中的所有元素。
(7) 输出容器中的所有元素。

在 C++ 和 Java 语言中,可以用抽象类来描述抽象数据类型,然后设计普通类来实现抽象类完成对它的表示和操作。在 Python 中，可以通过引入 abc 模块（详见 1.3.1 节）利用抽象基类来表示抽象数据类型。下面定义了抽象基类 AbstractContainer 表示抽象数据类型"容器"。

1) 定义抽象基类 AbstractContainer

```python
from abc import ABCMeta, abstractmethod
class AbstractContainer(metaclass = ABCMeta):
    """抽象容器类
    metaclass = ABCMeta 表示 AbstractContainer 类为 ABCMeta 的子类
    继承于 abc.ABCMeta 的类可以使用 abstractmethod 修饰器声明虚方法"""

    @abstractmethod
    def __init__(self):
        """初始化容器"""

    @abstractmethod
    def size(self):
        """返回容器中元素的个数"""

    @abstractmethod
    def empty(self):
        """判断容器是否为空"""

    @abstractmethod
    def insert(self, item):
        """在容器中放入元素 item"""

    @abstractmethod
    def remove(self, item):
        """从容器中删除元素 item"""

    @abstractmethod
    def contains(self, item):
        """判断容器中是否包含元素 item"""

    @abstractmethod
    def clear(self):
        """清空容器中的所有元素"""

    @abstractmethod
    def output(self):
        """输出容器中的所有元素"""
```

2) 实现抽象基类

AbstractContainer 是抽象类，只规定了类中有哪些方法，在程序中不能被直接使用，必须被普通类继承并实现后才能使用。在下列代码中定义了一个普通类 AContainer，它继承了抽象基类 AbstractContainer，用列表 data 存储容器中的元素，并调用列表的方法实现 AbstractContainer 的各个方法,即实现容器抽象数据类型。

因此,用 ADT 描述数据结构的逻辑结构及其基本操作,用 Python 的抽象类定义 ADT,用 Python 的普通类实现 ADT,即实现数据结构的逻辑结构、存储结构和基本操作。值得提醒的是,同一 ADT 可以有多种不同的实现方案。

```python
from AbstractContainer import AbstractContainer
class AContainer(AbstractContainer):
    def __init__(self, source = []):
        self.data = source

    def size(self):
        return len(self.data)

    def empty(self):
        return len(self.data) == 0

    def insert(self, key):
        self.data.append(key)

    def contains(self, item):
        return item in self.data

    def remove(self, key):
        return self.data.remove(key)

    def clear(self):
        self.data.clear()

    def output(self):
        print(self.data)
```

## 2.2 "数据结构"课程讨论的内容

随着计算机技术的飞速发展,计算机等智能产品改变了人类的行为模式,改变了人们的工作和生活,不管是在高精尖还是民用领域,计算机扮演着从高性能计算到多维度呈现、从数据分析到人工智能应用等各阶段的重要角色。但是不管对于什么领域、什么类型的应用,计算机解决问题的基本过程和方法是不变的。下面来看两个例子。

【例 2.2】 人才招聘程序的设计与实现。

某企业需要招聘一批专业人才,他们希望从大量应聘者的毕业院校、学历、GPA(平均学分绩点)、学术经历、英语水平等客观信息中抽取重要的信息,筛选得到一份初试入围名单,然后通过后续的面试确定最终聘用名单。

如果要编程得到初试入围名单,基本的步骤应该是怎样的呢?这个新员工选聘的核心问题就是获取并存储应聘者信息,设定岗位录用条件,自动匹配和筛选符合条件的应聘者。

为了编写这样的一个招聘程序,第一步需要分析确定这个问题的操作对象和需要完成的主要功能。很显然,这个程序的操作对象就是所有的应聘者信息以及各岗位的聘用条件,要完成的功能是筛选出合格的候选人。

第二步是对操作对象抽象出逻辑性质,即确定逻辑结构。实际上每个应聘者都有很多项信息,包括个人基本信息以及聘用相关信息等,这种含有多项信息的元素即为记录。如果按照报名次序为每个应聘者产生一个报名序号,则所有应聘者可以看作一个线性序列,在这个序列中每个人对应于自己的报名序号有一个确定的位置,这样的线性序列即为线性表。

那么对这个记录线性表将要做些什么操作呢?为了完成最终的招聘考核,需要完成的操作应该包括插入或删除应聘者的信息,并进行分类、查找、统计、排序、匹配、展示输出等操作。这个过程就是一个数据抽象和问题抽象的过程。

第三步为上述的记录线性表选择存储方案,即选择存储结构。到底采用何种存储方案主要取决于实现基本操作的算法的效率,所以这时候需要根据算法分析的结果合理地选择存储结构。如果使用 Python 中的 list 实现顺序存储,那么接下来的各算法的本质就是在 list 中完成插入、删除、统计、排序等操作。这是一个数据表示及算法设计的过程。

第四步把应聘者记录线性表的存储实现和基本操作算法用选定的高级语言进行编程,再辅以界面等设计,然后进行调试和测试,最终完成应用程序的设计。图 2.11 示意了整个求解过程。

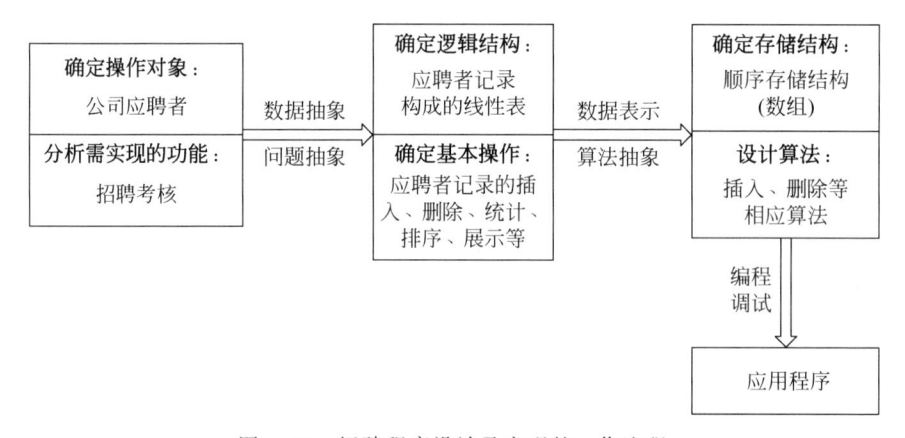

图 2.11 招聘程序设计及实现的工作流程

【例 2.3】 最小代价铺设通信线路问题。

设将在某城市新区的各小区之间铺设通信线路,要求连通每个小区,并使得总投资最小,请设计一个方案。

假设该新区共有 n 个小区,要连通 n 个小区,至少需要铺设 n−1 条线路,例如 4 个小区,必须要有 3 条线路才能连通它们,因为方案要求总代价最小,所以只需铺设 n−1 条线路。但是到底选哪几条线路呢?

例如,有 a、b、c、d 共 4 个小区,可以测算出每两个小区之间铺设通信线路的造价,并用一个带权图来表示,如图 2.12 所示。图的顶点表示小区,顶点之间的边及权值表示对应小区间架设通信线路时所需的造价,如连通 a、b 小区的代价是 12 万元。这个最小代价连通的问题即对应于图的最小生成树的求解问题,因此最终整个问题归结为图的存储表示和最小生成树求解的问题,小区铺设通信线路方案的求解过程如图 2.13 所示。

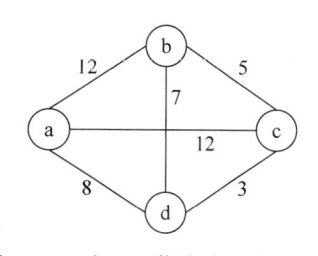

图 2.12　小区通信线路设计带权图

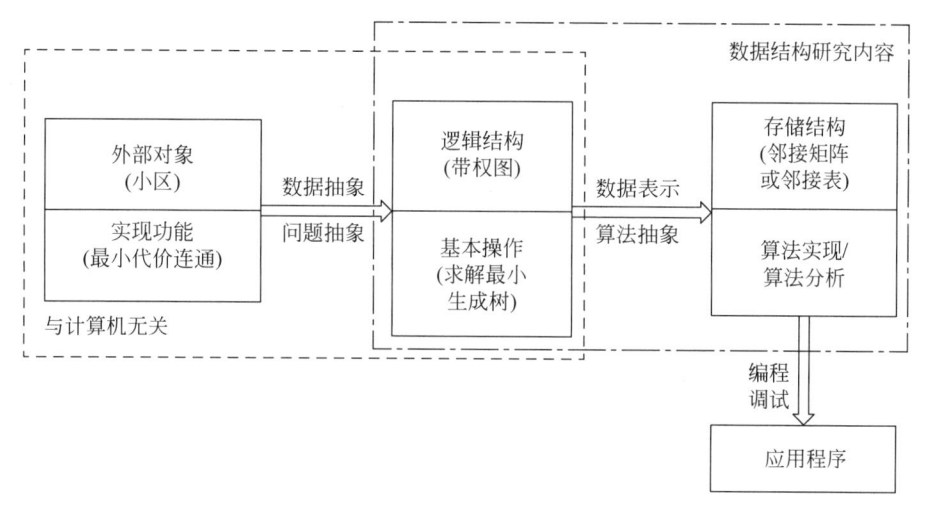

图 2.13　小区线路铺设程序设计和实现的工作流程

通过上述两个例子可以总结出利用计算机处理问题的一般步骤。

(1) 分析程序所操作的外部对象及需要实现的基本功能。

(2) 确定操作对象之间的关系,即逻辑结构,并确定基本操作。

(3) 确定存储结构并设计基本操作对应的算法,对算法进行性能分析,在需要时优化或调整数据结构和算法。

(4) 程序的编写、调试及测试。

计算机处理问题步骤中的第(2)和(3)步,即操作对象逻辑结构及存储结构的确定、基本操作及算法的实现和性能分析等都是数据结构课程的研究内容。图 2.14 给出了数据结构课程的基本内容模块及其相互关系。

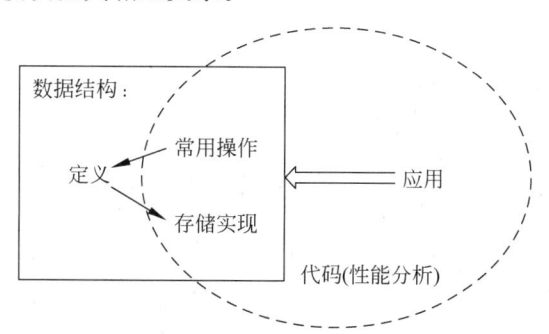

图 2.14　数据结构课程的基本内容模块及其相互关系

除了介绍各种数据结构的定义、基本操作和实现方法以外,本书还将介绍各种数据结构的典型应用,讨论计算机中最常见的查找、排序等操作的实现,并对 Python 中的一些内置数据结构的具体实现进行剖析。表 2.1 概述了数据结构课程讨论的内容。

表 2.1 数据结构课程讨论的内容

| 步 骤 | 数 据 表 示 | 数 据 处 理 |
|---|---|---|
| 抽象 | 逻辑结构 | 基本操作 |
| 实现 | 存储结构 | 算法 |
| 评价 | 不同数据结构的比较、选择和算法性能分析 | |
| 应用 | 经典数据结构的应用、计算机中常见的操作 | |
| 剖析 | 分析 Python 的典型数据结构 | |

实际上,程序设计的实质在于解决两个主要问题:一是根据实际问题选择一种好的数据结构;二是设计一个好的算法,而好的算法在很大程度上取决于描述实际问题的数据结构。著名的瑞士科学家沃思教授提出了经典的公式:算法+数据结构=程序,可见数据结构在编程解决问题中的重要性。

综上所述,数据结构是一门研究现实世界中数据元素的逻辑关系、基本操作以及在计算机中如何存储表示和实现的学科。它以高级语言程序设计为基础,需要一些数学知识作为前导,它也是算法分析、操作系统、软件工程等课程的必修先行课,是一门非常关键的课程。

## 2.3 算法及性能分析

### 2.3.1 算法

**1. 算法的定义**

**算法**(algorithm)是对特定问题的求解步骤的一种描述,它是指令的有限序列,其中每条指令表示一个或多个操作。

例如,判断一个整数 n 是否为素数的算法可描述如下。

(1) 将 i 赋值为 2。

(2) 若 n％i 为 0,则返回 False。

(3) 若 $i > \sqrt{n}$,则返回 True,否则 i 增 1,转(2)继续。

对于一个特定问题,可能没有算法,也可能有多个性能不同的算法。

**2. 算法的性质**

(1) 有穷性:算法必须在执行有穷步骤后结束,而且其中的每个步骤都是有穷的。

(2) 可行性:算法的每条指令所对应的操作可以完全机械地进行,并且可在限定的时间、空间资源下完成。

(3) 确定性:算法中的每条指令应确切定义,没有歧义,即对于某个确定的输入,算法的执行路径和执行结果都是唯一的。

（4）输入：算法有明确定义的 0 个或多个输入。

（5）输出：算法有明确定义的 1 个或多个输出，表示算法的处理结果。

**3. 算法与程序**

算法描述一个问题的解决过程，通常主要供人看、供人思考和理解。在抽象考虑一个计算过程或考虑该求解过程的抽象性质时，常用"算法"作为术语；而在考虑一个求解过程在某种高级语言下的具体实现时，常用"程序"这一术语。程序是一个或多个算法的具体实现，而算法是程序的精髓和灵魂。同一算法可用不同的计算机语言实现，通常语言越高级，执行效率越差。程序的性能由其蕴含的算法和运行的环境决定。需要指出的是，算法具备有穷性，但程序不需要具备有穷性。一般的程序都会在有限时间内终止，但有的程序却可以不在有限时间内终止，例如操作系统在正常情况下永远都不会自动终止。

**4. 算法描述**

算法用于人与人之间的交流，交流的内容是某一问题的求解过程，主要目的是帮助人们理解和思考相应问题的求解思想、方法、所用技术和过程。因此，算法可以采用不同的描述形式，一个好的描述形式应该在严格性和易读性之间取得平衡。例如，用自然语言描述算法可能比较易读，但容易引发歧义；为减少歧义，可以用流程图的方式进行描述，或在自然语言描述中加上一些数学形式的描述；也可以采用伪代码形式，结合高级语言和自然语言加以描述。在本书中利用 Python 的函数或类的方法来描述一个特定算法，采用自顶向下逐步求精的思想进行算法设计，通常使每个函数或方法完成相对较集中的一个功能。

【**例 2.4**】 用 Python 描述算法，将一个列表中的所有数据元素就地逆置。

```
def reverse(alst):
    """将列表 alst 中的元素进行逆置,例如将[1, 2, 3, 4]逆置为[4, 3, 2, 1] """
    i = 0                                #i 指向 alst 列表中最左端的元素
    j = len(alst) - 1                    #j 指向 alst 列表中最右端的元素
    while i < j:
        alst[i], alst[j] = alst[j], alst[i]    #列表中的 i 号元素与 j 号元素交换
        i += 1                           #i 右移
        j -= 1                           #j 左移
```

在例 2.4 中用 reverse 函数来描述列表的逆置算法。在这个函数中，i 和 j 两个下标分别指示列表首尾对应位置的元素，当满足 i<j 时循环执行：alst[i]和 alst[j]交换，i 增 1，j 减 1；循环结束时则完成了 alst 列表的逆置。假设表长为 n，则函数在执行 $\lfloor n/2 \rfloor$ 次循环后结束。每个语句都没有歧义且足够基本，具有确定性和可行性，算法的输入是列表 alst，算法的输出则是逆置后的列表 alst。

由于算法功能多样，具体实现注定千差万别，但许多算法的设计思想有相似之处，可以对它们分类进行学习和研究。算法设计的一些通用思想称为算法设计模式。常见的算

法设计模式有暴力枚举法、贪心法、分治法、回溯法、动态规划和分支限界法等,这些模式并不相互排斥,可以结合多种设计模式解决某一复杂问题。

## 2.3.2 算法分析基础

**1. 算法设计目标**

1) 正确性(correctness)

要求算法能够正确地执行,并满足预先设定的功能要求,大致分为以下 4 个层次。

(1) 程序不含语法错误。

(2) 程序对于几组输入数据能够得出满足要求的结果。

(3) 程序对于精心选择的典型、苛刻、带有刁难性的几组输入数据能够得出满足要求的结果。

(4) 程序对于一切合法的输入数据都能够得出满足要求的结果。

在一般情况下,要求算法满足第(3)至第(4)层次的正确性要求。在设计算法时可通过数学方法和实验方法验证其正确性。

2) 可读性(readability)

算法应该容易阅读,一个容易阅读的算法便于人们理解,人们才有可能基于该算法写出正确的程序。提高算法可读性的方法主要有两种:一是给算法添加注释,以方便程序设计者和后续维护人员阅读和查错;二是要注意对函数、变量等对象进行合理命名。

3) 健壮性(robustness)

算法应具有容错处理的功能,当输入的数据不合法或运行环境改变时,算法都能恰当地做出反应或进行处理,而不是产生莫名其妙的输出结果。可以通过在算法中增加异常处理语句,对算法进行不断测试和优化,达到算法的健壮性。

4) 高效率(high efficiency)

算法的效率分为时间效率和空间效率。运行时间短的算法则时间效率高;在算法执行过程中占用的内存空间少则空间效率高。时间效率和空间效率常常不能同时兼顾,时间效率较高的算法可能是牺牲了部分空间效率而获得。用于解决同一问题的两个算法,可能 A 算法的时间性能好,空间性能差;而 B 算法的时间性能差,但空间性能好。由于计算机系统的存储能力大幅提升,现在更关注算法的时间效率。在一些应用中,为了获得理想的时间效率,甚至会降低算法的正确性要求。例如天气预报程序,对明天天气情况的计算至少要在今天下午完成;数码相机的人脸识别程序,必须在几分之一秒内完成工作,用户不会接受更慢的算法。对于这类问题,可以将正确性的要求放低,以寻求更快速的算法。

**2. 算法分析**

解决一个实际问题常常有多种算法可以选择,不同的算法有各自的优缺点,如何在这些算法中进行取舍呢?这就需要采用算法分析技术来评价算法的效率,研究算法的时间和空间资源消耗,以选取最优的算法或对当前算法的不足加以改进。需要指出的是,算法的实现方法和效率与所操作的数据的组织形式息息相关。例如,在一个数据集中查找指定元素,如果所有元素放在一个有序数组中,或存储在一个无序链表下,或存放在一个树结构中,不同的逻辑结构、存储结构都会对应不同的查找算法,也会带来不同的效率。因此,算法分析的结果也是进一步调整和优化数据结构的逻辑结构和存储结构的依据。

算法分析从算法的时间效率和空间效率两方面来衡量一个算法的性能。一般来说,一个算法的运行时间和所需空间随着问题规模的增大而增长。例如,对输入的 n 个数进行排序,n 越大,算法的运行时间越长,存储空间量越大。这里的 n 就是问题规模,也称之为规模因子。

由于在算法效率中更关注时间效率,下面主要讨论算法时间效率的分析方法,主要有两种方法。

1) 时间性能的事后实验统计

在将算法编制成完整的程序后,通过在不同问题规模、不同输入案例下执行程序,统计程序的绝对运行时间来度量和研究该算法的时间效率。可以利用高级语言中的时间函数测量程序运行所花费的绝对时间。在 Python 语言中,可以使用 time 模块的 perf_counter()函数或 time()函数,也可以引入 timeit 模块,通过在 timeit 模块中创建 Timer 对象并进行相应操作,可以测量出指定语句执行一定次数(默认 100 万次)所花费的时间。

但一个程序的绝对运行时间与软/硬件环境有关,算法的运行时间受硬件环境(例如处理器性能、内存和硬盘容量)以及算法运行的软件环境(例如操作系统、程序设计语言)等影响,对于具有相同输入数据的相同算法,在其他软/硬件条件不变时,在拥有更快处理器的计算机上运行显然会具有更少的运行时间。因此,事后统计法的缺点是其他的外部因素可以掩盖算法的本质,所以并不能非常客观地反映算法本身的时间性能。另外,将算法编写成完整的程序也带来了额外的工作量。

2) 时间性能的事前分析估算

在算法编制成完整程序前即估算出算法的性能,即事前分析估算法。一个算法所对应程序的运行时间取决于算法选用何种策略、问题的规模和程序的软/硬件运行环境,这种新度量方法完全独立于所有软/硬件因素,并不获得程序执行的精准时间值,而是用称为"时间复杂度"的一个数量级的量度,反映出随着问题规模的增大,算法运行时间的增长趋势。

### 3. 时间复杂度及计算方法

算法的总工作量对应于算法中所有被执行的语句的运行时间总和,因此可以用所有语句的执行次数之和作为算法总时间代价的量度,但是不同的语句所花费的时间并不是同等级别的。在此将运行时间是常量时间的操作称为**原操作**,将算法中所有语句执行的原操作的次数之和 T(n) 作为时间代价量度,T(n) 称为**时间函数**或**时间代价函数**。数值类型数据的赋值、所有数学运算、原子类型的数据的输入和输出等都是原操作,而判断值 x 是否在长度为 n 的列表中的 in 操作不是原操作,它包含了若干次数的值比较操作。

**【例 2.5】** 矩阵相加算法,如表 2.2 所示。

表 2.2 矩阵相加算法的性能分析

| 程 序 段 | 语句执行原操作的次数 |
|---|---|
| for i in range(0, n): | n |
|    for j in range(0, n): | $n^2$ |
|       mc[i][j] = ma[i][j] + mb[i][j] | $n^2$ |
| 时间函数 | $T(n)=2n^2+n$ |
| 渐近时间复杂度 | 取时间函数的最高次项,得 $T(n)=O(n^2)$ |

在这个矩阵相加算法中,"for i in range(0, n):"包含了对 i 进行 n 次赋值的原操作,将 3 条语句中所有原操作的执行次数加起来,得到时间函数 $T(n)=2n^2+n$,n 是方阵的阶数,即问题规模。当 n 趋于无穷大时,对 $T(n)$ 的值起决定性影响的是第一项 $2n^2$,而第二项可以忽略不计,即可认为 $T(n)$ 的值接近于 $2n^2$,进而认为该算法运行时间的增长率与 $n^2$ 的增长率是基本相同的,表示为 $T(n)=O(n^2)$。这种时间性能的表示方法称为算法的渐近时间复杂度(asymptotic time complexity),简称**时间复杂度**(time complexity),它是一个数量级的概念,用大 O(order)记号来表示,反映出在规模 n 趋于无穷大的过程中算法运行时间增长的速度。$T(n)=O(n^2)$,称为平方阶的时间复杂度。

时间复杂度计算方法的总结如下。

(1) 将所有语句中原操作的执行次数之和作为算法的运行时间函数 $T(n)$。

(2) 忽略时间函数 $T(n)$ 的低次项部分和最高次项的系数,只取时间函数的最高次项,并辅以大 O 记号表示。

时间复杂度的数学定义为:当且仅当存在正常数 c 和 $n_0$,若 $n \geqslant n_0$ 时 $T(n) \leqslant c \times f(n)$ 总成立,则称该算法的时间复杂度为 $O(f(n))$,记为 $T(n)=O(f(n))$。在例 2.5 中,存在正常数 c=3 和 $n_0=1$,当 $n \geqslant n_0$ 时,$T(n)=2n^2+n \leqslant 2n^2+n^2=cn^2$,总是成立,因此 $T(n)=O(n^2)$。

因此,以大 O 记号表示的时间复杂度实际上是对算法执行时间的一种保守估计,是算法性能的上界,即对于规模为 $n(n \geqslant n_0)$ 的任意输入,算法的运行时间都不会超过 $O(f(n))$,即时间性能不会差于 $O(f(n))$。

**【例 2.6】** 时间复杂度计算举例。

在表 2.3 的这段算法中有 4 行语句,包含了两个嵌套的循环,所有原操作的执行次数之和 $T(n)=n^2+2n+1$,当 n 足够大时,对 $T(n)$ 的值起决定性影响的是平方项,因此 $T(n)=O(n^2)$。

表 2.3 含有二重循环的算法的性能分析

| 程 序 段 | 语句执行原操作的次数 |
|---|---|
| m = 0 | 1 |
|   for i in range(1, n+1): | n |
|     for j in range(i, n+1): | n(n+1)/2 |
|       m += 1 | n(n+1)/2 |
| 时间函数 | $T(n)=n^2+2n+1$ |
| 渐近时间复杂度 | 取时间函数的最高次项,得 $T(n)=O(n^2)$ |

**【例 2.7】** 写出以下时间函数的用大 O 记号表示的时间复杂度。

(1) $n^2+1000n$；

(2) $3n^3+100n^2$；

(3) $10+3\log_{10}n$；

(4) $10n+20n\log_{10}n$；

(5) $12+n^3+2^n$；

(6) $1000n$。

解析：忽略各时间函数的低次项部分和最高次项的系数，只取时间函数的最高次项，并用大 O 记号表示，得到表 2.4 所示不同时间函数对应的时间复杂度表示。

表 2.4　不同时间函数对应的时间复杂度

| 时　间　函　数 | 时间复杂度 |
| --- | --- |
| (1) $n^2+1000n$ | $O(n^2)$ |
| (2) $3n^3+100n^2$ | $O(n^3)$ |
| (3) $10+3\log_{10}n$ | $O(\log_{10}n)$ |
| (4) $10n+20n\log_{10}n$ | $O(n\log_{10}n)$ |
| (5) $12+n^3+2^n$ | $O(2^n)$ |
| (6) $1000n$ | $O(n)$ |

### 4. 时间复杂度计算的简化方法

通常，精确计算算法中所有语句的执行次数非常麻烦，因为时间复杂度只关注一个数量级，并不需要知道各低次项和最高次项的系数，所以可以从算法中选取对于所研究问题来说是关键操作的语句，以该关键操作语句中重复执行原操作的次数的数量级作为算法运行时间效率的量度。关键操作通常是循环最深层的一个语句，它是算法中执行原操作的次数数量级最高的一个语句。当执行原操作的次数数量级最高的语句有多句时，可以选择任意一句为其关键操作，通常选取算法中完成主要任务的语句为关键操作。

在例 2.5 中，可选取 mc[i][j] = ma[i][j] + mb[i][j] 语句作为关键语句，该原操作执行次数为 $n^2$ 次，因此该算法的时间复杂度为 $T(n)=O(n^2)$。在例 2.6 中，关键操作可以认为是 m += 1，此原操作语句的执行次数为 $n(n+1)/2$ 次，取其最高次项并忽略系数，得到 $T(n)=O(n^2)$。

在表 2.5 所列的各算法中，各个关键操作（画下画线的语句）都是原操作，通过计算这些关键操作的执行次数可以得到各算法的时间复杂度。在 f3 算法中没有循环，关键语句的执行次数为一次，时间复杂度为 $O(1)$；在 f4 算法中含有一重循环，关键语句执行 $\lceil n/2 \rceil$ 次，时间复杂度为 $O(n)$；在 f5 算法中含有二重循环，关键语句执行 $n^2$ 次，时间复杂度为 $O(n^2)$。

是不是算法中仅含有一重循环，且循环中的语句都是原操作，算法的时间复杂度就是 $O(n)$ 呢？进而如果算法中含有 m 重循环，算法的时间复杂度就是 $O(n^m)$ 呢？由表 2.5 中的 f6 算法可知，由于 n 每次右移一位，相当于每次除以 2，所以算法的时间复杂度是 $O(\log_2 n)$。因此，只有当一重循环中仅含有原操作，循环控制变量每次以常数递增或递减时,算法的时间复杂度才是 O(n)。

表 2.5 常见时间复杂度举例

| 算　　法 | 时间复杂度 |
| --- | --- |
| def f3(lst, i):<br>　　lst[i] = lst[i] + 1 | T(n) = O(1)<br>时间效率与 n 无关 |
| def f4(lst, n):<br>　　for i in range(0, n, 2):<br>　　　　lst[i] = lst[i] + 1 | T(n) = O(n)<br>线性阶时间复杂度 |
| def f5(x, n):<br>　　for i in range(0, n):<br>　　　　for j in range(0, n):<br>　　　　　　x = x + 1 | T(n) = O(n$^2$)<br>平方阶时间复杂度 |
| def f6(n):<br>　　count = 0<br>　　while n > 0:<br>　　　　count += 1 & n<br>　　　　n >>= 1<br>　　return count | T(n) = O(log$_2$ n)<br>对数阶时间复杂度 |

### 5. Python 内置类型基本操作的时间性能

【例 2.8】 列表的插入操作。

```
def f7(n):
    data = []
    for i in range(n):
        data.insert(0, i)
    return data
```

在这个算法中含有一个一重 for 循环,关键操作语句是 data.insert(0, i),该语句执行了 n 次,但要注意 f7 函数的时间复杂度并不是 O(n),因为 data.insert(0, i)操作本身的执行时间并不是常量阶的,即它不是原操作。当把 i 插入 0 号位置,原表的所有元素都需要向后移动一个位置,这个元素移动才是原操作。对于一个长度为 m 的表 data 来说, data.insert(0, i)将执行 m 次移动。由于 data 表的长度从 0 开始递增,因此对于以上 f7 函数,关键语句 data.insert(0, i)包含的原操作(元素移动)的总次数为 1+2+⋯+n−1,故 f7 函数的时间复杂度为 O(n$^2$)。如果把 f7 函数中的 insert 方法改为 append 方法,则算法的时间复杂度可以提高为 O(n)。

Python 中的很多语句并不是原操作,在分析 Python 算法的时间复杂度时要特别细心。Python 中基本算术运算的时间复杂度是常量阶,而组合类型对象的操作有些是常量阶,有些不是。例如,表和元组的元素访问和元素赋值是常量时间的操作,而复制和切片操作则需要线性阶时间。用Python等高级语言编程存在一些"效率陷阱",有些看起来很简短的程序实际上需要很高的时间代价,这样的缺陷会损害软件的可用性,甚至葬送一个软件。所以,为了有效使用Python中的各种类型,应了解各内置类型的具体实现方法及其常见操作的性能。

表2.6给出了Python列表常见操作的时间复杂度,其中n是表中当前列表的元素个数,k是参数的值或参数中的元素个数;表2.7列出了Python字典常见操作的时间复杂度。其他内置数据类型基本操作的性能可参阅Python文档。

表2.6 Python列表常见操作的时间复杂度

| 基 本 操 作 | 说　　　明 | 平均时间复杂度 |
| --- | --- | --- |
| copy | 复制 | $O(n)$ |
| append | 在尾部插入 | $O(1)$ |
| pop last | 删除最后一个元素 | $O(1)$ |
| pop intermediate | 删除非尾部位置的元素 | $O(k)$ |
| insert | 插入 | $O(n)$ |
| get item | 元素值的读取 | $O(1)$ |
| set item | 元素值的写入 | $O(1)$ |
| delete item | 删除值为item的元素 | $O(n)$ |
| set slice | 设置切片(切片长度为k) | $O(n+k)$ |
| get slice | 切片k个元素 | $O(k)$ |
| sort | 排序 | $O(n\log_2 n)$ |
| multiply | 乘k | $O(nk)$ |
| x in s | 判断x是否在表s中 | $O(n)$ |
| min(s)、max(s) | 求表s的最小值、最大值 | $O(n)$ |
| get length | 求表长 | $O(1)$ |

表2.7 Python字典常见操作的时间复杂度

| 基 本 操 作 | 说　　　明 | 平均时间复杂度 |
| --- | --- | --- |
| copy | 复制 | $O(n)$ |
| get item | 读取元素 | $O(1)$ |
| set item | 写入元素 | $O(1)$ |
| delete item | 删除元素 | $O(1)$ |
| iteration | 遍历 | $O(n)$ |

### 6. 常见的时间复杂度及性能排序

常见的时间复杂度主要有以下几种。

(1) 常量阶:$O(1)$。

(2) 对数阶:$O(\log_m n)$,其中m为大于1的正常数,例如$O(\log_2 n)$。

(3) 线性阶:$O(n)$。

(4) 线性对数阶:$O(n\log_2 n)$。

(5) 多项式阶:$O(n^m)$,其中m为常数,例如$O(n^2)$、$O(n^3)$等。

(6) 指数阶：$O(m^n)$，其中 m 为常数，例如 $O(2^n)$、$O(3^n)$、$O(n!)$ 等。

常量阶性能是指算法的运行时间与问题规模 n 无关，不随 n 的增大而变化。例如，在长度为 n 的列表中定位第 i 号元素，这个操作所花费的时间是与 n 无关的，即算法的运行时间与一个原操作的运行时间为同一数量级。由于时间复杂度讨论的是随着问题规模 n 的增长算法运行时间的增长率，所以常量阶的时间性能在以上所有时间复杂度中最优。

时间性能被分为两大类，即多项式时间复杂度和指数时间复杂度。在上述常见时间复杂度中，第(1)至第(5)种具有多项式时间限界，属于多项式时间复杂度，第(6)种属于指数时间复杂度。一个问题如果能够用多项式时间复杂度的算法求解则称为 P 问题。

图 2.15 是一些常见时间复杂度函数曲线，可以证明，随着 n 的增长，对数函数增长最慢，指数函数增长最快。常见的各种时间复杂度从低到高、时间效率从好到坏的顺序为

$$O(1) < O(\log_2 n) < O(n) < O(n\log_2 n) < O(n^2) < O(n^3) < O(2^n) < O(3^n) < O(n!)$$

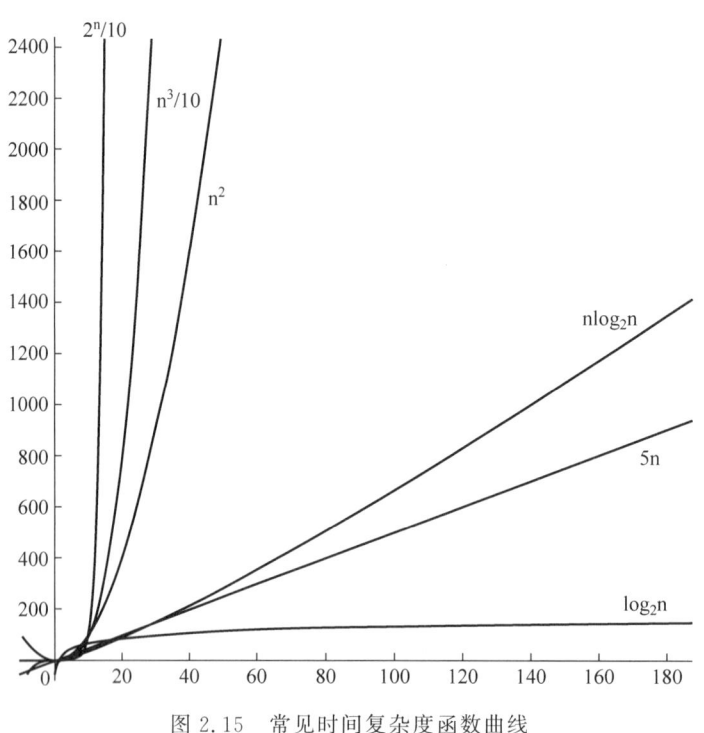

图 2.15 常见时间复杂度函数曲线

### 7. 时间复杂度计算原则

1) 加法原则

当算法由并列的若干程序段组成时，整个算法的时间复杂度可取所有程序段的时间复杂度之和，称为加法原则。由于忽略低次项，加法等价于求最大值。因此，如果算法中依次顺序执行的两个程序段的时间复杂度分别为 T1(n) 和 T2(n)，则整个算法的时间复杂度 T(n) = T1(n) + T2(n) = O(T1(n)) + O(T2(n)) = O(max(T1(n), T2(n)))。

2) 乘法原则

当算法由若干嵌套循环的程序段组成,整个算法的时间复杂度可取所有程序段的时间复杂度的乘积,称为乘法原则。如果在算法中外循环执行 T1(n)次,每次循环用 T2(n)时间,则 T(n)=T1(n)*T2(n)=O(T1(n))*O(T2(n))=O(T1(n)*T2(n))。

【例 2.9】 矩阵相乘的算法。

```
1  def mult(m1, m2):
2      n = len(m1)                              #O(1)
3      m = [[0 for i in range(n)] for j in range(n)]   #O(n²)
4      for i in range(n):                       #O(n)
5          for j in range(n) :                  #O(n)
6              x = 0                            #O(1)
7              for k in range(n):               #O(n)
8                  x += m1[i][k] * m2[k][j]
9              m[i][j] = x                      #O(1)
10     return m                                 #O(1)
```

本例是一个矩阵相乘算法,可以看成由 4 个并列程序段构成。第 2 行语句的时间复杂度为 O(1);第 3 行语句的时间复杂度为 O(n²);第 4 行至第 9 行部分,根据乘法原则和加法原则计算时间复杂度为 O(n)*O(n)*(O(1)+O(n)+O(1)),即 O(n³);第 10 行语句的时间复杂度为 O(1)。对这四部分按照加法原则求解,可得算法的时间复杂度为 O(n³)。

8. 其他情况

1) 时间复杂度与输入实例和参数等有关

【例 2.10】 在一个长度为 n 的列表中查找值为 x 的元素。

```
def find(lst, x):
    n = len(lst)
    for i in range(n):
        if lst[i] == x:
            return i
    return -1
```

在这个算法中将 x 与 lst 从 0 号位置开始的元素依次进行比较,关键操作为 lst[i] 与 x 是否相等的判别。在最好情况下,0 号位置的元素就是 x,第一次比较即查找成功,此时算法的时间复杂度为 O(1);但如果 x 在列表的最后一个位置或者不存在,则需要比较 n 次,此时算法的时间复杂度为 O(n)。对于这类算法,可以分析其最好、最坏和平均情况下的时间复杂度。

平均情况下的时间复杂度是根据当前输入数据的不同分布情况,按照每种情况发生的概率进行计算而得到的平均时间效率,通常假设每种情况发生的概率相同。在例 2.10 中,假设查找列表中任意一个元素的概率相同,则成功查找时的平均比较次数为:

$$\frac{1}{n}\sum_{i=0}^{n-1}(i+1) = \frac{n+1}{2}$$

因此该算法平均情况下的时间复杂度也为 O(n)。

2) 摊销时间复杂度

有的算法会在触发某个条件时做额外的工作,此时可以根据这个条件发生的概率对整个算法进行性能评估,这样得到的时间复杂度称为摊销时间复杂度。

3) 多个问题规模的情况

根据前面的分析可以看到一个特定算法的运行时间依赖于问题的规模 n,但有的时候问题的规模不止一个。例如,对两个长度分别为 n 和 k 的数组进行操作,问题的规模有两个,这时时间复杂度是关于 n 和 k 的函数。

分析以下两行语句所完成的具体操作:

```
alist = [0, 1, 2, 3, 4, 5, 6, 7, 8, 9]
alist[1:3] = ['a', 'b', 'c', 'd', 'e']
```

原 alist 表长 n=10,切片替换部分长度 k=5,切片[i:j]的对应长度为 m = j − i =2,由于 k>m,所以 alist 中从 n−1 号位置开始往前直到 j 号位置的元素都将依次后移 k−m 个位置,即从 9 往前直到 3 的全部元素都依次后移 3 个位置,再将 'a'、'b'、'c'、'd'、'e' 依次赋给 alist[1]到 alist[5],得到[0,'a','b','c','d','e',3,4,5,6,7,8,9]。因此,它包含了 n−j 次的元素移动和 k 次的元素赋值,最坏情况下 j 为 0,移动次数为 n,故整个操作的时间复杂度为 O(n+k)。

### 9. 空间复杂度

与算法的时间复杂度类似,算法的空间复杂度也被认为是问题规模 n 的函数,并以数量级的形式给出,记作 S(n)=O(g(n))。

根据某算法编写的程序在计算机中运行时所占用的存储空间包括输入数据所占用的存储空间、程序本身所占用的存储空间和临时对象所占用的存储空间。在对算法的空间复杂度进行研究时只分析临时对象所占用的存储空间。

【例 2.11】 下面的算法不计形参 lst 所占用的空间,只计算局部变量 i 和 result 所占用的存储空间,因此该算法的空间复杂度为 O(1)。

```
def sum(lst):
    result = 0
    for i in range(0, len(lst)):
        result += lst[i]
    return result
```

### 2.3.3 同一问题的不同算法

现在设计 4 个不同的算法,判断列表中是否含有重复元素。例如,[1,2,1,3]中含有重复元素,[1,2,3]中不含重复元素。

**1. 搜索法**

假设列表 lst 有 n 个元素,则对于其中每个元素 lst[i](i 从 0 依次增加到 n−1),依次搜索其后的元素(即 i+1 位置到 n−1 位置的元素),一旦发现有与它相同的元素,则返回 True,否则继续搜索。

```
def has_repetitive1(lst):
    for i in range(0, len(lst)):
        for j in range(i+1, len(lst)):
            if lst[i] == lst[j]:
                return True
    return False
```

在最好情况下,0 号元素和 1 号元素相同,比较一次即返回 True,时间复杂度为 $O(1)$;在最坏情况下,表中没有重复元素或只有最后两个元素相同,比较 n(n−1)/2 次,时间复杂度为 $O(n^2)$。该算法的空间复杂度为 $O(1)$。

**2. 排序法**

先调用 sorted 方法对 lst 进行排序,这样如果有相同的元素,在排序后的列表中一定相邻存储,只要依次对 lst 中的相邻元素检查是否相等即可。

```
def has_repetitive2(lst):              # lst 中的元素必须是可排序的
    blst = sorted(lst)
    for i in range(0, len(blst)-1):
        if blst[i] == blst[i+1]:
            return True
    return False
```

第一句调用了排序算法,时间性能为 $O(n\log_2 n)$,其后 for 循环的时间性能为 $O(n)$,因此算法的总时间性能为 $O(n\log_2 n)$。由于用到排序,算法的空间复杂度为 $O(n)$。注意,由于需要对 lst 中的元素进行排序,所以 lst 中的元素必须是可排序的。

**3. 集合法**

用 lst 生成一个集合,如果 lst 与该集合的长度不同,则含有重复元素,否则不含重复元素。

```
def has_repetitive3(lst):              # lst 中的元素必须是不可变类型
    return len(lst) != len(set(lst))
```

虽然该算法只含一条语句,但 lst 生成集合的操作的时间效率为 $O(n)$,因此整个算法的时间复杂度为 $O(n)$。由于需要生成集合,算法的空间复杂度为 $O(n)$。注意,由于 Python 集合中的元素必须是不可变的,所以本算法只适用于 lst 中的元素是不可变类型的情况。

### 4. 字典法

生成一个字典用于记录 lst 中每个元素出现的次数。依次遍历 lst 中的每个元素并将该元素的出现次数更新到字典对应键的值中,如果在记录过程中发现某元素的出现次数已大于 1,则表示 lst 中含有相同值,返回 True;如果到最后都没有发现有出现大于一次的元素,则返回 False。

```
def has_repetitive4(lst):          ♯lst 中的元素必须是不可变类型
    d = dict()
    for v in lst:
        d[v] = d.get(v, 0) + 1
        if d[v]>1:
            return True
    return False
```

由于对表中的每个元素依次记录,而对字典的读取和写入都是 O(1)性能,所以算法的时间复杂度为 O(n)。由于需要生成字典,算法的空间复杂度为 O(n)。注意,由于 Python 字典的键值必须是不可变的,所以本算法也只适合 lst 中的元素是不可变类型的情况。

### 5. 性能比较

搜索法、排序法、集合法和字典法的时间复杂度依次为 $O(n^2)$、$O(n\log_2 n)$、$O(n)$ 和 $O(n)$。那么集合法和字典法的绝对时间性能有没有高下呢?当 n 相同时,时间复杂度高的算法一定比时间复杂度低的算法更慢吗?

对长度 n 为 1000~3000,长度依次递增 20 的 100 个列表(列表中的元素通过随机函数生成,是 1~5n 的整数,因此有重复元素的概率较高)分别调用 4 种不同算法进行测试,并通过 Python 的 matplotlib 库画出问题规模 n 与运行时间的函数图,如图 2.16 所示。其中,最下方的"点折线"对应字典法,往上的一条比较平稳的线对应于集合法,再往上一条相对还平稳的线对应排序法,跳跃最高的那条线则对应于搜索法。实验表明,在当前条件下:

(1) 字典法好于集合法,因为字典法一旦发现有重复元素就终止程序,而集合法始终要将列表中的所有元素生成集合后再做判断。

(2) 集合法好于排序法,符合数量级 $O(n)$ 好于 $O(n\log_2 n)$ 的理论分析。

(3) 搜索法有比较多的性能最差的情形,符合 $O(n^2)$ 的预期性能。但从图 2.16 可以发现它在很多情况下并不比排序法甚至集合法更差,这是因为当元素重复的概率较高时,搜索法很可能在搜索少量元素后就发现了重复,这时算法的性能可能达到 O(n),甚至能达到 O(1) 的性能。

读者可以自行设计其他测试样例,例如用不含重复元素的递增序列进行算法性能比较,将会看到不同的曲线效果。

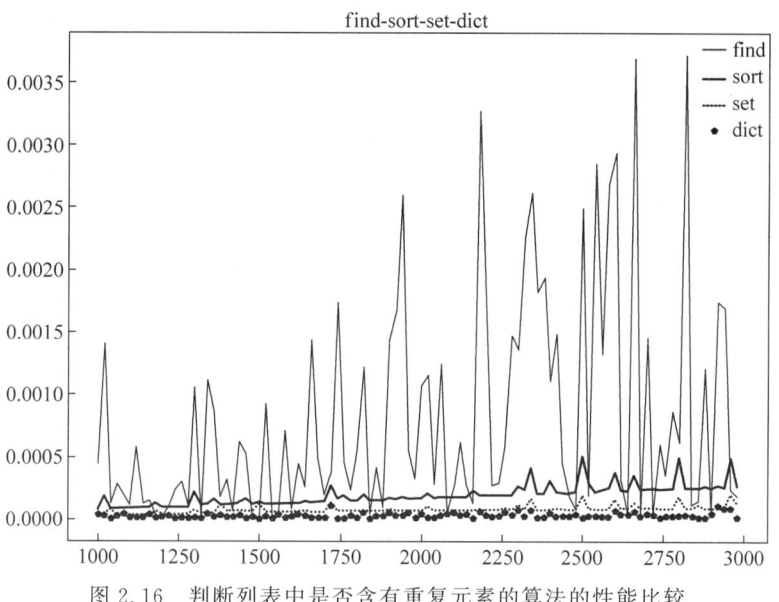

图 2.16 判断列表中是否含有重复元素的算法的性能比较

通过以上实验说明，算法时间复杂度表明了算法随着问题规模增长的趋势，复杂度越高，时间性能越差；n 越大，差别越大。但由于时间复杂度表示的是算法性能的上界，在某种特定情况下，很可能产生时间复杂度更高的算法 A 比时间复杂度相对低的算法 B 运行快的情况。另外，搜索法的空间性能为 O(1)，而其他 3 个算法都为 O(n)，这也说明算法的时间复杂度和空间复杂度常常不能兼顾。

## 2.4 上机实验

## 习题 2

# 第 3 章

# 线 性 表

在程序中经常要对一组同类型的数据元素进行整体管理和使用。例如电话号码、学生成绩、商品记录等,最简单、有效的方法是将它们放在一个线性表中。线性表是最基本的数据结构,它不仅有着广泛的应用,也是其他数据结构的基础。本章介绍普通线性表,第 4 章和第 5 章将分别介绍两种特殊的线性表——栈和队列。

## 3.1 线性表的基本概念

**线性表**简称表,是由 n(n≥0)个数据元素构成的有限序列,其中 n 称为线性表的表长。当 n=0 时,表长为 0,表中没有元素,称为空线性表,简称空表;当 n>0 时,线性表是非空表,并记为 L=($a_0$,$a_1$,$a_2$,…,$a_i$,…,$a_{n-1}$),其中每个元素有一个固定的位序号,如元素 $a_0$ 的位序号是 0,$a_i$ 的位序号是 i。

例如,线性表 A=(5,3,2,9)中包含了 4 个整数,这 4 个元素的位序依次为 0、1、2、3;图书管理系统中的图书清单也是一个线性表,其中每个数据元素是确定的一本书,每本书在图书清单中有一个确定的位序。又如,一个字符串是由字符构成的线性表,一篇文章是由单词构成的线性表,一个菜谱是由操作指令构成的线性表,一个文件是由磁盘上的数据块构成的线性表。可见线性表中元素之间的次序非常重要,如果打乱,这些表就毫无意义。因此,必须强调线性表中的数据元素之间存在前趋和后继的关系,除了首元素 $a_0$ 以外,每个元素都有一个直接前趋;除了尾元素 $a_{n-1}$ 以外,每个元素都有一个直接后继。元素之间的关系为一对一的线性关系,线性表的逻辑结构是线性结构,如图 3.1 所示。

图 3.1 线性表的逻辑结构示意图

如果线性表中的元素值随着位序的增大递增或递减,则该线性表称为**有序表**;如果元素值的大小和位序之间没有特定关系,则该线性表称为**无序表**。本书主要讨论更普通的没有明确是否有序的线性表,而将有序表看成普通线性表的一个特例。

可将线性表定义为一个二元组:List=(D,R),其中 D 是数据元素的有限集合,R 是 D 上关系的有限集合,则 D={$a_i$| 0≤i<n,n≥0},R={<$a_i$,$a_{i+1}$> | 0≤i<n-1}。

线性表具有以下特点。

(1) 有穷性:线性表中的元素个数是有限的。

(2) 同构性:一般来说,线性表中的所有元素具有相同的性质,即具有相同的类型。如果数据元素的性质不同,通常不具有实际应用意义。

(3) 不同类型元素构成的线性表,例如一个整数线性表和一个图书清单,虽然应用场合不同,但其元素之间的逻辑关系和基本操作是相同的。

## 3.2 线性表的抽象数据类型

抽象数据类型从数据结构的逻辑结构及可对其进行的基本操作两方面进行定义。

T 类型元素构成的线性表是由 T 类型元素构成的有限序列,并且具有以下基本操作。

(1) 创建一个空线性表(__init__)。

(2) 判断线性表是否为空(empty)。

(3) 求出线性表的长度(__len__)。

(4) 将线性表清空(clear)。

(5) 在指定位置插入一个元素(insert)。

(6) 删除指定位置的元素(remove)。

(7) 获取指定位置的元素(retrieve)。

(8) 用指定元素替换线性表中指定位置处的元素(replace)。

(9) 判断指定元素 item 在线性表中是否存在(contains)。

(10) 对线性表中的每个元素进行遍历(traverse)。

在以上 ADT 描述中,线性表元素的逻辑关系可以从"序列"这个关键描述中得到,即元素之间具有次序关系;线性表的基本操作则定义了 10 种,可以根据实际情况增加或减少。从定义的操作来看,线性表具有以下特性。

(1) 线性表是动态的结构,可以进行元素的插入或删除,长度可以变化。

(2) 线性表的插入、删除、读/写等主要操作基于位序进行。

在 Python 的内置数据类型中,列表(list)、元组(tuple)和字符串(str)元素之间的关系都是线性关系,它们的逻辑结构都属于线性表;从数据元素类型来看,Python 列表和元组中的数据元素类型允许各不相同,而 Python 字符串限定了表中的数据元素为单个字符;从基本操作角度来看,只有 Python 列表实现了线性表 ADT 中的全部方法,而 Python 元组不可以改变,不能进行修改、添加、删除元素等操作,只能按位序访问;

Python 字符串的基本操作则主要是字符串的特有操作，因此 Python 元组和字符串与上述 ADT 并不一致。

下面借助 Python 的 abc 模块定义抽象类 AbstractList，用于描述线性表的抽象数据类型。

```python
from abc import ABCMeta, abstractmethod
class AbstractList(metaclass = ABCMeta):
    """抽象表类,metaclass = ABCMeta 表示 AbstractList 类为 ABCMeta 的子类"""

    @abstractmethod
    def __init__(self):
        """初始化线性表"""

    @abstractmethod
    def empty(self):
        """判断表是否为空"""

    @abstractmethod
    def __len__(self):
        """返回表中元素的个数"""

    @abstractmethod
    def clear(self):
        """清空表"""

    @abstractmethod
    def insert(self, i, item):
        """在表中的 i 号位置插入元素 item"""

    @abstractmethod
    def remove(self, i):
        """删除 i 号位置的元素"""

    @abstractmethod
    def retrieve(self, i):
        """获取 i 号位置的元素"""

    @abstractmethod
    def replace(self, i, item):
        """用 item 替换表中 i 号位置的元素"""

    @abstractmethod
    def contains(self, item):
        """判断表中是否包含元素 item"""
```

```
@abstractmethod
def traverse(self):
    """输出表中的所有元素"""
```

在抽象数据类型定义中并没有规定其在计算机中的具体实现,但要真正让线性表在程序中发挥作用,必须对线性表进行存储,需要定义实现以上抽象类的普通类。在第2章中提到数据结构有两类最常见的存储结构——顺序存储结构和链式存储结构,以下分别介绍。

## 3.3 线性表的顺序存储及实现

### 3.3.1 线性表顺序存储的基本方法

线性表的顺序存储方案是将表中的所有元素按照逻辑顺序依次存储在一块连续的存储空间中。表中的首元素存入存储区的开始位置,其余元素依次顺序存放,因此具有前趋、后继关系的两个元素,其内存映像也是相邻的,即元素之间物理位置的相邻直接反映它们逻辑关系的前后。线性表的顺序存储结构简称**顺序表**。

根据高级语言存储对象方法的不同,线性表的顺序存储结构可分为两类,即元素内置的顺序表和元素外置的顺序表。

**1. 元素内置的顺序表**

如果元素直接存储在连续存储区里,称为元素内置的顺序表。绝大多数高级语言提供元素内置的顺序存储方式,例如C、C++数组和Java中的基本数据类型数组及Python中的字符串都采用此类存储方式,如图3.2所示。

(a) 数据元素及逻辑地址     (b) 数据元素及物理地址

图 3.2 元素内置的顺序表

在该方案下,由于线性表的每个元素类型相同,所需存储量相同,所以顺序表中任一元素的位置都可直接计算出来,元素 $a_i$ 的地址的计算公式为

$$\text{Location}(a_i) = \text{Location}(a_0) + c * i$$

其中,c是一个元素的存储量。

### 2. 元素外置的顺序表

如果连续存储区中存储的是每个线性表元素的地址,元素对象存放在该地址指示的内存单元中,则称为元素外置的顺序表。Python 的列表和元组的存储即基于此存储方式,如图 3.3 所示。

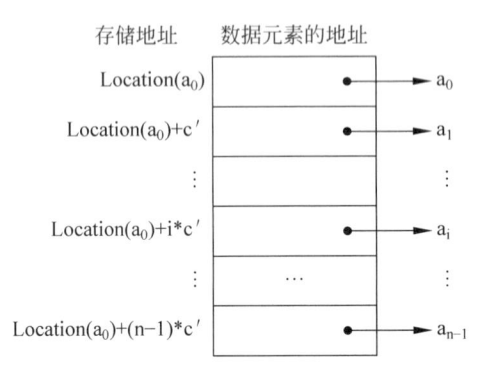

图 3.3 元素外置的顺序表

此时元素 $a_i$ 的地址存放位置的计算公式为

$$Location(a_i) = Location(a_0) + c' * i$$

其中,$c'$ 是一个地址所占的存储量,Location($a_i$)位置存储的是对象 $a_i$ 的引用(地址),而不是对象本身。

在 Python 中,对象的引用即对象的存储地址,对应于 2.1.1 节中提到的指针这个概念,而在 C 和 C++ 中可直接用指针类型的变量来存储对象的地址。在本书以后的章节中统一用术语"指针"来描述对象的地址。

因此,不管是元素内置的顺序表还是外置的顺序表,根据元素位序号可以直接定位到元素的地址,对元素的存取操作可以在 O(1) 时间内完成,故称顺序表具有随机存取(random access)或直接存取的特性。

### 3.3.2 Python 列表的内部实现

Python 列表是一种基于元素外置存储的顺序表,图 3.4 是 Python 列表的存储示意图。一个列表对象包含引用计数(ob_refcnt)、类型(ob_type)、列表所能容纳的元素个数(allocated)、变长对象的当前长度(ob_size)以及列表元素容器的首指针(ob_item)等信息。列表元素容器是一块连续的内存块,依次存储指向列表中各数据元素的指针,因此列表元素容器是元素外置的顺序结构。因为每个列表元素也是一个包含类型等信息的完整结构,所以一个 Python 列表中各元素的类型可以不同。

3.1 节和 3.2 节定义的线性表可以直接用 Python 列表进行顺序存储。例如 3.1 节所述的线性表 A=(5,3,2,9),在 Python 中可以直接将其表示为一个列表,如 alst=[5,3,2,9]。

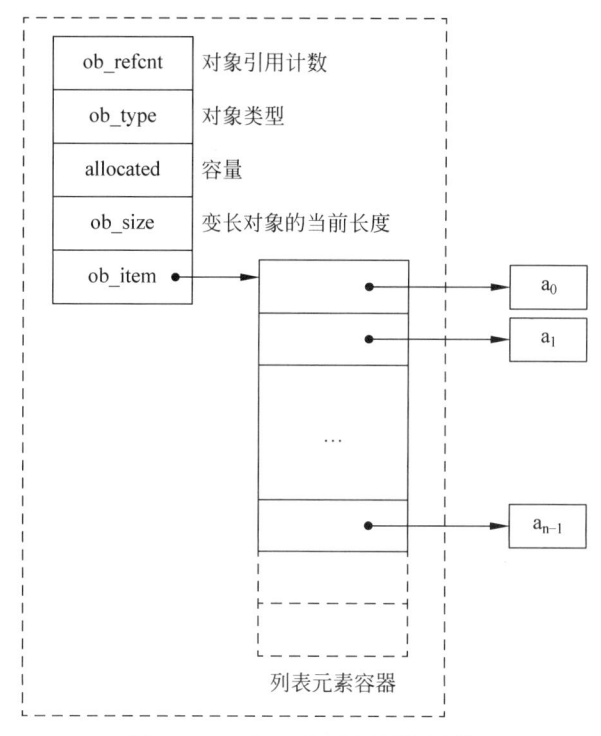

图 3.4　Python 列表的存储示意图

接下来通过一个例子分析列表元素增加时 Python 列表的空间递增机制。下列代码对初始为空的列表 lst，循环 500 次依次在 lst 的尾部添加一个元素。若添加元素后发现表的容量改变，则输出当前列表的长度、列表所占的字节数、列表元素容器的当前容量和增量等信息。

```
import sys
lst = []
empty_size = b = sys.getsizeof(lst)
count = 0
print("列表长度 %4d, 总占用字节数 %4d" % (0, b))
for k in range(500):
    lst.append(None)
    a = len(lst)
    old_b = b
    b = sys.getsizeof(lst)
    if b != old_b:
        print("列表长度 %4d, 总占用字节数 %4d, "
              " 表元素容器大小 %4d, 增加大小:%4d"
              % (a, b, (b - empty_size) / 8, (b - old_b) / 8))
        count += 1
print("扩容总次数:", count)
```

在 Python 3.8 的 64 位字长环境下执行以上代码,输出如下:

```
列表长度      0,  总占用字节数    56
列表长度      1,  总占用字节数    88,  表元素容器大小    4,  增加大小:    4
列表长度      5,  总占用字节数   120,  表元素容器大小    8,  增加大小:    4
列表长度      9,  总占用字节数   184,  表元素容器大小   16,  增加大小:    8
列表长度     17,  总占用字节数   256,  表元素容器大小   25,  增加大小:    9
列表长度     26,  总占用字节数   336,  表元素容器大小   35,  增加大小:   10
列表长度     36,  总占用字节数   424,  表元素容器大小   46,  增加大小:   11
列表长度     47,  总占用字节数   520,  表元素容器大小   58,  增加大小:   12
列表长度     59,  总占用字节数   632,  表元素容器大小   72,  增加大小:   14
列表长度     73,  总占用字节数   760,  表元素容器大小   88,  增加大小:   16
列表长度     89,  总占用字节数   904,  表元素容器大小  106,  增加大小:   18
列表长度    107,  总占用字节数  1064,  表元素容器大小  126,  增加大小:   20
列表长度    127,  总占用字节数  1240,  表元素容器大小  148,  增加大小:   22
列表长度    149,  总占用字节数  1440,  表元素容器大小  173,  增加大小:   25
列表长度    174,  总占用字节数  1664,  表元素容器大小  201,  增加大小:   28
列表长度    202,  总占用字节数  1920,  表元素容器大小  233,  增加大小:   32
列表长度    234,  总占用字节数  2208,  表元素容器大小  269,  增加大小:   36
列表长度    270,  总占用字节数  2528,  表元素容器大小  309,  增加大小:   40
列表长度    310,  总占用字节数  2888,  表元素容器大小  354,  增加大小:   45
列表长度    355,  总占用字节数  3296,  表元素容器大小  405,  增加大小:   51
列表长度    406,  总占用字节数  3752,  表元素容器大小  462,  增加大小:   57
列表长度    463,  总占用字节数  4264,  表元素容器大小  526,  增加大小:   64
扩容总次数:21
```

分析运行结果可以得出结论:这里的总占用字节数不包括列表中每个元素对象所占的空间,即只包含图 3.4 虚线框中的两部分——列表对象头部和列表元素容器部分。

(1) 空表占 56 字节,即只包含列表对象头部。

(2) 当添加第 1 个元素时,列表元素容器获得 4 个连续空间,可容纳 4 个对象的地址,每个地址为 8 字节,因此增加 32 字节,总空间为 88 字节,这些空间接下来依次存放第 2、3、4 个元素的地址。

(3) 当添加第 5 个元素时,列表元素容器的容量从 4 翻倍为 8,即增加 32 字节,总空间为 120 字节,这些空间接下来依次存放第 6、7、8 个元素的地址。

(4) 当添加第 9 个元素时,列表元素容器的容量从 8 翻倍为 16。

(5) 当添加第 17 个元素时,列表元素容器的容量从 16 扩大至 25。

(6) 当添加第 26 个元素时,列表元素容器的容量从 25 扩大至 35。

(7) 当添加第 36 个元素时,列表元素容器的容量从 35 扩大至 46,以此类推。

也就是说,列表元素容器的空间是动态增长的,若当前空间不够,则需要进行扩容。那扩容到多大呢? 一般有两种策略,即增量策略和翻倍策略。增量策略是对当前容量增加一个数值,而翻倍策略是将当前容量乘以 2。从以上实验来看,Python 列表在空间较小时空间增长采用翻倍机制,而在空间较大时采用增量策略,即依次增加 9,10,11,12,14,16,18,…个空间。运行结果的最后一行表明,从空表开始生成长度为 500 的表共需要

21次空间扩容。若从空表开始生成长度为100000的表,则需要65次空间扩容。因此,扩容操作的次数随着表长 n 的增长非常缓慢地增长,当 n 很大时,将扩容时间均摊到每个 append 操作中,所花费的时间可以忽略,故每个 append 操作的摊销时间复杂度仍为 O(1)。

接下来讨论如何自定义顺序表类,并实现线性表抽象数据类型中的所有操作。

### 3.3.3 基于 Python 列表的实现

假设定义一个自定义类 PythonList,它使用 Python 的列表 list 存储线性表的数据,并封装 AbstractList 类中的所有操作。PythonList 类拥有 3.2 节中 AbstractList 抽象类的所有性质和方法,将它定义为 AbstractList 类的派生类,并实现其全部的方法。参考代码如下:

```python
from AbstractList import AbstractList
class PythonList(AbstractList):
    def __init__(self):
        self._entry = []

    def __len__(self):
        return len(self._entry)

    def empty(self):
        return not self._entry

    def clear(self):
        self._entry = []

    def insert(self, i, item):
        self._entry.insert(i, item)

    def remove(self, i):
        self._entry.pop(i)

    def retrieve(self, i):
        return self._entry[i]

    def replace(self, i, item):
        self._entry[i] = item

    def contains(self, item):
        return item in self._entry

    def traverse(self):
        print(self._entry)
```

PythonList 类中的每个方法分别仅包含一个调用 list 内置操作的语句,注意这些方法的时间复杂度并不都是 O(1),因为有些 list 的内置操作并不是原操作。例如 contains 方法,它调用的 in 方法不是原操作,需要进行元素的重复比较,最坏情况下需比较 n 次,因此时间复杂度为 O(n)。更多 list 内置操作的时间复杂度可以参考表 2.6。

### 3.3.4 基于底层 C 数组的实现

接下来利用 ctypes 模块提供的底层 C 数组实现线性表的顺序存储,定义一个自定义类 DynamicArrayList 来模拟一个顺序表(ctypes 模块的介绍见 1.3.2 节)。底层 C 数组对应于内存中的一块容量确定的连续空间,线性表元素依次直接存放在该数组中,即以元素内置方式顺序存储。DynamicArrayList 类的定义框架如下:

```
import ctypes
from AbstractList import AbstractList
class DynamicArrayList(AbstractList):
    def __init__(self):
    def empty(self):
    def __len__(self):
    def clear(self):
    def insert(self, i, item):
    def remove(self, i):
    def retrieve(self, i):
    def replace(self, i, item):
    def contains(self, item):
    def append(self, item):
    def traverse(self):
    def __str__(self):
    def _make_array(self, cap):
    def _resize(self, cap):
```

在类中除了包含 3.2 节所描述的线性表抽象数据类型定义中的方法以外,还包含了一些其他方法,例如_make_array(cap)、_resize(cap)、append(item) 和 __str__() 等。其中,_make_array(cap) 方法的功能是返回一个容量为 cap 的数组。由于底层 C 数组的容量是固定的,在对线性表不断插入之后数组空间很可能耗尽而无法插入,为此采用空间动态增长的方式,即一旦空间用完就向内存重新申请一块更大的空间。_resize(cap) 方法的功能是将当前数组空间扩容至 cap。_make_array(cap) 和 _resize(cap) 是供类的其他方法调用的保护方法。append(item) 和 __str__() 是为了方便在表尾插入和输出元素而增加的方法,在具体实现时读者可以自行取舍。

为了做到数据封装和信息隐藏,定义类时在实例属性变量前加了下画线,用于标明是受保护(protected)的变量,原则上外部类不允许直接访问它;在类中还有部分以小写命名且加前导下画线的保护方法。为简化文字描述,在本书中对保护属性的变量或方法,其前导下画线只在程序代码中严格保留,在不发生歧义的情况下,文字描述中将略去前后下画线。

假设用一个当前容量为 capacity 的 entry 数组存储线性表的元素,并用 cur_len 记录当前线性表的长度,则线性表元素占用了 entry 数组中从 0 至 cur_len-1 的位置,如图 3.5 所示。

```
            0  1  2  …        cur_len-1    capacity-1
    entry [  |  |  |  |  |  |  |  |  |  |  |  |  ]
```

图 3.5　底层 C 数组实现的顺序表

接下来依次介绍 DynamicArrayList 类的各常用方法的具体实现。

### 1. 初始化空表的方法

DynamicArrayList 类初始化空表的方法 init 需要对 3 个成员变量 capacity、entry 和 cur_len 分别赋值，在 init 方法中这 3 个实例变量前都加了前导下画线。

初始容量 capacity 可由用户设定；entry 数组则是通过调用保护方法 make_array() 获得的一个容量为 capacity 的数组；初始化空表时，表长 cur_len 为 0。初始化后顺序表的状态如图 3.6 所示。

```
        cur_len=0
         0  1  2  …                    capacity-1
  entry [  |  |  |  |  |  |  |  |  |  |  |  |  ]
```

图 3.6　空顺序表

算法如下：

```python
def __init__(self, cap = 0):
    """初始化一个空表"""
    super().__init__()
    self._cur_len = 0                               # 线性表元素个数的计数
    self._capacity = cap                            # 当前数组容量
    self._entry = self._make_array(self._capacity)  # 存放所有表元素的数组
```

### 2. 生成一个容量固定的底层 C 数组

```python
def _make_array(self, cap):
    """保护方法,返回一个容量为 cap 的 py_object 数组"""
    return (cap * ctypes.py_object)()
```

### 3. 判别线性表是否为空

```python
def empty(self):
    return self._cur_len == 0
```

### 4. 求线性表的长度

```python
def __len__(self):
    """返回线性表中元素的个数"""
    return self._cur_len
```

### 5. 清空线性表

```
def clear(self):
    self._capacity = 0
    self._cur_len = 0
```

在 empty、__len__ 和 clear 这 3 个算法中都只含有原操作语句且不含有循环，算法的时间复杂度都为常量阶 O(1)。

### 6. 将元素 item 添加到线性表的尾部

如果 entry 数组还有空余空间，即 cur_len 小于 capacity，只需将 item 放在 cur_len 位置，并且 cur_len 增 1。如果当前数组空间已满，即 cur_len 等于 capacity，再插入元素会发生**上溢出**(overflow)。为防止上溢出，调用 resize 保护方法对线性表容量进行扩充，这里采用翻倍策略，即将数组容量乘以 2。

```
def append(self, item):
    """将元素 item 添加到线性表的尾部"""
    if self._cur_len == self._capacity:         #如果线性表的空间已用完
        if self._capacity == 0:
            cap = 4
        else:
            cap = 2 * self._capacity
        self._resize(cap)                        #给线性表扩容 1 倍空间
    self._entry[self._cur_len] = item            #将 item 存储到表尾位置
    self._cur_len += 1                           #表长增 1
```

### 7. 数组的扩容

为了将线性表容量扩至 cap，首先调用 make_array 方法生成容量为 cap 的数组 temp，然后将数组 entry 中的元素复制到 temp 中，最后启用新数组 temp 存放表元素并将 capacity 调整为 cap。

```
def _resize(self, cap):                          #保护方法
    """将数组空间扩至 cap"""
    temp = self._make_array(cap)                 #生成新的更大的数组 temp
    for k in range(self._cur_len):               #将原线性表中的元素复制到新数组 temp 中
        temp[k] = self._entry[k]
    del self._entry
    self._entry = temp                           #启用新数组 temp 存放线性表元素
    self._capacity = cap                         #当前线性表的容量为 cap
```

resize 方法中的循环语句依次复制线性表中的所有元素，算法的时间复杂度为 O(n)。append、insert 等方法在插入元素时若遇到 entry 数组的容量不够时，需调用

resize 方法。可以证明,在数组大小以倍数扩大时,n 次 append 操作的总运行时间为 O(n),每个 append 操作的摊销时间为 O(1)。因此,如果空间管理得当,保证 resize 方法不被频繁调用,append 算法的时间复杂度可以达到 O(1)。

**8. 将元素 item 插入表的 i 号位置**

为了将 item 插入表的 i 号位置,需要将表尾 cur_len−1 号至 i 号位置的每个元素向后移一个位置,然后在空出来的 i 号位置上存放 item,再将 cur_len 加 1,如图 3.7 所示。

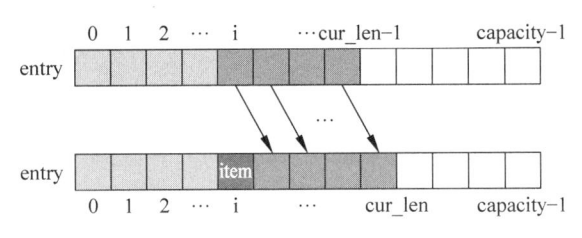

图 3.7 顺序表下的插入操作

另外,当 i 的值不合法,即不满足 0≤i≤self._cur_len 时,算法抛出异常;当数组容量用完时,则调用 resize 方法将数组空间扩容 1 倍。算法如下:

```
def insert(self, i, item):
    """将元素 item 插入表的 i 号位置"""
    if not 0 <= i <= self._cur_len:
        raise IndexError("插入位置不合法")
    if self._cur_len == self._capacity:      # 如果线性表的空间已用完
        if self._capacity == 0:
            cap = 4
        else:
            cap = 2 * self._capacity
        self._resize(cap)                     # 给线性表扩容 1 倍空间
    for j in range(self._cur_len, i, -1):    # 线性表尾部至 i 号位置的所有元素后移
        self._entry[j] = self._entry[j - 1]
    self._entry[i] = item                     # 将新元素 item 放在 i 号位置
    self._cur_len += 1                        # 表长增 1
```

在上述插入算法中,关键操作是元素的向后移动。当 i=0 时,发生最坏情况,此时元素的移动次数为 n;当 i=n 时,发生最好情况,此时元素的移动次数为 0。因此,insert 算法最坏情况下的时间复杂度为 O(n),最好情况下的时间复杂度为 O(1)。

接下来计算平均情况下的时间复杂度。由于元素 item 的插入位置 i 可以是 0~n 号的任一位置,假设插入在 i 号位置的概率为 $p_i$,此时元素的移动次数为 $c_i$,一般情况下,假设插入在任一位置的概率相同,即 $p_i = \dfrac{1}{n+1}$,而 $c_i = n-i$,所以平均情况下的移动次数为

$$\sum_{i=0}^{n} p_i c_i = \frac{1}{n+1} \sum_{i=0}^{n} (n-i) = \frac{n}{2}$$

因此，insert 算法平均情况下的时间复杂度也为 O(n)。

### 9. 删除 i 号位置的元素

为返回被删除元素，先将 i 号位置的元素暂存在 item 中，然后将从 i+1 号至表尾 cur_len-1 号的每个元素向前移一个位置，再将 cur_len 减 1，最后返回 item，如图 3.8 所示。

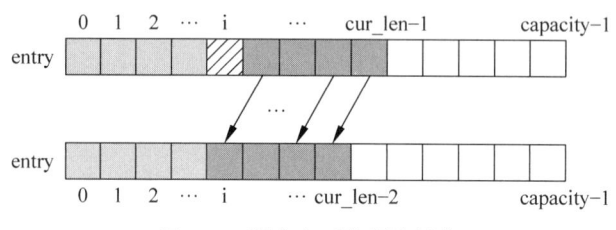

图 3.8 顺序表下的删除操作

另外，在算法开始处首先检查表是否为空，如果为空，则发生下溢出；接着检查 i 的值是否合法，当不满足 0≤i<self._cur_len 时算法抛出异常。

```python
def remove(self, i):
    if self.empty():
        raise Exception("underflow")
    if not 0 <= i < self._cur_len:
        raise IndexError("删除位置不合法")
    item = self._entry[i]
    for j in range(i, self._cur_len - 1):      #将 i 号位置之后的元素前移
        self._entry[j] = self._entry[j + 1]
    self._cur_len -= 1                          #表长减 1
    return item                                 #返回被删除元素
```

在上述删除算法中，关键操作是元素的向前移动。当 i=0 时，发生最坏情况，此时元素的移动次数为 n-1；当 i=n-1 时，发生最好情况，此时元素的移动次数为 0 次。因此，remove 算法最坏情况下的时间复杂度为 O(n)，最好情况下的时间复杂度为 O(1)。

接下来计算平均情况下的时间复杂度。由于删除位置 i 可以是 0 至 n-1 号的任一位置，假设在 i 号位置删除的概率为 $p_i$，此时元素移动的次数为 $c_i$，一般情况下，在任一位置删除的概率相同，即 $p_i = \dfrac{1}{n}$，而 $c_i = n-i-1$，所以平均情况下的移动次数为

$$\sum_{i=0}^{n-1} p_i c_i = \frac{1}{n} \sum_{i=0}^{n} (n-i-1) = \frac{n-1}{2}$$

因此，删除算法平均情况下的时间复杂度也为 O(n)。

### 10. 读取 i 号元素

此处的方法 retrieve 也可用 Python 中的特殊方法名 __getitem__，以方便使用者可以用 [ ] 操作直接访问表中的 i 号元素，在本书中与抽象类型中的方法一致，方法名为 retrieve。

```
def retrieve(self, i):
    if not 0 <= i < self._cur_len:
        raise IndexError("元素读取位置不合法")
    return self._entry[i]
```

**11. 将 item 值写入表的 i 号位置**

元素的写入方法与读取方法 retrieve 基本相似。

```
def replace(self, i, item):
    if not 0 <= i < self._cur_len:
        raise IndexError("元素写入位置不合法")
    self._entry[i] = item
```

从上述第 10、11 这两个算法可以看出,根据位序 i 可以直接在 entry 数组中读/写元素,读/写算法的时间复杂度都为常量阶 O(1),再次说明顺序存储结构具有随机存取的特性。

**12. 判断指定元素 item 在表中是否存在**

将 item 依次与 entry 数组中的每个元素进行比较,在最坏情况下 item 与表中的所有元素比较一次,contains 算法的时间复杂度为 O(n)。

```
def contains(self, item):
    for i in range(self._cur_len):
        if self._entry[i] == item:
            return True
    return False
```

**13. 将线性表转换成字符串**

定义特殊方法 __str__,从而方便使用者调用 print 方法输出 DynamicArrayList 的对象,即依次输出线性表中的所有元素。该算法可以作为 traverse 操作的一种替代实现,其时间复杂度为 O(n)。

```
def __str__(self):
    """将线性表转换成字符串,用于输出线性表中的所有元素"""
    elements = ' '.join(str(self._entry[c]) for c in range(self._cur_len))
    return elements
```

可以看到,Python 语言的列表和 C 语言的数组都可以用来实现线性表的顺序存储,并且其基本操作的实现和时间性能也大体一致。在具体存储和使用时,前者更加方便、灵活,但后者空间更加紧凑。Python 列表的本质就相当于一个指针数组,在后续章节中,凡是用列表实现的各个数据结构都可以用 C 语言数组或 array 模块中的数组来实现。

## 3.4 线性表的链式存储及实现

顺序表利用连续的存储空间存储数据元素,通过元素物理位置的前后来反映元素之间的逻辑关系;而线性表的链式实现不需要使用连续内存空间,表中的数据元素可以存储在任意可用空间中。在链式结构中,元素在内存中的映像称为**结点**,结点包含元素值和指针域两大部分,其中,指针域用于记录其后继结点或前趋结点的地址。可见,链式结构通过显式的指针域来表明元素的前趋、后继关系。

线性表的链式实现结构简称为**链表**,根据结点中指针域的数目及尾部结点指针的定义,链表可以分为**单链表**、**双向链表**、**循环链表**等。最常见的链表形式是单链表。

### 3.4.1 单链表

单链表的每个结点包含两个域,结点结构如图3.9所示,其中entry域存储元素,next域存储后继结点的指针。在Python中,entry域存储的是元素的指针,而在其他语言(例如C++)中,entry域存储的是元素值。

图3.10和图3.11为线性表($a_0$, $a_1$, $a_2$, …, $a_i$, …, $a_{n-1}$)对应的单链表结构示意图。其中,图3.10为Python中的单链表结构,图3.11为C++等语言中的单链表结构。为简单起见,后续单链表的图示将统一简化为如图3.11所示的结构。在单链表中,每个结点的地址存储在前趋结点的指针域中,因此必须通过首元素结点(简称**首结点**)指针(设为head),依次顺序访问表中的元素。链表中的最后一个结点称为**尾结点**,尾结点指针域中的"∧"表示不指向任何结点,即空指针,对应Python中的None。当线性表为空表时,对应的单链表为空,即head为None。

图3.9 单链表结点结构

图3.10 Python中单链表的存储

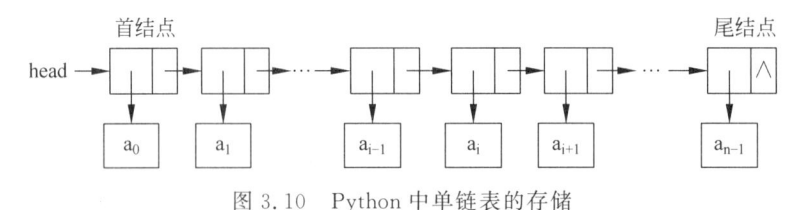

图3.11 不带头结点的单链表示意图

为使操作更简单、方便,通常在单链表首结点前附加一个**表头结点**(简称**头结点**),即为**带头结点的单链表**。图3.12(a)为非空线性表的单链表表示,图3.12(b)为空线性表的单链表表示。通过指向头结点的指针(简称**头指针**)head对整个链表进行操作,整个链表即由头指针 head 代表。由于 head 指针始终指向头结点,它永不为空,所以空线性表和非空线性表的处理得到了统一。

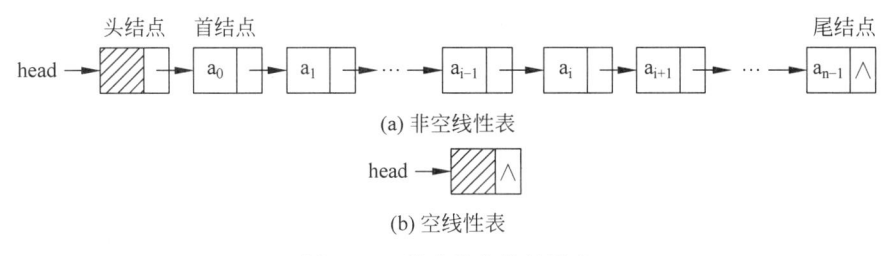

图 3.12 带头结点的单链表

首先定义结点类 Node 表示单链表中的一个结点。Node 类的初始化方法完成 entry 域和 next 域的赋值。由于链表类的各方法需要通过指针频繁地访问链表中的各结点,所以将 entry 和 next 定义为公有属性,在定义时没有加前导下画线。

```
class Node:
    def __init__(self, data, link = None):
        self.entry = data
        self.next = link
```

然后用 Python 实现一个带头结点的单链表。假设用自定义类 LinkedList 表示单链表,类中的各主要方法对应于 3.2 节所描述的抽象数据类型定义中的各操作。LinkedList 类的定义框架如下:

```
from AbstractList import AbstractList
from Node import Node
class LinkedList(AbstractList):
    def __init__(self):
    def empty(self):
    def __len__(self):
    def clear(self):
    def insert(self, i, item):
    def remove(self, i):
    def retrieve(self, i):
    def replace(self, i, item):
    def contains(self, item):
    def traverse(self):
    def get_head(self):
```

接下来介绍 LinkedList 类中部分常用方法的具体实现。

**1. 初始化空表的方法**

对于一个带头结点的单链表,由于用 head 指针标识整个单链表,所以单链表类的数据成员只有一个 head 变量。当初始化一个空表时,产生如图 3.12(b)所示的单链表,即生成一个头结点,并由 head 指针指示。

```python
def __init__(self):
    self._head = Node(None)
```

在__init__算法中只包含一个原操作语句,时间复杂度为 O(1)。

### 2. 判别线性表是否为空

```python
def empty(self):
    return self._head.next is None
```

只需判别表头结点的指针域是否为空即可,时间复杂度为 O(1)。

### 3. 求线性表的长度

在单链表类定义中没有记录线性表元素个数的变量,无法直接获得表的长度,但可以通过活动指针从 head 之后开始移动并进行同步计数来间接求得。

在下列代码中,p 从首元素结点开始,count 为计数器,初始值为 0,当 p 不为 None 时 count 增 1,p 往后移动,直到 p 为空为止。此时 count 即为表长。这是单链表的常见顺序操作模式,活动指针从头至尾移动一遍,时间复杂度为 O(n)。

```python
def __len__(self):
    p = self._head.next
    count = 0
    while p:
        count += 1
        p = p.next
    return count
```

如果需要经常获取线性表的长度,可在类中增加一个变量记录表长,并在插入、删除等算法中对该变量进行维护,这样,__len__算法的时间效率可提高至 O(1)。

### 4. 清空链表

```python
def clear(self):
    p = self._head.next
    self._head.next = None
    while p:
        q = p
        p = p.next
        del q
```

此处将所有的结点依次进行人工回收,时间复杂度为 O(n)。由于 Python 中内存自动管理的机制,也可将算法改写为如下简单形式,仅将头结点的指针域设为 None。

```
def clear(self):
    self._head.next = None
```

算法的时间复杂度为 O(1)。Python 的垃圾回收器将自动回收引用计数为 0 的结点。

### 5. 读取 i 号元素

在单链表中只能通过 head 指针顺序向后依次访问每个元素,为定位 i 号元素,需要活动指针从 head 之后的首元素结点开始移动,并需要计数器从 0 开始同步计数,直至遇到第 i 号结点。因此,链表下元素存取的方式称为顺序存取,它不具有顺序表下随机存取的特点。

设活动指针 p 从 0 号结点开始,count 计数器初始值为 0,如图 3.13 所示。

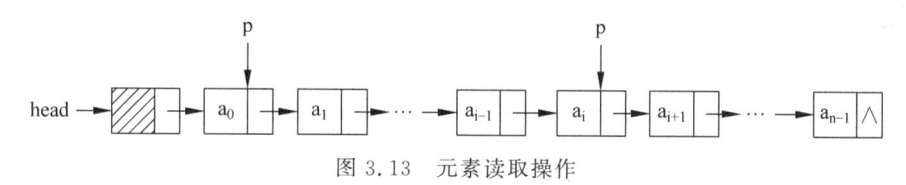

图 3.13 元素读取操作

当 p 不为 None 且 count<i 时,p 往后移动,count 增 1,直至 p 为 None 或 count 为 i;若 p 不为 None,即 count=i,则 p 为 i 号元素结点;若 p 为 None,说明 i 太大,不存在 i 号结点。另外,在算法开始处检查 i 是否小于 0。在最坏情况下,p 从头至尾移动一遍,时间复杂度为 O(n)。

```
def retrieve(self, i):
    if i < 0:
        raise IndexError("元素读取位置不合法,i小于0")
    p = self._head.next
    count = 0
    while p and count < i:
        p = p.next
        count += 1
    if p:
        return p.entry
    else:
        raise IndexError("元素读取位置不合法,i太大,不存在 i 号元素")
```

### 6. 将元素 item 插入表的 i 号位置

将新结点插入表的 i 号位置,即插入在 i−1 号结点之后,要完成插入,必须有一个指针,假设为 previous,指向 i−1 号结点,如图 3.14 所示。

图 3.14 插入操作之前

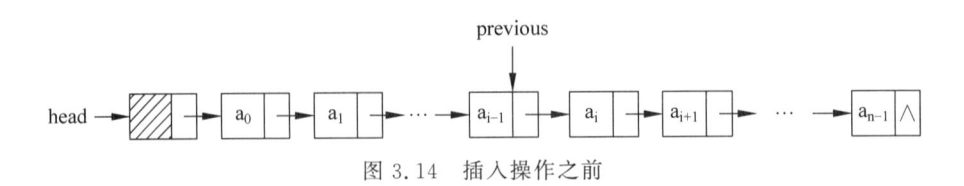

previous 指向 i−1 号结点，接着生成一个值为 item 的新结点，然后将新结点 new_node 插入 previous 结点之后。图 3.15 给出了结点插入操作的示意，具体如下：

```
new_node = Node(item)
new_node.next = previous.next
previous.next = new_node
```

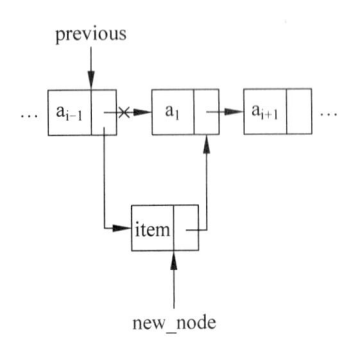

图 3.15 结点插入的操作

将 previous 定位至 i−1 号结点的方法与 retrieve 方法中的定位方法基本一致，只不过定位的结点换成了 i−1 号位置。

```
previous = self._head
count = -1
while previous and count < i - 1:
    previous = previous.next
    count += 1
```

注意，在本算法中 previous 和 count 的初始值从头结点开始，而不是从首结点开始。这样可以在 i＝0，即 item 插入为 0 号元素时也无须进行特殊处理，而直接将新结点插入在头结点之后。从这个算法可以看到，头结点的作用之一是使对首元素的处理与对其他位置元素的处理一致，从而使算法得到简化。另外，如果上述循环结束时 previous 为空，说明 i−1 号结点不存在，不能在 i 号位置插入。

在单链表的插入算法中，关键操作是指针的向后移动，对于成功的插入，当 i＝0 时发生最好情况，时间复杂度为 O(1)；当在表尾插入时发生最坏情况，此时指针的移动次数为 n。i＞n 时为插入失败的最坏情况，此时指针的移动次数为 n+1。因此，insert 算法的时间复杂度为 O(n)。具体实现算法如下：

```python
def insert(self, i, item):
    if i < 0:
        raise IndexError("插入位置不合法,i值小于0")
    previous = self._head
    count = -1
    while previous and count < i - 1:
        previous = previous.next
        count += 1
    if previous is None:
        raise IndexError("插入位置不合法,i太大")
    new_node = Node(item)
```

```
new_node.next = previous.next
previous.next = new_node
```

### 7. 删除 i 号位置的元素

如图 3.16 所示,在完成具体删除之前先将 current 指针定位在被删的 i 号结点上,从链表中删除 current 结点需要将其前趋结点的指针域与其后继结点相连接,因此另设指针 previous 定位至 i−1 号结点。

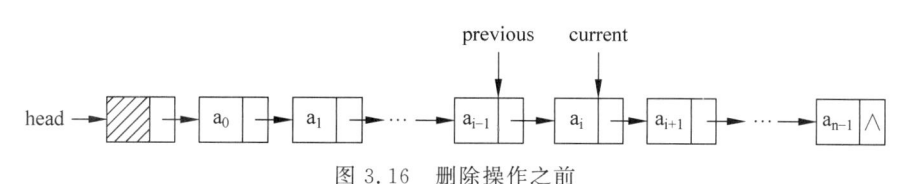

图 3.16  删除操作之前

接着 previous 结点的指针域指向 current 所指结点的后继结点。图 3.17 给出了结点删除操作的示意,具体如下:

```
previous.next = current.next
del current
```

将 previous 定位至 i−1 号结点的方法与 insert 方法中的定位方法一致。若 previous 最后为 None,说明定位 i−1 号结点失败,否则 current = previous.next;若 current 为 None,说明 i 号结点不存在。这两种情况都不能删除 i 号位置结点。具体实现算法如下:

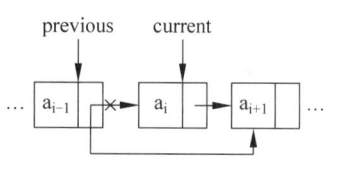

图 3.17  结点删除操作

```
def remove(self, i):
    if i < 0:
        raise IndexError("删除位置不合法,i 值小于 0")
    previous = self._head
    j = -1
    while previous and j < i - 1:
        previous = previous.next
        j += 1
    if previous is None:
        raise IndexError("删除位置不合法,不存在 i-1 号元素")
    current = previous.next
    if current is None:
        raise IndexError("删除位置不合法,不存在 i 号元素")
    previous.next = current.next
    item = current.entry
    del current
    return item
```

单链表的删除算法与插入算法类似,关键操作是指针的向后移动,当 i=0 时发生最好情况,时间复杂度为 O(1);当删除表尾结点或 i 太大删除失败时发生最坏情况。remove 算法的时间复杂度为 O(n)。

从插入和删除算法的实现过程可知,链表是一种动态的存储结构。在插入元素时,向系统申请一个结点空间并加入链表;在删除元素时,在链表中删除对应结点并将结点空间归还给系统。由于结点空间动态分配和回收,链表实现不需要事先申请空间,不需要担心上溢出。在程序运行过程中,链表的规模可随时发生动态变化。

**8. 获取头结点**

有时候外部代码需要获得链表的头结点,所以增加以下 get_head 方法:

```
def get_head(self):
    return self._head
```

在实现单链表下的各基本操作时可以发现,对单链表任意结点的访问都必须从头结点或首结点开始顺序地向后操作,访问效率较低。一种可选的改进方法是在链表类定义中添加 current 指针指示最近访问的结点,同时增设 current_position 记录该结点的位序号。这样,当重复访问 current 结点或访问比 current_position 位序号大的结点时,不必再从 head 开始定位,而可以直接从 current 结点开始,结点访问的效率得到提高。这种方法只在按从前往后的次序对表结点进行访问时才能提高效率。

### 3.4.2 循环链表

如果将单链表的最后一个结点的指针域指向链表开始位置,就构成了**循环链表**。在具体实现时,也可像单链表一样,设计成带头结点或不带头结点。

图 3.18 是带头结点的单向循环链表示意图,图 3.18(a)和图 3.18(b)分别表示非空线性表和空线性表。

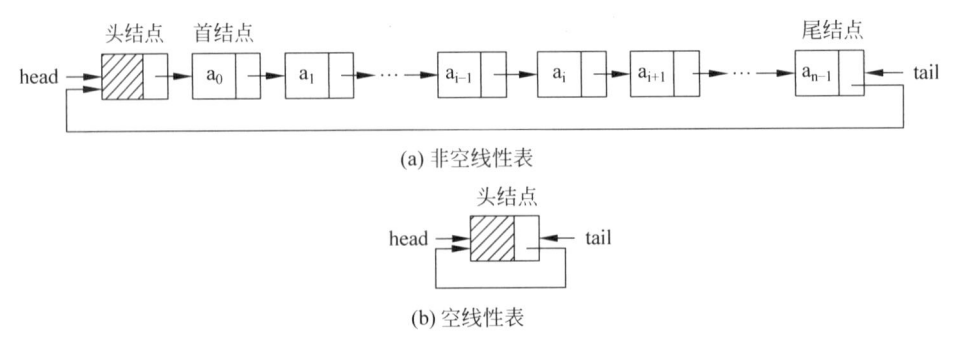

图 3.18 带头结点的单向循环链表

单向循环链表的结点与单链表结点的结构一致,结点类的定义可以直接共用。循环链表下各基本操作的实现方法也与普通单链表基本一致,二者的主要差别如下。

(1) 判别活动指针 p 是否到达表尾的条件不同。在循环链表中,p 到达表尾时

p.next=head；而在单链表中，p 到达表尾时 p.next=None。

（2）在循环链表中可设头指针 head，也可仅设尾指针 tail 标识一个链表，而在单链表中必须设头指针标识链表。

循环链表的特点如下。

（1）从任一结点出发都可访问到表中的所有结点。

（2）在用头指针表示的单循环链表中，首结点定位操作的时间性能是 O(1)，尾结点定位操作的时间性能是 O(n)。

（3）在用尾指针表示的单循环链表中，首结点和尾结点的定位都只需 O(1) 的时间性能。

### 3.4.3 双向链表

如果每个结点不仅存储后继结点的指针，还存储前趋结点的指针，这样就形成了**双向链表**。双向链表的结点结构如图 3.19 所示。其中，entry 和 next 的含义跟单链表结点一致，而 prior 指针指向当前结点的前趋结点。

双向链表可以带头结点或不带头结点，可以是循环链表或不是循环链表。图 3.20 为带头结点的双向非循环链表；图 3.21 为带头结点的双向循环链表。

图 3.19 双向链表的结点结构

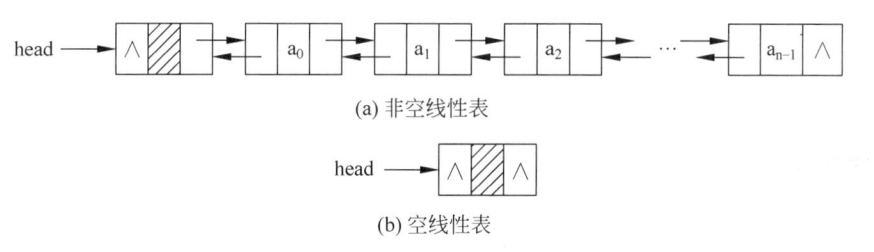

(a) 非空线性表

(b) 空线性表

图 3.20 带头结点的双向非循环链表

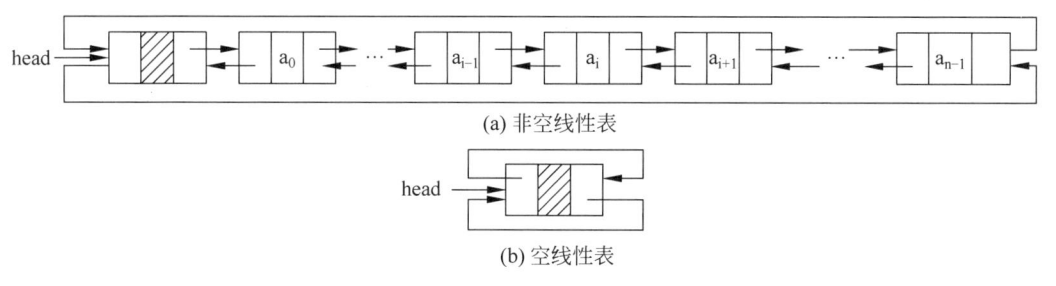

(a) 非空线性表

(b) 空线性表

图 3.21 带头结点的双向循环链表

接下来分别介绍双向链表结点类和双向循环链表类的定义和实现。

**1．双向链表结点类**

假设 DuNode 类表示双向链表中的一个结点。DuNode 类的初始化方法完成 entry 域、prior 域和 next 域的赋值。

```
class DuNode:
    def __init__(self, entry, prior = None, next = None):
        self.entry = entry
        self.prior = prior
        self.next = next
```

**2. 双向循环链表类**

1) 双向循环链表类及初始化方法

假设 DuLinkedList 类表示双向链表。初始化一个空线性表，即生成如图 3.21(b)所示的双链表结构，也即生成一个头结点，该结点由 head 指针指示，且该结点的前趋和后继指针域都指向自身。DuLinkedList 类只有一个数据成员 head。

```
from DuNode import DuNode
class DuLinkedList:
    def __init__(self):
        self._head = DuNode(None)
        self._head.next = self._head
        self._head.prior = self._head
```

2) 双向循环链表下的插入算法

双向循环链表下的结点插入算法与单链表下的结点插入算法的思想类似。将 previous 指针定位在 i−1 号结点，following 指针定位在 i 号结点，生成新结点 new_node 后完成插入。图 3.22 是插入操作的示意图，插入操作语句如下：

```
new_node.next = following
previous.next = new_node
new_node.prior = previous
following.prior = new_node
```

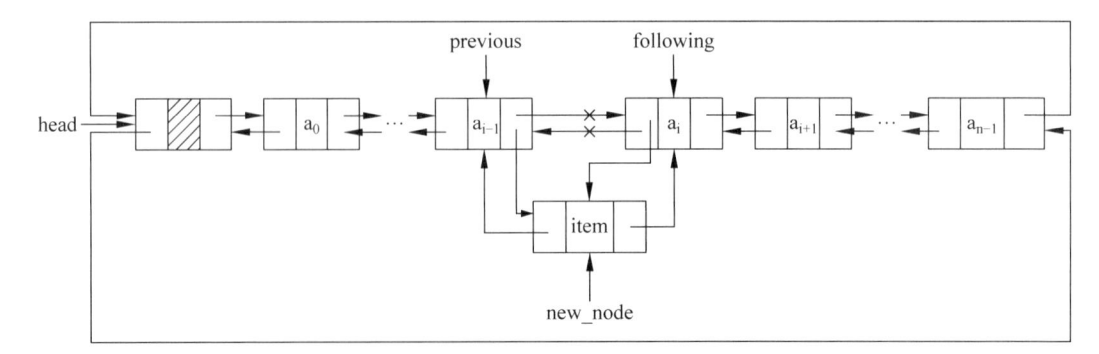

图 3.22 双向循环链表下的插入操作

双向循环链表下定位 previous 指针的方法也与单链表类似，而 following 就是 previous 的后继。由于是循环链表，所以将 previous.next!=self._head 作为是否已经遍历整个表的条件。另外,算法还应处理参数不合法的情况,例如 i 小于 0 或 i 过大的情况,还要注意确保对 i 为 0 以及线性表为空表等边界情况的正确处理。插入算法的完整实现代码如下:

```python
def insert(self, i, item):
    if i < 0:
        raise IndexError("插入位置不合法,i值小于0")
    previous = self._head
    count = -1
    while previous.next != self._head and count < i - 1:
        previous = previous.next
        count += 1
    following = previous.next
    if count == i - 1:
        new_node = DuNode(item, previous, following)
        previous.next = new_node
        following.prior = new_node
    else:
        raise IndexError("插入位置不合法,i值太大")
```

**3. 双向链表的特点**

与单链表相比,双向链表主要有以下特点。

(1) 可以根据实际需求不设头指针或尾指针,即去除类定义中的 head 指针,而设一个 current 指针指示最近访问结点,同时设 current_position 记录该结点的位序号。当需要定位 i 号结点时,活动指针总是从 current 开始,根据 current_position 与 i 的大小关系确定移动方向和次数。

(2) 在插入或删除结点时,需同时修改前趋和后继两个方向的指针。

(3) 设 current 指针指向双向链表中任意一个存在前趋和后继的结点,则该结点为其后继结点的前趋,也为其前趋结点的后继,即 current = current.next.prior = current.prior.next。因此,在做插入或删除操作时不必定位插入或删除位置的前趋结点,而可以直接定位当前位置结点。

在本节介绍的各种链表中,链表每个结点的数据域都只存放一个元素,在实际应用中,可能会在一个结点中存放多个数据元素,这时的结点称为块(block),这样的链表结构被称为块链表(简称块链)结构。

## 3.5 顺序表与链表实现小结

### 3.5.1 顺序表与链表的比较

**1. 基本操作的时间复杂度**

前面给出了线性表的两种截然不同的存储方案——顺序表与链表。表 3.1 列出了顺序表和链表下各基本操作的时间复杂度,以方便读者进行对比。

表 3.1 顺序表和链表下各基本操作的时间复杂度

| 序 号 | 方 法 | 顺 序 表 | 链 表 |
|---|---|---|---|
| 1 | \_\_init\_\_ | O(1) | O(1) |
| 2 | empty | O(1) | O(1) |
| 3 | \_\_len\_\_ | O(1) | O(n) |
| 4 | clear | O(1) | O(n)/ O(1) * |
| 5 | append | O(1) | O(n) |
| 6 | insert | O(n) | O(n) |
| 7 | remove | O(n) | O(n) |
| 8 | retrieve | O(1) | O(n) |
| 9 | replace | O(1) | O(n) |
| 10 | contains | O(n) | O(n) |

\* 如果结点由 clear 算法人工回收,时间复杂度为 O(n);如果结点由垃圾回收器自动回收,则时间复杂度为 O(1)。

### 2. 优缺点和适用场合

表 3.2 总结了顺序表和链表的优缺点和适用场合。

表 3.2 顺序表和链表的优缺点与适用场合

| 类别 | 优 点 | 缺 点 | 适 用 场 合 |
|---|---|---|---|
| 顺序表 | (1) 程序设计简单;<br>(2) 元素的物理位置反映逻辑关系,可实现随机存取,根据位序的读/写时间效率为 O(1);<br>(3) 存储密度为 1 | (1) 必须事先确定初始表长;<br>(2) 插入、删除会带来元素的移动;<br>(3) 多次插入后初始空间耗尽,造成溢出或需要空间扩容 | (1) 表长能事先确定;<br>(2) 元素个体较小;<br>(3) 很少在非尾部位置插入和删除;<br>(4) 经常需要根据位序进行读/写 |
| 链表 | (1) 存储空间动态分配,不需事先申请空间;<br>(2) 不需要担心溢出;<br>(3) 插入、删除只引起指针的变化 | (1) 不能做到随机存取,根据位序读/写效率为 O(n);<br>(2) 链域也占空间,使存储密度降低,必定小于 1;<br>(3) 由于涉及指针操作,程序设计的复杂性增大 | (1) 元素个体较大;<br>(2) 不能事先确定表长;<br>(3) 很少需要根据位序进行读/写;<br>(4) 经常需要做插入、删除和元素重排等 |

在此定义结点的**存储密度**。

$$存储密度 = \frac{数据元素本身所占的存储量}{该数据元素的存储映像实际所占的存储量}$$

以元素内置的顺序表为例,顺序表中元素的存储映像不含指针域,因此存储密度为 1,而链表的存储密度必定小于 1。在 Python 实现的单链表中,每个结点存放一个数据元素对象的指针(引用)和一个后继结点的指针,因此存储密度的值为 1/2。在链式结构下,去除表头结点等的影响,存储空间的利用率与存储密度的值相同;而在顺序结构下,由于分配的空间中可以有空位置,所以虽然存储密度为1,但存储空间的利用率通常不是100%。

顺序表有一个初始容量分配的问题。如果初始容量分配很大,可能会造成浪费;如果容量分配太小,且频繁地进行插入操作,一些简单的实现方案会造成溢出,即使如3.3.4节中采用了动态调整策略,频繁地进行空间调整也会使算法效率变低。

链表是一种动态的存储结构。由于结点空间动态分配和回收,链表的实现不需要事先申请空间,不需要担心上溢出。在程序运行过程中,链表的规模可随时发生动态变化。

总的来说,如经常需要根据位序进行读/写,应选用顺序表,因为顺序表最大的优点就是随机存取;如经常进行插入和删除,则应选用链表,因为链表具有动态存储的特性,插入和删除只需修改指针,不需移动元素。

## 3.5.2 各种链表实现的比较

3.4节中介绍了线性表的多种链式实现,读者在选择使用何种方案时应从有利于基本操作的实现,有利于提高基本操作的时间和空间效率等方面来考虑。表3.3列出了各种链表结构的特点和适用场合。

表 3.3 各种链表结构的特点和适用场合

| 类　　别 | 特点和适用场合 |
| --- | --- |
| 不加头结点的单链表 | 0号位置的插入、删除等操作需要额外操作,适合递归处理 |
| 加了头结点的单链表 | 可以使0号位置的操作与其他位置的操作一致,对空表与非空表的操作一致,使算法得到简化,被广泛使用 |
| 循环链表 | 可以方便地从尾结点走到头结点,方便循环往复地操作 |
| 双向链表 | 存储密度更低,在需要两个方向的操作时适用 |

总之,关于如何选择线性表的存储方案,着重考虑两方面的情况:一是充分利用计算机内存的特点对表中元素和元素之间的关系进行存储;二是充分考虑一些重要操作的效率。通常,对表进行的最频繁的操作有访问元素、插入元素、删除元素等,因此希望这些操作的时间效率尽可能高。

## 3.5.3 自顶向下的数据结构实现

如同算法自顶向下的细化过程,也可以对算法所操作的数据进行自顶向下、从抽象到具体的逐层细化。首先确定问题研究对象的数学概念和抽象数据类型,然后逐渐确定更多的细节,直到最终可以将数据结构实现为高级语言的类。尽管不同的问题需要不同数量的细化步骤,而且这些步骤之间的界限有时会模糊,但通常可以采用5个细化步骤。

(1) 数学概念层:确定研究对象的数学模型,例如一个序列(sequence)。

(2) 抽象数据类型层:确定数据之间的关系以及需要哪些概念性操作,但是不需要确定数据实际如何存储或操作如何执行。例如,明确当前的操作对象是一个线性表(list)。

(3) 数据结构层:指定足够的细节,分析各操作的行为,例如主要做查找操作还是做增删操作,并根据所求解的问题做出适当的选择。例如,选定顺序存储,将数据存储在数组中。

(4) 实现层:确定如何在计算机内存中表示数据结构;确定算法实现的细节,例如用底层 C 数组实现顺序表。

(5) 应用层:实现特定应用程序所需的所有细节,例如求两个线性表的相同元素、约瑟夫环问题等(见 3.6 节)。

图 3.23 给出了自顶向下对数据进行细化的 5 个层次。其中,前 3 个层次常称为概念层,因为在这些层次上更关心问题的解决,而不是编程;中间两个层次称为算法层,因为它们涉及数据表示以及对数据进行操作的具体方法;最后两个层次则与具体程序设计有关,因此称为程序设计层。

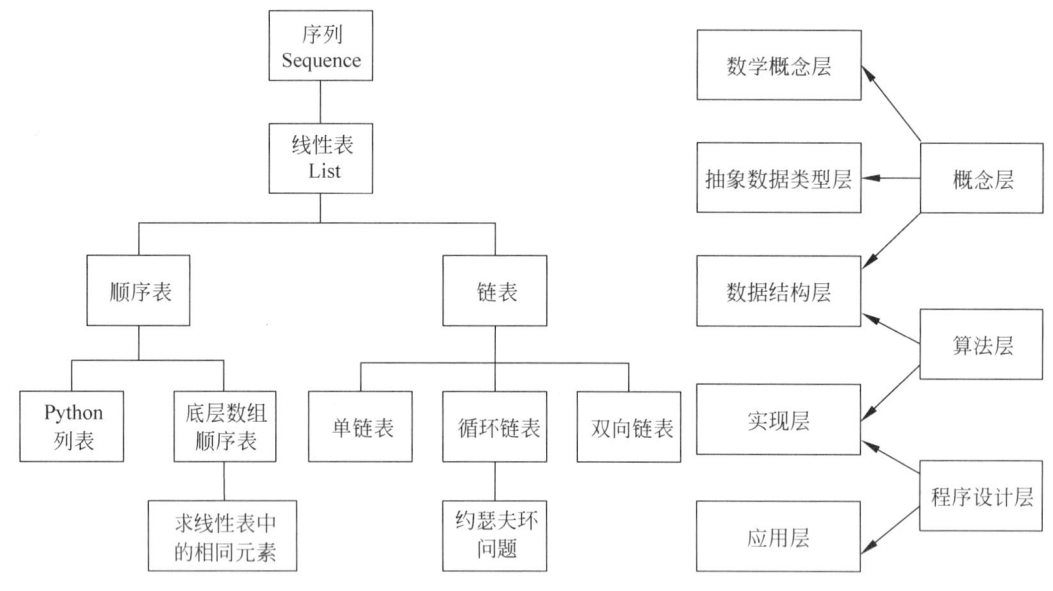

图 3.23 自顶向下的数据结构层次

在用 Python 实现数据结构时,任务是从抽象概念开始,逐步对其进行细化,最终类的方法对应于 ADT 的操作,类的数据成员对应于该数据结构的存储结构,这样就得到了该数据结构的 Python 实现。

## 3.5.4 算法设计的基本步骤

根据对线性表的插入和删除等算法的分析和实现,算法设计的基本步骤可总结如下。

(1) 确定算法的详细功能,包括确定函数的入口参数、出口参数和返回值。入口参数是为完成此功能需从外界获取得到的信息,出口参数是除了返回值之外向外界传递信息时用的参数。在 Python 中当可变对象为入口参数时,它在函数中的变化会影响实参对象,即自然成为出口参数。

(2) 分析一般情况下算法的实现步骤,通常可借助图示。

(3) 写出一般情况下算法的主体执行部分。

（4）检查入口参数的合法性。
（5）检查特殊情况。
（6）分析算法的性能及可能的改进方法，分析算法的适用场合。

## 3.6 线性表的应用

### 3.6.1 求两个线性表的相同元素

在实际应用中，经常要对两个线性表中的数据进行合并，求其中相同或不同元素等操作。以下分别在无序表和有序表结构下，以求两个表的相同元素为例，讨论线性表的使用方法。

**1. 无序线性表下的实现**

假设线性表为无序表，例如 A＝(7,2,1,9)，B＝(3,6,7,2,5)，A 和 B 中的相同元素存放在无序表 C 中，则 C＝(7,2)。

求 A 和 B 中相同元素的算法可以描述为：对于 A 中的每个元素 $A_i$，检查它在 B 中是否存在，即 $A_i$ 与 B 中的元素依次比较，如果存在，则加入 C 中。对应算法如下：

```
def intersect(la, lb):
    m = len(la)
    n = len(lb)
    lc = DynamicArrayList()
    for i in range(m):
        x = la.retrieve(i)
        if lb.contains(x):
            lc.append(x)
    return lc
```

上述 intersect 算法在 DynamicArrayList 存储结构下进行测试，但很显然该算法的正确性不依赖于具体的存储方案，即对于线性表的不同存储结构都是有效的。

最坏情况下，A 中的每个元素都要与 B 中的每个元素进行一次比较，设 A 的长度为 m，B 的长度为 n，则比较次数为 m＊n 次，算法的关键操作即为比较操作，因此理论上该算法的时间复杂度能达到 O(m＊n)。

如果 la、lb 和 lc 采用顺序结构存储，retrieve 方法的时间性能为 O(1)，contains 方法为 O(n)，append 方法为 O(1)，外层循环 m 次，因此算法的时间复杂度为 O(m＊n)。

如果 la、lb 和 lc 采用链式结构存储，retrieve 方法的时间性能为 O(m)，contains 方法为 O(n)，append 方法为 O(min(m,n))，外层循环 m 次，因此算法的时间复杂度为 O(m＊(m+n))，算法的效率更差。请读者自行考虑如何修改链表的定义和 intersect 算法，使得本算法在链式结构下的时间性能也能达到 O(m＊n)。

**2. 有序线性表下的实现**

如果线性表为有序表，在上例中即 A＝(1,2,7,9)，B＝(2,3,5,6,7)，A 和 B 中的相同元素存放在有序表C中,则C=(2,7)。在对两个有序表进行合并等运算时经常采用双下标法求解。

求解两个有序表中相同元素的算法步骤如下。

(1) 设两个下标变量i和j分别指示A和B的当前位置,初值都为0。

(2) 当i小于A表的长度且j小于B表的长度时执行循环:将$A_i$与$B_j$进行比较,如果$A_i<B_j$,说明$A_i$不在C中,i加1;如果$A_i>B_j$,说明$B_j$不在C中,j加1;如果$A_i=B_j$,将$A_i$加入C的末尾,i加1,j加1。

循环退出时,至少有一个表的全部元素已经检查完毕,如果另一个表还未到达表尾,则它剩下的元素也不会是相同元素,算法结束。

根据以上算法步骤,设计与线性表实现无关的算法,算法的完整代码如下:

```python
def intersect(la, lb):
    m = len(la)
    n = len(lb)
    lc = DynamicArrayList()
    i = 0
    j = 0
    k = 0
    while i < m and j < n:
        item_a = la.retrieve(i)
        item_b = lb.retrieve(j)
        if item_a < item_b:
            i += 1
        elif item_a > item_b:
            j += 1
        else:
            lc.insert(k, item_a)
            k += 1
            i += 1
            j += 1
    return lc
```

上述算法通过一对元素item_a和item_b的比较,可以排除掉一个元素或在C中加入一个元素。由于两个表的元素总数为m+n,所以最多比较m+n-1对元素。在线性表存储结构选择合理时,算法的时间复杂度可达到O(m+n)。例如,在顺序结构下,retrieve算法的性能为O(1),insert算法在表尾位置插入时性能为O(1),整个算法的性能即为O(m+n)。

由此可见,相比于无序表,在有序表下求两个表的相同元素的算法的效率更高。当然,读者应该注意到,生成一个有序表的时间代价高于生成一个无序表的时间代价,但在对有序表的后续操作中得到了补偿。

### 3.6.2 约瑟夫环问题

设有n个人围坐一圈,从1开始顺序编号。现在从第1个人开始报数,报到第

m(m>0)的人退出。然后继续进行 1~m 的报数,直至所有人退出,最后一个退出的人是优胜者。依次输出出列人员的编号。该问题即著名的约瑟夫环问题。

### 1. 基于 Python 内置 list 的实现

假设用列表 people 存储所有人员,例如 n=10 时,people=[1,2,3,4,5,6,7,8,9,10]。在找出应该退出的人之后,将其对应编号从表里删除。在计算过程中表越来越短,用 num 表示表的长度,每退出一人,删除表中的对应元素,长度 num 减 1,至表长度为 0 时工作结束。假设 i 为本轮报数人员的开始位置,则该轮报数出列人员的位置以及下一轮报数的开始位置都为 (i+m-1) % num,重复报数 n 轮,即可完成报数。基于上述思路的算法如下:

```
def josephus(n, m):
    people = list(range(1, n + 1))
    i = 0
    for num in range(n, 0, -1):
        i = (i + m - 1) % num
        print(people.pop(i), end = "")
        if num > 1:
            print(",", end = "")
```

如 n=10,m=3,以上算法输出的出列人员编号为 3,6,9,2,7,1,8,5,10,4。虽然这个简单的循环计数算法很容易理解,并且似乎是一个线性时间算法,但其实不然,因为 Python 列表非尾部位置的 pop 操作的时间效率为线性阶,整个算法的时间复杂度为 $O(n^2)$。

### 2. 基于单向循环链表的实现

单向循环链表可以很好地模拟围坐一圈的人,顺序地报数则相当于指针在循环链表中沿 next 链域向后移动,一个人退出则相当于删除相应结点。在删除某结点之后,接下来仍沿着原方向继续报数。因此可以用单向循环链表的操作来求解约瑟夫环问题。为方便快速地从尾部到达首结点,该链表不应设置表头结点。例如,编号为 1~10 的一圈人,可用如图 3.24 所示的单链表进行模拟。

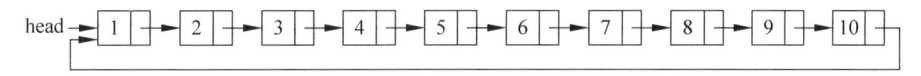

图 3.24 用不带头结点的单向循环链表表示约瑟夫环

单向循环链表类的定义和实现可以参考 3.4.1 节的单链表类,接下来为单向循环链表类添加两个方法。

1) 建立结点值依次为 1~n 的不带头结点的单向循环链表

```
def create_cll(self, n):
    self._head = p = n_node = Node(1)
```

```python
    for i in range(2, n + 1):
        n_node = Node(i)
        p.next = n_node
        p = p.next
    n_node.next = self._head
```

将每个人的编号 1～n 依次存储在该链表从头至尾的结点中。从空表开始在尾部逐个加入结点,最后注意将链表的尾结点指针连接到首结点。该算法的时间复杂度为 O(n)。

2) 单向循环链表下的循环报数

对上述 create_cll 方法所建立的单向循环链表进行 1～m 的循环报数,并逐个删除需退出的结点,直至链表为空。假设编号为 1～n 的人以 1～m 进行循环报数,则算法如下:

```python
def josephus(self, n, m):
    self.create_cll(n)                # 创建单向循环链表
    p = self._head                    # p定位在不带头结点的循环链表的首结点
    q = p
    count = n                         # count是表的长度
    while q.next != p:
        q = q.next                    # q定位在该链表的末尾,即q.next是p结点
    while count != 0:
        num = m % count
        # 如果报的数很大,为减少循环,将报数的范围缩小到小于count
        if num == 0:
            num = count               # 如果num为0,说明报的数应为count
        while num > 1:                # 循环报数
            q = q.next
            p = p.next
            num -= 1
        print(p.entry, end = "")      # 输出将要删除的结点的值
        if count > 1:
            print(",", end = "")
        q.next = p.next               # 删除p结点
        del p
        count -= 1
        if count == 0:
            break
        p = q.next                    # 恢复p的位置,继续进行下一轮报数
```

当 10 个人以 1～3 进行报数,即调用 josephus(10,3) 算法,输出的出列人员编号为 3, 6,9,2,7,1,8,5,10,4。虽然用单向循环链表实现的方法比用 list 实现的方法复杂,但算法的效率较高。现分析其时间复杂度,算法外层循环 n 次,每次循环删除一个结点,在删除结点前指针 p 和 q 分别移动 m 次,因此算法的时间复杂度为 O(n*m),如果 m≪n,则算法的效率可达到 O(n)。

## 3.7 线性表算法举例

线性表是使用最广泛的一种数据结构,线性表下的算法设计尤为重要。接下来通过一些例子介绍顺序表、单链表以及与存储结构无关的线性表算法的基本设计方法,将顺序表、单链表下的算法作为类的方法来设计,与存储结构无关的线性表算法则作为调用类的外部函数来设计。

### 3.7.1 顺序表下的算法

【例3.1】 为底层动态数组实现的顺序表类添加一个方法,删除第i号位置开始的k个元素。

首先画出底层数组示意图,如图3.25所示。

图3.25 顺序表元素连续删除示意图

为了删除从 $a_i$ 开始的连续 k 个元素,需将从 $a_{i+k}$ 位置开始直到最后一个位置的所有元素依次往前移动 k 个位置,可用循环:

```
for j in range(i + k, self._cur_len):
    self._entry[j - k] = self._entry[j]
```

然后元素个数的计数变量减去k,即

```
self._cur_len -= k
```

在算法开始处加上参数合法性的检查,要能够删除 k 个元素,i+k−1 号元素要存在,即必须 i+k−1≤cur_len−1,所以 i<0 或 k≤0 或者 i+k>cur_len 都属于不合法情况。

算法的完整代码如下:

```
def remove_k(self, i, k):
    if i < 0 or k <= 0 or i + k > self._cur_len:
        raise IndexError("参数不合法")
    for j in range(i + k, self._cur_len):
        self._entry[j - k] = self._entry[j]
    self._cur_len -= k
```

【例3.2】 假设顺序表中存储了若干整数,设计时间性能和空间性能尽可能高效的算法,将表中小于或等于 x 的元素都放在列表的前端,将大于 x 的元素都放在列表的后端。例如,线性表为(3,2,1,−2,−4,9),x=0,则经过算法处理后,负数在前,正数在后,而这些数的顺序可以是随意的。

一个比较简单的方法是从左到右扫描表中的每个元素。将已经处理的元素分为两部分,第一部分元素小于或等于 x,第二部分元素都大于 x。第二部分第一个元素的下标为 first_large。对于正在处理的元素 entry[i],若 entry[i]>x,则 i 加 1,否则将 entry[i] 与 entry[first_large]交换,并且 first_large 加 1,i 加 1。算法的完整代码如下:

```
def adjust(self, x):
    first_large = 0
    for i in range(0, self._cur_len):
        if self._entry[i] <= x:
            self._entry[first_large], self._entry[i] = self._entry[i], self._entry[first_large]
            first_large = first_large + 1
```

### 3.7.2 带头结点单链表下的算法

【例 3.3】 为带头结点的单链表类添加一个方法,利用原表空间将单链表中的所有元素进行逆置,即将线性表($a_0, a_1, \cdots, a_i, \cdots, a_{n-1}$)逆置为($a_{n-1}, a_{n-2}, \cdots, a_i, \cdots, a_0$)。

为了在链表下完成逆置,可以采用头插法,把每个元素结点依次插入表的最前面,即插入表头结点之后。

首先将原表分成两部分,活动指针 p 初始时指向首结点,并且将表头结点的链域赋值为空指针,如图 3.26 所示。

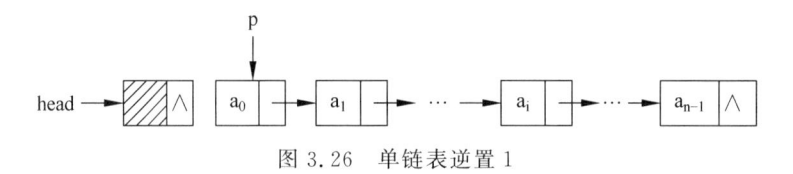

图 3.26 单链表逆置 1

接着将 p 及之后的每个结点依次插入 head 所指的结点之后,所有结点插入的方法是一致的。假设在某个时刻已经将 $a_0 \sim a_{i-1}$ 的每个结点依次插入 head 之后,这时表的状态如图 3.27 所示。

图 3.27 单链表逆置 2

为了看得更清楚,把 p 结点画在 head 附近,如图 3.28 所示。
将 p 所指结点插入 head 之后的代码如下,代码的执行效果如图 3.29 所示。

```
p.next = self._head.next
self._head.next = p
```

图 3.28　单链表逆置 3

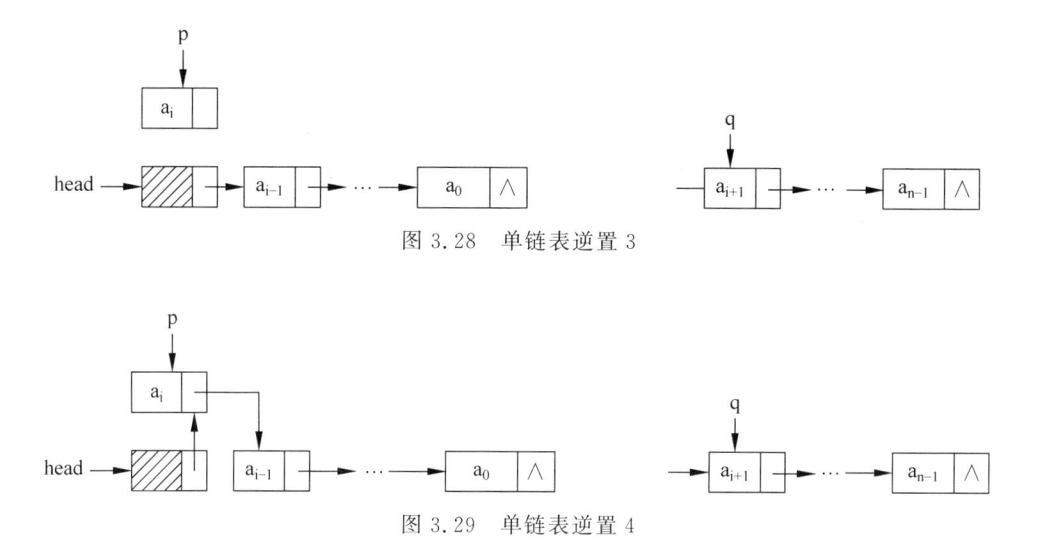

图 3.29　单链表逆置 4

当 p 所指结点插入完成之后,接着需要处理元素 $a_{i+1}$ 这个结点,由于此时它已经不是 p 的后继,所以必须在插入 p 之前用另一个指针 q 指向 $a_{i+1}$ 这个结点。逆置算法的完整代码如下：

```
def reverse(self):
    p = self._head.next
    self._head.next = None
    while p:
        q = p.next                      #q指针指向p的下一个结点
        p.next = self._head.next        #将p插入为首结点
        self._head.next = p
        p = q                           #p指向下一个待插入结点
```

由于将每个元素结点依次插入在表头结点之后,本算法的时间复杂度为 O(n)。

**【例 3.4】** 为单链表类设计特殊方法 \_\_lt\_\_,判断当前线性表是否小于另一个给定线性表 other。设线性表 A 为 $(a_0,a_1,a_2,\cdots,a_i,\cdots,a_{n-1})$,线性表 B 为 $(b_0,b_1,b_2,\cdots,b_j,\cdots,b_{m-1})$。如果存在一个 k(k≥0)使得 $a_i=b_i(i=0,1,\cdots,k-1)$ 且 $a_k<b_k$,或者 n<m 且对任意 i=0,1,…,n-1 都有 $a_i=b_i$,则称 A 小于 B。例如,(1,2,3,4)小于(1,3),(1,2)<(1,2,5),空表<任何非空表。

根据题目中给出的比较两个线性表大小的方法,得出以下算法步骤。

(1) 在 A、B 两个表中设活动指针,假设分别为 p 和 q,初始指向首元素结点。

(2) 当 p 和 q 都非空时循环执行：如果 p 结点的值小于 q 结点的值,返回 True;如果 p 结点的值大于 q 结点的值,返回 False;如果 p 结点的值等于 q 结点的值,p 和 q 都往后移动一个结点。

(3) 循环(2)已退出,说明 p 和 q 至少有一个为空。如果 q 为空,若 p 非空,说明 B 表小于 A 表;若 p 空,说明两个表相等,因此返回结果都为 False;否则,即 p 为空而 q 非空,说明 A 表小于 B 表,返回结果为 True。

```python
def __lt__(self, other):
    p = self._head.next
    q = other.get_head().next
    while p and q:
        if p.entry < q.entry:
            return True
        if p.entry > q.entry:
            return False
        p = p.next
        q = q.next
    if q is None:                    #q为空,说明 A 比 B 长(p不空)或等长(p空)
        return False
    return True                      #p为空,q非空,说明 A 比 B 短
```

本算法的时间复杂度为 $O(\min(m,n))$。

【例 3.5】 假设 OrderedList 类为 LinkedList 类的继承类,即以带头结点的单链表实现有序线性表,定义框架如下:

```
from Node import Node
from LinkedList import LinkedList
class OrderedList(LinkedList):
    def add(self, item):
    def insert(self, position, item):
    def replace(self, position, item):
```

实现 OrderedList 类的 add 方法,将值为 item 的结点插入合适的位置,使得插入后的表仍保持有序。例如,原线性表为(1,2,5,9,16),插入 item=8,则插入后的表为(1,2,5,8,9,16)。

根据题目中给出的例子,可画出如图 3.30 所示的示意图。为了插入值为 8 的结点,需要一个指向值为 5 的结点的指针,设为 p,那么结点的插入就能迎刃而解,相应语句如下:

```
newnode = Node(item, p.next)
p.next = newnode
```

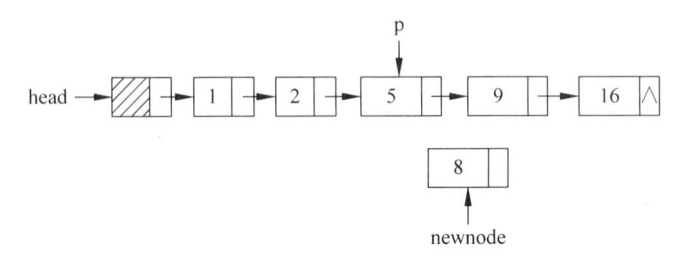

图 3.30 有序表下的插入

如何定位 p 呢? 唯一的方法是从 head 开始寻找,即初始时 p=self._head。如果 p 的下一个结点存在,且下一结点的值小于或等于 item,p 指针后移,否则 p 指针停止移动。

根据以上分析可得到如下算法：

```python
def add(self, item):
    p = self._head
    while p.next and p.next.entry <= item:
        p = p.next
    newnode = Node(item, p.next)
    p.next = newnode
```

如果由于 p.next 为空而结束 while 循环，说明 p 已到达链表的尾部，item 的值大于原表中的所有结点或原表为空，新结点插入在表尾。该算法的时间复杂度为 $O(n)$。

### 3.7.3 与线性表具体实现无关的算法

如果并不关注或不知道当前线性表采用何种存储方案，只知道这个线性表拥有 AbstractList 类的所有性质和方法，这时可调用线性表类提供的方法进行算法设计。例如，3.6.1 节介绍的求两个线性表相同元素的算法都与具体实现无关。

【例 3.6】 调用线性表类提供的方法对线性表进行逆置。

对线性表逆置可以采用首尾交换法，即将线性表首尾对应位置的元素进行交换。算法的完整代码如下：

```python
def reverse(alist):
    i = 0
    j = len(alist) - 1
    while i < j:
        item_a = alist.retrieve(i)
        item_b = alist.retrieve(j)
        alist.replace(i, item_b)
        alist.replace(j, item_a)
        i += 1
        j -= 1
```

调用 retrieve 方法获得表的 i 号元素 item_a 和 j 号元素 item_b；然后用 replace 方法将 item_b 替换到 i 号位置，将 item_a 替换到 j 号位置。

上述算法适用于线性表的任意存储结构。如果存储结构为顺序表，由于 retrieve 和 replace 的性能都为 $O(1)$，所以 reverse 算法的时间复杂度为 $O(n)$。如果存储结构为链表，由于 retrieve 和 replace 的性能都为 $O(n)$，reverse 算法的时间复杂度为 $O(n^2)$。

对线性表的逆置还可以采用头插法，即将线性表中从 0 号位置开始的每个元素依次插入在表的最前端，即 0 号位置上。算法的完整代码如下：

```python
def reverse(alist):
    for i in range(0, len(alist)):
        item = alist.remove(i)
        alist.insert(0, item)
```

上述算法适用于线性表的任意存储结构。如果存储结构是顺序表,由于循环中调用的 remove 和 insert 方法的时间性能都为 O(n),所以 reverse 算法的时间复杂度为 $O(n^2)$。如果存储结构为链表,remove 和 0 号位置的 insert 方法的时间性能分别为 O(n) 和 O(1),而 reverse 算法的时间复杂度也为 $O(n^2)$。在顺序表下的删除和插入操作需要移动元素,并且在 0 号位置的 insert 操作为最坏情况。在链表下的删除和插入操作需要移动指针,但在链表下 0 号位置的插入属于最好情况,因此在链表结构下使用头插法的效率好于顺序表结构。

在例 3.3 已介绍了单链表结构下用头插法逆置线性表的具体算法,该算法的时间复杂度为 O(n)。因此,调用类的方法进行操作可能降低算法的效率。

## 3.8 上机实验

扫一扫

上机实验

## 习题 3

扫一扫

习题

扫一扫

自测题

# 第 4 章

# 栈

栈是操作受限的线性表,是最简单的数据结构之一,在程序设计和计算机系统中,栈都是非常重要的数据结构。数据的逆置、网页浏览时的后退以及文本编辑器中的撤销等功能的实现,都可借助栈来完成。本章介绍栈的概念、特点和实现方法,并介绍栈的一些典型应用。

## 4.1 栈的基本概念

栈(stack)是一种特殊的线性表,从逻辑结构角度来看与普通的线性表没有不同,因此可将栈定义为 n(n≥0)个数据元素构成的有限序列,当 n=0 时,称为空栈。栈非空时可记为 S=($a_0$,$a_1$,$a_2$,…,$a_i$,…,$a_{n-1}$),其中每个元素有一个固定的位序号。它的特殊性在于其操作受到了限制,只允许在序列的尾端进行插入和删除,而不像普通线性表那样可以在任意合法位置进行插入和删除。栈中允许插入、删除的一端称为**栈顶**,另一端为固定端,称为**栈底**。元素的插入称为**入栈**或**进栈**(push),元素的删除称为**出栈**或**退栈**(pop)。栈的操作特点是最后入栈的元素第一个出栈,即具有"后进先出"(Last In First Out,LIFO)的特性,因此栈也被称为**后进先出表**。

在现实生活中,桌子上的一盒抽纸、叠在一起的靠背椅、一摞硬币都只能在一端做插入和删除操作,都可以看成栈结构。

可以用如图 4.1 所示的开口向上的容器来表示一个栈,对于该容器,用户可见的位置只有栈顶,只能在此位置进行入栈和出栈操作。

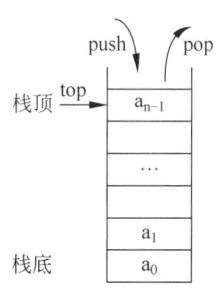

图 4.1 栈结构示意图

## 4.2 栈的抽象数据类型

T类型元素构成的栈是由T类型元素构成的有限序列,并且具有以下基本操作。
(1) 创建一个空栈(__init__)。
(2) 判断栈是否为空(empty)。
(3) 求栈的长度,即栈中元素的个数(__len__)。
(4) 入栈一个元素(push)。
(5) 出栈一个元素(pop)。
(6) 读取栈顶元素(get_top)。

在ADT描述中,对栈元素间的逻辑关系(即逻辑结构)的描述与第3章中对线性表的描述完全一致,不同的是栈的操作没有线性表的操作丰富,这里定义了6种。

下面借助abc模块定义抽象类AbstractStack,以描述栈的抽象数据类型。

```python
from abc import ABCMeta, abstractmethod
class AbstractStack(metaclass = ABCMeta):
    """抽象栈类"""

    @abstractmethod
    def __init__(self):
        """创建一个空栈"""

    @abstractmethod
    def empty(self):
        """判断栈是否为空"""

    @abstractmethod
    def __len__(self):
        """求栈的长度"""

    @abstractmethod
    def push(self, item):
        """入栈一个元素"""

    @abstractmethod
    def pop(self):
        """出栈一个元素"""

    @abstractmethod
    def get_top(self):
        """读取栈顶元素"""
```

## 4.3 栈的顺序存储及实现

栈的顺序存储方案将栈中从栈底到栈顶的所有元素依次存储在一块连续的存储空间中,简称**顺序栈**。可以参考 3.3.3 节和 3.3.4 节介绍的顺序表来实现顺序栈。下面依次介绍顺序栈的两种实现方案。

### 4.3.1 利用 Python 列表实现

用 Python 列表存储栈的所有元素,并将栈顶位置设定为列表的尾部,而将栈底位置固定为列表的头部,即栈底到栈顶的元素从列表的 0 号位置开始依次向后存储,如图 4.2 所示。

图 4.2 用列表存储栈

假设存储栈元素的列表对象为 entry,判别栈是否为空和求栈的长度则分别对应于对 entry 列表的判空和求长度;入栈和出栈操作即是对 entry 列表进行 append 和尾部的 pop 操作,取栈顶即读取 entry[-1]。这些方法都很简单,需要注意的是对于特殊情况的处理。出栈(pop)和取栈顶(get_top)操作需要判别栈是否为空,如果为空,则需要返回操作失败的信息,例如用返回 None 或抛出异常等方法来处理失败。

这里定义 ArrayStack 类作为 4.2 节抽象栈类 AbstractStack 的派生类。如果读者在实现时觉得烦琐,也可以直接将其定义为普通类,但应明白 ArrayStack 是抽象栈类的一种具体实现。

```python
from AbstractStack import AbstractStack
class ArrayStack(AbstractStack):
    def __init__(self):
        super().__init__()
        self._entry = []

    def empty(self):
        return self._entry == []

    def __len__(self):
        return len(self._entry)

    def push(self, item):
        self._entry.append(item)

    def pop(self):
```

```
        if self.empty():
            return None
        return self._entry.pop()

    def get_top(self):
        if self.empty():
            return None
        return self._entry[-1]
```

ArrayStack 类的 push 方法调用列表的 append 方法实现,根据 3.3.2 节的描述,可知 append 方法的摊销时间复杂度为 O(1)。ArrayStack 类的其他方法时间效率也都为 O(1),因此栈的操作效率非常高,这是由栈操作的特殊性决定的。

### 4.3.2 记录容量和栈顶位置的实现

假设用列表存储栈的所有元素,并显式地维护两个变量 capacity 和 top,分别记录当时栈的容量及栈顶元素的位置,如图 4.3 所示。

图 4.4 演示了在一个顺序栈中从空栈开始连续入栈、出栈的过程。持续入栈可导致初始分配的容量用完,产生栈满上溢出(overflow)的情况,此时可以用一个更长的列表来存储栈;持续出栈可能会导致栈空,在栈空时仍要出栈即发生下溢出(underflow)。

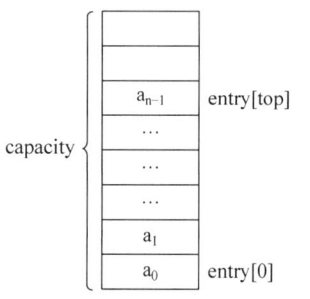

图 4.3 顺序栈示意图

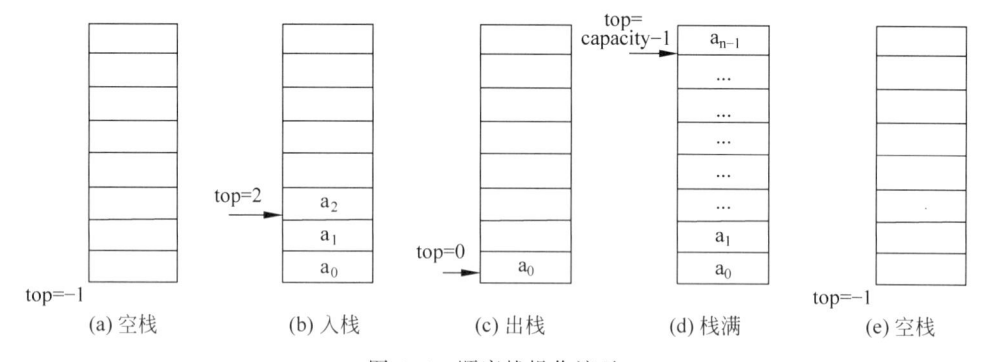

图 4.4 顺序栈操作演示

接下来定义 DynamicArrayStack 类实现上述顺序栈,具体定义如下:

```
from AbstractStack import AbstractStack
class DynamicArrayStack(AbstractStack):
    INCREMENT = 10                              # 栈的容量增量

    def __init__(self, init_size = 0):
        super().__init__()
```

```python
        self._capacity = init_size              #栈容量赋值为初始容量
        #生成容量为_capacity 的列表
        self._entry = [None for x in range(0, self._capacity)]
        self._top = -1                           #栈顶位置初始化为-1

    def empty(self):
        return self._top == -1                   #判断栈是否为空

    def __len__(self):
        return self._top + 1                     #栈的长度为栈顶位置加1

    def push(self, item):
        if self._top >= self._capacity - 1:
            self._resize()                       #栈原空间已用完,调用_resize扩容
        self._top += 1                           #栈顶指示器增1
        self._entry[self._top] = item            #item 元素入栈

    def _resize(self):
        self._capacity += self.INCREMENT         #栈容量递增 INCREMENT
        temp = [None for x in range(0, self._capacity)]  #生成新的更大列表
        for i in range(0, self._capacity - self.INCREMENT):
            temp[i] = self._entry[i]             #原来的栈元素依次复制到新列表中
        self._entry = temp                       #将新列表作为栈元素的容器

    def pop(self):
        if self.empty():
            raise Exception("栈为空")
        else:
            item = self._entry[self._top]        #获得栈顶元素
            self._top -= 1                       #栈顶位置下移
            return item                          #返回栈顶元素

    def get_top(self):
        if self.empty():
            raise Exception("栈为空")
        else:
            return self._entry[self._top]
```

在上述栈类中定义了类变量 INCREMENT,它是对栈空间进行扩容时的增量。在 \_\_init\_\_ 方法中初始化了一个容量为 init_size 的表 entry,用于存储栈的元素。top 为-1 表示目前是一个空栈。

在 push 方法中,如果列表 entry 的空间已经用完,则调用 resize 方法为栈分配一块更大的新空间。这里采用的是增量策略,resize 方法中生成一个新的列表 temp,其容量为 entry.capacity 加上 INCREMENT,接着将列表 entry 的所有元素复制到列表 temp 中,并将 entry 设为 temp。

需要指出的是,增量策略的整体时间性能差于翻倍策略。在极端情况下,如

INCREMENT 为 1，则栈的原空间用完后，每次 push 都要进行扩容，栈中的原有元素都需要复制到新列表。这样，push 操作的摊销时间复杂度为 O(n)。回顾 3.3.3 节和 3.3.4 节的内容，Python 列表采用翻倍策略和增量策略混合，且增量动态递增；3.3.4 节中介绍的 DynamicArrayList 类采用翻倍策略，在这两种策略下，append 操作的摊销时间性能均为 O(1)，并且前者兼顾了时间效率和空间效率的平衡。由此可见，算法设计中的一些细小差异可能会对算法的性能产生巨大影响。当然，在增量策略下，如果栈的规模不大，且 INCREMENT 的值设置合理并动态递增，push 操作的摊销时间性能仍然可达到 O(1)。

显而易见，DynamicArrayStack 类中其他基本操作的时间复杂度都为 O(1)。

在上述两种顺序栈实现方案中，第一种比较简单，第二种则需要用户自己去管理空间不足的情况，略显复杂。但第二种方案更加直观地表明了顺序栈的具体实现方法，也更接近 C++ 等其他高级语言中顺序栈的实现策略。另外，读者也可以参考 3.3.4 节用底层 C 数组实现顺序栈，在此不再赘述。

## 4.4 栈的链式存储及实现

与线性表的链式存储相同，当借助链表存储栈时，在存储栈的每个元素的同时附加存储一个指针，指向其相邻元素。所以，栈的每个元素的存储映像包含两部分——元素值部分和指针部分，即第 3 章中所描述的结点。以链式存储结构表示的栈简称链栈。

### 1. 链栈结点类

链栈的结点结构与 3.4.1 节所描述的单链表结点结构一致，在类定义时仅修改了类名，定义如下：

```
class StackNode:
    def __init__(self, data, link = None):
        self.entry = data
        self.next = link
```

类中的 __init__ 方法用于初始化结点，结点的值域被赋值为 data，指针域被赋值为 link，其默认值为 None。

### 2. 链栈类

与单链表不同，栈的操作在表尾进行，为方便操作，栈顶结点应安排在链表的最前端而不是尾端。由于链栈的操作比较简单，通常不安排表头结点。假设栈中有 n 个元素，从栈底到栈顶分别为 $a_0, a_1, \cdots, a_{n-1}$，链栈的存储方式如图 4.5 所示。

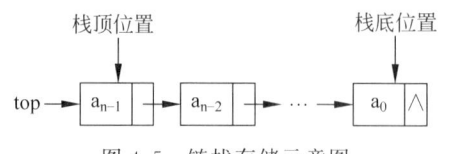

图 4.5 链栈存储示意图

在链栈类中，只用 top 指针记录链栈的栈顶结点,它是链栈类唯一的数据成员,通过该 top 指针可以方便地进行入栈、出栈和访问栈顶元素等操作。

以下为链栈类 LinkedStack 的定义。在初始化空栈时将 top 设为 None;入栈时生成一个新结点并插在原 top 之前,top 再指向新结点;出栈时先检查是否为空栈,否则删除栈顶结点并返回其元素值。

```python
from StackNode import StackNode
class LinkedStack:
    def __init__(self):
        self._top = None

    def empty(self):
        return self._top is None

    def __len__(self):
        p = self._top
        count = 0
        while p:
            count += 1
            p = p.next
        return count

    def push(self, item):
        new_top = StackNode(item, self._top)
        self._top = new_top

    def pop(self):
        if self.empty():
            return None
        else:
            old_top = self._top
            self._top = self._top.next
            item = old_top.entry
            del old_top
            return item

    def get_top(self):
        if self.empty():
            return None
        else:
            return self._top.entry
```

LinkedStack 类求长度的算法 __len__ 的时间复杂度为 O(n)。如果想使 __len__ 算法的时间复杂度为 O(1),可以在类中再加一个实例属性用于记录当时栈的元素个数。除了 __len__ 算法以外,其他算法的时间性能都是常量阶的。

## 4.5 栈的典型应用

### 4.5.1 括号匹配检验

在高级程序设计语言和标记语言中,通常包含一些成对出现的符号,例如括号、注释符、HTML 标记等。语法检查程序在对源代码进行语法检查时,判断其中的符号是否正确匹配是一个基本环节。假设文本字符串中允许有 3 种括号——圆括号、方括号和花括号,表 4.1 给出了对 4 个文本字符串进行括号匹配检验的结果及其相应说明。

表 4.1 括号匹配检验样例

| 序 号 | 文本字符串 | 匹配结果 | 说 明 |
|---|---|---|---|
| 1 | {3*[A+(b*cd)]} | 匹配 | 对应括号全部匹配 |
| 2 | 3*A+(b*cd]+{5*a} | 不匹配 | "("和"]"不是一对 |
| 3 | 3*A+(b*cd)dfg] | 不匹配 | 多余右括号"]" |
| 4 | {3*A+(b*cd)+5 | 不匹配 | 多余左括号"{" |

依次读取被检查文本字符串中的字符,由于对检验有用的信息来源是其中的括号,所以遇到其他字符直接忽略;当遇到左括号时,暂时还无法得到是否匹配的结论,但这个符号将作为后续检验的有用信息,因此将它存储在一个容器中;当遇到右括号时,应检查离它最近且未被配对过的左括号是否与之相配,因此最后存入容器的左括号是最先拿出来进行匹配的,对这个容器的操作符合后进先出的原则,故左括号应存放于栈中。

**1. 算法思想**

(1) 初始化空栈 st。

(2) 从左到右依次读入文本字符串中的每个字符,假设当前读到的符号为 pr。

① 若 pr 为左括号,则入栈 st。

② 若 pr 为右括号:

- 检查栈 st 是否为空。若 st 为空,则表明该右括号多余,给出不匹配结论,返回。
- 出栈 st 的栈顶左括号,将 pr 和该栈顶左括号进行配对。若不是一对,则表明括号不匹配,给出不匹配结论,返回。

(3) 文本字符串中的所有符号全部读完时:

① 若栈 st 非空,表明左括号有多余,给出不匹配结论,返回。

② 否则,表明表达式中的括号正确匹配,给出匹配结论,返回。

**2. 括号匹配函数**

根据以上算法思想,结合 Python 的特点,用字典来表示括号之间的配对关系,通过调用生成器函数 parentheses 依次获得 text 串中的括号及其位置。以下 bracket_match 算法完成括号的匹配检查,并在不匹配时给出具体原因和位置。

```python
def bracket_match(text):
    open_pares = {'(', '[', '{'}                  # 左括号集合
    opposite = {")": "(", "]": "[", "}": "{"}     # 表示配对关系的字典
    st = LinkedStack()                            # 存储左括号的链栈,也可以是顺序栈
    for pr, i in parentheses(text):               # 对 text 串中的每个括号及位置循环处理
        if pr in open_pares:                      # 遇左括号将括号及其位置作为元组入栈,继续循环
            st.push((pr, i))
        elif st.empty():                          # 遇右括号,但栈空,说明没有与之配对的左括号
            print("多余右括号,位置", i, "对应括号为", pr)
            return False
        else:                                     # 遇到右括号,栈非空
            prepr, j = st.pop()                   # 出栈栈顶的左括号及位置
            if prepr != opposite[pr]:             # 不匹配,退出
                print("发现不匹配位置", j, i, "对应括号为", prepr, pr)
                return False
    if not st.empty():                            # 文本字符串读完,栈不空,说明前面多了左括号
        prepr, j = st.pop()
        print("多余左括号,位置为", j, "括号为", prepr)
        return False
    else:
        print("所有括号全部配对")
        return True
```

### 3. 括号生成器函数

生成器函数 parentheses 依次获取文本字符串 text 中的所有括号及位置。如果当前符号为括号,则通过 yield 语句返回括号及其位置,当 text 处理完毕,生成器函数结束运行。

```python
def parentheses(text):
    pares = {'(',')', '[',']', '{','}'}
    text_len = len(text)
    for i in range(0, text_len):
        if text[i] in pares:
            yield text[i], i
```

### 4. 应用示例

以下程序对表 4.1 中的两个文本字符串进行括号的配对检查。

```python
if __name__ == "__main__":
    text = "{3 * [A + (b * cd)]}"
    print(text)
    bracket_match(text)
    print(" ====================== ")
    text = "3 * A + (b * cd] + {5 * a}"
    print(text)
    bracket_match(text)
```

运行上述程序,输出结果如下:

```
{3*[A+(b*cd)]}
所有括号全部配对
========================
3*A+(b*cd]+{5*a}
发现不匹配位置 4 9 对应括号为（ ]
```

### 4.5.2 计算后缀表达式的值

**1. 表达式的 3 种形式**

表达式一般由操作数（operand）、运算符（operator,也称操作符）和界限符（delimiter）组成。运算符是指＋、－、＊、/等运算符号,界限符是指（、）等分界符,运算符和界限符常统称为算符。从运算类型上分,运算有算术运算、关系运算和逻辑运算等；从运算对象的个数上分,运算有单目运算和双目运算。本书仅讨论只含双目运算的算术表达式。

表达式有 3 种形式,即**中缀表达式**、**后缀表达式**（逆波兰式）和**前缀表达式**（波兰式）。它们之间的区别是运算符相对于它所运算的操作数的位置不同：中缀表达式的运算符位于它所运算的操作数中间；后缀表达式的运算符紧接着其运算的两个操作数出现；而前缀表达式的运算符位于它所运算的两个操作数之前。

表 4.2 列出了 4 个表达式的 3 种不同形式,可以看到在同一表达式的 3 种形式中所有操作数的顺序是相同的。

表 4.2 表达式的 3 种形式

| 表达式序号 | 中缀表达式 | 后缀表达式 | 前缀表达式 |
| --- | --- | --- | --- |
| 1 | a＋b | ab＋ | ＋ab |
| 2 | (a＋b)＊c | ab＋c＊ | ＊＋abc |
| 3 | a＋b＊(c－d)－e/f | abcd－＊＋ef/－ | －＋a＊b－cd/ef |
| 4 | (3＋4)＊5－6 | 3 4＋5＊6－ | －＊＋3 4 5 6 |

人们习惯用中缀形式表示算术表达式。虽然人很容易理解与分析中缀表达式,但计算机解析和计算中缀表达式相对较为复杂。在后缀表达式中,运算符的出现顺序就是表达式的运算顺序,并且不管多么复杂的表达式,都不需要用到括号。在用计算机实现时,后缀表达式的计算比较简单。接下来介绍后缀表达式求值的算法。

**2. 后缀表达式求值算法的思想**

从左到右扫描后缀表达式,可依次分离出其中的操作数和运算符。如果分离出的是操作数,由于对该操作数执行的运算还未知,所以暂时将它存储起来；如果分离出的是运算符,则应取出最近保存的两个操作数,进行该运算符对应的运算,并存储运算结果。由于最近存储的一对操作数（可能是最近存储的运算中间结果）是即将取出来做运算的操作数,也即后存储的先取出来,满足后进先出的原则,所以适合用栈存储操作数。

若读入后缀表达式 1 2 4 * + 5 -，则计算过程中操作数栈的变化过程如图 4.6 所示。

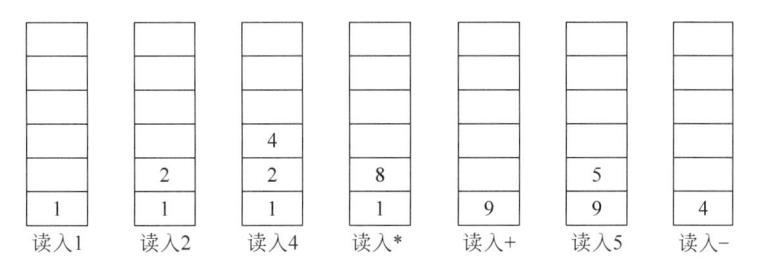

| | | 4 | | | | |
|---|---|---|---|---|---|---|
| | 2 | 2 | 8 | | 5 | |
| 1 | 1 | 1 | 1 | 9 | 9 | 4 |
| 读入1 | 读入2 | 读入4 | 读入* | 读入+ | 读入5 | 读入- |

图 4.6 后缀表达式求值过程中操作数栈的变化

### 3. 后缀表达式求值算法

集合 operator 用于存储所有运算符，其中的"♯"是额外加入的表示表达式读完、整个运算结束的结束符。postfix 算法对存放在字符串 postfix_ex 中的后缀表达式进行计算。在算法中设置顺序栈 st 存储操作数，当然也可以用链栈；调用生成器函数 tokens 读入表达式中的每个逻辑部分 m，如果是操作数，则入栈；如果是结束符"♯"，则返回存储在操作数栈的栈顶位置的计算结果；如果是运算符 op，则连续出栈 st 中的两个操作数 opnd2 和 opnd1，对 opnd1 和 opnd2 做 op 运算，将结果放到 st 中。具体算法如下：

```
operator = {'+','-','*','/','♯'}  ♯存储所有算符
def postfix(postfix_ex):
    st = ArrayStack()              ♯操作数栈初始化
    for m in tokens(postfix_ex):   ♯对 tokens 生成器获得的每个逻辑部分进行处理
        if m not in operator:
            st.push(float(m))      ♯遇到操作数,则入栈
        else:
            if m == '♯':           ♯遇到结束符退出
                return st.pop()    ♯返回运算结果
            opnd2 = st.pop()       ♯遇到运算符,连续出栈两个元素
            opnd1 = st.pop()
            op = m
            result = 0
            if op == '+':          ♯根据不同运算符做不同的运算
                result = opnd1 + opnd2
            elif op == '-':
                result = opnd1 - opnd2
            elif op == '*':
                result = opnd1 * opnd2
            elif op == '/':
                result = opnd1 / opnd2
            st.push(result)        ♯将运算结果入栈
```

在以上算法中没有考虑输入的表达式是非法后缀表达式或除零溢出等情况，读者可自行加入相应代码进行检验和处理。

### 4. 生成器函数

生成器函数 tokens 用于依次获得后缀表达式字符串 text 中的不同逻辑部分。假设

表达式中相邻操作数之间用空格作为分隔符,操作数和运算符之间、两个运算符之间可以有空格或没有空格。例如,输入 1 2 3 ＊ ＋ 或 1 2 3*+ 都是有效的后缀表达式字符串。生成器函数如下:

```
def tokens(text):
    i, t_len = 0, len(text)
    while i < t_len:
        if text[i].isspace():                    #遇到空格
            i += 1
        elif text[i] in operator:                #遇到算符
            yield text[i]                        #返回算符
            i += 1
        else:                                    #遇到操作数
            j = i + 1
            while j < t_len and not text[j].isspace() and \
                  text[j] not in operator:       #操作数包含多位的时候
                #操作数用科学记数法表示,且遇到负指数
                if (text[j] == 'e' or text[j] == 'E') and \
                      j+1 < t_len and text[j+1] == '-':
                    j += 1
                j += 1
            yield text[i:j]                      #返回操作数子串
            i = j
    yield '#'                                    #串读完时生成结束符
```

如果后缀表达式中的所有不同逻辑部分之间都由空格分开,例如保证表达式是 2 0 4 ＊,即 4 和 ＊ 之间也一定是有空格的,那么就不需要设计生成器函数 tokens,只需调用字符串的 split 方法将后缀表达式的各逻辑部分分离到列表中,然后再进行求值操作。

### 5. 应用示例

以下程序对 1＋2＊4－5 和 (1＋2＊3.1)/5e－2 对应的后缀表达式进行求值。

```
if __name__ == '__main__':
    postfix_ex = "1 2 4 * +5 -"
    print(postfix_ex, '===>', postfix(postfix_ex))
    postfix_ex = "1 2 3.1 * + 5e-2/"
    print(postfix_ex, '===>', postfix(postfix_ex))
```

运行上述程序,输出结果如下:

```
1 2 4 *  +5 - ===> 4.0
1 2 3.1 *  + 5e-2/ ===> 144.0
```

## 4.5.3 计算中缀表达式的值

中缀表达式是用户熟悉的表达式形式。为了能正确表示运算的先后顺序,在中缀表达式中往往出现括号,这里假设表达式中只允许有圆括号。

中缀表达式中相邻两个运算符的计算次序如下。

(1) 先括号内,再括号外。

(2) 优先级高的先计算,例如先乘除,后加减。

(3) 优先级相同时自左向右计算。

例如,表达式 5+6*(1+2)-4,先做括号内的加法,再做乘法,接着从左到右计算加法和减法,计算结果为 19。

中缀表达式的求值通常有两种方法:可以先将中缀表达式转换为后缀形式再求值;也可以直接对中缀表达式求值。以下分别进行介绍。

**1. 中缀表达式转换为后缀表达式**

1) 基本方法

以 5+6*(1+2)-4 为例来分析中缀表达式转换成后缀形式的方法。假设用列表 exp 依次存储转换后的后缀表达式的各逻辑部分。在此用列表而不是用字符串存储后缀表达式,是为了省去后缀表达式计算时对表达式各逻辑部分的分离操作。

在从左到右读取中缀表达式的过程中,依次遇到的操作数即是后缀表达式中操作数的顺序,因此可以直接添加到 exp 列表的末尾,而依次读取到的运算符则需要按照运算次序加入 exp 中。

假设读到的第一个算符为 $\theta_1$,此时它的操作数还没有读全,将它保存后继续向后读;如果接着读到的算符是 $\theta_2$,将 $\theta_2$ 与 $\theta_1$ 的运算优先级进行比较,若 $\theta_1$ 的优先级高,表明 $\theta_1$ 运算的两个操作数已加入后缀表达式中,$\theta_1$ 应该加到 exp 的末尾;如果 $\theta_2$ 的优先级更高,则 $\theta_1$ 还不能加入 exp,由于 $\theta_2$ 运算的操作数还没有读全,只能保存,接着在读入 $\theta_3$ 算符时,$\theta_3$ 算符将与 $\theta_2$ 算符比较优先级,则后保存的 $\theta_2$ 算符先于 $\theta_1$ 算符读出比较,满足后进先出的原则,因此应该用栈来保存读到的算符,这个栈称为算符栈。显然,算符栈中从栈底到栈顶的所有算符的运算优先级是递增的。

因此,中缀表达式转换为后缀表达式时的关键数据结构即为算符栈。算法的基本思路为:依次读入一个中缀表达式的各逻辑部分,如果读到的是操作数,直接加入后缀表达式的末尾;如果读到的是算符,那么若该算符的优先级高于栈顶,则入栈,若低于栈顶,则出栈,栈顶算符加入后缀表达式的末尾。

2) 算符的优先级设置

为简化处理,假设存在算符"♯",设定其优先级在所有算符中最低,并在算符栈中初始存放"♯",在表达式读完时,也假设读到了一个"♯"。这样做可以使算符栈不会为空,读到第一个算符的处理与其他算符的处理一致,并且可以将栈顶为"♯"且读到"♯"作为算法结束的条件。

根据先括号内再括号外,先乘除后加减,同级从左到右的运算规则,设定各算符及其对应的优先级数值如表 4.3 所示,数值越大,表明对应算符的运算优先级越高。

表 4.3 算符的优先级

| 算符 | *、/ | +、- | ( | ) | ♯ |
|---|---|---|---|---|---|
| 优先级数值 | 4 | 3 | 2 | 2 | 1 |

需要说明的是,表 4.3 所列"("的优先级数值是指它在栈顶,其后的算符跟它相比时它的优先级数值,因为括号内的任何算符的优先级都比它高,所以此时它的优先级很小,只比"♯"高。但如果它是当前读入的"(",则它的优先级总是高于栈顶算符,表中的优先级数值无效,将其作为特殊情况处理,即当读到"("时是直接入栈的。

表 4.3 所列")"的优先级数值也为 2。当读到")"时,如果栈顶是某运算符,则栈顶运算的优先级都高于")";如果栈顶是"(",则作为特殊情况来处理。

若当前算符与栈顶算符的优先级数值相同,由于同级运算从左向右,则栈顶的运算优先级高。在接下来的描述中,用"优先权"表示具体表达式中两个算符的运算优先顺序。

3) 转换示例

通过对中缀表达式 5+6*(1+2)-4 的转换,观察后缀表达式列表和算符栈的变化过程,从而抽象出中缀表达式转换为后缀表达式的算法思想,如表 4.4 所示。

表 4.4 中缀表达式转换为后缀表达式的示例

| 步骤 | 依次读入 5+6*(1+2)-4 中的各逻辑部分 m | 操作 | 后缀表达式列表 exp | 算符栈 |
|---|---|---|---|---|
| 1 | 5 | 5 加入后缀表达式中 | ['5'] | ♯ |
| 2 | + | "+"运算与栈顶算符"♯"比较优先权,"+"的优先权高,"+"入栈 | 不变 | +<br>♯ |
| 3 | 6 | 6 加入后缀表达式中 | ['5', '6'] | 不变 |
| 4 | * | "*"运算与栈顶算符"+"比较优先权,"*"的优先权高,"*"入栈 | 不变 | *<br>+<br>♯ |
| 5 | ( | 遇到"(",将"("入栈 | 不变 | (<br>*<br>+<br>♯ |

续表

| 步骤 | 依次读入 5+6*(1+2)-4 中的各逻辑部分 m | 操 作 | 后缀表达式列表 exp[] | 算符栈 |
|---|---|---|---|---|
| 6 | 1 | 1 加入后缀表达式中 | ['5', '6', '1'] | 不变 |
| 7 | + | "+"运算与栈顶算符"("比较优先级,由于运算的规则是先括号内,所以"+"的优先权高(与表 4.3 中的优先级数值设定一致),入栈保存 | 不变 | +<br>(<br>*<br>+<br>♯ |
| 8 | 2 | 2 加入后缀表达式中 | ['5', '6', '1', '2'] | 不变 |
| 9 | ) | 栈顶算符"+"的优先权高于")",则出栈栈顶加入 exp 中 | ['5', '6', '1', '2', '+'] | (<br>*<br>+<br>♯ |
| 9 | ) | 新的栈顶算符为"(",左右括号相遇,则消去一对括号,即将栈顶的"("出栈舍弃并继续读下一个符号 | 不变 | *<br>+<br>♯ |
| 10 | - | 栈顶运算"*"的优先权高于"-"运算,则出栈栈顶加入 exp 中 | ['5', '6', '1', '2', '+', '*'] | +<br>♯ |
| 10 | - | "-"运算继续与新的栈顶算符"+"比较优先级,两个算符的优先级数值相同,但同级从左到右,因此栈顶算符"+"的优先级高,则出栈栈顶加入 exp 中 | ['5', '6', '1', '2', '+', '*', '+'] | ♯ |
| 10 | - | "-"运算继续与新的栈顶算符"♯"比较优先级,"-"的优先级高,"-"入栈 | 不变 | -<br>♯ |
| 11 | 4 | 4 加入后缀表达式中 | ['5', '6', '1', '2', '+', '*', '+', '4'] | 不变 |
| 12 | ♯ | 中级表达式结束时,假设读入"♯","♯"运算符与栈顶算符"-"比较优先级,栈顶算符"-"的优先级高,则出栈栈顶加入 exp 中,此时"♯"运算与新的栈顶算符"♯"相遇,表示全部表达式处理完毕,算法结束 | ['5', '6', '1', '2', '+', '*', '+', '4', '-'] | ♯ |

4) 算法思想

根据以上转换示例得到以下算法步骤。为简化起见,假设表达式一定是合法的中缀形式。

(1) 初始化空栈 st 用于存放算符,初始存入"♯";初始化空列表 exp 用于存放后缀表达式。

(2) 循环(外层)从左到右依次扫描中缀表达式,根据所读到的逻辑符号 m 的不同情况分别处理:

① 若 m 是操作数,则将其直接加到 exp 的末尾,继续循环;

② 若 m 是左括号,左括号入栈,继续循环;

③ 读取栈顶的符号,设为 theta1,将当前符号 m 设为 theta2;

④ 循环(内层)比较 theta2 与栈顶 theta1 的优先级数值大小,直至 theta1 和 theta2 都为"♯"。

- 若 theta2 的优先级数值大,则 theta2 入栈,跳出内层循环,转步骤(2)外层循环;
- 若 theta2 为右括号且栈顶 theta1 为左括号,则出栈左括号,theta1 和 theta2 均舍弃,跳出内层循环,转步骤(2)外层循环;
- 否则,即 theta1 的优先级数值≥theta2 的优先级数值,theta1 比 theta2 的级别更高或同级别但在 theta2 前面出现,说明 theta1 算符所运算的操作数已加入 exp 中,出栈 theta1 并加入 exp 中,读取新栈顶至 theta1 中,继续内层循环④。

(3) 返回得到的后缀表达式列表 exp。

5) 算法实现

根据以上算法思想得到如下代码:

```python
operator = {'+', '-', '*', '/', '(', ')', '#'}          #算符集合
priority = {'*': 4, '/': 4, '+': 3, '-': 3, '(': 2, ')': 2, '#': 1}  #算符优先级字典

def trans_infix_suffix(infix_ex):         #infix_ex 为需转换的中缀表达式
    st = ArrayStack()
    st.push('#')
    exp = []
    for m in tokens(infix_ex):            #tokens 是获得 infix_ex 串中各逻辑部分的生成器
        if m not in operator:             #如果 m 是操作数
            exp.append(m)                 #操作数加入后缀表达式列表
        elif m == '(':                    #左括号进栈
            st.push(m)
        else:
            theta1 = st.get_top()         #theta1 为栈顶算符
            theta2 = m                    #theta2 为当前算符
            while theta1 != '#' or theta2 != '#':    #当 theta1 和 theta2 不全是♯时
                #当前算符 theta2 的优先权高于栈顶,theta2 进栈
                #跳出内循环,继续读下一符号
                if priority[theta1] < priority[theta2]:
                    st.push(theta2)
                    break
                #右括号遇栈顶左括号,左括号出栈,跳出内循环,继续读下一符号
```

```
            elif theta1 == "(" and theta2 == ")":
                st.pop()
                break
            # 栈顶的优先级数值≥theta2 的优先级数值,出栈栈顶加入后缀表达式
            else:
                st.pop()
                exp.append(theta1)
                theta1 = st.get_top()      # theta1 为新栈顶算符,继续内层循环
    return exp
```

6)应用示例

下列代码调用 trans_infix_suffix 方法将中缀表达式转换为后缀表达式列表,并调用 postfix2 方法对后缀表达式列表进行求值。相比 4.5.2 节中的 postfix 算法处理的是后缀表达式字符串,postfix2 处理的则是后缀表达式列表,因此更简单,请读者自行完成该方法。

```
if __name__ == "__main__":
    infix_ex1 = "5+6*(1+2)-4"
    infix_ex2 = "(3+5*1e2/40)*2"
    post_lst = trans_infix_suffix(infix_ex1)
    print(infix_ex1, "=>", post_lst, end=" ")
    print("=>", postfix2(post_lst))
    post_lst = trans_infix_suffix(infix_ex2)
    print(infix_ex2, "=>", post_lst, end=" ")
    print("=>", postfix2(post_lst)))
```

运行上述程序,输出结果如下:

```
5+6*(1+2)-4 => ['5', '6', '1', '2', '+', '*', '+', '4', '-'] => 19.0
(3+5*1e2/40)*2 => ['3', '5', '1e2', '*', '40', '/', '+', '2', '*'] => 31.0
```

## 2. 直接计算中缀表达式

1)基本方法

直接计算中缀表达式求值的算法与中缀转后缀的算法思想类似。表达式求值的本质即是对操作数按照算符的优先权次序进行运算,因此,只需将第一种方法中算符出栈加入后缀表达式中的操作改为直接运算即可。

由于在从左至右读入并分析表达式时,对已读入的符号并不一定能马上运算,例如处理 8−2*3,当读到 8 时,并不知道它将跟谁做何种运算? 当读到"−"时,该运算的另一个操作数也未读入,所以操作数和算符都需要保存起来。由于取出算符和每对操作数的顺序都与放入的顺序相反,所以将它们分别放在两个独立的栈中。

2)算法思想

(1)初始化 opnd 栈用于存放操作数,初始化空栈 optr 并存入 #,用于存放算符。

(2) 循环(外层)从左到右依次扫描中缀表达式,根据所遇到的逻辑符号 m 的不同情况分别处理:

① 若 m 是操作数,则将其入栈到 opnd,继续循环。
② 若 m 是左括号,则将其入栈到 optr,继续循环。
③ 读取 optr 栈的栈顶符号,设为 theta1;将当前符号 m 设为 theta2。
④ 循环(内层)比较 theta2 与栈顶 theta1 的优先级数值大小,直至 theta1 和 theta2 都为"#"。

- 若 theta2 的优先级数值大,则 theta2 入栈,跳出内层循环,转步骤(2)外层循环;
- 若 theta2 为右括号且栈顶 theta1 为左括号,则出栈左括号,theta1 和 theta2 均舍弃,跳出内层循环,转步骤(2)外层循环;
- 否则 theta1 从 optr 栈出栈,调用 calculate 完成运算,即从 opnd 栈依次出栈两个操作数做 theta1 运算,并将运算结果入 opnd 栈,然后读取新的栈顶算符至 theta1 中,继续内层循环④。

(3) 返回 opnd 的栈顶,即为中缀表达式运算结果。

3) 算法实现

根据上述算法思想可得到如下中缀表达式计算算法。假设 infix_ex 一定是合法的中缀表达式字符串。

```python
def calc_infix(infix_ex):
    opnd = ArrayStack()              #存放操作数
    optr = ArrayStack()              #存放算符
    optr.push('#')
    for m in tokens(infix_ex):
        #tokens 是获得 infix_ex 串中各逻辑部分的生成器
        if m not in operator:
            opnd.push(m)
        elif m == '(':                #左括号进栈
            optr.push(m)
        else:
            theta1 = optr.get_top()   #theta1 为栈顶算符
            theta2 = m                #theta2 为当前算符
            while theta1 != '#' or theta2 != '#':
                #当前算符 theta2 的优先权高于栈顶
                #theta2 进栈,跳出内循环,继续读下一符号
                if priority[theta1] < priority[theta2]:
                    optr.push(theta2)
                    break
                #当前右括号遇栈顶左括号,左括号出栈
                #跳出内循环,继续读下一符号
                elif theta1 == "(" and theta2 == ")":
                    optr.pop()
                    break
                #theta1 的优先级数值≥theta2 的优先级数值,完成 theta1 运算
                #运算结果入 opnd 栈,读取新的 theta1,继续内层循环
                else:
                    theta1 = optr.pop()
```

```
                         calculate(theta1, opnd)    ＃调用 calculate 完成运算并将结果入栈
                         theta1 = optr.get_top()    ＃theta1 为新的栈顶算符,继续内层循环
    return opnd.pop()
```

4) 对 opnd 栈顶的操作数进行 op 运算

```
def calculate(op, opnd):
    """对 opnd 栈顶的两个操作数进行 op 运算,并将运算结果入栈"""
    q = float(opnd.pop())
    p = float(opnd.pop())
    if op == "+":
        r = p + q
    elif op == "-":
        r = p - q
    elif op == "*":
        r = p * q
    elif op == "/":
        r = p / q
    opnd.push(r)
```

5) 应用示例

下列代码调用 calc_infix 方法对两个中缀表达式直接进行中缀计算。

```
if __name__ == "__main__":
    infix_ex1 = "5 + 6 * (1 + 2) - 4"
    infix_ex2 = "(3 + 5 * 1e2/40) * 2"
    print(infix_ex1, '=', calc_infix(infix_ex1))
    print(infix_ex2, '=',calc_infix(infix_ex2))
```

运行上述程序,输出结果如下,与中缀表达式转换为后缀形式后再计算得到的结果相同。

```
5 + 6 * (1 + 2) - 4 = 19.0
(3 + 5 * 1e2/40) * 2 = 31.0
```

### 4.5.4 迷宫求解

迷宫求解是一类常见的智力游戏,也是许多实际问题的抽象,具有实用意义。例如,在公路网上查找可行或最优的路线、电子地图中的路径检索等。在本书中仅讨论简化的单入口、单出口迷宫问题。

假设迷宫由白色的可通位置和黑色的不可通位置构成,每个位置用它所在的行列坐标表示。假设给定如图 4.7 所示的 10 行 10 列的迷宫,求从入口(0,3)到出口(9,9)的路径。

**1. 迷宫的存储表示**

迷宫可以看作一个二维的矩阵,假设用一个二维的列表存储迷宫,设为 maze,当

maze[i][j]=0 时表示(i,j)坐标位置可以通行，maze[i][j]=1 时表示(i,j)坐标位置不可以通行。另外，为防止在某位置上重复绕圈，需要对已走过的位置设置标记，如设 maze[i][j]=2 表示该位置已经走过。

从某个位置(i,j)开始向前探索路径，假设约定按照东南西北的次序进行探索。(i,j)的 4 个邻居的坐标如图 4.8 表示，为方便探索，将这 4 个方向分别编号为 0～3。可设一个 DIRECTIONS 列表存储这 4 个邻居坐标相对当前位置的行列坐标关系，即 DIRECTIONS＝[(0,1),(1,0),(0,−1),(−1,0)]。

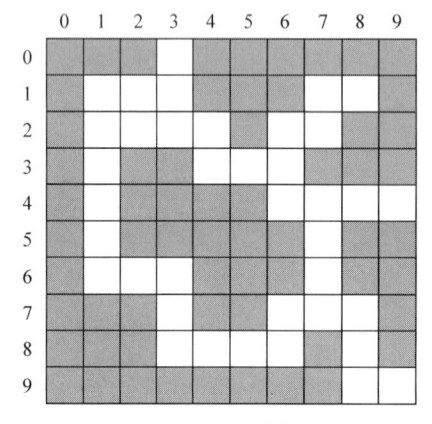

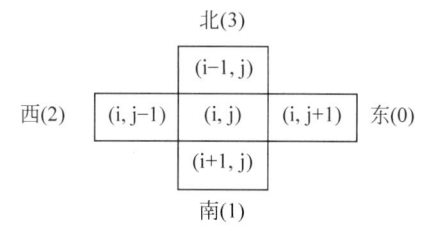

图 4.7　迷宫示意图　　　　图 4.8　迷宫当前位置 4 个方向的邻居坐标

如果探索到一个边界位置，如图 4.7 中的位置(4,9)时，它是没有东方向邻居的，为处理方便，通常在迷宫的周围加一层围墙，并全部设置为不可通行，这样就可以将所有位置的邻居数统一为 4 个，则图 4.7 所示的迷宫图变为 12 行 12 列的迷宫图，如图 4.9 所示。相应地，迷宫的入口和出口位置坐标分别调整为(1,4)和(10,10)。

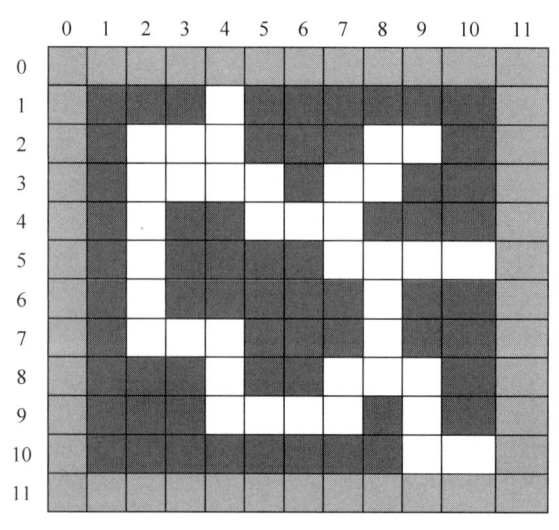

图 4.9　加了围墙的迷宫

**2. 用回溯法求解迷宫**

求解迷宫路径的一种基本方法是从入口位置开始探索，按照东、南、西、北的优先顺序探索到一个可通的邻居位置，则移动到该邻居位置继续探索，直到找到出口；如果当前位置无可通邻居或其邻居都已经走过，则用回溯法退回到上一个位置，从该位置的其他方向邻居开始探索。

回溯法又称为试探法，它按优先条件向前搜索以达到目标，如探索到某一步时，发现原先的选择达不到目标，就退回一步按次优条件重新选择，这种走不通就退回再走的方法即为回溯法。

在进行迷宫求解时，假设已走过的迷宫路径为 $p_1 p_2 \cdots p_{n-2} p_{n-1} p_n$，现在想通过 $p_n$ 继续往前走，但发现它的四邻要么是墙，要么已经走过，无法继续向前探索，此时应退回到 $p_{n-1}$ 检查它是否还有未走过的可通行的邻居，若有，则从该邻居开始继续向前探索；若没有，则应退回到 $p_{n-2}$ 进行检查。为了能退回到之前的可通行位置以寻找该位置的下一可探索方向，需要一个容器来存储这两部分信息（位置坐标和它的下一可探索方向），由于后走过的位置后存入但先取出，满足后进先出的特性，所以可用栈存储已走过的路径信息以实现回溯。

**3. 算法步骤**

在本节中实现了一个迷宫求解可视化的程序，将使用 Python 中的 turtle 库模拟一个小乌龟在画好的迷宫中从起点不断试探，最后走到终点找到路径的过程。在以下算法中，当探测到某一个可通位置时，对该位置做已走过标记 TRIED，即黑色小圆点标记；当走到一个位置后发现从该位置无法走到出口，则做死胡同标记 DEAD_END，即红色小圆点标记；在找到迷宫出口后，又把从出口到入口的路径上的全部位置做标记 PATH_PART，即灰色大圆点标记。

算法的基本步骤如下。

（1）初始化当前位置 position 为入口位置，如果 position 不通，给出相应提示并结束。

（2）初始化 st 栈，用于存放走过的可通位置坐标及该位置的下一个可探索方向，并设置当前位置 position 的当前探索方向 nextDirection 为 0。

（3）当 position 不是出口位置时循环（外层）执行：

① 设置 position 位置已走过标记 TRIED（黑色小圆点标记）；

② 循环（内层）执行：

- 获取 position 的 i 方向邻居 nextPosition（i 的取值范围为 nextDirection～3，最多 0～3 共 4 个方向）；
- 如果 nextPosition 可通行并且未走过（状态为 PASSABLE），将包含 position 及它的下一个可搜索方向 i+1 的元组（position, i+1）入栈，以方便回溯，将 position 修改为 nextPosition，将 nextDirection 设为 0，退出内层循环，继续外层循环（3），即从 nextPosition 的 0 方向开始继续探测；

③ 若 position 没有未走过的可通行邻居：
- 设置 position 位置为死胡同标记 DEAD_END(红色小圆点标记)；
- 若栈 st 非空,出栈一对坐标位置和方向赋值给 position 和 nextDirection,继续外层循环(3),即回溯到已走过位置 position,从其 nextDirection 方向继续探索；
- 若栈 st 空,则迷宫无解,算法结束。

(4) 若 position 已为出口位置,将终点入栈,则 st 从栈底到栈顶依次存放了迷宫从入口到出口的路径。出栈 st 中的所有位置,给每个位置做灰色大圆点标记,算法结束。

因为对每个位置邻居的探索顺序是东、南、西、北,所以对于图 4.9 所示的迷宫,其迷宫路径为(1,4)(2,4)(3,4)(3,5)(4,5)(4,6)(4,7)(5,7)(5,8)(5,9)(5,10),然后回溯到(5,8),再从(5,8)开始走到(6,8)(7,8)(8,8)(8,9)(9,9)(10,9)(10,10),如图 4.10 所示,其中斜纹方块表示求解到的迷宫路径。如果探测顺序不同,得到的路径可能也不同,例如探测顺序为北、南、西、东时,图 4.9 所示的迷宫路径则会经过左侧通路。

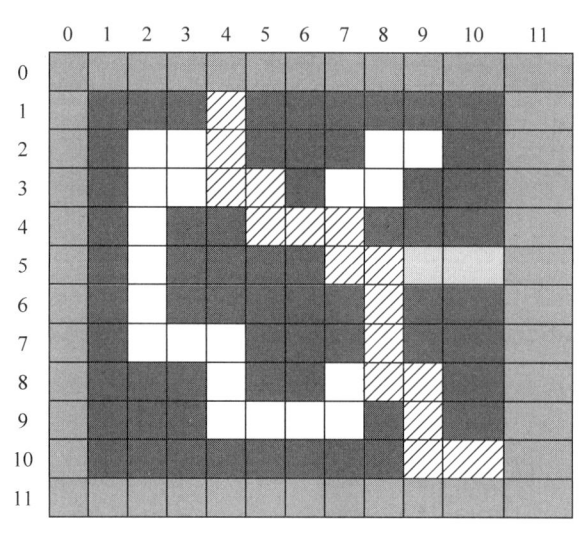

图 4.10 迷宫路径轨迹

### 4. 迷宫求解算法

根据上述思想,设计 Maze 类的核心算法 findRouteByStack 用于搜索当前迷宫从入口到出口的路径,并将路径存放在 st 栈中；它调用 updatePosition 方法,根据坐标位置的不同状态做不同颜色和大小的圆点标记,isPassable 方法用于判断对应坐标位置是否可通且未走过。

```python
def findRouteByStack(self):
    position = self.startPosition         #从迷宫入口开始试探
    if self[position[0]][position[1]] == OBSTACLE:
        print("入口不通")
        return
```

```python
st = ArrayStack()
nextDirection = 0
while not self.isExit(position):              # 当 position 不是出口位置时循环执行
    # 对当前位置做已走过标记：黑色小圆点标记
    self.updatePosition(position[0], position[1], TRIED)
    for i in range(nextDirection, 4):
        # 依次获取 position 的 i 方向邻居 nextPosition
        nextPosition = (position[0] + DIRECTIONS[i][0],
                        position[1] + DIRECTIONS[i][1])
        if self.isPassable(nextPosition):     # 如 nextPosition 位置可通且未走过
            # 将原位置及下一可探测方向入栈
            st.push((position, i + 1))
            # 从 nextPosition 的 0(右)方向开始探测
            position = nextPosition
            nextDirection = 0
            break
    else:         # 说明通过 position 位置无法通行,做红色小圆点标记
        self.updatePosition(position[0], position[1], DEAD_END)
        if not st.empty():                    # 栈非空,从出栈的位置及其方向继续探测
            position, nextDirection = st.pop()
        else:                                  # 没有可回溯位置,迷宫没有路径,返回
            print("没有找到通过迷宫的路径")
            return False
# 到达终点,输出路径
st.push((position, 0))                         # 终点入 st 栈
while not st.empty():
    # 对每个出栈的位置做灰色大圆点标记
    position = st.pop()[0]
    self.updatePosition(position[0], position[1], PATH_PART, BIG)
self.wn.exitonclick()
return
```

**5. 迷宫求解的可视化实现**

先定义 6 个变量,DIRECTIONS 中记录的是当前坐标和它的 4 个邻居之间的坐标关系,另外有 5 个变量用于描述迷宫某个位置的状态,其中 PASSABLE 表示对应位置是个可通位置；OBSTACLE 表示对应位置初始时即为不通位置；TRIED 表示对应位置已经走过；DEAD_END 表示经过探测发现从对应位置无法走到出口；PATH_PART 表示对应位置是路径的一部分,总之,0 表示可通,1 表示不通,2 表示已走过。

```
DIRECTIONS = [(0, 1), (1, 0), (0, -1), (-1, 0)]    # 右(东)、下(南)、左(西)、上(北)
PASSABLE = 0
OBSTACLE = 1
TRIED = 2
DEAD_END = 1
PATH_PART = 0
```

以下定义 Maze 类,其中__init__方法初始化了迷宫二维列表 mazeList、迷宫的起点和终点坐标,并利用 turtle 库对绘制迷宫的画布和将在迷宫中穿行的 turtle 对象 t 进行初始化。

```python
class Maze:
    def __init__(self, source, start, end):
        rowsInMaze = len(source)
        columnsInMaze = len(source[0])
        self.mazeList = [[None for j in range(columnsInMaze)]
                            for i in range(rowsInMaze)]
        for i in range(rowsInMaze):
            for j in range(columnsInMaze):
                self.mazeList[i][j] = source[i][j]
        self.startPosition = start
        self.endPosition = end
        self.rowsInMaze = rowsInMaze
        self.columnsInMaze = columnsInMaze
        self.t = turtle.Turtle()
        self.t.shape('turtle')
        self.wn = turtle.Screen()
        self.wn.setup(800, 800)
        self.wn.setworldcoordinates(0, self.rowsInMaze, self.columnsInMaze, 0)
```

updatePosition 方法在(row, col)坐标位置做 val 对应标记。它调用 moveTurtle 完成小乌龟的移动,根据 val 的值确定标记圆点的颜色和大小,并调用 drawDot 画圆点标记。

```python
    def updatePosition(self, row, col, val):
        self.mazeList[row][col] = val
        self.moveTurtle(col, row)
        size = 10
        if val == PATH_PART:
            color = 'gray'
            size = 15
        elif val == OBSTACLE:
            color = 'red'
        elif val == DEAD_END:
            color = 'red'
        elif val == TRIED:
            color = 'black'
        self.drawDot(color, size)

    def moveTurtle(self, x, y):
        self.t.down()
        self.t.setheading(self.t.towards(x + 0.5, y + 0.5))
        self.t.speed(5)
        self.t.goto(x + 0.5, y + 0.5)
```

```
def drawDot(self, color, size = 10):
    self.t.dot(size, color)
```

isExit 方法判断 position 位置是否为出口,isPassable 判断 position 位置是否可通。

```
def isExit(self, position):
    return position == self.endPosition

def isPassable(self, position):
    return self.mazeList[position[0]][position[1]] == PASSABLE
```

在 Maze 类的其他方法中,特殊方法 __getitem__ 用于方便地读取迷宫各位置的状态；drawMaze 方法用于在画布上画出初始迷宫,它调用 drawCenteredBox 方法画出迷宫中的堵塞块；gotoStart 方法用于将小乌龟定位到指定位置。

```
def __getitem__(self, idx):
    return self.mazeList[idx]

def drawMaze(self):
    self.t.speed(100)
    for y in range(self.rowsInMaze):
        for x in range(self.columnsInMaze):
            if self.mazeList[y][x] == OBSTACLE:
                self.drawCenteredBox(x, y, 'red')
    self.t.color('black')
    self.t.fillcolor('blue')

def drawCenteredBox(self, x, y, color):
    self.t.up()
    self.t.goto(x, y)
    self.t.color(color)
    self.t.fillcolor(color)
    self.t.down()
    self.t.begin_fill()
    for i in range(4):
        self.t.setheading(90 * i)          #设置乌龟头的朝向
        self.t.forward(1)
    self.t.end_fill()

def gotoStart(self, x, y):
    self.t.up()
    self.t.hideturtle()
    self.t.setposition(y + 0.5, x + 0.5)
    self.t.showturtle()
```

### 6. 运行示例

以下程序对图 4.9 所示的迷宫图求解从入口(1,4)到出口(10,10)路径。

```python
if __name__ == "__main__":
    maze = [
            [1, 1, 1, 1, 1, 1, 1, 1, 1, 1, 1, 1],
            [1, 1, 1, 1, 0, 1, 1, 1, 1, 1, 1, 1],
            [1, 1, 0, 0, 0, 1, 1, 1, 0, 0, 1, 1],
            [1, 1, 0, 0, 0, 0, 1, 0, 0, 1, 1, 1],
            [1, 1, 0, 1, 1, 0, 0, 0, 1, 1, 1, 1],
            [1, 1, 0, 1, 1, 1, 1, 0, 0, 0, 0, 1],
            [1, 1, 0, 1, 1, 1, 1, 0, 1, 1, 1, 1],
            [1, 1, 0, 0, 0, 1, 1, 1, 0, 1, 1, 1],
            [1, 1, 1, 1, 0, 1, 1, 0, 0, 0, 1, 1],
            [1, 1, 1, 1, 0, 0, 0, 0, 1, 0, 1, 1],
            [1, 1, 1, 1, 1, 1, 1, 1, 0, 0, 0, 1],
            [1, 1, 1, 1, 1, 1, 1, 1, 1, 1, 1, 1]]
    start = (1, 4)
    end = (10, 10)
    myMaze = Maze(maze, start, end)
    myMaze.drawMaze()
    myMaze.gotoStart(start[0], start[1])
    myMaze.findRouteByStack()
```

以上程序的运行结果的截图如图 4.11 所示。其中,灰色大圆点连接的路径即为求解出的路径。

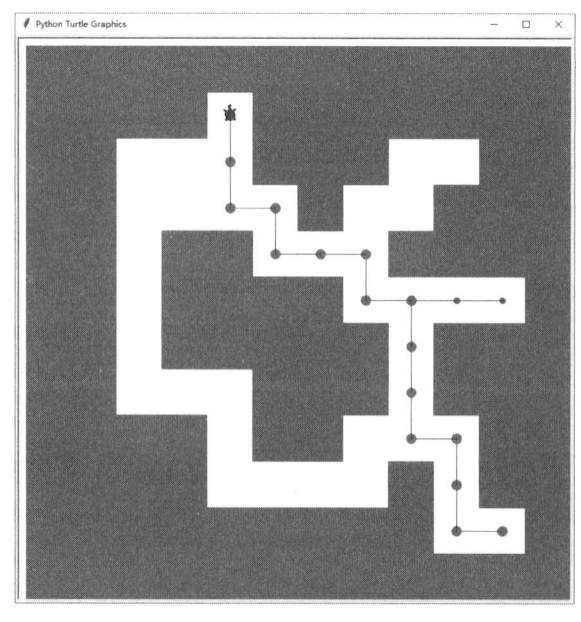

图 4.11 可视化迷宫求解结果截图

## 4.6 上机实验

扫一扫

上机实验

## 习题 4

扫一扫

习题

扫一扫

自测题

# 第 5 章

# 队 列

队列是一种先进先出的线性表,其操作规则类似于日常生活中人们的排队等候服务,在计算机系统中也有广泛的应用。本章主要介绍队列的概念、实现和应用,并简要说明双端队列和优先级队列。

扫一扫

视频讲解

## 5.1 队列的基本概念

与栈一样,队列(queue)也是一种特殊的线性表。从逻辑结构角度看,队列与普通线性表和栈没有不同。将队列定义为 n(n≥0)个数据元素构成的有限序列。当 n=0 时,称为空队列。当队列非空时,可记为 Q=($a_0$,$a_1$,$a_2$,…,$a_i$,…,$a_{n-1}$),其中每个元素有一个固定的位序号。队列的特殊性是被限制在线性表的一端进行插入,在另一端进行删除,允许插入的一端称为**队尾**,允许删除的一端称为**队首**或**队头**。插入操作称为**入队**或**进队**,删除操作称为**出队**或**退队**,如图 5.1 所示。

出队 ← $a_0$ $a_1$ $a_2$ … $a_i$ … $a_{n-1}$ ← 入队
　　　　↑front 队首位置　　　　　　　　rear↑ 队尾位置

图 5.1 队列示意图

队列的特点是最先入队的元素最先出队,即具有"先进先出"(First In First Out, FIFO)的特性。因此,队列也被称为**先进先出表**。例如,一队人在游乐场门口等待检票进入游乐场,最先来的人排在队头最先进入游乐场,而最后来的人排在队尾最后进入游乐场。商店、食堂、影院等服务场所也都按照队列先进先出的原则处理客户请求。

队列广泛应用于计算机系统的资源分配、数据缓冲和任务调度等场景中。例如,局域网用户申请使用网络打印机、多台终端访问 Web 服务器、键盘输入缓冲、操作系统的作业调度等都基于队列结构。

在程序设计中,队列也经常用于保存动态生成的多个任务或数据,以确保相应任务或数据按照先进先出的次序进行处理。

## 5.2 队列的抽象数据类型

T 类型元素构成的队列是由 T 类型元素构成的有限序列,并且具有以下基本操作。
(1) 构造一个空队列(__init__)。
(2) 判断一个队列是否为空(empty)。
(3) 求队列的长度(__len__)。
(4) 入队一个元素(append)。
(5) 读取队首元素并出队(serve)。
(6) 读取队首元素(retrieve)。

在以上 ADT 描述中,对队列逻辑结构的描述与对线性表和栈的描述完全一致,不同的是三者的操作不同,这里定义了对队列的 6 种操作。与栈的操作相比,不难发现,入队 append 操作类似于栈的 push 操作;出队 serve 操作类似于栈的 pop 操作;取队首 retrieve 操作则类似于栈的 get_top 操作。

## 5.3 队列的顺序存储及实现

### 5.3.1 物理模型法

在人们排队等候服务的物理模型中,新元素入队,即加入队列的尾部;而当队首元素得到服务离开队列时,队列中剩余的所有元素都向前移动一个位置,从而保证队列的队首元素始终在队列的最前端,以便顺利得到服务。

在计算机中也可以参考物理模型表示队列。将队列从队首至队尾的所有元素依次存储在数组中,队首固定为 0 位置;当入队一个新元素时,新元素加入数组的末尾,队尾后移一个位置;当出队队首元素时,数组中所有的剩余元素依次前移一个位置,队尾前移一个位置。

在 Python 中,假设用列表 entry 存储队列,从 entry 的 0 号位置开始依次存放从队首到队尾的所有元素,entry[0]即为队首元素,列表尾部即是队尾位置,如图 5.2 所示。

| 列表元素的下标 | 0 | 1 | 2 | … | i | … | n−1 | |
|---|---|---|---|---|---|---|---|---|
| entry | $a_0$ | $a_1$ | $a_2$ | … | $a_i$ | … | $a_{n-1}$ | |

图 5.2 用列表实现物理模型法表示的队列

这样,判别队列是否为空对应于判别列表 entry 是否为空,求队列的长度对应于对列表 entry 求长度;入队操作对应于 entry 的 append 操作,出队操作对应于 entry 的 pop(0)操作,取队首元素 retrieve 操作则对应于读取列表的 0 号元素。这些方法实现的语句都很简单,需要注意,在出队(serve)和读取队首(retrieve)方法中需要判别队列是否为空,如果为空,则需要返回操作失败的信息,这里用返回 None 来表示操作失败。以下是物理模型队列类 PhysicalModelQueue 的定义:

```python
class PhysicalModelQueue:
    def __init__(self):
        self._entry = []

    def __len__(self):
        return len(self._entry)

    def empty(self):
        return not self._entry

    def append(self, item):
        self._entry.append(item)

    def serve(self):
        if not self.empty():
            return self._entry.pop(0)
        else:
            return None

    def retrieve(self):
        if not self.empty():
            return self._entry[0]
        else:
            return None
```

虽然这种方案实现起来很简单,但出队算法效率差。队列的出队操作对应于列表 entry 的 pop(0)操作,0 号位置后的 n−1 个元素将全部往前平移一个位置,元素的移动次数为 n−1,算法的时间复杂度为 O(n)。即使 Python 列表在实现 pop 操作时会采用内存批量复制的方法,性能有所提升,但时间复杂度的数量级没有变化。在 Python 中,向前平移的是元素指针;而在 C++ 等语言中,向前平移的是元素本身,如果每个元素个体很大,时间花费更大。总之,当队列长度较长时不建议使用物理模型法表示队列。

## 5.3.2 线性顺序队列

假设使用初始容量为 capacity 的数组 entry 依次存储从队首到队尾的所有元素,并设两个整型下标 front 和 rear 分别指示队列的队首位置和队尾位置,如图 5.3 所示。

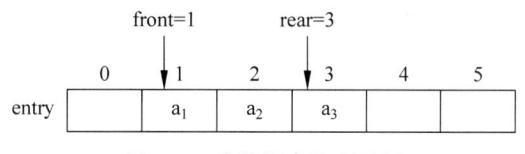

```
             front=1      rear=3
         0     ↓1     2    ↓3     4     5
entry  │     │ a₁  │ a₂  │ a₃  │     │     │
```

图 5.3 线性顺序队列示例

初始空队列时,生成初始容量为 capacity 的数组 entry,front 为 0,rear 为 −1。入队时,队尾下标 rear 增 1,元素放在新队尾位置;出队时,获得队首元素,队首下标 front 增 1。

当队列空时,front＝rear＋1,或者也可用 front＞rear 来判别队列是否为空;当队列满时,rear 到达列表的尾端,即 rear≥capacity−1。

以下为 Python 实现的线性顺序队列类 LinearQueue。

```python
class LinearQueue:
    def __init__(self, cap = 10):
        self._capacity = cap
        self._entry = [None for x in range(0, self._capacity)]
        self._front = 0
        self._rear = -1

    def empty(self):
        return self._front > self._rear

    def __len__(self):
        return self._rear - self._front + 1

    def append(self, item):
        if self._rear >= self._capacity - 1:
            raise Exception("overflow")
        else:
            self._rear += 1
            self._entry[self._rear] = item

    def serve(self):
        if self.empty():
            return None
        else:
            x = self._entry[self._front]
            self._front += 1
            return x

    def retrieve(self):
```

```
        if self.empty():
            return None
        else:
            return self._entry[self._front]
```

假设队列容量 capacity 为 6,如果对初始为空的线性顺序队列进行连续的入队和出队,通过图 5.4 的入队、出队操作看看会出现什么问题。

(a) 初始空线性顺序队列

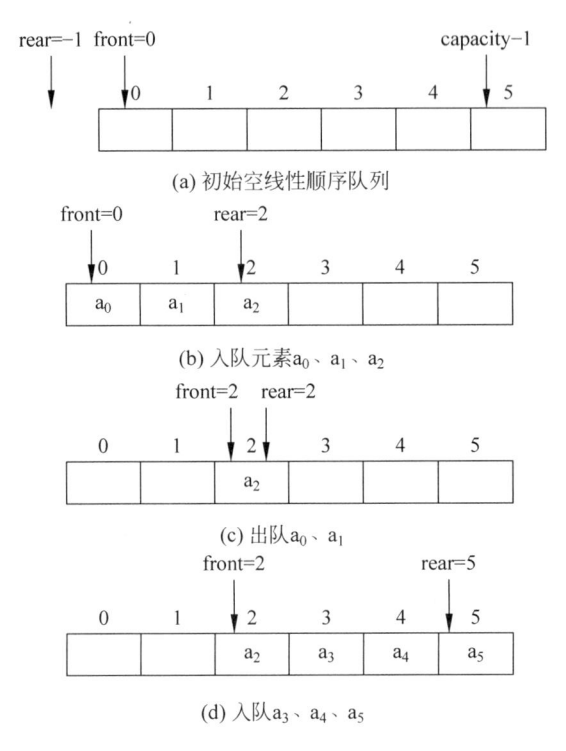

(b) 入队元素 $a_0$、$a_1$、$a_2$

(c) 出队 $a_0$、$a_1$

(d) 入队 $a_3$、$a_4$、$a_5$

图 5.4　线性顺序队列的操作

从图 5.4(a)的空队列开始,在经过了若干次入队和出队后,到达图 5.4(d)的状态,队尾指示 rear 已到达数组尾部,无法再入队新的元素,是一种满的状态,如果需再入队,则会发生上溢出。也就是说,如果采用线性顺序队列存储结构,每出队一个元素,相应的空间就会遭到丢弃无法再利用。随着不断出队和入队,势必会产生这样的现象:数组的前端还有空余位置(即 front>0),整个数组并没有占满,但队尾指示器 rear 已到达数组的末端而无法在当前空间入队新的元素,这种现象被称为**虚溢出**或**假溢出**。在最坏情况下,如对图 5.4(d)所示的队列继续出队 4 次后变为图 5.5 所示的状态,此时队列是空的,但仍然无法在当前队列空间入队元素。

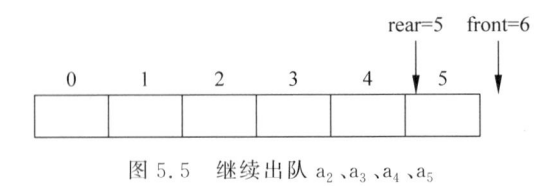

图 5.5　继续出队 $a_2$、$a_3$、$a_4$、$a_5$

由此可见，如果队列的存储区容量固定，多次入队、出队可能会造成假溢出。即使队列存储区可以像 Python 中的 list 一样自动增长，但 list 首端由于出队浪费的空间无法再利用，从而导致空间利用率低下。因此，必须对线性顺序队列方案加以改进才能达到实用的目的。

## 5.3.3 循环队列

为了解决线性顺序队列的假溢出问题，可以将数组 entry 的空间假想为首尾相连，即认为 capacity－1 后的空间为 0 号位置。当 rear 到达数组末端 capacity－1，而数组前端空间有空余（front＞0）时，将入队的新元素添加到 0 号位置，同时队尾指示器 rear 调整为 0。这就是队列顺序存储的**循环队列**方案，也是最常用、最有效的队列顺序存储方案。这种方案在线性顺序队列的基础上做了微调，入队时，如果 rear 下标在边界 capacity－1 处且数组前端空间有空余，则将 rear 调整为 0 后再入队；出队时，如果 front 下标在边界 capacity－1 处，元素出队后将 front 调整为 0。

在利用 Python 实现时，假设 entry 为存储队列元素的列表，入队新元素 item 的基本语句为：

```
self._rear = (self._rear + 1) % self._capacity
self._entry[self._rear] = item
```

出队队首元素的基本语句为：

```
item = self._entry[self._front]
self._front = (self._front + 1) % self._capacity
```

初始化空队列的方法可为：

```
self._front = 0
self._rear = self._capacity - 1
```

表 5.1 按照(a)～(f)的次序给出了容量为 6 的初始空循环队列依次入队、出队元素的过程。

对比表 5.1 中情况(a)和情况(c)的队空状态与情况(f)的队满状态，可以看到，队空和队满时 front 和 rear 存在相同的关系，即 front 是 rear 的后一个位置，(rear＋1) % capacity＝front，所以无法利用 rear 和 front 区分队列的状态是空还是满。但是，在做入队操作时必须判别出队列是否已满；在做出队操作时必须判别出队列是否为空。

为了能够区别队空和队满的不同状态，需要增加其他的处理措施。例如，可以在类中增加队空或队满标志变量，或者增加队列长度计数变量等。

假设采用损失一个空间的做法，即在如表 5.1 中情况(e)的状态下，在 rear 和 front 相差两个位置，即数组中还剩一个空余位置时即认为已经队满，无法继续入队。因此，队空的判别条件为 front ＝＝ (rear＋1) % capacity；队满的判别条件为 front ＝＝ (rear＋2) % capacity。

表 5.1 循环队列的入队、出队示例

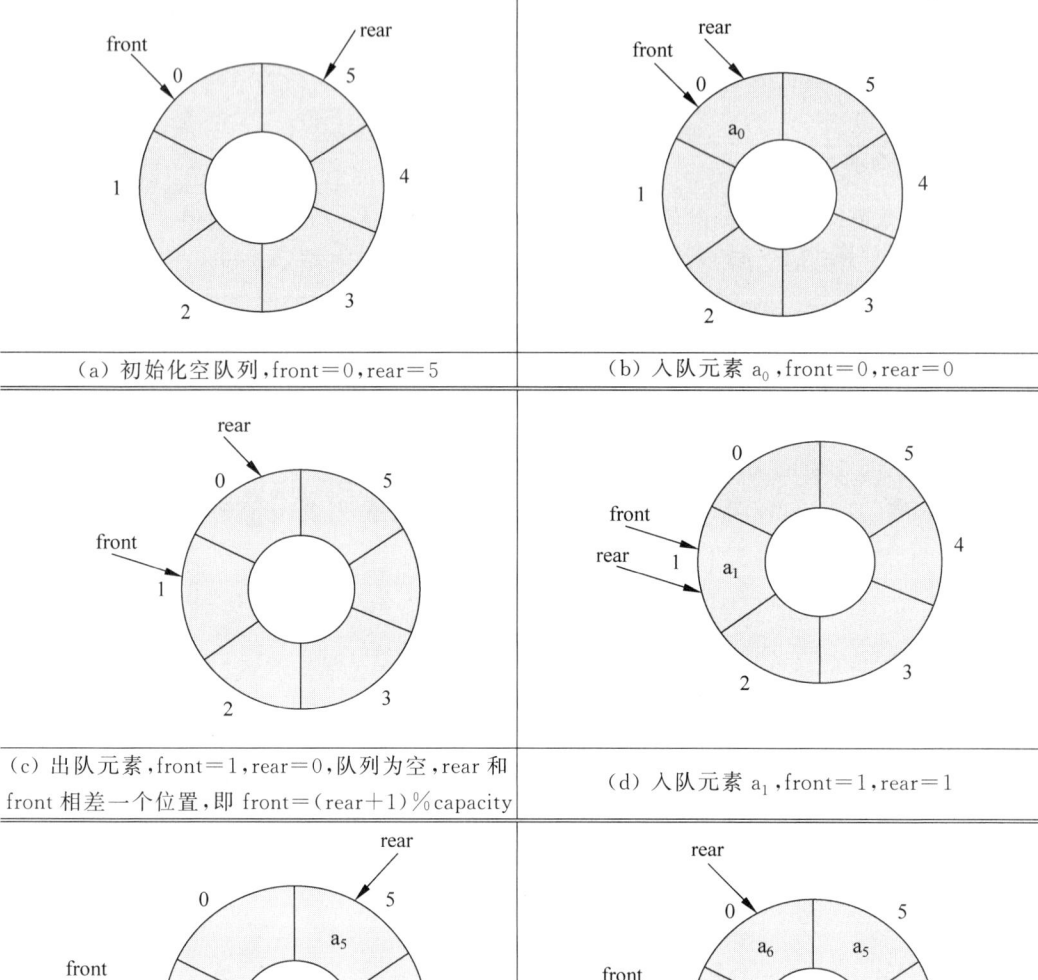

| | |
|---|---|
| (a) 初始化空队列，front=0，rear=5 | (b) 入队元素 $a_0$，front=0，rear=0 |
| (c) 出队元素，front=1，rear=0，队列为空，rear 和 front 相差一个位置，即 front=(rear+1)%capacity | (d) 入队元素 $a_1$，front=1，rear=1 |
| (e) 依次入队元素 $a_2$、$a_3$、$a_4$、$a_5$，front=1，rear=5 | (f) 入队元素 $a_6$，front=1，rear=0，队列为满，此时 front 和 rear 的关系跟情况(c)完全相同 |

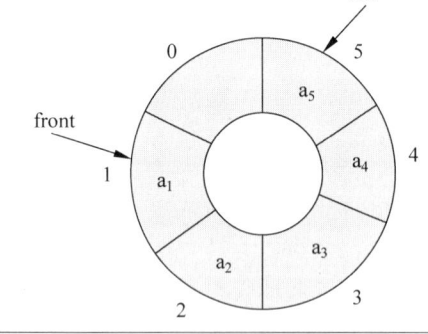

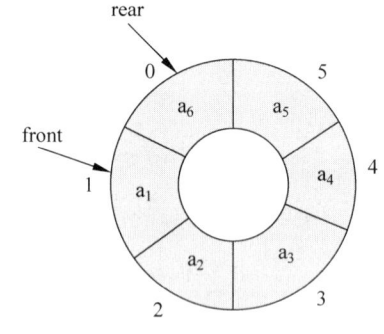

利用 Python 实现的循环队列类 CircularQueue 可定义如下：

```python
class CircularQueue:
    def __init__(self, cap = 10):
        self._capacity = cap
        self._entry = [None for x in range(0, self._capacity)]
        self._front = 0
```

```python
        self._rear = self._capacity - 1

    def empty(self):
        return self._front == (self._rear + 1) % self._capacity

    def __len__(self):
        return (self._rear - self._front + 1 + self._capacity) % self._capacity

    def append(self, item):
        if self._front == (self._rear + 2) % self._capacity:
            self.resize(2 * len(self._entry))
        self._rear = (self._rear + 1) % self._capacity
        self._entry[self._rear] = item

    def resize(self, cap):
        old = self._entry                    #用 old 指示原空间
        self._entry = [None] * cap           #entry 指示新分配空间
        p = self._front                      #p 在原空间中移动
        k = 0                                #k 在新空间中移动
        while p != self._rear:
            self._entry[k] = old[p]          #将原空间 p 位置的数据复制到新空间的 k 位置
            p = (1 + p) % self._capacity
            k += 1
        self._entry[k] = old[self._rear]     #最后一个队尾元素的复制
        self._front = 0
        self._rear = k
        self._capacity = cap

    def serve(self):
        if self.empty():                     #若队列为空,则出队失败,返回 None
            return None
        else:                                #非空,获得队首元素 item,更新 front 下标,返回 item
            item = self._entry[self._front]
            self._front = (self._front + 1) % self._capacity
            return item

    def retrieve(self):
        if self.empty():                     #若队列为空,返回 None
            return None
        else:
            return self._entry[self._front]  #非空,返回队首元素
```

在入队时遇到队满情况(还有一个剩余空间),append 方法调用 resize 方法扩大一倍空间,并把原队列从队首至队尾的所有元素复制到新列表空间从 0 号开始的连续位置。当空间已足够,接着更新 rear 为 (rear + 1) % capacity,并将新元素 item 放在 rear 所指的位置。由于采用翻倍策略进行扩容,入队算法的摊销时间复杂度为 $O(1)$。

在循环队列下,出队算法的时间复杂度为 $O(1)$。

## 5.4 队列的链式存储及实现

与线性表和栈的链式存储相同,当借助链表存储队列时,在存储队列中每个元素的同时附加存储一个指针,指向其后继元素。所以,队列中每个元素的存储映像也包含两部分——元素值部分和指针部分,即第 3 章中所描述的结点。以链式存储结构表示的队列简称**链队列**。

**1. 链队列结点类**

链队列的结点结构与 3.4.1 节所描述的单链表结点结构一致,在类定义时仅修改了类名,定义如下:

```python
class QueueNode:
    def __init__(self, data, link = None):
        self.entry = data
        self.next = link
```

**2. 链队列类**

假设队列中有 n 个元素,从队首到队尾分别为 $a_0, a_1, \cdots, a_{n-1}$,则队列非空时链队列的存储示意图如图 5.6(a)所示。与单链表类似,通常在链队列中加上表头结点。为方便对队列操作,给链队列设 front 和 rear 指针。当队列非空时,front 和 rear 分别指示表头结点和队尾结点,如图 5.6(a)所示;当队列为空时,front 和 rear 都指向表头结点,如图 5.6(b)所示。

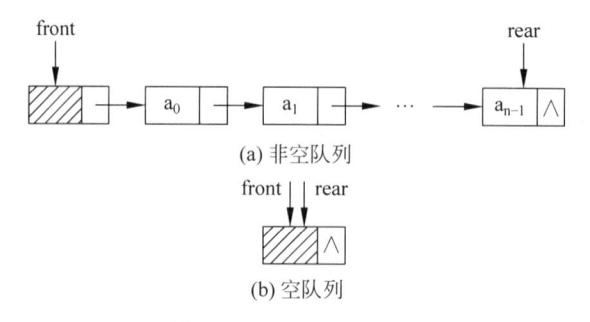

图 5.6 队列的链式结构

链队列类 LinkedQueue 的定义框架如下:

```python
from QueueNode import QueueNode
class LinkedQueue:
    def __init__(self):
    def empty(self):
```

```
def __len__(self):
def append(self, item):
def serve(self):
def retrieve(self):
```

__init__方法初始化一个空队列,即生成表头结点,将指针front和rear都指向该表头结点。

```
def __init__(self):
    self._front = self._rear = QueueNode(None)
```

empty方法判别指针front和rear是否指向同一个结点,如果是,则队列为空。

```
def empty(self):
    return self._front == self._rear
```

求队列长度需要从队首结点开始顺着链对链表中的所有结点进行计数,实现代码如下:

```
def __len__(self):
    p = self._front.next
    count = 0
    while p:
        count += 1
        p = p.next
    return count
```

图5.7示意了链队列的入队操作。首先生成一个值为item的新结点new_rear,接着将rear所指原队尾结点的指针域指向新结点new_rear,最后将队尾指针rear指向新结点。由于加了表头结点,空队列下的操作无须特殊处理。

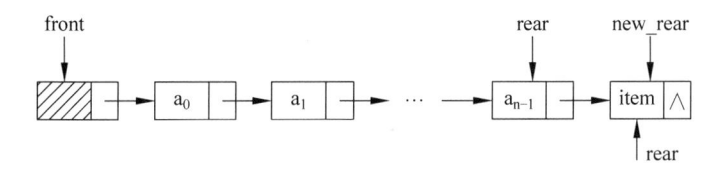

图5.7　链队列的入队操作

入队算法的完整代码如下:

```
def append(self, item):
    new_rear = QueueNode(item)
    self._rear.next = new_rear
    self._rear = new_rear
```

接下来看出队操作。如果队列为空,如图5.8(a)所示,则出队操作失败;如果队列只有一个元素结点,如图 5.8(b)所示,注意唯一的元素结点出队后指针 rear 应指向表头结点;一般情况下,如图 5.8(c)所示,则将 front 所指表头结点的指针域指向原队首结点的下一结点。

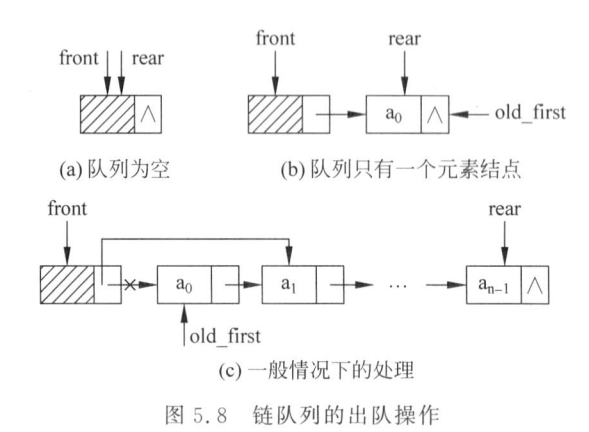

(a) 队列为空

(b) 队列只有一个元素结点

(c) 一般情况下的处理

图 5.8　链队列的出队操作

出队算法的完整代码如下:

```python
def serve(self):
    if self.empty():
        return None
    else:
        old_first = self._front.next
        self._front.next = old_first.next
        item = old_first.entry
        if self._rear == old_first:
            self._rear = self._front
        del old_first
        return item
```

获取队头元素的方法 retrieve 先判别队列是否为空,若为空时返回 None,非空时返回队首结点的值。

```python
def retrieve(self):
    if self.empty():
        return None
    else:
        return self._front.next.entry
```

与链栈一样,除了 __len__ 算法的时间复杂度为 O(n),链队列的其他算法的时间复杂度都为 O(1)。

实际上,Python 标准库的 queue 模块中提供了 FIFO 队列类 Queue,它采用双向块链存储结构,具体请参考 5.6.3 节和 5.8 节。

## 5.5 队列的应用

### 5.5.1 杨辉三角形的输出

杨辉三角形的特点是两个腰上的数字都为1,其他位置上的数字是其上一行中与之相邻(上部和左上部)的两个整数之和。例如,当n=7时,打印的杨辉三角形如下:

```
1
1   1
1   2   1
1   3   3   1
1   4   6   4   1
1   5   10  10  5   1
1   6   15  20  15  6   1
```

根据杨辉三角形的特点,可用第 i-1 行的元素来生成第 i 行的元素。例如,第2行1列和第2行2列的元素都是1,则第3行2列的元素是第2行1列的元素与第2行2列的元素之和2。可以设置一个初始全为0的 n+1 行 n+1 列的二维列表 y,用 y[i][j] 表示三角形 i 行 j 列的元素,则

$$y[i][j] = \begin{cases} 1 & i=1, j=1 \\ y[i-1][j-1] + y[i-1][j] & i>1, j \geqslant 1, i \geqslant j \end{cases}$$

将 y[1][1] 赋值为1,通过以上迭代方法进行逐行计算,输出时只选二维列表中的杨辉三角形部分输出即可。该算法较为简单,读者可自行完成,算法的时间和空间复杂度都为 $O(n^2)$。

如果用队列依次存放杨辉三角形第 i 行的所有(i 个)元素,然后逐个出队并打印,同时生成第 i+1 行的 i+1 个元素并入队,重复出队、输出和入队操作,即可得到杨辉三角形。

算法步骤描述如下。

(1) 初始化空队列。

(2) 1行1列的元素1预先进入队列。

(3) 外层循环执行 n 次,依次处理杨辉三角形的第 i 行(1≤i≤n):

① 内层循环执行 i 次,即依次处理 i 行 j 列(1≤j≤i)元素:出队 i 行 j 列的元素 t,输出 t,假设 t 的前一列元素的值为 s(j 为1时 s 为0),求得 i+1 行 j 列的元素 s+t 并入队,s 的值更新为 t。

② 当第 i 行的 i 个元素全部出队并输出时,已得到 i+1 行的前 i 个元素并入队,仅需将 i+1 行的最后一个元素1入队。

③ 输出第 i 行的换行符。

具体算法如下:

```
def yang_hui(n):
    line = CircularQueue()          #采用循环队列,也可以用链队列
    line.append(1)                  #第1行的一个数入队
```

```
for i in range(1, n+1):                    # 输出杨辉三角形的 n 行
    # 第 i 行数据已存放在队列中,在出队并输出第 i 行的全部元素的同时
    # 生成第 i+1 行的全部 i+1 个元素,并入队
    s = 0                                   # s 表示 i 行 j-1 列元素的值,初始为 0
    for j in range(1, i + 1):              # 对于 i 行 j 列的元素
        t = line.serve()                    # 出队
        print("%5d" % t, end = "")          # 输出
        line.append(s + t)                  # 生成 i+1 行 j 列的元素并入队
        s = t                               # s 的值更新为 t,用于生成 i+1 行的下一个元素
    line.append(1)                          # i+1 行的最后一个数 1 入队
    print()                                 # 换行
```

这是利用队列先进先出的特性,控制元素按照一定次序动态生成和输出的队列的典型应用,以后在二叉树层次遍历等算法中会多次遇到类似应用。本算法的时间复杂度为 $O(n^2)$,空间复杂度为 $O(n)$。

### 5.5.2 一元多项式的计算

**1. 一元多项式的逻辑结构**

一元多项式由若干非零项(term)构成,每个非零项由一对系数和指数共同确定,因此一个多项式可以看成若干系数、指数二元组构成的线性表。例如,$P(x) = -8x^{999} - 2x^{12} + 7x^3$ 可以表示为线性表 $((-8,999), (-2,12), (7,3))$。注意,为了方便对多项式的处理,通常将多项式的非零项按指数递减或递增顺序排序。因此,多项式是一个有序线性表,表中的每个元素包含系数和指数两部分。

假设对上述用线性表表示的多项式进行加法、乘法等运算。例如,对多项式 A 和 B 求和,得到多项式 C,即通过 A 表和 B 表生成 C 表。很显然,当每次生成 C 的一个新项时,都是添加到 C 表的尾部,而当多项式 A 或多项式 B 的某一项被取出运算时,可将这一项从表首位置删除。因此,对相应线性表的操作方式是在头部删除、尾部插入,可以认为多项式线性表是一个队列。

**2. 一元多项式的存储结构**

在对两个多项式做加、减或乘等运算时,生成的目标多项式的项数事先无法确定,因此选用动态的链式存储结构会更加方便。在此将多项式类定义为链队列类的子类。

图 5.9 给出了多项式 $5x^{17} + 9x^8 + 3x + 7$ 的存储结构示意图。

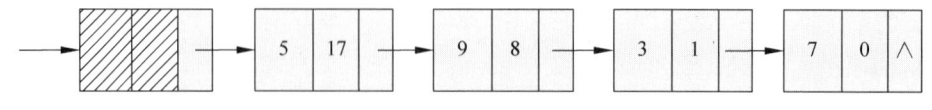

图 5.9 多项式的存储结构

**3. 非零项 Term 类的定义**

表示多项式非零项的 Term 类定义如下:

```
class Term:
    def __init__(self, scalar = 0.0, exponent = 0):
        self.coefficient = scalar          #非零项的系数
        self.degree = exponent             #非零项的指数
```

**4. 多项式 Polynomial 类的定义**

1）类定义及初始化方法

```
from LinkedQueue import LinkedQueue
class Polynomial(LinkedQueue):
    def __init__(self):
        super().__init__()
```

2）多项式清空方法

```
def clear(self):
    while not self.empty():
        self.serve()
```

3）求多项式最高次项的指数

exp 方法用于求解当前多项式最高次项的指数。例如，对于图 5.9 表示的多项式，返回 17；对于零多项式，即返回 $-1$。

```
def exp(self):
    if self.empty():
        return -1
    term = self.retrieve()     #多项式按非零项指数递减有序,首项即对应最高次项
    return term.degree
```

4）多项式的读入

```
def read(self):
    print("请按指数递减序,一行输入一对系数和指数,输入完毕以#结束")
    data = input()
    while data != "#":
        temp = data.split()
        t = Term(float(temp[0]), int(temp[1]))
        self.append(t)
        data = input()
```

5）多项式的复制

```
def copy(self):
    r = Polynomial()
    q = self._front.next
    while q:
```

```
            t = Term(q.entry.coefficient, q.entry.degree)
            r.append(t)
            q = q.next
    return r
```

#### 6) 多项式的输出

print_out 对链队列进行一次遍历,依次输出每个结点所表示的非零项,根据该项是否为首项、系数的值、系数的正负以及指数的值的不同情况进行不同格式的输出。在输出每个非零项时,变元 X 和其后非 0 且非 1 的指数之间用"^"分隔,例如 3.0X^5。

```
def print_out(self):
    print_node = self._front.next
    first_term = True
    while print_node is not None:
        print_term = print_node.entry
        #以下 if…else 语句输出当前项的符号
        if first_term:                      #避免打印首项的"+"号
            first_term = False
            if print_term.coefficient < 0:
                print(" - ", end = "")
        else:
            if print_term.coefficient < 0:
                print(" - ", end = "")
            else:
                print(" + ", end = "")
        #以下 5 行语句输出当前项系数的绝对值
        r = print_term.coefficient
        if r < 0:                           #保证 r 是系数的绝对值
            r = -r
        if r != 1:                          #系数为 1,无须输出
            print(r, end = "")
        #以下 7 行语句输出 X^和指数部分,当指数为 1 或 0 时特别处理
        if print_term.degree > 1:
            print("X^", end = "")
            print(print_term.degree, end = "")
        if print_term.degree == 1:
            print("X", end = "")
        if r == 1 and print_term.degree == 0:
            print("1", end = "")
        print_node = print_node.next
    print()
```

### 5. 多项式的加法、减法和乘法运算

为使算法更加清晰,将多项式的加法等算术运算设计成使用 Polynomial 类的外部函数。

1) 多项式的加法

例如,求多项式 first 和 second 的和多项式 result(图 5.10),可概括为如下步骤。

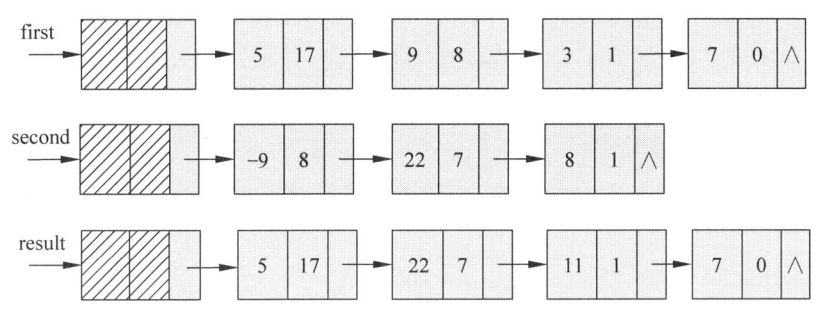

图 5.10 多项式的加法示例

当链队列 first 与 second 至少有一个非空时,循环执行:

(1) 分别调用 first.exp() 和 second.exp() 获得 first 和 second 当前最高次项的指数 exp1 和 exp2。

(2) 若 exp1=exp2,则分别出队 first 链队列中的首项 p 和 second 链队列中的首项 q,如果 p 项和 q 项的系数之和非 0,则生成合并项添加到 result 的尾部。

(3) 若 exp1>exp2,则出队 first 链队列中的首项 p,生成 p 的复制项添加到 result 的尾部。

(4) 若 exp1<exp2,则出队 second 链队列中的首项 q,生成 q 的复制项添加到 result 的尾部。

以下是 add 函数实现多项式 first 和 second 的加法操作,并返回结果多项式。

```
def add(first, second):
    result = Polynomial()
    while not first.empty() or not second.empty():
        exp1 = first.exp()
        exp2 = second.exp()
        if exp1 == exp2:
            p = first.serve()
            q = second.serve()
            if p.coefficient + q.coefficient != 0:
                t = Term(p.coefficient + q.coefficient, p.degree)
                result.append(t)
        elif exp1 > exp2:
            p = first.serve()
            t = Term(p.coefficient, p.degree)
            result.append(t)
        else:
            q = second.serve()
            t = Term(q.coefficient, q.degree)
            result.append(t)
    return result
```

2) 多项式的减法

可调用加法操作完成多项式的减法。在调用 add 函数之前,首先生成一个多项式 third,它的各非零项的系数分别为 second 多项式各非零项系数的相反数。以下是 subtract 函数实现多项式 first 和 second 的减法操作,并返回结果多项式。

```python
def subtract(first, second):
    third = Polynomial()
    while not second.empty():
        q = second.serve()
        t = Term(-q.coefficient, q.degree)
        third.append(t)
    return add(first, third)
```

3) 多项式与单个非零项的乘法

在介绍多项式乘法之前,首先说明多项式与一个非零项的乘法。例如,求多项式 current 与非零项 t 相乘的结果 result,则依次出队 current 的每项 p,将 p 和 t 的系数相乘、指数相加,以得到的新系数和新指数生成一个新项,依次入队到结果多项式 result 中。

```python
def mult_term(current, t):
    result = Polynomial()
    while not current.empty():
        p = current.serve()
        result.append(Term(p.coefficient * t.coefficient,
                           p.degree + t.degree))
    return result
```

4) 多项式的乘法

可调用加法操作和上述 mult_term 函数完成多项式的乘法。依次出队 first 多项式中的每项 t,将 t 项与 second 多项式的备份 third 相乘的结果 temp 依次加到结果 result 中。因为在做 mult_term 运算时多项式会逐渐出队而变空,所以不能直接用 second 对象参与 mult_term 运算。这也反映了采用队列表示多项式的一个缺点,即在做各种运算时可能会破坏当前的多项式,读者可思考多项式的其他表示方法。

```python
def multiply(first, second):
    result = Polynomial()
    while not first.empty():
        t = first.serve()
        third = second.copy()
        temp = mult_term(third, t)
        result = add(result, temp)
    return result
```

## 5.5.3 基于队列的迷宫求解

### 1. 广度优先搜索迷宫求解策略

在第4章中利用栈进行回溯实现了迷宫求解,采用的是回溯法搜索迷宫的策略,接下来介绍一种基于广度优先搜索策略求解迷宫问题的方法。该方法的基本思想如下:

(1) 假设当前到达下标为(i,j)的可通位置P,如P为出口,则找到并输出路径,否则依次探索P位置的东、南、西、北4个邻居位置(假设为$P_0$、$P_1$、$P_2$、$P_3$)。若该邻居位置已为出口,则输出对应路径,算法结束;若该邻居位置不通或已经走过,则跳过该位置;若所有$P_i$位置都不通或已经走过,则说明无法从P到达终点,接下来只能通过其他位置继续探索。

(2) 如果P有可通邻居,则依次从$P_0$、$P_1$、$P_2$、$P_3$(假设都可通)位置开始重复步骤(1),即在还没有找到终点并且还有未探索位置的情况下依次探索$P_0$的4个相邻位置$P_{00}$、$P_{01}$、$P_{02}$、$P_{03}$;$P_1$的4个相邻位置$P_{10}$、$P_{11}$、$P_{12}$、$P_{13}$;$P_2$的4个相邻位置$P_{20}$、$P_{21}$、$P_{22}$、$P_{23}$;$P_3$的4个相邻位置$P_{30}$、$P_{31}$、$P_{32}$、$P_{33}$。如果还没有找到路径并且还有未探索位置,则再按刚才各探索位置$P_{ij}$的次序探索各可通位置$P_{ij}$的可通未走过邻居位置,以此类推,直到找到一条路径或者所有可通位置都已探索但仍没有找到路径为止。

如图5.11所示,从位置(i,j)开始迷宫探索,依次探测其东、南、西、北4个相邻位置(A、B、C、D);接着从东邻位置A(i,j+1)探测它的相邻位置,由于其西邻居位置已经走过无须探索,所以依次探测其东、南、北3个相邻位置(E、F、G);然后从南邻位置B(i+1,j)探测它的相邻位置,由于东、北邻居位置已经走过无须探索,所以依次探测其南、西两个相邻位置(H、I);接着从西邻位置C(i,j-1)探测它的未走过的西、北两个相邻位置(J、K);最后从北邻位置D(i-1,j)探测它的未走过的北邻位置(L);再依次探测这8个位置的未走过的各个相邻位置,在这个过程中遇到出口位置则求解结束。如果所有可通位置全部探测完毕但仍没有遇到出口,则整个迷宫没有可通的路径。在以上描述中,假设各个位置都是可通的,若某位置不通,则直接跳过该位置。

|  |  | L(i-2,j) |  |  |
|---|---|---|---|---|
|  | K(i-1,j-1) | D(i-1,j) | G(i-1,j+1) |  |
| J(i,j-2) | C(i,j-1) | (i,j) | A(i,j+1) | E(i,j+2) |
|  | I(i+1,j-1) | B(i+1,j) | F(i+1,j+1) |  |
|  |  | H(i+2,j) |  |  |

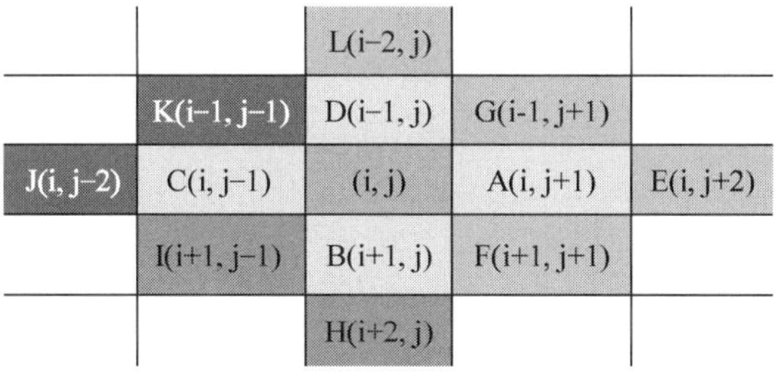

图5.11 从(i,j)位置开始探测迷宫示意图

可以用如图5.12所示的树结构图表示从(i,j)位置开始的迷宫探索过程。树中的每个方框称为结点,在此表示一个位置,带箭头的线段连接上、下两个结点P和Q,表示从P可以走到其邻居位置Q,在树结构中,称Q是P的孩子(请参考第9章)。由于每个位置最多有东、南、西、北4个可通的相邻位置,所以在该树中每个结点最多有4个孩子,实际

情况是由于部分孩子结点已经走过或不可通,某结点的孩子结点经常少于4个。从第0层的根结点开始探测,然后依次是第1层从左到右的4个位置,接着是第2层从左到右的各个未探测位置;以此类推,即按照从上到下、从左到右的次序对可通且未走过的位置进行探索,当遇到出口或已没有可通位置时求解结束。图中各结点旁标注的编号即是探测的次序。若第2层的8个有效结点都已探测但还没找到出口,则继续探测第2层结点的各个未探测可通邻居位置,图中由于篇幅关系,后续层次没有画出。

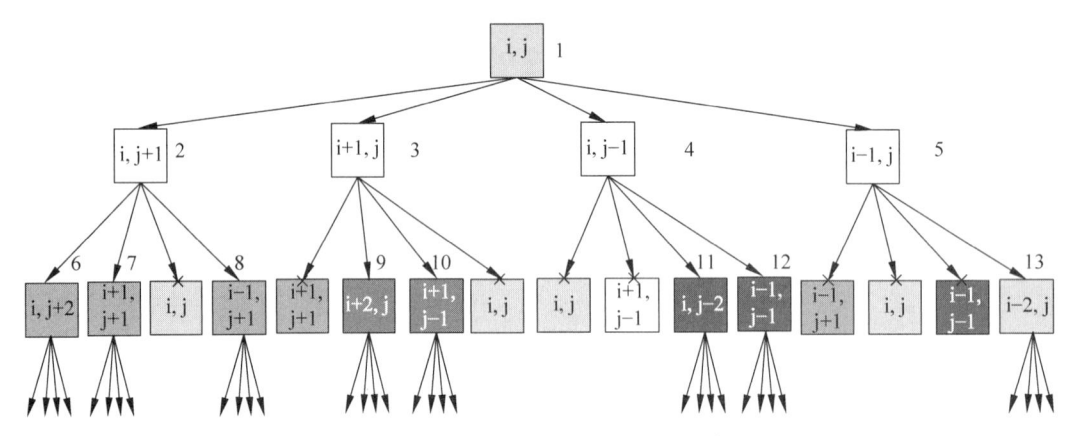

图 5.12 从($i,j$)位置开始探测迷宫示意图

**2. 算法步骤**

类似于杨辉三角形打印,可以利用队列先进先出的特性得到这个从上到下、从左到右的次序。

为了得到第$i+1$层的每个位置的坐标,可以在队列中依次存放第$i$层的所有可通位置的坐标;然后逐个出队各位置pos,同时得到pos位置的各个未走过可通相邻位置并入队,当$i$层位置全部出队时,第$i+1$层的位置则全部入队。重复出队和入队操作,直到遇到出口或队列为空。若遇到出口,则输出迷宫路径。另外,采用一个字典precedent记录每个可通位置的前趋位置,以方便最后输出路径。算法步骤如下。

(1) 若入口位置不通,找不到路径,输出相应信息,返回。

(2) 若入口位置即为出口位置,输出相应信息,返回。

(3) 初始化字典precedent;小乌龟移动到入口位置,对该位置做已走过标记(黑色小圆点);将入口位置放入初始为空的队列q中。

(4) 当队列q非空时循环(外层)执行:

① 出队当前位置pos。

② 小乌龟移动到该位置(其运动轨迹不显示)。

③ 循环(内层)检查pos的4个相邻位置nextPos,如果nextPos可通且未走过,则

- 小乌龟从pos移动到nextPos,同时显示出其运动轨迹,并对nextPos位置做已走过标记(黑色圆点)。

- 若nextPos为出口,则调用buildPath方法显示出路径,算法结束。

- 否则，将 nextPos 位置入队，同时在 precedent 字典中设置 nextPos 的前趋为 pos，并且为了能在可视化界面中看清小乌龟将从 pos 走向下一个位置，此时将小乌龟再次定位到 pos 位置。

（5）若队列为空，则没有找到路径。

### 3. 算法实现

根据上述分析，设计 Maze 类的基于队列的迷宫求解方法 findRouteByQueue。算法如下：

```python
def findRouteByQueue(self):
    pos = self.startPosition
    if self[pos[0]][pos[1]] == OBSTACLE:
        print("入口不通")
        return
    if self.isExit(pos):                          #起点即为终点
        print("入口即出口")
        return [pos]
    q = CircularQueue()                           #建立辅助队列 q
    precedent = dict()                            #创建各位置的前趋字典 precedent
    #小乌龟移动到 pos 位置,做黑色小圆点标记
    self.updatePosition(pos[0], pos[1], TRIED)
    q.append(pos)                                 #将起点入队
    while not q.empty():                          #队列非空时
        pos = q.serve()                           #出队一个位置
        self.gotoStart(pos[0], pos[1])            #小乌龟移动到 pos 位置,不显示轨迹
        for i in range(4):                        #依次试探它的 4 个邻居 nextPos
            nextPos = (pos[0] + DIRECTIONS[i][0],
                       pos[1] + DIRECTIONS[i][1])
            if self.isPassable(nextPos):          #如果该邻居可通
                #小乌龟移动到 nextPos 位置,做黑色小圆点标记
                self.updatePosition(nextPos[0], nextPos[1], TRIED)
                if self.isExit(nextPos):          #若已经到达出口
                    precedent[nextPos] = pos      #出口位置的前趋位置为 pos
                    return self.buildPath(precedent)  #完成路径输出,返回
                q.append(nextPos)                 #该邻居位置入队
                precedent[nextPos] = pos          #该邻居的前趋位置设为 pos
                self.gotoStart(pos[0], pos[1])    #小乌龟回到 pos,不显示轨迹
    print("没有找到通过迷宫的路径")
```

### 4. Maze 类的其他方法

在上述迷宫求解算法中，遇到出口时调用 buildPath 方法，该方法动态显示并返回迷宫路径。具体算法如下：

```python
def buildPath(self, precedent):
    """根据 precedent 中的位置前趋信息,产生起点到终点的路径存储到列表 path 中,
```

```
            同时将路径上的各位置做灰色大圆点标记"""
    start = self.startPosition
    end = self.endPosition
    path = [end]
    pos = end
    while pos != start:
        #对路径上的各位置做灰色大圆点标记
        self.updatePosition(pos[0], pos[1], PATH_PART)
        path.append(pos)
        pos = precedent[pos]
    path.append(start)                                      #此时得到的是end到start的路径
    self.updatePosition(start[0], start[1], PATH_PART)      #起点位置做灰色大圆点标记
    self.wn.exitonclick()
    path.reverse()                                          #列表逆置
    return path
```

Maze 类的数据成员和其他方法与 4.5.4 节相同。对图 4.9 所示的迷宫，采用广度优先搜索路径的算法，从起点(1,4)到终点(10,10)的路径搜索过程如图 5.13 所示。其中，灰色大圆点连接的路径为迷宫路径。

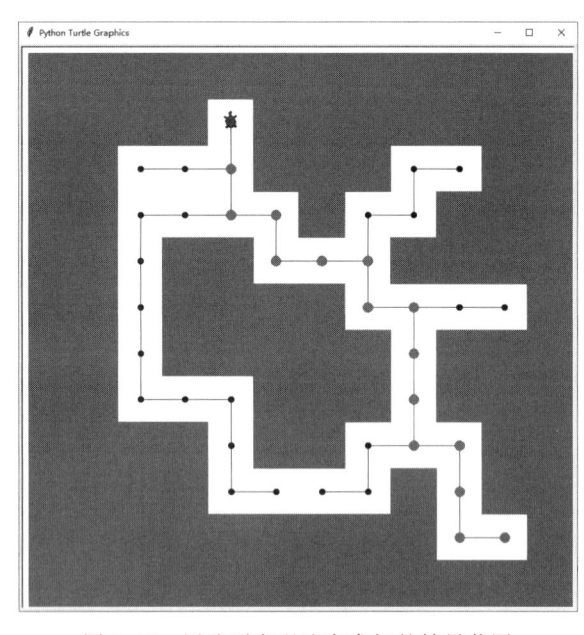

图 5.13 用队列实现迷宫求解的结果截图

## 5.6 双端队列

### 5.6.1 双端队列的基本概念

5.1 节中介绍的队列只允许在表的一端进行删除，在另一端进行插入。接下来介绍

一个类队列结构,它支持在线性表的两端进行插入和删除,这就是**双端队列**(double-ended queue 或者 deque,其发音为 deck)。图 5.14 为双端队列示意图,可以认为双端队列是栈和队列的泛化,栈和队列是双端队列的特例。

图 5.14 双端队列示意图

T 类型元素构成的双端队列是由 T 类型元素构成的有限序列,并且具有以下基本操作。

(1) 构造一个空双端队列(\_\_init\_\_)。
(2) 判断一个双端队列是否为空(empty)。
(3) 求双端队列的长度(\_\_len\_\_)。
(4) 在双端队列的尾部入队一个元素(append)。
(5) 在双端队列的头部入队一个元素(appendleft)。
(6) 在双端队列的尾部出队一个元素(pop)。
(7) 在双端队列的头部出队一个元素(popleft)。
(8) 读取双端队列的头部元素(getleft)。
(9) 读取双端队列的尾部元素(getright)。

双端队列可以用顺序存储或链式存储方式进行存储,读者可以自行尝试用 Python 的 list 或链表等多种方式实现双端队列。

## 5.6.2　Python 的双端队列类

在 Python 的标准模块 collections 中提供了一个双端队列类 deque,在 Python 内部实现时采用双向块链表结构,即在双向链表中每个结点的数据域中存放多个元素,此时结点被称为块(block)。Python 双端队列的块结构如图 5.15 所示,data 是一个长度为 64 的数组,可存放 64 个元素(64 个 Python 对象的指针),leftlink 指针指向前趋块,rightlink 指针指向后继块。

| leftlink | data[64] | rightlink |

图 5.15　Python 双端队列的块结构

图 5.16 所示为一个含有多个块的非空 deque 对象,它是一个双向非循环链表,主要包含 leftblock、rightblock、leftindex 和 rightindex 等数据成员。其中,在 leftblock 指针指示的块中,data[leftindex]位置的元素对应于图 5.14 中的 $a_0$;在 rightblock 指针指示的块中,data[rightindex]位置的元素对应于图 5.14 中的 $a_{n-1}$。

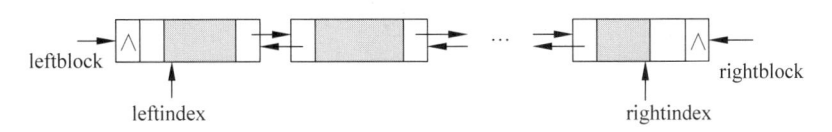

图 5.16　含有多个块的非空双端队列示意图

当生成一个初始空双端队列时即生成一个块，leftblock 和 rightblock 指针都指向该块，并且初始 leftindex 和 rightindex 为 data 数组的中间相邻位置，如图 5.17 所示。此时，如果在双端队列尾部入队(append)，则 rightindex 增 1，将元素放在 data[rightindex]位置；如果在双端队列头部入队(appendleft)，则 leftindex 减 1 后将元素放在该位置。当该块的 64 个空间用完后，若需要尾部入队(append)，则再生成新块插入 rightblock 的右边并调整 rightblock；若需要头部入队(appendleft)，则再生成新块插入 leftblock 的左边并调整 leftblock。

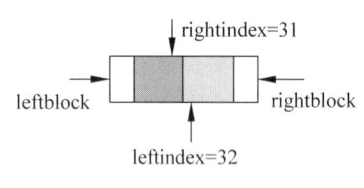

图 5.17 初始空双端队列示意图

总之，deque 对象的数据存储在长度固定的块构成的双链表中，并具有以下优点。

(1) 从基本操作的时间性能来看，双向块链表结构可以确保不管做哪个方向的 append 或 pop 操作，除了被操作的数据元素之外，任何其他元素都不会被移动，因此 append、appendleft、pop 和 popleft 算法的时间复杂度为 O(1)。

(2) 与顺序存储实现相比，链表结构可以完全避免顺序结构在初始分配空间用完时需重新分配更大空间并进行元素复制(类似于 resize 方法的功能)的问题，从而提高了性能的可预测性。

(3) 与 3.4.3 节中介绍的双向链表的实现相比，原双向链表的每个结点中存储一个数据元素和两个指针，存储密度为 1/3，并且每次元素的插入或删除都对应于一次结点的动态分配或回收(对应于底层实现时 C 语言的 malloc()和 free()函数)。而使用固定长度的块，元素的存储密度得到提高，同时避免了频繁调用 malloc()和 free()函数，提高了时间效率。

虽然 list 对象也支持两端的插入和删除操作，但由于采用顺序存储方案，其 pop(0)和 insert(0，v)操作会产生 O(n)内存移动成本，且会改变其他数据的位置。因此，在使用 Python 编写程序时，若需在表的两端做插入或删除，应优先选择 deque 而不是 list。Python 的 deque 对象支持的主要方法如表 5.2 所示。

表 5.2 Python 的 deque 对象支持的主要方法

| 方法 | 说明 |
| --- | --- |
| __len__() | 返回元素个数 |
| clear() | 删除 deque 中的所有元素，让它的长度为 0 |
| append(x) | 在 deque 的右边插入 x |
| appendleft(x) | 在 deque 的左边插入 x |
| pop() | 从 deque 的右侧删除并返回一个元素，如果不存在元素，则引发一个 IndexError |
| popleft() | 从 deque 的左侧删除并返回一个元素，如果不存在元素，则引发一个 IndexError |
| [j] | 索引访问，在两端都是 O(1)，但在中间减慢到 O(n)，对于快速随机访问，建议使用列表代替 |

### 5.6.3 双端队列的应用

基于上述双端队列类 deque，可以实现 4.2 节介绍的栈的抽象数据类型和 5.2 节介绍的队列的抽象数据类型。

以下用 Python 的双端队列 deque 实现普通队列类，入队算法调用 deque 的 append 方法，出队算法则调用 deque 的 popleft 方法，类定义和各方法的具体实现如下：

```python
from collections import deque
class Queue:
    def __init__(self):
        self._entry = deque()

    def empty(self):
        return len(self._entry) == 0

    def __len__(self):
        return len(self._entry)

    def append(self, value):
        return self._entry.append(value)

    def serve(self):
        if not self.empty():
            return self._entry.popleft()
        else:
            return None

    def retrieve(self):
        if not self.empty():
            return self._entry[0]
        else:
            return None

    def clear(self):
        return self._entry.clear()
```

如 5.4 节中所述，Python 标准库 queue 模块中的 Queue 类即采用双端队列实现。

## 5.7 优先级队列

5.1 节讨论的队列是一种特征为 FIFO 的数据结构，每次从队列中取出的是最早加入队列中的元素。但是，许多应用需要每次从队列中取出具有最高优先级的元素，这种队列就是**优先级队列**（priority queue），也称为**优先权队列**或**优先队列**。

优先级队列是 0 个或多个元素的集合，每个元素都有一个与之关联的优先级。对于优先级队列，主要的操作如下。

（1）查找优先级最高的值。
（2）出队优先级最高的值。
（3）入队一个任意优先级的值。

假设数值越小，表明该元素的优先级越高，则在如图 5.18 所示的优先级队列中，最先出队的是元素 10，入队新元素则可以直接放在 30 之后。

假设用无序表表示优先级队列，入队操作的时间复杂度可以为 O(1)，但查找和出队操作都为O(n)。如果用有序表表示优先级队列,查找和出队操作的效率可以为O(1),但入队操作的时间复杂度为O(n)。在第8章中将会介绍用"堆"实现优先级队列,此时入队和出队操作的时间效率都为$O(\log_2 n)$。

| 优先级 | 20 | 50 | 40 | 10 | 30 |

图5.18 优先级队列示例

## 5.8 Python提供的多种队列

在Python标准库的queue模块中提供了FIFO队列类Queue、LIFO队列类LifoQueue、优先级队列类PriorityQueue;另外,标准库collections模块中提供了双端队列类deque。当然,Python标准库中各个类的功能比我们所定义的抽象数据类型中的功能更强大,例如队列模块实现多生产者、多消费者队列,该模块中的Queue类可以在多个线程之间安全地交换信息,在多线程编程中特别有用。

从数据结构的逻辑结构和存储结构对这4个类进行分析,可以得出表5.3所列的对应关系。其中,LIFO队列类LifoQueue对象的操作方法与栈相同。

表5.3 Python中的各队列及对应数据结构

| 类 | 引入语句 | 逻辑结构 | 存储结构 |
|---|---|---|---|
| LifoQueue | from queue import LifoQueue | 栈 | 顺序表,用list实现 |
| Queue | from queue import Queue | 队列 | 双向块链结构,用deque实现 |
| PriorityQueue | from queue import PriorityQueue | 优先级队列 | 二叉堆,用heapq实现,详见8.5节 |
| deque | from collections import deque | 双端队列 | 双向块链结构 |

## 5.9 上机实验

扫一扫

上机实验

## 习题5

扫一扫

习题

扫一扫

自测题

# 第 6 章

# 递 归

## 6.1 递归及递归算法

递归是计算机科学中的重要方法,主要用于算法设计和递归定义。本章介绍递归的概念以及递归算法的设计,利用递归的方法定义数据结构;介绍递归算法的运行过程,并对递归算法的性能进行分析;最后简要介绍常见的算法设计模式。

### 6.1.1 什么是递归

递归定义是一种自我嵌套定义方式,即使用被定义对象自身来定义该对象,可用于对数学概念、实体、问题解决方案等进行定义。递归主要应用在数学和计算机科学领域中。

例如,集合论对自然数的定义:0 是一个自然数,每个自然数都有一个后继,这个后继也是自然数。又如,自然数 n 的阶乘 n! 可定义为:当 n=0 时,n!=1;当 n>0 时,n!=n*(n-1)!,即在定义 n 阶乘时用 n-1 阶乘来描述。

在生活中,也可以将一些概念或行为采用递归方式来定义。某人的祖先可定义为:某人的父母以及他父亲的祖先和他母亲的祖先。树枝、海岸线、山峰、雪花等分形图是自然界中递归的例子,俄罗斯套娃则是艺术中应用递归的例子。

在计算机科学中主要学习用递归的思想解决问题,掌握递归算法的设计方法,理解递归算法的运行过程,分析递归算法的性能,同时对各种数据结构进行递归定义和递归操作。

### 6.1.2 问题求解方法的递归定义

把一个大规模的复杂问题层层转化为一个或多个与原问题相同、规模较小的子问题来求解,直到问题小到可以用非常简单、直接的方式来解决,这就是递归求解问题的策略,即**分而治之**(divide and conquer)的策略。

能够用递归解决的问题应该满足以下条件。

(1) 必须存在递归结束的情形,即一个或多个递归出口,通常对应于最小规模或满足某个条件时无须递归可直接求解的情况,常被称为**基本情况**(base case)。

(2) 原问题可以分解为更小规模的相同子问题,即存在一个确定的通用**递归分解规则**。

(3) 子问题的个数必须是有限的,即保证不管多大的规模,都可以最终到达基本情况。

【例 6.1】 求解 n 阶乘的值。

n 阶乘的值可以递归定义为

$$n! = \begin{cases} 1 & n = 0 \\ n*(n-1)! & n > 0 \end{cases}$$

根据以上递归定义,可以写出阶乘递归函数 fact(n)。其中,递归结束的条件是 n 为 0,当 n 大于 0 时,任意的 n! 都被分解成规模更小的同等问题(n−1)! 的求解,从而最终可到达基本情况 0! 的求解。递归算法如下:

```
def fact(n):
    if n == 0:
        return 1
    else:
        return n * fact(n-1)
```

【例 6.2】 对正整数 m 和 n 用辗转相除法求最大公约数。

首先求出余数 r=m%n;如果 r=0,则 m 和 n 的最大公约数为 n,无须递归求解;否则 m 和 n 的最大公约数即为 n 和 r 的最大公约数。递归算法如下:

```
def gcd(m, n):
    r = m % n
    if r == 0:
        return n
    else:
        return gcd(n, r)
```

【例 6.3】 假设上楼共有 n 阶台阶,可以一步上一阶,也可以一步上两阶,共有多少种不同的走法?

设 n 阶台阶的走法总数为 f(n)。当 n=0 或 1 时,f(n)=1;当 n>1 时,如果第 1 步走一阶,则剩下的 n−1 阶台阶的走法总数为 f(n−1),如果第 1 步走两阶,则剩下的 n−2 阶台阶的走法总数为 f(n−2),即 f(n)=f(n−1)+f(n−2)。

可以看到,f(n)即为斐波那契数列中的第 n 个数。计算斐波那契数列项的递归算法如下:

```
def fibonacci(n):
    if n == 0 or n == 1:
        return 1
    else:
        return fibonacci(n-1) + fibonacci(n-2)
```

**【例 6.4】** 假设有 n 个不同的数依次入栈、出栈，入栈和出栈可以交替进行，共有多少种不同的出栈序列？

设 n 个不同的数入栈、出栈，共有 f(n) 种不同的出栈序列。假设这 n 个数依次为 1~n，k 是最后一个出栈的数，则比 k 早进栈且早出栈的有 k-1 个数，共有 f(k-1) 种序列；比 k 晚进栈且早出栈的有 n-k 个数，共有 f(n-k) 种序列。所以共有 f(k-1)*f(n-k) 种方案。

当 k 取不同值时，产生的出栈序列是相互独立的，所以将结果累加。k 的取值范围为 1~n，所以出栈序列总数 f(n)=f(0)*f(n-1)+f(1)*f(n-2)+…+f(n-1)*f(0)。

因此，f(n) 的递归定义为

$$f(n) = \begin{cases} 1 & n = 0 \\ f(0)*f(n-1)+f(1)*f(n-2)+\cdots+f(n-1)*f(0) & n \geq 1 \end{cases}$$

对应递归算法如下：

```
def catalan(n):
    if n == 0:
        return 1
    else:
        result = 0
        for i in range(n):
            result += catalan(i) * catalan(n-i-1)
        return result
```

可以证明，在数学中 f(n) 即为卡特兰数（Catalan number）：$\frac{1}{n+1}C_{2n}^{n} = \frac{(2n)!}{(n+1)!n!}$。

**【例 6.5】** 绘制分形树。

一棵分形树由三部分构成，即树干、树干末端往左偏的小分形树、树干末端往右偏的小分形树。例如，一个树干长度为 branch_len 的分形树，当 branch_len≤10 时，分形树只含一个树干长度为 branch_len 的树干，否则该分形树由以下三部分构成。

(1) 长度为 branch_len 的树干。
(2) 树干末端左偏 20°生长的一棵长度为 branch_len-10 的小分形树。
(3) 树干末端右偏 20°生长的一棵长度为 branch_len-10 的小分形树。

假设 t 为 turtle 对象，如下函数 tree(branch_len, t) 完成一棵树干长度为 branch_len 的分形树的绘制。

```
def tree(branch_len, t):
    t.pendown()              #画笔放下
```

```
            t.forward(branch_len)              #绘制长度为 branch_len 的树干
            t.penup()                          #画笔抬起
            if branch_len > 10:                # 如果 branch_len 大于 10
                t.left(20)                     #调整画笔方向往左偏 20°
                tree(branch_len - 10, t)       #绘制树干长度为 branch_len-10 的分形树
                t.right(40)                    #调整画笔方向为树干往右偏 20°
                tree(branch_len - 10, t)       #绘制树干长度为 branch_len-10 的分形树
                t.left(20)                     #画笔方向归位
            t.backward(branch_len)             #画笔回到起点
```

当使用以下代码调用递归函数 tree 时，可得到如图 6.1 所示的分形树。

```
t = turtle.Turtle()
myWin = turtle.Screen()
t.left(90)                    #使小乌龟画笔方向往上
t.color("green")
tree(75, t)                   #绘制树干长度为 75 的分形树
myWin.exitonclick()
```

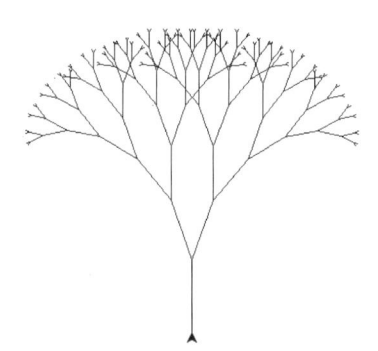

图 6.1　绘制的树干长度为 75 的分形树

从以上例子可以看到，设计递归算法的关键是获得一个清晰而准确的问题求解方案的递归定义。从内容看，所有递归算法都包含两大部分。

（1）不用递归实现的基本情况的直接处理，即递归出口部分。

（2）将特定规模的问题求解分解为一个或多个小规模同等问题的求解，即递归分解规则的描述部分。

从形式上看，递归函数的主要特点如下。

（1）直接或者间接调用自己。

（2）在结构上，递归函数应包含 if…else 等形式的分支语句。

（3）除了少数情况下在函数中通过输入或删除元素等方法修改问题规模之外，大多情况下递归函数都含有用来表示问题规模的入口参数。在执行过程中，随着递归函数的调用和返回，该参数表示的规模通常从大变小，再从小变大，反复变化。上述 5 个例子中各函数的参数 n、m 和 branch_len 即是表示问题规模的参数。

（4）递归函数都较为简短，少量的代码就可完成解题过程所需要的重复计算。

## 6.2　线性表下递归算法的设计

### 6.2.1　数据结构的递归定义

递归的思想不仅常用于问题求解，也常用来定义数据结构。在第 3 章中学习了线性

表,接下来尝试用递归的方法定义线性表以及它的两种最常用实现——顺序表和单链表。与定义递归算法的方法类似,递归定义数据结构也包含两部分,即基本情况及递归分解规则的描述。

1) 线性表的递归定义

线性表或者为空,或者由首元素以及其后的一个线性表组成。

2) 顺序表的递归定义

顺序表最常见的递归定义方法是将非空顺序表分解为有效长度减 1 的顺序表及尾元素两部分。假设顺序表用 3.3.4 节的底层 C 数组实现。此时定义一个由长度为 n 的 entry 数组表示的顺序表,当 n=0 时,顺序表为空;当 n>0 时,顺序表由长度为 n-1 的 entry 数组表示的顺序表和尾元素 entry[n-1]两部分构成,如图 6.2 所示。

图 6.2 底层 C 数组实现的顺序表的递归分解

也可将非空顺序表递归分解为首元素及其后的顺序表。例如,定义一个由 entry 数组下标 0~n-1 号元素构成的顺序表,当 n=0 时,表为空;当 n>0 时,表由首元素 entry[0]以及由 entry 数组下标 1~n-1 号元素构成的顺序表两部分构成。

有时也会将长度大于 1 的非空顺序表分解为首元素、尾元素及中间部分顺序表。例如,定义由 entry 数组下标 0~n-1 号元素构成的顺序表,当 n=0 时,表为空;n=1 时,表中只有一个元素;否则,该顺序表由首元素 entry[0]、尾元素 entry[n-1]以及由 entry 数组下标 1~n-2 号元素构成的顺序表三部分构成。

当顺序表以其他方式存储时,由于存储方法在本质上相同,所以递归定义也是相似的。

3) 单链表的递归定义

在第 3 章中为操作方便,为单链表类加了表头结点,但递归定义的单链表是不包含表头结点的,因为表头结点与其他元素结点具有不同的含义。

定义以 first 为首结点指针的单链表,first 或者为空(图 6.3(a)),或者由一个 first 指向的结点以及以 first.next 为首结点指针的单链表两部分构成(图 6.3(b))。

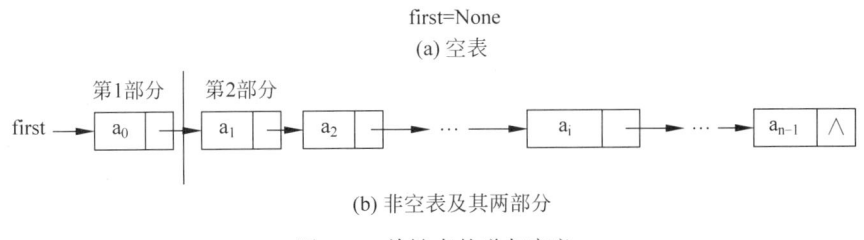

图 6.3 单链表的递归定义

## 6.2.2 顺序表下的递归算法

【例6.6】 设计递归算法,统计列表 alst 中值为 x 的元素个数。

Python 的列表属于顺序表。根据 6.2.1 节中对顺序表的递归定义,该问题可递归定义为:若 alst 列表的长度为 0,返回 0;否则先统计不包含 alst 列表尾元素的新列表中值为 x 的元素个数 result,然后判断尾元素 alst[-1]是否为 x,如果是,将 result 加 1,最后返回 result。

递归算法如下:

```
def recursive_count(alst, x):
    if len(alst) == 0:
        return 0
    else:
        result = recursive_count(alst[0:-1], x)
        if alst[-1] == x:
            result += 1
        return result
```

在这个算法中,在递归调用时,每次都用切片方法生成一个不含 alst 尾元素的新列表,使得算法的时间效率和空间效率都变低。因此,更好的做法是为该函数增加一个表示当前列表长度的参数,则该问题就转化为统计列表 alst 前端长度为 n 的部分中值为 x 的元素个数。新解决方案的递归定义可调整为:当 n 为 0 时,返回 0;否则统计 alst 列表前端长度为 n-1 的部分中值为 x 的元素个数 result,如果 alst[n-1]为 x,则 result 加 1,最后返回 result。

```
def recursive_count(alst, n, x):
    if n == 0:
        return 0
    else:
        result = recursive_count(alst, n-1, x)
        if alst[n-1] == x:
            result += 1
        return result
```

【例6.7】 假设用 3.3.4 节描述的底层 C 数组实现顺序表,设计递归算法,求解顺序表中所有元素的平均值(假设表中的元素为数值)。

求解长度为 n 的顺序表中所有元素的平均值的方法可递归定义如下:当 n 为 0 时,元素的平均值为 0;否则为 entry 数组前 n-1 个元素构成的长度为 n-1 的顺序表的平均值乘以 n-1,加上最后一个元素 entry[n-1],再除以 n 的值。对应递归算法如下:

```
def recursive_average(self, n):
    if n == 0:
        return 0
```

```
        average = self.recursive_average(n - 1)
        return (average * (n - 1) + self._entry[n - 1]) / n
```

为方便用户调用，顺序表类还应提供求元素平均值的接口方法。用户调用该接口方法，不用提供表长参数，就可以完成对当前顺序表中元素平均值的求解。算法如下：

```
def average(self):
    return self.recursive_average(self._cur_len)
```

因此，在类中定义的递归算法通常包含两部分，即 public 属性的接口方法和 private 或 protected 属性的递归方法，类的递归方法即类的递归成员函数，为方便起见，以下简称递归函数。其中的 public 方法只完成简单的调用，例如此处的 average 方法，它以参数 cur_len 调用递归函数 recursive_average，从而完成长度为 cur_len 的顺序表中所有元素的平均值的求解。

【例 6.8】 为 3.3.4 节的 DynamicArrayList 类添加判断顺序表元素是否首尾对称的递归方法。

为了判断首尾位置的对应元素是否相同，将从 entry[start]开始到 entry[end]结束的长度大于 1 的顺序表递归分解为三部分，即首元素 entry[start]、尾元素 entry[end]以及 entry[start+1]直至 entry[end-1]的顺序表。递归算法 recur_is_pali 描述如下：

```
def recur_is_pali(self, start, end):
    if start >= end:                              #空表或表长度为1
        return True
    else:
        if self._entry[start] != self._entry[end]:#首尾元素不同，返回 False
            return False
        else:                                     #对除首、尾元素之外的部分进行判断
            return self.recur_is_pali(start + 1, end - 1)
```

以下为接口方法 is_pali 的定义：

```
def is_pali(self):
    return self.recur_is_pali(0, self._cur_len - 1)
```

## 6.2.3 单链表下的递归算法

与顺序表类中定义的递归算法一样，单链表类的递归算法也包含两部分，即 public 属性的接口方法和 private 或 protected 属性的递归成员函数。

以下算法直接使用 3.4.1 节中带头结点的单链表类，在对链表进行递归处理时，从头结点之后的首结点开始操作。因此，在 public 属性的各方法中都以 head.next 作为入口参数调用递归函数。

【例 6.9】 逆序输出单链表中的所有元素。

假设链表中从前往后的元素依次为 1,2,3,4,5，则输出顺序应为 5,4,3,2,1。假设单链表首结点为 first，该操作可递归定义为：如果 first 为空，则空操作；否则先调用函数自

身，逆序输出以 first.next 为首结点的单链表，然后再输出 first.entry 的内容。对应算法如下：

```python
def recursive_reversetraverse(self, first):
    if first:
        self.recursive_reversetraverse(first.next)
        print(first.entry)

def reversetraverse(self):
    self.recursive_reversetraverse(self._head.next)
```

【例 6.10】 删除单链表中所有值为 x 的结点。

假设用 recursive_removeall(self, first, x) 递归函数删除以 first 为首结点的单链表中所有值为 x 的结点。由于删除成功之后链表会发生变化，所以算法返回删除 x 后形成的新链表的首结点指针。算法的递归描述如下。

(1) 如果 first 为 None，则无须删除，链表没有变化，返回 None。

(2) 否则，整个单链表被看成两部分，即首结点和其余结点构成的单链表，整个链表下 x 结点的删除可以分解为在这两部分下的删除。

① 如果首结点的值为 x，即 first.entry＝x 时，如图 6.4(a)所示，那么直接将 first 结点舍弃(垃圾回收器会自动回收结点)，然后调用函数自身，返回对 first.next 为首结点的链表删除所有 x 后形成的新链表。对应代码如下：

```python
if first.entry == x:
    return self.recursive_removeall(first.next, x)
```

② 如果首结点的值不为 x，如图 6.4(b)所示，那么先调用函数自身对 first.next 为首结点的链表进行 x 结点的删除，删除后的新表的首结点由指针 p 指示，然后让 first.next 指向 p，最后返回 first，如图 6.4(c)所示。对应代码如下：

```python
p = self.recursive_removeall(first.next, x)
first.next = p
return first
```

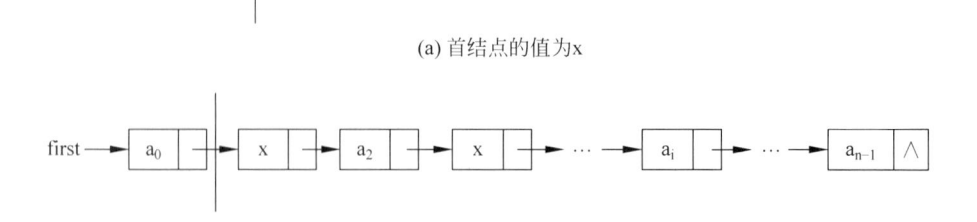

(a) 首结点的值为 x

(b) 首结点的值不为 x

图 6.4 单链表下删除所有值为 x 的结点的示意图

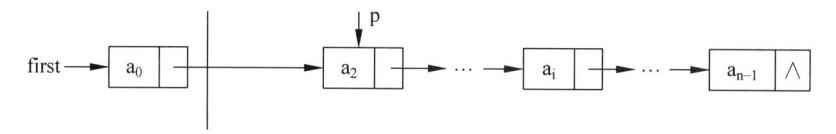

(c) 首结点的值不为x时删除所有值为x的结点的操作示意

图 6.4 （续）

以下为递归算法 recursive_removeall 和接口方法 removeall 的定义：

```
def recursive_removeall(self, first, x):
    if not first:
        return None
    if first.entry == x:
        return self.recursive_removeall(first.next, x)
    else:
        p = self.recursive_removeall(first.next, x)
        first.next = p
        return first

def removeall(self, x):
    self._head.next = self.recursive_removeall(self._head.next, x)
```

**【例 6.11】** 单链表的逆置。

在 3.7.2 节中用非递归的思想实现了单链表的逆置，现在用递归的方式来实现，并将其设计为类的方法，同样包括接口方法 reverse 和递归函数 recursive_reverse。

接口方法 reverse 只负责简单的调用，它将对以 head.next 为首结点的单链表进行逆置，并将逆置后形成的新表的首结点指针赋给 head.next。代码如下：

```
def reverse(self):
    self._head.next = self.recursive_reverse(self._head.next)
```

接下来看完成主要功能的递归函数 recursive_reverse(self，first)，它对以 first 为首结点的链表进行逆置，并返回逆置之后生成的新链表的首结点。算法的递归描述如下。

(1) 如果 first 为 None，或 first.next 为 None，无须逆置，返回 first。

(2) 否则，先对除首结点外的链表调用递归函数进行逆置，然后将逆置后链表的尾指针指向 first，并将 first 结点的 next 域置空。

例如，对图 6.5(a)所示的单链表，将它逆置为从头到尾依次是 4,3,2,1 的链表。具体步骤如下。

① 用 p 记录 first 的下一个结点，即 p=first.next。

② 调用递归函数自身对以 p 为首的链表进行逆置，即完成除首结点外的链表的逆置；将 new_head 指向逆置后单链表的首结点，执行后结果如图 6.5(b)所示。此时 p 是逆置后的尾结点。

③ 将 p 的 next 域指向 first,再将 first 结点的 next 域置为空,如图 6.5(c)所示。
④ 返回逆置后链表的首结点指针 new_head。

```
first → 1 → 2 → 3 → 4 ∧
```
(a) 单链表

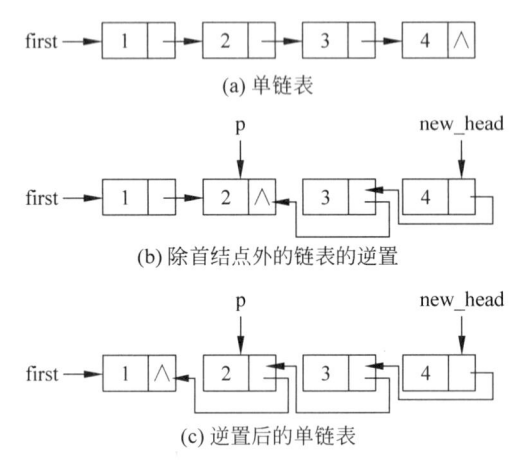

```
              p            new_head
              ↓               ↓
first → 1 → 2 ∧   3 ← 4
                  ↑_____|
```
(b) 除首结点外的链表的逆置

```
              p            new_head
              ↓               ↓
first → 1 ∧   2 ← 3 ← 4
```
(c) 逆置后的单链表

图 6.5 单链表的递归逆置

对应上述单链表逆置过程的递归函数如下:

```python
def recursive_reverse(self, first):
    if not first or not first.next:
        return first
    p = first.next
    new_head = self.recursive_reverse(p)
    p.next = first
    first.next = None
    return new_head
```

【例 6.12】 在单链表的 i 号位置插入元素 x。

在这个问题中应以 i 是否为 0 而不是用 first 是否为空来区分是否属于基本情况,因为即使 first 非空,i 为 0 时的插入也是无须递归处理的。

假设递归函数 recursive_insert(self,first,i,x)在以 first 为首结点的单链表中的第 i 号位置插入元素 x,并返回插入之后形成的新链表的首结点指针。算法的递归描述如下。

(1) 如果 i<0,位置非法。

(2) 如果 i 过大,即 first 为空而 i>0,位置也非法。

(3) 如果 i 为 0,则生成新结点 new_node,并将其插入为链表的首结点,返回 new_node。

(4) 否则,调用递归函数自身,在以 first.next 为首结点的链表的 i−1 号位置插入 x,将形成的新链表的首指针赋值给 first.next,并返回链表首结点 first。

递归算法如下:

```python
def recursive_insert(self, first, i, x):
    if i < 0:
```

```
            raise IndexError("i 太小")
    if not first and i > 0:
        raise IndexError("i 太大")
    if i == 0:
        new_node = Node(x, first)
        return new_node
    else:
        first.next = self.recursive_insert(first.next, i - 1, x)
        return first
```

以下为接口方法 insert 的定义：

```
def insert(self, i, x):
    self._head.next = self.recursive_insert(self._head.next, i, x)
```

【例 6.13】 将单链表按奇偶位序分成两个链表，偶数位序的元素留在原表中，奇数位序的元素放在另一个表中。

设递归函数 recursive_split(self, first) 对以 first 为首结点的单链表进行分离，分离后 first 表中存放偶数位序元素，奇数位序部分则形成一个新链表，返回新链表的首结点指针。

如果结点个数小于或等于 1，first 表不变，新链表为空；否则设新表的首指针为 second，即 second=first.next，原表中 $a_0$ 结点的链域应指向 $a_2$，即 first.next=second.next，而 second.next 应为对 $a_2$ 开始的链表进行奇偶分离返回的新表的首指针，如图 6.6 所示。

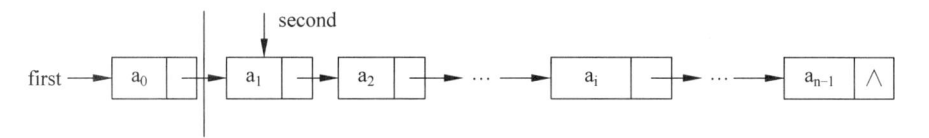

图 6.6　单链表按奇偶位序分解成两个链表

递归算法如下：

```
def recursive_split(self, first):
    if not first or not first.next:      #只有一个结点时新表为空
        return None
    second = first.next                  #新表的首结点
    first.next = second.next             #从原表中删除奇数位序的结点
    #second 与以 a2 开始的链表奇偶分离后形成的新表的首结点连接
    second.next = self.recursive_split(second.next)
    return second                        #返回新表的首结点
```

接口方法如下：

```
def split(self):
    oddList = LinkedList()
```

```
        oddList.get_head().next = self.recursive_split(self._head.next)
        return oddList
```

## 6.3 递归求解举例

### 6.3.1 n皇后问题

在4.6.5节中分析过利用栈实现回溯法求解n皇后的问题,现在利用递归进行求解。

**1. 皇后类**

设计一个类来表示棋盘及其操作。用一个布尔类型的二维数组作为数据成员来表示当时的棋盘状态,其中被皇后占有的位置值为True,否则为False。

对棋盘的操作主要包括初始化方法;判别棋盘是否已有n个皇后;将皇后放入某位置;将皇后从某位置移掉;输出当前的一个解;判断第count行第col列是否有皇后站岗;n皇后求解的接口方法solve;以及本节重点讨论的核心算法——利用递归实现回溯,求解n皇后所有解的solve_from方法。

假设皇后类的定义框架如下,各方法的功能见注释。

```
class Queens:
    def __init__(self,size):
        self.board_size = size
        self.queen_square = [[False for i in range(0, size)] for j in range(0, size)]
    def is_solved(self, count):              #判别棋盘中是否已有n个皇后
    def print(self):                         #输出打印n皇后棋盘
    def unguarded(self, count, col):         #判断第count行第col列位置是否有皇后站岗
    def insert(self, count, col):            #将皇后放入位置(count,col)
    def remove(self, count, col):            #将皇后从位置(count,col)移掉
    def solve(self):                         #n皇后问题求解的接口方法
    def solve_from(self, count):             #n皇后问题求解的递归函数
```

**2. 递归算法思想**

假设solve_from递归函数完成从第count行开始放置皇后并输出所有解的操作。算法步骤如下。

(1) 如果棋盘中已有n个皇后,即count为n,输出当前得到的一个解。

(2) 否则:

① 对于第count行的每个棋盘方格p(假设位置为第count行第col列),如果该位置可以放置皇后(同行、同列、同对角线没有皇后),则在p位置放置一个皇后;

② 递归调用函数自身从count+1行开始继续放置皇后;

③ 从p位置移走皇后。

将皇后放在p位置只是试探,只在能够持续添加皇后时才将她留在那儿。不管是否能达到n个皇后,递归函数都会返回,将该位置的皇后移走,并探测该行的下一位置。

### 3. 递归算法

以下递归函数 solve_from 从棋盘的第 count 行开始放置皇后,并输出 n 皇后的所有解。与 4.6.5 节中利用栈进行回溯求解相比,递归算法的形式更为简单。

```
def solve_from(self, count):
    if self.is_solved(count):
        self.print()
    else:
        for col in range(self.board_size):
            if self.unguarded(count, col):
                self.insert(count, col)
                self.solve_from(count + 1)
                self.remove(count, col)
```

### 4. 接口方法

接口方法 solve 以入口参数 0 调用 solve_from,即从 0 行开始放置皇后进行求解。

```
def solve(self):
    self.solve_from(0)
```

## 6.3.2 迷宫求解

4.5.4 节中介绍的迷宫问题也可以使用递归方法求解。假设定义递归函数 recFindRoute,它在当前迷宫中寻找从 start 位置到达出口的路径,如果找到路径,则显示该路径并返回 True;否则返回 False。算法步骤如下。

(1) 如果 start 不可通,则找不到从 start 出发到终点的路径,返回 False。
(2) 如果 start 是出口,则找到路径,给 start 位置做标记 PATH_PART,返回 True。
(3) 如果 start 已走过或已经探测过为死胡同,则返回 False。
(4) 否则:

① 给 start 位置做已走过标记 TRIED;
② 对于 start 的 4 个邻居 neighbour,循环执行:调用 recFindRoute 递归函数判别是否可从该 neighbour 位置到达出口,如果可从 neighbour 到达出口,即退出循环;
③ 如果可从某个邻居到达出口,则表明可从 start 到达出口,则给 start 做标记 PATH_PART,并返回 True;
④ 如果从 4 个邻居中的任何一个都不能走到出口,则表明从 start 无法到达出口,给 start 做标记 DEAD_END,返回 False。

与 4.5.4 节中的 findRouteByStack 一样,可将 recFindRoute 算法定义为 Maze 类的方法。算法如下:

```
def recFindRoute(self, start):
    if self[start[0]][start[1]] == OBSTACLE:
```

```
            return False
        if self.isExit(start):
            self.updatePosition(start[0], start[1], PATH_PART)
            return True
        if self[start[0]][start[1]] == TRIED or self[start[0]][start[1]] == DEAD_END:
            return False
        self.updatePosition(start[0], start[1], TRIED)
        found = False
        i = 0
        while i < 4 and not found:            #只要发现有一个邻居可到达出口,即退出循环
            neighbour = (start[0] + DIRECTIONS[i][0], start[1] + DIRECTIONS[i][1])
            found = self.recFindRoute(neighbour)
            i += 1
        if found:
            self.updatePosition(start[0], start[1], PATH_PART)
            return True
        else:
            self.updatePosition(start[0], start[1], DEAD_END)
            return False
```

读者可参考 4.5.4 节的内容自行完成验证程序。

### 6.3.3 组合数求解

从 n 个不同元素中每次取出 k 个不同元素,不管其顺序合成一组,称为从 n 个元素中不重复地选取 k 个元素的一个组合。要求设计算法来求解从集合 $\{1,2,\cdots,n\}$ 中选取 $k(k\leqslant n)$ 个元素的所有组合。例如,从集合 $\{1,2,3,4\}$ 中选取两个元素的所有组合为 (1,2)、(1,3)、(1,4)、(2,3)、(2,4)、(3,4)。

假设 n 个不同元素存放在列表 inList 中,设计递归算法从列表中取出 k 个数并依次存放到 comboList 中。如果 inList 的长度大于 0,则将列表看成两部分——inList[0] 和剩余元素构成的列表 remain,那么求所有 k 个数的组合的过程可以分为两个步骤。

(1) 取 inList[0],再从 remain 中取 k−1 个数,构成组合。即先将 inList[0] 添加到 comboList 的尾部,然后调用递归函数自身从 remain 中取出 k−1 个数并依次添加到 comboList 的尾部。

(2) 仅从 remain 中取 k 个数的组合。此时应将已添加到 comboList 中的首元素删除,再调用递归函数自身。

在递归调用过程中若参数 k 递减为 0,则说明 comboList 中已放满 k 个数,输出即可。

```
def group(inList, k, comboList):
    """从 inList 表中取 k 个数,添加到 comboList 的末尾"""
    if k == 0:
        print(comboList)
    elif len(inList) > 0:
```

```
            first = inList[0]                  #first 为 inList 中的首元素
            remain = inList[1:]                #remain 为除首元素外的其余元素构成的新表
            comboList.append(first)            #comboList 中包含首元素
            group(remain, k-1, comboList)      #从 remain 中取 k-1 个数添加到 comboList 尾部
            comboList.pop()                    #comboList 中不包含首元素
            group(remain, k, comboList)        #从 remain 中取 k 个数添加到 comboList 尾部
```

## 6.4 递归算法性能分析

### 6.4.1 函数调用与栈

计算机系统到底是如何保证递归函数的正确调用与返回的呢？其实递归函数的调用与返回和普通的不同函数之间的调用与返回过程是一致的。

先来看一个简单的 Python 程序：

```
 1 def A(s, t):
 2     i = 3
 3     s = B(i)                  #addr2 位置
 4     return s + t
 5
 6 def B(d):
 7     x = 2
 8     y = 3
 9     return d + x + y
10
11 if __name__ == "__main__":    #开始运行位置
12     m = 0
13     n = 1
14     print(A(m, n))            #addr1 位置
```

这个程序没有什么有意义的功能，我们仅以此为例来描述程序运行时函数之间如何实现相互调用并正确返回。程序从第 11 行位置开始运行，当运行到第 14 行，即"addr1 位置"时进入 A 函数运行；接着在 A 函数中顺序执行到第 3 行，即"addr2 位置"时进入 B 函数运行；B 函数执行完毕，则返回到调用处"addr2 位置"；当 A 函数执行完毕，则返回到调用处"addr1 位置"，执行后续语句直至程序结束。这个执行过程是毫无疑问的，那么在进入函数和函数返回时，系统到底做了什么来确保函数的正确调用和返回？

实际上，在进入某函数之前，为方便函数运行结束后正确返回，需要存储返回地址。为了函数的正确运行，还需要存储该函数的参数、局部变量等。把存储每个函数的参数、局部变量和返回地址等信息的空间称为**调用记录**（invocation record）或**活动记录**。

在上述例子中，程序开始运行时产生当前程序（假设称为 M）对应的调用记录，主要包含返回地址（设为 addr0 位置）及变量 m 和 n；当运行到 A(m,n)这句调用语句时，进入 A 函数的运行，此时产生 A 函数的调用记录，主要包括返回地址（addr1 位置）以及 A 函数的参数 s、t 和局部变量 i；进入 A 函数运行后，当遇到 B(i)这句调用语句时，则进入

B 函数的运行,此时产生 B 函数的调用记录,主要包括返回地址(addr2 位置)以及 B 函数的参数 d、局部变量 x 和 y。当 B 函数运行结束,获得 B 函数调用记录中的返回地址(addr2 位置)后,该调用记录被删除;返回到 addr2 位置运行,直到 A 函数运行结束,获得 A 函数调用记录中的返回地址(addr1 位置)后,该调用记录也被删除。可以看到,存储每个函数调用记录的内存满足后进先出的操作特性,因此是一个栈,被称为**调用栈**。位于调用栈栈顶的调用记录对应于当前正在运行的函数。调用记录也常被称为**栈帧**。

假设 M 和 A、B 函数的返回地址分别用 addr0、addr1、addr2 来表示,上述程序执行过程中调用栈的变化示意图如图 6.7 所示。

|  |  | addr2, d, x, y |  |  |  |
|---|---|---|---|---|---|
|  | addr1, s, t, i | addr1, s, t, i | addr1, s, t, i |  |  |
| addr0, m, n | addr0, m, n | addr0, m, n | addr0, m, n | addr0, m, n |  |
| 进入M | 进入A函数 | 进入B函数 | 退出B函数 | 退出A函数 | 退出M |

图 6.7 调用栈空间变化示意图 1

M 和 A、B 函数之间的调用和返回过程可以用如图 6.8(a)所示的**函数调用树**表示。其中向下带箭头的实线边表示函数的调用,向上带箭头的虚线边表示函数的返回,边旁边的数字标识了程序运行的流程。函数调用树通常被简化为图 6.8(b)所示的形式。

又如图 6.9(a)所示的函数调用树,它表示 M 函数调用了 A 函数,A 函数调用 B 函数,B 退回 A 后,A 又调用了 C 函数,C 函数调用了 D 函数,D 返回到 C,C 返回到 A,A 再返回到 M,M 接着调用了递归函数 D,D 在进入第 3 层递归后逐层返回并最后返回到 M,程序运行结束。图 6.9(b)为图 6.9(a)所示的函数调用树的简化形式。

(a) 函数调用树    (b) 简化形式

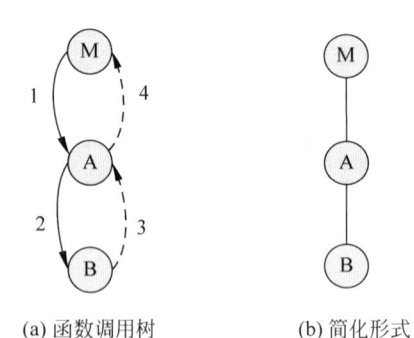

图 6.8 函数调用树示意图 1

(a) 函数调用树    (b) 简化形式

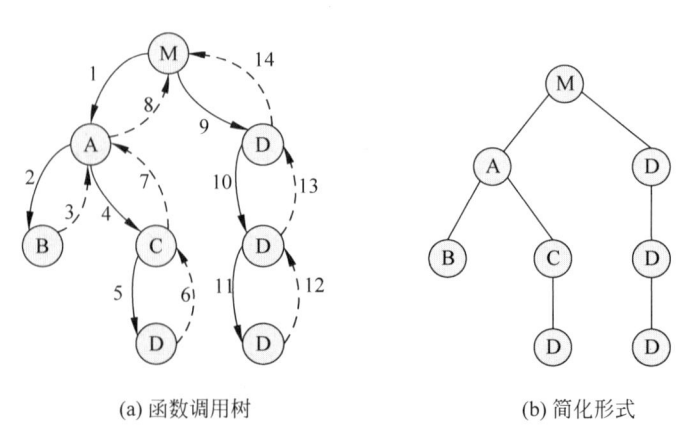

图 6.9 函数调用树示意图 2

对应图 6.9 所示的函数调用和返回过程,调用栈中各函数调用记录存储状态的变化过程如图 6.10 所示,图中用函数名代表其在栈中的调用记录。

图 6.10 调用栈空间变化示意图 2

可以看到,递归函数 D 的自我调用和返回与普通函数之间的相互调用方法是一致的,只不过每次递归函数调用的函数是自己。

尽管计算机管理内存的具体方式取决于相关的编程语言和操作系统,但还是可以有一个简化而真实的概览。这里强调简化是因为详细具体的讨论超出了本书的范围。Python 的编译器将 Python 程序转换为字节码,然后 Python 虚拟机(Python Virtual Machine,PVM)程序执行这些字节码,PVM 所控制的内存被分为 6 个区域。图 6.11 为 Python 虚拟机的内存结构示意图。

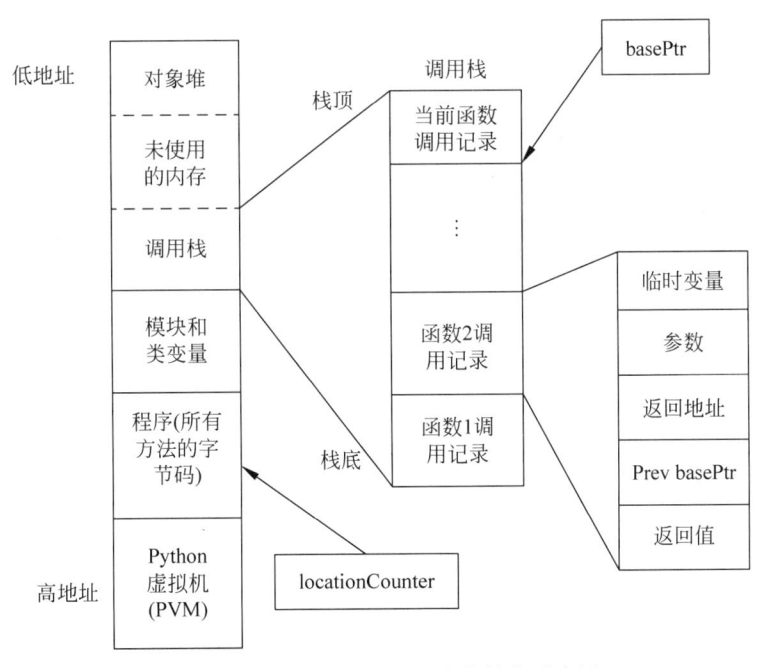

图 6.11 Python 虚拟机的内存结构示意图

Python 的内部变量 locationCounter 指向 PVM 下一步将要执行的指令,basePtr 指向当前正在运行的函数的调用记录的底部位置。

在 Python 中,所有的对象都存放在堆区域(也称为对象堆)中。当对象实例化时,PVM 必须在堆中寻找用于该对象的空间。当对象不再被需要的时候,PVM 的垃圾收集程序会回收该对象占用的空间以备将来使用。

当调用某函数时，PVM 执行以下步骤。

（1）创建该函数的调用记录，将其压入调用栈，调用记录包含 5 个区域，下面 3 个区域是固定长度的，顶部的两个区域则会根据函数的参数和局部变量的个数的不同而不同。

（2）在标记为 Prev basePtr 的区域中存储 basePtr 的当前值，并且将 basePtr 设置为当前调用记录的基地址。

（3）在标记为返回地址的区域中存储 locationCounter 的当前值，接着将 locationCounter 设置为即将被调用的函数的第一条指令的地址。

（4）将调用参数复制到参数区域，即复制入口参数的地址。

（5）开始执行位于 locationCounter 位置的程序。

在该函数运行时给 basePtr 正确的偏移量，就可以引用调用记录中的临时变量和参数。

在函数运行结束返回调用函数时，PVM 执行以下步骤。

（1）使用当前调用记录中存储的值来恢复 locationCounter 和 basePtr 的值。

（2）从调用栈弹出调用记录。

（3）在 locationCounter 所指示的位置继续运行程序。

### 6.4.2　递归函数的运行过程及性能分析

下面仍以阶乘递归函数为例来分析递归函数的运行过程。

```
1 def fact(n):
2     if n == 0:
3         return 1
4     else:
5         return n * fact(n-1)
```

图 6.12 为 fact(4) 对应的函数调用树，对应于递归函数的自我调用，又称为**递归调用树**。它描述了 fact(4) 的运行过程，首先是不断向下的**递归调用阶段**，直至进入 fact(0) 的调用后不再向下递归，开启不断向上的**递归返回阶段**。在该图中，在表示函数调用的实线旁标识了传入参数的值，在表示函数返回的虚线旁标识了递归函数的返回值。

递归调用的最大层次数称为**递归深度**。在运行 fact(4) 时，递归调用的最大层次为 5，即递归深度为 5。可见，递归深度与对应递归调用树的高度一致。

表 6.1 给出了 fact(4) 运行过程中递归调用阶段和递归返回阶段所做操作的详细说明。从图 6.12 和表 6.1 可以看出，求解 fact(4) 主要花费的时间是进入下一层递归函数及返回到上一层函数，算法的

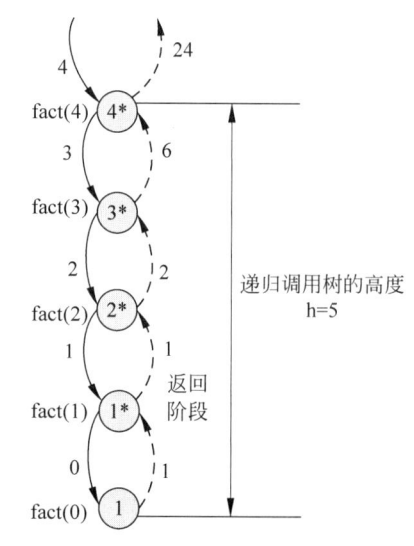

图 6.12　fact(4) 对应的递归调用树

时间复杂度与递归调用次数成正比,即与递归调用树中的结点数一致。在求取 fact(n) 时,递归函数被调用了 n+1 次,时间复杂度为 O(n)。

表 6.1 运行 fact(4)的过程说明

| 调用层次 | 参数 n | 递归调用阶段(在这一列从上向下看) | 递归返回阶段(在这一列从下向上看) |
| --- | --- | --- | --- |
| 1 | 4 | 运行第 1~5 行,进入第 2 层 | 计算 4*6,返回 24 至调用处 |
| 2 | 3 | 运行第 1~5 行,进入第 3 层 | 计算 3*2,返回 6 到第 1 层第 5 行 |
| 3 | 2 | 运行第 1~5 行,进入第 4 层 | 计算 2*1,返回 2 到第 2 层第 5 行 |
| 4 | 1 | 运行第 1~5 行,进入第 5 层 | 计算 1*1,返回 1 到第 3 层第 5 行 |
| 5 | 0 | 运行第 1~3 行 | 返回 1 到第 4 层第 5 行 |

图 6.13 给出了 fact(4)运行过程中调用栈空间的变化。当进入 fact(0)调用时栈中有 5 个调用记录,内存空间用得最多。因此,递归函数的空间效率与递归深度一致,与递归调用树的高度一致,上述 fact 递归函数的空间效率为 O(n)。

图 6.13 运行 fact(4)过程中调用栈的变化

如果递归深度过大,则会导致调用栈所占的容量过大而发生溢出。Python 中设定了最大递归深度的默认值为 1000,在引入 sys 模块后,可以通过 sys.getrecursionlimit()来获取系统的最大递归深度。另外,也可以利用 sys.setrecursionlimit(m)将最大递归深度设置为 m。

【例 6.14】 汉诺塔(hanoi)圆盘移动游戏。

有 3 个分别命名为 A、B、C 的塔座,在 A 塔座上放置着 n 个直径各不相同的圆盘,圆盘从上到下依次编号为 1,2,3,…,n,且直径依次递增,如图 6.14 所示。

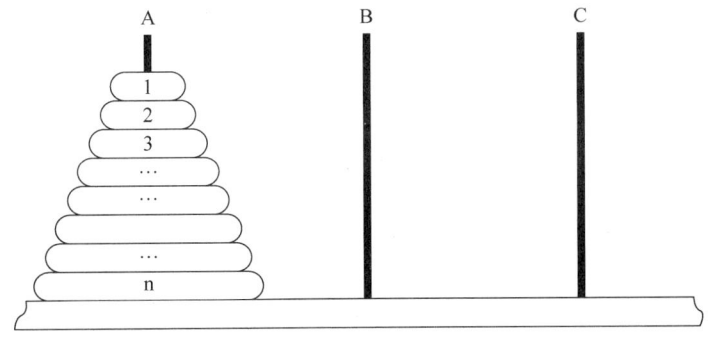

图 6.14 hanoi 塔游戏

要求把所有的圆盘从 A 塔座移动到 C 塔座上，B 塔座可以作为辅助塔座，移动规则为每次只能移动一个圆盘，而且不允许把圆盘放在更小的圆盘上面。

将 1～n 号共 n 个圆盘从 A 塔座移动到 C 塔座上，以 B 作为辅助塔座，圆盘移动步骤的递归定义如下。

(1) 当 n=1 时，1 号圆盘直接移动到 C 塔座上。

(2) 当 n>1 时，整个移动步骤分解为 3 步：

① 以 C 作为辅助塔座，将 1～n−1 号共 n−1 个圆盘从 A 塔座移动到 B 塔座上；

② 将 n 号圆盘直接移动到 C 塔座上；

③ 以 A 作为辅助塔座，将 1～n−1 号共 n−1 个圆盘从 B 塔座移动到 C 塔座上。

实现上述算法的代码如下，其中用 print 语句的输出模拟一次对应的圆盘移动操作。

```python
def hanoi(count, start, finish, temp):
    if count == 1:
        print("move disk 1 from", start, "to", finish)
        return
    hanoi(count - 1, start, temp, finish)
    print("move disk", count, "from", start, "to", finish)
    hanoi(count - 1, temp, finish, start)
```

如调用 hanoi(3，a，c，b)函数完成 3 个圆盘从 A 塔座移到 C 塔座的操作，递归函数的调用及返回过程可以用图 6.15 所示的递归调用树来表示。算法总的运行时间与递归函数调用次数成正比，即与调用树中的结点数成正比。n 个圆盘的移动对应的递归调用树共有 $2^n-1$ 个结点，又由于每个结点对应一次圆盘移动操作，所以总共进行 $2^n-1$ 次移动，算法的时间复杂度为 $O(2^n)$。递归调用树的高度为 n，即递归深度为 n，因此算法的空间复杂度为 $O(n)$。

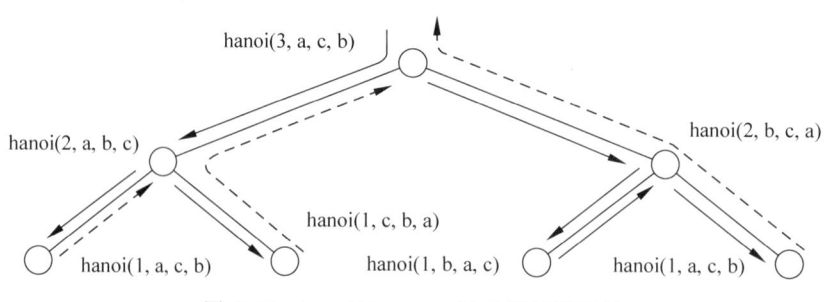

图 6.15　hanoi(3，a，c，b)的递归调用树

因此，通常可用递归调用树直观地表示出递归算法的运行过程；算法的时间性能与调用树的规模（即结点个数）相关；算法的空间性能则与调用树的高度相关。

当 n=64 时，圆盘移动的次数为 $2^{64}-1≈1.6×10^{19}$ 次。假设人每秒能搬动一个圆盘，由于一年约有 $3.2×10^7$ 秒，64 个圆盘的搬动则大约需要 $5×10^{11}$ 年，而天文学家估计宇宙的年龄小于 $2×10^{10}$ 年。假设 hanoi 游戏模拟程序在某计算机上运行，搬动速度为每秒 $10^7$ 个圆盘，则 64 个圆盘的搬动大约需要 $5×10^4$ 年。由此可以看到，在达到一定问题规模时，具有指数阶时间性能的算法将产生灾难性的后果。

**【例 6.15】** fact 函数的非递归版本。

```
def fact(n):
    result = 1
    for i in range(1, n + 1):
        result *= i
    return result
```

很明显,该函数的关键操作是循环体中的 result *= i,循环执行的次数为 n 次,因此时间复杂度为 O(n);在函数中只用到存储 result 和 i 这两个对象的空间,空间复杂度为 O(1)。而递归版本的 fact 算法,时间复杂度和空间复杂度都为 O(n)。

通常来说,递归函数的空间效率比对应的非递归函数的空间效率要差。在时间效率上,递归函数也比对应的非递归函数的效率差。虽然有时递归函数与非递归函数的时间复杂度数量级相同,就像 fact 函数的两个版本,但由于函数调用与返回的时间开销较大,从绝对时间量来看,递归函数比非递归函数运行的时间更长。

另外,递归算法有时候会产生冗余的运算。

**【例 6.16】** 求斐波那契数列第 n 项的递归算法。

```
def fibonacci(n):
    if n == 0:
        return 0
    elif n == 1:
        return 1
    else:
        return fibonacci(n - 1) + fibonacci(n - 2)
```

图 6.16 给出了利用上述递归函数求解斐波那契数列第 6 项对应的递归调用树。

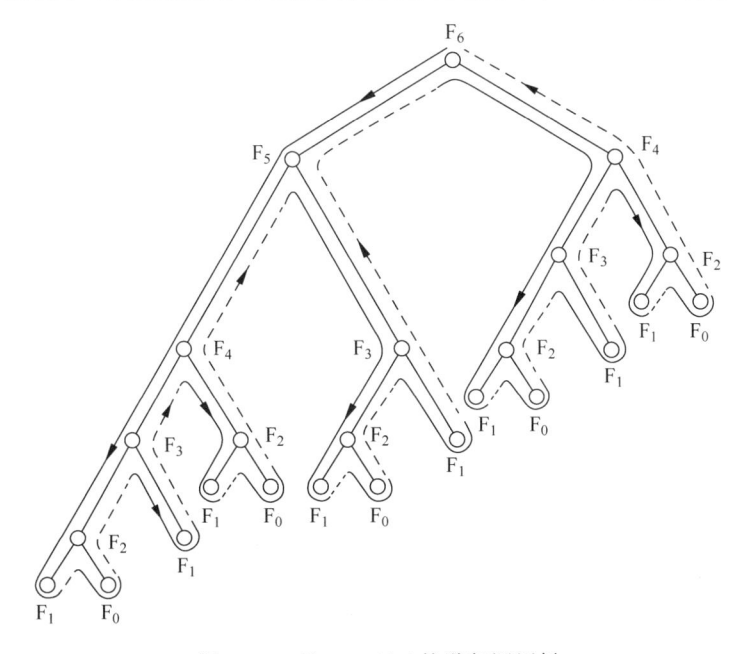

图 6.16 fibonacci(6)的递归调用树

从图 6.16 可以发现,在计算 $F_6$ 时,$F_4$ 计算了两次,$F_3$ 计算了 3 次,$F_2$ 计算了 5 次,$F_1$ 和 $F_0$ 做了更多的重复计算,这些冗余的计算大幅降低了斐波那契数列求解的时间效率。进一步分析可以得出,计算 $F_n$ 的时间代价(加法、赋值操作次数)大致等于计算 $F_{n-1}$ 和 $F_{n-2}$ 的时间代价之和,说明计算 $F_n$ 的时间代价与斐波那契数 $F_n$ 的值成正比,根据已有数学结论:

$$\lim_{n \to \infty} F_n = \left(\frac{\sqrt{5}+1}{2}\right)^n$$

其中,括号内的表达式约等于 1.618,所以计算 $F_n$ 的时间代价按 n 值的指数阶增长,时间效率为 $O(1.618^n)$,而对应的递推版本则可以达到线性阶 $O(n)$ 的时间效率。

因此,虽然递归函数形式简单,但用户不要被递归算法表面上的简洁性所迷惑。递归函数的空间效率和时间效率都比对应的非递归函数的效率更差,很多递归算法因产生大量冗余运算,使得算法的时间效率急剧下降。

一方面,递归是一种重要的思想,用于递归定义数据结构,设计并实现算法;另一方面,递归算法的执行非常耗费资源,为了提高算法的性能,又常需要将递归函数转换为非递归函数。

### 6.4.3 递归函数转换为非递归函数

**1. 尾递归的转换**

如果某递归调用语句是所在函数最前或中间的语句,该递归调用语句称为**非尾递归**,如图 6.17(a)所示。如果某递归调用语句是所在函数的最后一句语句,该递归调用语句称为**尾递归**,如图 6.17(b)所示。尾递归可以直接消解为循环,仅含尾递归的**尾递归函数**可以方便地转换为非递归函数。例如,图 6.17(b)中的 P 函数为尾递归函数,可以将递归函数 P 的 3 层递归调用与返回所做的操作转换为 P 函数对应操作的 3 次循环,如图 6.17(c)所示。

例如,阶乘递归函数可以设计为尾递归函数,例 6.15 给出了其非递归版本。另外,对于含有多个递归调用语句的非尾递归函数,也可以直接消除其中的尾递归调用。

【**例 6.17**】 消除尾递归后的 hanoi 函数。

```
def hanoi(count, start, finish, temp):
    while count >= 1:
        hanoi(count-1, start, temp, finish)          # 非尾递归,保留
        print("move disk", count, "from", start, " to ", finish)
        count -= 1
        start, temp = temp, start
```

**2. 利用栈实现非尾递归的转换**

递归函数的运行受到函数调用栈的支撑,因此可在算法中模拟递归调用栈的运行过程,从而实现等价的非递归算法。采用这一方式,程序员可以精细地裁剪栈中各调用记录

(a) 非尾递归　　　(b) 尾递归

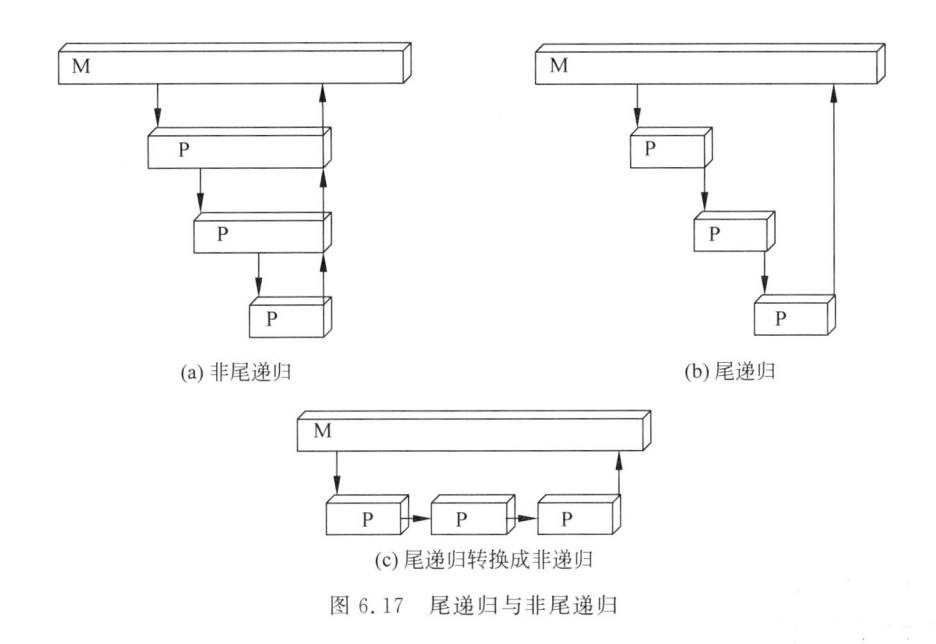

(c) 尾递归转换成非递归

图 6.17　尾递归与非尾递归

的内容,从而尽可能降低空间复杂度的常系数。尽管算法递归版本的高度概括性和简洁性将大打折扣,但在空间效率方面可以获得相应的补偿。

**【例 6.18】** 单链表逆序遍历的非递归算法。

用活动指针 p 从首结点指针开始移动,当 p 非空时,将当前结点的值放在栈中,直到 p 为空为止,接着将栈中的元素依次出栈并输出即可。

```
def reverse_traverse(self):
    p = self._head.next
    st = ArrayStack()           ♯初始化空栈,可以是其他形式的栈
    while p:
        st.push(p.entry)
        p = p.next
    while not st.empty():
        print(st.pop(), end = " ")
```

## 6.5　常见的算法设计模式

在第 2 章中提到常见的算法设计模式有暴力枚举法、贪心法、分治法、回溯法及动态规划法等。之前介绍了回溯法,在此通过找零兑换问题分别介绍其他算法设计模式的基本思想和设计方法。找零兑换问题针对确定的货币体系,将给定数量的货币兑换成各种面额,要求货币总数最少。例如共有 63 元钱,针对中国的货币体系,兑换方案是 3 个 1 元、1 个 10 元,1 个 50 元,共 5 张纸币(硬币)。为简化问题,以下算法不给出具体兑换方案,仅给出最少货币总数,并且仅对 4 种面额(即 1 元、5 元、10 元和 50 元)的货币进行兑换。找零问题属于优化问题,即是在所有可行方案中寻找最优解的一类问题。优

化问题是一类普遍的问题,例如求两个点之间的最短路径,最能匹配一系列点的直线等。

### 6.5.1 穷举算法

穷举算法将所有可能的方案全部枚举出来。在找零兑换问题中,假设用列表 valueList 存储[1,5,10,50]货币面额,对 change 元进行兑换,a、b、c、d 分别表示 1、5、10、50 元钞票的可能张数,用 3 重循环穷举出 a、b、c 的所有可能取值,判断剩下的钱是否能整除 50,如果可以整除,即找到一种解决方案,将结果保存在列表 lst 中。最后找出 lst 中的最小值即为最少货币总数。

```python
def exhaustive(valueList, change):
    lst = []
    for a in range(change // valueList[0] + 1):
        for b in range((change - a * valueList[0]) // valueList[1] + 1):
            for c in range((change - a * valueList[0] - b * valueList[1])
                           // valueList[2] + 1):
                remain = change - a * valueList[0] - b * valueList[1]\
                         - c * valueList[2]
                if remain % valueList[3] == 0:
                    d = remain // valueList[3]
                    lst.append(a + b + c + d)
    return min(lst)
```

这个算法只对 4 种面额的货币进行兑换,如果有更多面额的货币,则算法需包含更多重循环。很明显,change 较大时枚举算法的效率将会很低。

### 6.5.2 贪心算法

贪心算法是通过一系列的选择得到问题的解。它所做的每个选择都是当前状态下的局部最优选择,即贪心选择。如果问题的局部最优解能代替整体最优解,则贪心算法是有效的。例如,在[1,5,10,50]货币体系下兑换 63 元,先兑换面额最大的 50 元 1 张,再拿剩下的 13 元钱兑换 10 元 1 张,接着剩下的 3 元无法兑换 5 元面额,可以兑换 1 元面额的货币 3 张。每次兑换的货币张数都是目前的最优方案,并且该方案也是整体最优解,贪心算法有效。

```python
def greedy(valueList, change):
    numChange = 0
    for i in range(len(valueList) - 1, -1, -1):
        numChange += change // valueList[i]
        change %= valueList[i]
    return numChange
```

如果货币体系为[1,5,10,21,50],对 63 元进行兑换,使用贪心算法得到的最少货币总数仍然是 5,但正确的答案是全部用 21 元兑换,最少找零张数为 3。此时贪心算法的局部最优选择不是整体最优解,贪心算法失效。

### 6.5.3 递归算法

对 change 元的兑换问题,递归算法可描述如下:如果 change 与某一种面额的货币等值,则找零数量为 1,否则分别对 change－1、change－5、change－10 和 change－50 求解所兑换货币的最少数量。change 元兑换的货币最少数量:

$$\text{rec\_mc}(\text{change}) = \min \begin{cases} 1 + \text{rec\_mc}(\text{change} - 1) \\ 1 + \text{rec\_mc}(\text{change} - 5) \\ 1 + \text{rec\_mc}(\text{change} - 10) \\ 1 + \text{rec\_mc}(\text{change} - 50) \end{cases}$$

rec_mc(change)是用于求解兑换货币最少数量的递归算法,可定义如下:

```python
def rec_mc(valueList, change):
    if change in valueList:
        return 1
    else:
        minChange = change
        for i in [c for c in valueList if c <= change]:
            numChange = 1 + rec_mc(valueList, change - i)
            if numChange < minChange:
                minChange = numChange
        return minChange
```

现在分别用穷举法、贪心算法和递归算法对 63 元进行兑换并做时间性能测试。

```python
if __name__ == "__main__":
    clist = [1, 5, 10, 50]
    amnt = 63
    start = time.perf_counter()
    print("穷举算法", amnt, "元兑换最少找零张数:", end = " ")
    print(exhaustive(clist, amnt))
    end = time.perf_counter()
    print("所花时间 % f" % (end - start))
    start = time.perf_counter()
    print("贪心算法", amnt, "元兑换最少找零张数:", end = " ")
    print(greedy(clist, amnt))
    end = time.perf_counter()
    print("所花时间 % f" % (end - start))
    start = time.perf_counter()
    print("递归算法", amnt, "元兑换最少找零张数:", end = " ")
    print(rec_mc(clist, amnt))
    end = time.perf_counter()
    print("所花时间 % f" % (end - start))
```

程序运行结果如下：

```
穷举算法 63 元兑换最少找零张数：5
所花时间 0.000886
贪心算法 63 元兑换最少找零张数：5
所花时间 0.000026
递归算法 63 元兑换最少找零张数：5
所花时间 41.216967
```

从当前规模的运行结果看，贪心算法的性能最好，而递归算法的性能最差。通过程序可以验证，63 元钱的找零兑换问题，递归调用的次数为 66334006。这是因为递归算法求解找零问题时做了大量冗余的运算。图 6.18 所示为递归求解 18 元找零对应的递归调用树的一小部分(完整调用树应包含 124 个结点)，其中深色的结点表示多次重复递归计算的结点。

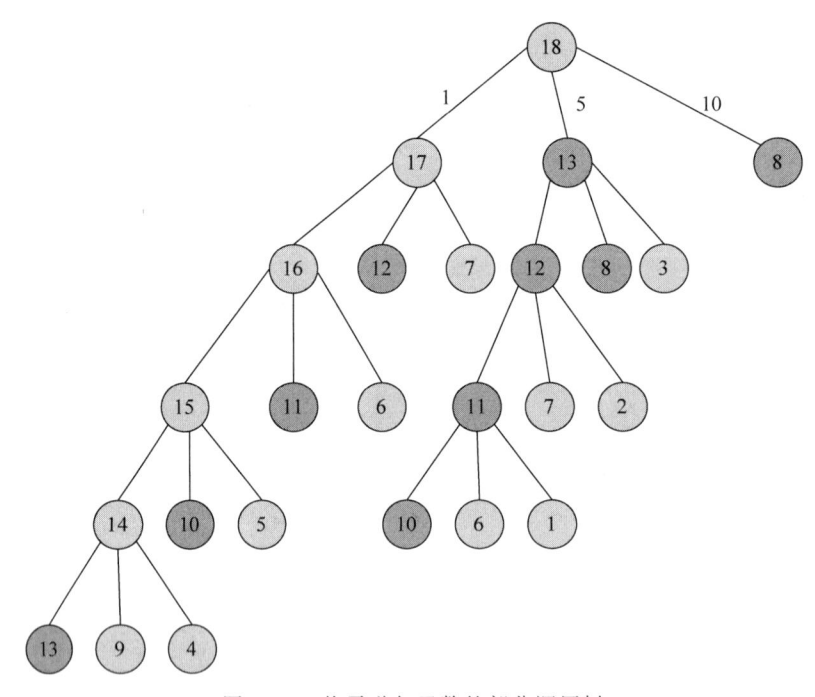

图 6.18　找零递归函数的部分调用树

### 6.5.4　带备忘录的递归算法

为了减少递归算法中的重复计算，可以用一个表将计算过的中间结果保存起来，在递归调用之前，先查找表中是否已有部分找零的最优解，如果有，直接返回最优解而不再进行递归调用；如果没有，则进行递归调用。这就是带备忘录的递归方法，也称**函数值缓存法**，本质上是用空间效率换取时间效率。例如在找零问题中，用列表 knownResults 存储已计算的货币找零数，即 knownResults[change]中存放的是 change 所需的最少找零张数。

```
def rec_mc_memo(valueList, change, knownResults):
    minChange = change
    if change in valueList:                    #递归基本结束条件
        knownResults[change] = 1               #记录最优解
        return 1
    elif knownResults[change] > 0:             #knownResults[change]初值为0
        return knownResults[change]            #查表成功,直接用最优解
    else:
        for i in [c for c in valueList if c <= change]:
            numChange = 1 + rec_mc_memo(valueList, change - i, knownResults)
            if numChange < minChange:
                minChange = numChange
        knownResults[change] = minChange       #找到最优解,记录到表中
        return minChange
```

由于采用了备忘录方法后,63元钱的找零兑换问题,递归调用的次数仅为181次,大大提高了算法的时间效率。

以下为递归备忘录法求解斐波那契数列第n个数的带备忘录的递归算法。result 是长度为n+1的列表,用于存储已求解得到的数列值,初始为全0。

```
def fib_memo(n, result):
    if n == 0 or n == 1:
        result[n] = 1
        return 1
    elif result[n] > 0:
        return result[n]
    result[n] = fib_memo(n-1, result) + fib_memo(n-2, result)
    return result[n]
```

## 6.5.5 动态规划法

递归方法采用的是自顶向下的思想,将原问题拆分为若干子问题,但是容易造成子问题的重复求解。备忘录方法采用的也是自顶向下的思想,但该方法维护了一个记录子问题解的表,从而避免了子问题的重复求解。

动态规划的基本思想是将一个大问题拆分为若干子问题,进行自底向上求解。每个子问题只求解一次,并把求解结果保存在一个表中,可以避免子问题的重复求解。

在找零问题中,依次计算1元至change元所有金额对应的最少找零张数并依次存放在 minChange 列表中。该列表的长度为 change+1,minChange[0]的初值为0。计算 minChange[amount]值采用的递推公式与递归算法中的公式类似:

$$\text{minChange[amount]} = \min \begin{cases} 1 + \text{minChange[amount}-1] & \text{amount} \geqslant 1 \text{ 时} \\ 1 + \text{minChange[amount}-5] & \text{amount} \geqslant 5 \text{ 时} \\ 1 + \text{minChange[amount}-10] & \text{amount} \geqslant 10 \text{ 时} \\ 1 + \text{minChange[amount}-50] & \text{amount} \geqslant 50 \text{ 时} \end{cases}$$

从 minChange[1]开始计算,值为1+minChange[0]=1,以此类推,minChange[2]~minChange[4]分别为2、3、4;minChange[5]则为1+minChange[4]与minChange[0]+1

中的小者1；当计算到 minChange[18] 时，minChange[0]~minChange[17] 已全部求出，由于 1+minChange[17]、1+minChange[13] 与 1+minChange[8] 的值都是5，所以 minChange[18] 为5。表6.2所示为用动态规划法得到的最少找零表。填表过程对应一个线性阶时间效率的算法。

表6.2 最少找零数的动态规划表

| amount | 0 | 1 | 2 | 3 | 4 | 5 | 6 | 7 | 8 | 9 | 10 | 11 | 12 | 13 | 14 | 15 | 16 | 17 | 18 |
|---|---|---|---|---|---|---|---|---|---|---|---|---|---|---|---|---|---|---|---|
| minChange | 0 | 1 | 2 | 3 | 4 | 1 | 2 | 3 | 4 | 5 | 1 | 2 | 3 | 4 | 5 | 2 | 3 | 4 | 5 |

找零问题的动态规划算法如下：

```
def dpMakeChange(valueList, change, minChange):
    for amount in range(change + 1):
        changeCount = amount                    # 初始化一个最大值
        # 对当前 change,依次减去每种货币面额
        # 计算得到最少找零数 changeCount,并记录在 minChange 中
        for j in [c for c in valueList if c <= amount]:
            if minChange[amount - j] + 1 < changeCount:
                changeCount = minChange[amount - j] + 1
        minChange[amount] = changeCount
    return minChange[change]
```

再来看一个求解给定列表中连续子序列之和的最大值问题。例如列表[−2,11,−4,13,−5,2]，从11至13的连续子序列之和最大，最大值为20；而[−2.5,4,0,−3,2,8,−1]中连续子序列之和的最大值为11。假设用动态规划算法实现，准备一个与给定列表等长的列表 m，m[i]表示以列表 i 号元素结束的连续子序列之和的最大值，则当 i=0 时，m[0]=max(lst[0],0)；当 i>0 时，m[i]=max(m[i−1]+lst[i],0)。

对列表[−2,11,−4,13,−5,2]，依次计算 m[i] 值，可得到如表6.3所示的求连续子序列最大和的动态规划表。列表 m 中的最大值20即为所求的连续子序列最大和。

表6.3 求连续子序列最大和的动态规划表

| i | 0 | 1 | 2 | 3 | 4 | 5 |
|---|---|---|---|---|---|---|
| lst[i] | −2 | 11 | −4 | 13 | −5 | 2 |
| m[i] | 0 | 11 | 7 | 20 | 15 | 17 |

对应算法如下：

```
def max_sum(lst):
    m = [0] * len(lst)
    m[0] = max(lst[0], 0)
    for i in range(1, len(lst)):
        m[i] = max(m[i-1] + lst[i], 0)
    return max(m)
```

由于只需通过 m[i−1] 的值即可计算 m[i]，所以算法中可以省去动态规划表，而直接用变量 sum 表示 i 号位置结束的连续子序列和的最大值。另设 maxsum 跟踪所有连

续子序列和的最大值。改进算法如下：

```
def max_sum2(lst):
    maxsum = sum = max(lst[0], 0)
    for i in range(1, len(lst)):
        sum = max(sum + lst[i], 0)
        if sum > maxsum:
            maxsum = sum
    return maxsum
```

## 6.6 上机实验

扫一扫

上机实验

## 习题 6

扫一扫

习题

扫一扫

自测题

# 第 7 章

# 字符串和数组

字符串是一种特殊的线性表,其中每个数据元素为一个字符。字符串的处理在计算机非数值处理中占有重要地位,例如文字编辑系统、搜索引擎等都以字符串为处理对象。

数组也称表格,一维数组是相同类型的数据元素构成的有限序列,多维数组可以看作线性表的推广。

在各种高级语言中,字符串和数组都有对应的内置类型可以直接使用。本章首先介绍字符串的概念、字符串的存储以及字符串匹配的算法;接着介绍数组的概念以及二维数组的存储方式。

## 7.1 字符串

### 7.1.1 字符串的基本概念

**字符串**简称串,是由若干($n \geqslant 0$)字符组成的有限序列,n 称为串的长度。含零个字符的串称为**空串**,串长为 0,通常记为""。当 n>0 时,通常记为 s="$a_0 a_1 \cdots a_i \cdots a_{n-1}$",串长为 n。s 中的每个字符都有一个固定的位序号,例如字符 $a_0$ 的位序号是 0,$a_i$ 的位序号是 i。双引号是串的标记,用于将串与标识符加以区别。

字符串是特殊的线性表,串中字符元素之间的关系为线性关系,即串的逻辑结构与普通的线性表无异,所不同的是字符串中的每个元素 $a_i$ 取自选定的字符集,另外,对串的操作通常将整个串而不是串中的单个字符作为操作对象。选定的字符集可以是计算机中使用的标准字符集,例如 ASCII 字符集、Unicode 字符集等,在语义上可以包含各种符号和文字,例如英文字母、数字、标点符号和空格符等。

由字符串中任意多个连续字符组成的序列称为该串的**子串**。例如,字符串"abc"有 7 个子串,即""、"a"、"b"、"c"、"ab"、"bc"、"abc"。空串是任意串的子串。

以下陈述基于约定 s1="$a_0a_1\cdots a_{n-1}$",s2="$b_0b_1\cdots b_{m-1}$"。

如果两个串 s1 和 s2 长度相等,即 m=n,且对应位置的两个字符分别相同,即 $a_i=b_i$(i=0,1,…,n−1),则称 s1 和 s2 相等。

如果存在一个 k 使得 $a_i=b_i$(i=0,1,…,k−1)且 $a_k<b_k$,或者 n<m 且对 i=0,1,…,n−1 都有 $a_i=b_i$,则称 s1 小于 s2。

串 s1 和 s2 拼接形成的新串 s 为 "$a_0a_1\cdots a_{n-1}b_0b_1\cdots b_{m-1}$"。显然,s 的长度等于 s1 和 s2 的长度之和。在 Python 中字符串的拼接运算用加号"+"表示。

## 7.1.2 字符串的抽象数据类型

字符串是由字符元素构成的有限序列,并且具有以下基本操作。
(1) 基于字符序列生成一个字符串(__init__)。
(2) 判断字符串是否为空串(empty)。
(3) 取得字符串的长度(__len__)。
(4) 取得字符串中某位置的字符(char)。
(5) 取得字符串中从 i 位置开始到 j 位置结束的子串(substr)。
(6) 求当前字符串与另一字符串的拼接串(concat)。
(7) 确定一个串在当前字符串中第一次出现的位置,即模式匹配操作(index)。
(8) 将当前字符串中的子串 str1 都替换为 str2(replace)。

这里的大部分操作都很简单,只有 index 和 replace 操作比较复杂。显然,replace 的基础也是 index,因为首先要找 str1 在当前串中的出现。子串匹配是字符串的核心操作,后面将详细讨论。当然,串的运算非常丰富,这里只列出了很少的部分。对于串的更多运算可以参考 Python 的 str 类型或其他语言的字符串类型。

## 7.1.3 字符串的存储

串是由字符元素构成的线性表,因此可采用线性表的存储方式,即用顺序存储或链式存储,可以采用 3.3 节和 3.4 节中的任意一种存储方案来表示串。当然,也可以根据串和串操作的特点考虑其他表示方式。不管何种方式,都是基于顺序存储或链式存储,并且在选择存储方案时首先要考虑的因素是该存储方法能否支持高效的串操作。

许多编程语言都提供了标准的字符串功能。例如,C 语言标准库 string.h 中定义了一组字符串操作函数,C++语言标准库<string>、Java 语言的字符串处理相关类都提供了丰富的字符串操作。大多数语言中的字符串都采用动态顺序存储结构作为字符串的表示方式,从而既能表示任意长的字符串,又能比较有效地实现各种重要的字符串操作。

Python 内部类型 str 是抽象字符串概念的一个实现,str 是不变类型,str 对象创建后内容和长度不变。Python 采用元素内置的顺序存储结构(参见图 3.2)存储 str 对象,如图 7.1 所示。

| 串长度 | 其他信息 | 串内容存储区 |
|--------|----------|--------------|

图 7.1 Python 中串的存储

Python 对 str 对象的操作分为以下 3 类。

（1）获取 str 对象的基本信息，例如得到串长，检查串内容是否全为数字等。

（2）基于 str 对象构造新的 str 对象，包括切片、复制和各种格式化等。

（3）子串匹配类操作，例如 count 检查子串出现的次数，endwith 检查字符串的后缀，find/index 找子串位置等。

在第（1）类操作中，求串长 len 和定位访问操作的时间复杂度为 O(1)，其他操作（例如 in、not in、min、max）都需要扫描整个串的内容，时间复杂度为 O(n)。

第（2）类操作的基本模式包括两部分，即为新构造的串安排一块存储空间，再根据被操作串和相应要求构造出一个新串。

在 7.1.4 节中主要介绍第（3）类操作的实现方法。

### 7.1.4 字符串的匹配

许多应用程序的最基本操作是字符串的匹配。例如，文本编辑器或文字处理系统在文本中查找单词或句子，在源程序里查找拼写错误的标识符，以及 E-mail 程序的垃圾邮件过滤器、百度网络搜索系统等，其核心的工作就是字符串的匹配。

假设有两个串，$s = "s_0 s_1 s_2 \cdots s_{n-1}"$，$t = "t_0 t_1 t_2 \cdots t_{m-1}"$，通常有 $m \ll n$，字符串匹配就是确定 t 在 s 中第一次出现的位置。s 称为**目标串**或**主串**，t 称为**模式串**或**子串**。**字符串匹配算法**也常称为**模式匹配算法**。

串匹配是最重要的字符串操作，也是其他许多重要字符串操作的基础，在实际应用中 n 可能非常大，m 也可以有一定的规模，而且有时间要求。例如网络搜索需要处理亿万的网页，邮件过滤程序可能需要在一秒钟的时间内扫描数以万计的邮件和附件，疾病、药物研究、新作物培养等生物学工程应用需要用大量 DNA 模式与大量 DNA 样本匹配。因此，串模式匹配问题已成为一个极其重要的计算问题，高效的串匹配算法非常重要。下面分别介绍 BF 算法和 KMP 算法。

**1. BF 算法**

BF（Brute-Force）算法被称为串匹配的朴素算法。为描述简单，将 s 中从某位置开始的与 t 等长的子串 temp 和 t 比较是否相等的过程称为一趟匹配。如果 temp 与 t 相等，即 temp 的各个字符与 t 中的各字符依次相等，则该趟匹配成功，否则该趟匹配失败。

BF 算法的基本思想可描述为：从 s 的 0 号位置开始与 t 做第 1 趟匹配，如果匹配成功，则返回匹配起始位置 0；否则从 s 的 1 号位置开始与 t 做第 2 趟匹配，如果匹配成功，则返回 1；否则继续从 s 的 2 号位置开始与 t 匹配，以此类推，直至匹配成功或到达 s 串的尾部位置匹配失败。

在具体实现算法时，可设 i 和 j 分别指示 s 和 t 的当前位置，初始都为 0。从 s 的 i 号位置开始的一趟匹配进行 s[i] 和 t[j] 的重复比较，如果 s[i]＝t[j]，则 i 加 1，j 加 1；否则表明此趟匹配失败，进入下一趟匹配，i 退回到此趟匹配起始位置的下一个位置，即 i−j+1，而 j 退回到 0；如果在匹配过程中 j 到达 t 的长度，说明此趟匹配成功，如果 i 到达 s 的长度，说明整个匹配失败。

如 s="ababcabcacbab",t="abcac"。经过 6 趟匹配后成功,此时 j 为 5,i 为 10,返回结果 5,即该趟匹配的起始位置为 i−j,如表 7.1 所示。

表 7.1  BF 算法匹配举例

| | i | 0 | 1 | 2 | 3 | 4 | 5 | 6 | 7 | 8 | 9 | 10 | 11 | 12 | |
|---|---|---|---|---|---|---|---|---|---|---|---|---|---|---|---|
| 第 1 趟 | s | a | b | a | b | c | a | b | c | a | c | b | a | b | 3 次比较 |
| | t | a | b | c | a | c | | | | | | | | | |
| | j | 0 | 1 | 2 | 3 | 4 | | | | | | | | | |
| 第 2 趟 | i | 0 | 1 | 2 | 3 | 4 | 5 | 6 | 7 | 8 | 9 | 10 | 11 | 12 | 1 次比较 |
| | s | a | b | a | b | c | a | b | c | a | c | b | a | b | |
| | t | | a | b | c | a | c | | | | | | | | |
| | j | | 0 | 1 | 2 | 3 | 4 | | | | | | | | |
| 第 3 趟 | i | 0 | 1 | 2 | 3 | 4 | 5 | 6 | 7 | 8 | 9 | 10 | 11 | 12 | 5 次比较 |
| | s | a | b | a | b | c | a | b | c | a | c | b | a | b | |
| | t | | | a | b | c | a | c | | | | | | | |
| | j | | | 0 | 1 | 2 | 3 | 4 | | | | | | | |
| 第 4 趟 | i | 0 | 1 | 2 | 3 | 4 | 5 | 6 | 7 | 8 | 9 | 10 | 11 | 12 | 1 次比较 |
| | s | a | b | a | b | c | a | b | c | a | c | b | a | b | |
| | t | | | | a | b | c | a | c | | | | | | |
| | j | | | | 0 | 1 | 2 | 3 | 4 | | | | | | |
| 第 5 趟 | i | 0 | 1 | 2 | 3 | 4 | 5 | 6 | 7 | 8 | 9 | 10 | 11 | 12 | 1 次比较 |
| | s | a | b | a | b | c | a | b | c | a | c | b | a | b | |
| | t | | | | | a | b | c | a | c | | | | | |
| | j | | | | | 0 | 1 | 2 | 3 | 4 | | | | | |
| 第 6 趟 | i | 0 | 1 | 2 | 3 | 4 | 5 | 6 | 7 | 8 | 9 | 10 | 11 | 12 | 5 次比较 |
| | s | a | b | a | b | c | a | b | c | a | c | b | a | b | |
| | t | | | | | | a | b | c | a | c | | | | |
| | j | | | | | | 0 | 1 | 2 | 3 | 4 | 5 | | | |

根据上述分析,可得到如下 BF 算法:

```
def bf(s, t):
    slen, tlen = len(s), len(t)
    i, j = 0, 0
    while i < slen and j < tlen:
        if s[i] == t[j]:
            i += 1
            j += 1
        else:
            i = i - j+1
            j = 0
    if j == tlen:
        return i - j
    else:
        return -1
```

若 n 为主串的长度,m 为子串的长度,则最坏情况下 BF 算法需要进行的字符比较的总次数为(n−m+1)×m。例如 s="00000000⋯00001",t="00001",从主串的 0 号位置一直到 n−m 号位置,共发生 n−m+1 趟匹配,每趟匹配都比较 m 个字符,所以总比较次数为(n−m+1)×m。算法的时间复杂度为 O(n∗m)。

那么能否利用已部分匹配过的字符串信息来加快模式串的滑动速度?能否使得主串 s 的下标 i 不必回溯从而提高模式匹配算法的时间效率呢?

### 2. KMP 算法

1) KMP 算法的基本思想

KMP 算法由 D. E. Knuth 和 V. R. Pratt 提出,J. H. Morris 几乎同时发现,因此称为 Knuth-Morris-Pratt 算法,简称 KMP 算法。KMP 算法的基本思想是在一趟匹配失败时,根据已完成的匹配操作所获得的信息减少冗余的字符比较,使 i 不回溯,而模式串尽可能右移。例如,在表 7.1 中 s 和 t 的第 1 趟匹配失败时,i 为 2,j 为 2,此时 i 并不做回溯,而是让子串尽量向右滑动,即 i 不变,j 为 0。第 2 趟匹配失败时,i 为 6,j 为 4,此时 i 也不做回溯,子串向右滑动,i 不变,j 为 1。这样经过 3 趟匹配,匹配就能成功结束。利用 KMP 算法对上述示例中的 t 和 s 进行匹配的过程如表 7.2 所示。

表 7.2 KMP 算法匹配举例

| | | 0 | 1 | 2 | 3 | 4 | 5 | 6 | 7 | 8 | 9 | 10 | 11 | 12 | |
|---|---|---|---|---|---|---|---|---|---|---|---|---|---|---|---|
| 第1趟 | i | 0 | 1 | 2 | 3 | 4 | 5 | 6 | 7 | 8 | 9 | 10 | 11 | 12 | 3次比较 |
| | s | a | b | a | b | c | a | b | c | a | c | b | a | b | |
| | t | a | b | c | a | c | | | | | | | | | |
| | j | 0 | 1 | 2 | 3 | 4 | | | | | | | | | |
| 第2趟 | i | 0 | 1 | 2 | 3 | 4 | 5 | 6 | 7 | 8 | 9 | 10 | 11 | 12 | 5次比较 |
| | s | a | b | a | b | c | a | b | c | a | c | b | a | b | |
| | t | | | a | b | c | a | c | | | | | | | |
| | j | | | 0 | 1 | 2 | 3 | 4 | | | | | | | |
| 第3趟 | i | 0 | 1 | 2 | 3 | 4 | 5 | 6 | 7 | 8 | 9 | 10 | 11 | 12 | 4次比较 |
| | s | a | b | a | b | c | a | b | c | a | c | b | a | b | |
| | t | | | | | | | a | b | c | a | c | | | |
| | j | | | | | | | 0 | 1 | 2 | 3 | 4 | | | |

2) KMP 算法的推导与实现

如何由当前部分匹配结果确定模式串 t 向右滑动的新比较起点 k?即 $s_i$ 与 $t_j$ 不匹配时,假设下一趟匹配从 $s_i$ 和 $t_k$ 开始比较,k 的值如何确定?

因为现在打算从 s 的第 i 个字符与 t 的第 k 个字符开始依次比较,那么必须保证 t 的 0~k−1 位依次与 s 的 i−k~i−1 位相等,即

$$"t_0 \cdots t_{k-1}" = "s_{i-k} \cdots s_{i-1}" \tag{1}$$

又由于上一趟匹配失败发生在 s 的第 i 个字符和 t 的第 j 个字符,那么 s 的 i 位置之前的 j 个字符一定与 t 的 j 位置之前的 j 个字符对应相等,现在只关注 s 的 i 位置之前的 k

个字符与 t 的 j 位置之前的 k 个字符对应相等,即

$$"s_{i-k}\cdots s_{i-1}"="t_{j-k}\cdots t_{j-1}" \tag{2}$$

由(1)、(2)可得

$$"t_0\cdots t_{k-1}"="t_{j-k}\cdots t_{j-1}" \tag{3}$$

由此可见,k 的值与主串 s 及 i 无关,只与模式串 t 及 j 相关。因此,k 可以表示为 j 的函数,设 k=next[j]。next[j]的定义如下:

$$\text{next}[j]=\begin{cases} -1 & j=0 \text{ 时} \\ \max\{k \mid 0<k<j, \text{且} "t_0\cdots t_{k-1}"="t_{j-k}\cdots t_{j-1}"\} \\ 0 & \text{其他} \end{cases}$$

假设用 pnext 列表依次存放模式串 t 的 next[0]~next[m-1]的值,如果 pnext 列表已经求得,可得到如下 KMP 算法。

```
def kmp(s, t, pnext):
    i, j = 0, 0
    slen, tlen = len(s), len(t)
    while i < slen and j < tlen:
        if j == -1 or s[i] == t[j]:
            i, j = i + 1, j + 1
        else:
            j = pnext[j]
    if j == tlen:
        return i - j
    return -1
```

当 j 为-1 时,说明刚才子串在 0 位置与主串发生失配,接下来 i 和 j 各加 1,进入下一趟匹配;当 s[i]和 t[j]相等时,i 和 j 各增加 1,继续下一对字符的比较;否则,i 不变,j 为 pnext[j],即主串没有回溯,仅模式串向右滑动,进入下一趟匹配。

3) next 函数值的物理意义

对 t="abaabcac"的所有位置求 next[j]。根据 2)中 next 函数的定义,依次计算:

j=0 时,next[0]=-1;

j=1 时,找不到 0<k<j 的 k,属于其他情况,next[1]=0;

j=2 时,满足 0<k<j 的 k 只有 1,只需查看"$t_0$"="$t_1$"是否成立,结果为否,属于其他情况,next[2]=0;

j=3 时,满足 0<k<j 的 k 依次为 2 和 1,查看"$t_0 t_1$"="$t_1 t_2$"不成立,查看"$t_0$"="$t_2$"成立,即 next[3]=1;

j=4 时,满足 0<k<j 的 k 依次为 3、2 和 1,依次查看"$t_0 t_1 t_2$"="$t_1 t_2 t_3$"不成立,查看"$t_0 t_1$"="$t_2 t_3$"不成立,查看"$t_0$"="$t_3$"成立,即 next[4]=1;

j=5 时,满足 0<k<j 的 k 有 4、3、2 和 1,依次查看"$t_0 t_1 t_2 t_3$"="$t_1 t_2 t_3 t_4$"不成立,"$t_0 t_1 t_2$"="$t_2 t_3 t_4$"不成立,"$t_0 t_1$"="$t_3 t_4$"成立,即 next[5]=2;

以此类推,可得到各 next[j]的值,如表 7.3 所示。

表 7.3　next 函数值求解示例 1

| j       | 0  | 1 | 2 | 3 | 4 | 5 | 6 | 7 |
|---------|----|---|---|---|---|---|---|---|
| t[j]    | a  | b | a | a | b | c | a | c |
| next[j] | −1 | 0 | 0 | 1 | 1 | 2 | 0 | 1 |

因此,当 j 大于 0 时,next[j]的物理意义即是求一个满足下列条件的最大的 k 值:模式串从 0 号位置(包含)开始长度为 k 的子串和 j−1 号位置(包含)之前长度为 k 的子串相同。如果不存在这样的 k 值,则 next[j]为 0。下面继续分析如何用算法求得各 next[j]。

4) next 函数值求解的算法思想

由定义可知,next[0]=−1。利用递推法,依次求 j>0 时的各 next[j],即已知 next[0]~next[j]的值,求 next[j+1]。

假设 next[j]=k,则 "$t_0 \cdots t_{k-1}$" = "$t_{j-k} \cdots t_{j-1}$"。

若 $t_k = t_j$,则 "$t_0 \cdots t_{k-1} t_k$" = "$t_{j-k} \cdots t_{j-1} t_j$",根据定义,next[j+1]=k+1;

若 $t_j \ne t_k$,可将求 next 函数的问题看成一个模式匹配的问题,整个模式串 t 既是主串又是子串,主串中的字符 $t_j$ 和子串中的字符 $t_k$ 不相等,发生了不匹配,如表 7.4 所示。

表 7.4　模式串 t 和自身的匹配

| 主串 | $t_0$ | ⋯ | $t_{k-1}$ | ⋯ | $t_{j-k}$ | $t_{j-k+1}$ | ⋯ | $t_{j-1}$ | $t_j$ | $t_{j+1}$ | ⋯ |
| 子串 | ⋯ | ⋯ | ⋯ | ⋯ | $t_0$ | $t_1$ | ⋯ | $t_{k-1}$ | $t_k$ | $t_{k+1}$ | ⋯ |

根据 KMP 算法的思想,当模式串在 $t_k$ 处发生失配时,模式串应向右滑动至 k′=next[k] 处,若 $t_j$ 与 $t_{k'}$ 相等,则 next[j+1]=k′+1=next[k]+1;若不等,则模式串应向右滑动至 k″=next[k′]处。若 $t_j$ 与 $t_{k''}$ 相等,则 next[j+1]=k″+1=next[next[k]]+1;若不等,则模式串继续向右滑动。以此类推,直至遇到 $t_j$ 与某个 $t_k$ 相等或 k 为 −1 为止。

如果不存在任何一个大于或等于 0 的 k,使得 $t_j = t_k$,则 next[j+1]=0,由于此时 k 的值为 −1,next[j+1]也可统一为 k+1。

因此,求 next 函数值的递推公式如下:

$$\begin{cases} \text{next}[0] = -1 \\ \text{next}[j+1] = k+1 \quad k=-1,\text{或首次出现} t_j = t_k\text{。其中 } k = \text{next}[\cdots \text{next}[j]], j \geqslant 0 \end{cases}$$

假设利用上述递推方法再次对 t="abaabcac"的所有位置求 next[j]。

当 j=0 时,求 next[1],k=next[j]=−1,因此 next[1]=−1+1=0;

当 j=1 时,求 next[2],k=next[j]=0,$t_j \ne t_k$,再求 k=next[k]=−1,next[2]=0;

当 j=2 时,求 next[3],k=next[j]=0,$t_j = t_k$,next[3]=k+1=1;

当 j=3 时,求 next[4],k=next[j]=1,$t_j \ne t_k$,再求 k=next[k]=0,$t_j = t_k$,next[4]=k+1=1;

当 j=4 时,求 next[5],k=next[j]=1,$t_j = t_k$,next[5]=k+1=2;

当 j=5 时,求 next[6],k=next[j]=2,$t_j \ne t_k$,再求 k=next[k]=0,$t_j \ne t_k$,再求 k=next[k]=−1,next[6]=0;

当 j=6 时,求 next[7],k=next[j]=0,$t_j=t_k$,next[7]=k+1=1。
求解结果与表 7.3 一致。

**【例 7.1】** 求解模式串 t="ababaaa"的 next 函数值。

根据上述求 next 函数值的递推方法得到表 7.5 所示的 next 函数值。

表 7.5  next 函数值求解示例 2

| j | 0 | 1 | 2 | 3 | 4 | 5 | 6 |
|---|---|---|---|---|---|---|---|
| t[j] | a | b | a | b | a | a | a |
| next[j] | −1 | 0 | 0 | 1 | 2 | 3 | 1 |

5) next 函数值求解算法

根据以上分析可以得到如下算法。pnext 列表的初值全为 −1。根据 pnext[0]的值依次求得其后各位置的正确值。

```
def gen_next(t):
    j, k, tlen = 0, -1, len(t)
    pnext = [-1] * tlen
    while j < tlen - 1:
        if k == -1 or t[j] == t[k]:
            pnext[j+1] = k + 1          #求得 pnext[j+1]
            j, k = j + 1, k + 1         #准备求解下一个 pnext 值
        else:
            k = pnext[k]                #得到下一个 k 值
    return pnext
```

6) KMP 算法的性能

若 n 为主串长度,m 为子串长度,求 pnext 列表的时间复杂度为 O(m)。在 KMP 算法中,由于指针 i 无须回溯,比较次数约为 n 次,算法时间复杂度为 O(n+m)。在大多数情况下,KMP 算法的效率高于 BF 算法。但当 next[0]=−1,而其他 next 值均为 0 时,KMP 算法的时间复杂度退化为 O(n*m)。

## 7.2 数组

### 7.2.1 数组相关概念

在数据结构中,**数组**(array)也称**表格**(table),是指相同类型的数据元素 $a_{j_1,j_2,\cdots,j_i,\cdots,j_d}$ 构成的集合,每个数据元素(数组元素)受 d(d≥1)维线性关系的约束,每个元素在第 i 维中对应位序号 $j_i$,称 $j_1,j_2,\cdots,j_i,\cdots,j_d$ 为该元素的下标,并称该数组为 d 维数组。

当 d=1 时即为一维表格或一维数组,一维数组可表示为($a_0,a_1,\cdots,a_{n-1}$),共含有 n 个元素,每个元素的下标只有一个数字 $j_1$,其中 0≤$j_1$<n,其逻辑结构等价于之前介绍的线性表。

当 d=2 时即为二维表格或二维数组,可表示为如图 7.2 所示的矩阵。

$$\begin{bmatrix} a_{0,0} & a_{0,1} & \cdots & a_{0,j} & \cdots & a_{0,n-1} \\ a_{1,0} & a_{1,1} & \cdots & \cdots & \cdots & a_{1,n-1} \\ \vdots & \vdots & & \vdots & & \vdots \\ a_{i,0} & a_{i,1} & \cdots & a_{i,j} & \cdots & a_{i,n-1} \\ \vdots & \vdots & & \vdots & & \vdots \\ a_{m-1,0} & a_{m-1,1} & \cdots & a_{m-1,j} & \cdots & a_{m-1,n-1} \end{bmatrix}$$

图 7.2　二维数组

该数组中共含有元素 m×n 个,m 是数组第一维的长度,n 是数组第二维的长度,每个元素的下标包含两个数字 $j_1$ 和 $j_2$,其中 $0 \leqslant j_1 < m, 0 \leqslant j_2 < n$,其逻辑结构可以看成由线性表对象构成的线性表。例如,可看成一个长度为 m 的线性表,其中的第 i 号元素为该矩阵的第 i 行元素构成的线性表;也可看成一个长度为 n 的线性表,其中第 j 号元素为该矩阵的第 j 列元素构成的线性表。

推广到 d(d≥3)维,每个元素的下标包含 d 个数字,即 $j_1, j_2, \cdots, j_i, \cdots, j_d$,其逻辑结构可以看成由 d-1 维数组对象构成的线性表。所以,数组是线性表的推广。本书重点讨论二维数组。

对数组的运算主要如下。

(1) 初始化数组。

(2) 销毁数组。

(3) 根据给定的 d 维下标获得对应位置的元素值,简称读操作。

(4) 根据给定的 d 维下标为对应位置的元素赋值,简称写操作。

可以看到,对数组的操作主要是读/写操作,并没有插入和删除操作,例如不会支持在 m 行 n 列的二维数组中增加或删除元素。因此,数组的结构一旦确定,数组中的元素个数也就确定了。综上所述,本节所讨论的数组是一种数据结构,其逻辑结构是线性表或线性表的推广,在该定义中并没有规定它的存储结构,因此它是一个抽象数据类型层面的概念,是与计算机存储无关的概念。

几乎所有的高级语言都实现了上述抽象数据类型(数组、表格),并称为数组类型,简称数组。高级语言中的数组利用顺序存储方案实现,是存储结构层面的概念,大多数高级语言(例如 C++语言)将数组中的所有元素存储在一块连续的内存中,并提供统一的管理和访问方法。

为了区分抽象概念和它的具体实现,接下来将数组抽象数据类型称为表格(二维的表格常称为矩阵),而数组则是表格的具体实现。

## 7.2.2　表格的存储

在 7.2.1 节中讨论到对表格的基本操作是根据下标进行读/写,而顺序存储结构的特点就是可以做到随机存取,即可以根据下标进行直接读/写,读/写算法的效率为 O(1)。顺序结构的缺点是插入、删除效率低,但表格没有插入、删除运算。因此,表格存储采用顺序存储方案,而不用链式存储方案,这也是在一般场合下不区分表格和数组的原因。

**1. 一维表格的存储**

一维表格的存储与线性表的顺序存储方案一致。

**2. 多维表格的存储**

对于多维表格来说，其存储方式主要有两种，即**按行优先存储**方式和**按列优先存储**方式。

1) 按行优先存储方式

按行优先存储方式也称**按行存储**或**行序为主序**的存储方式。首先看二维表格的存储。例如，在存储图 7.2 所示的矩阵时，先存储第 0 行元素，再存储第 1 行元素，以此类推，最后存储第 m－1 行元素，而每行元素按照列序递增的次序依次存储，如表 7.6 所示。C++和 Java 语言中的二维数组即采用此方式存储。

表 7.6 矩阵的按行存储

| 0 | 1 | 2 | … | n | … | … | … | k | … | … | … | m×n－1 |
|---|---|---|---|---|---|---|---|---|---|---|---|---|
| $a_{0,0}$ | $a_{0,1}$ | … | $a_{0,n-1}$ | $a_{1,0}$ | $a_{1,1}$ | … | $a_{1,n-1}$ | … | $a_{i,j}$ | … | $a_{m-1,0}$ | $a_{m-1,1}$ | … | $a_{m-1,n-1}$ |

当对矩阵进行按行存储后，如果对于矩阵中下标为 i,j 的任意元素 $a_{i,j}$ 都能定位到它的相对存储位置 k，则在该存储方案下可以对矩阵进行随机存取。可以看到，k 的值即是该存储方案下 $a_{i,j}$ 之前存储的元素个数。在图 7.2 所示的矩阵中，在 $a_{i,j}$ 上面有 i 行，每行 n 个元素，共 i×n 个元素，在 $a_{i,j}$ 所在行，它前面有 j 个元素。因此，在表 7.6 中 $a_{i,j}$ 之前共有 i×n+j 个元素，即 k=i×n+j。可见，k 是关于下标 i 和 j 的函数，即 k=f(i,j)，称为**下标函数**。根据下标函数可以直接计算出 $a_{i,j}$ 的存储地址并进行随机存取。

可将按行存储方式推广到多维表格中，即对于表格中的元素按照最左下标优先的方式进行存储，依次存储的元素最右下标变化最快。例如，一个三维表格共有 $m_1$ 页、$m_2$ 行、$m_3$ 列，存储时先存 0 页的所有元素，对于同一页的元素，则先存 0 行元素，对于同行元素，则按列序递增存放。三维表格中任一元素 $a_{i_1,i_2,i_3}$ 的存储位置 k=$i_1$×$m_2$×$m_3$+ $i_2$× $m_3$ + $i_3$，即下标函数 k=f($i_1$,$i_2$,$i_3$)=$i_1$×$m_2$×$m_3$+ $i_2$×$m_3$+$i_3$。

2) 按列优先存储方式

按列优先存储方式也称**按列存储**或**列序为主序**的存储方式。例如在存储如图 7.2 所示的矩阵时，先存储第 0 列元素，再存储第 1 列元素，以此类推，最后存储第 m－1 列元素，而每列元素按照行序递增的次序依次存储，具体见表 7.7。VB、Fortran 和 MATLAB 等语言中的二维数组即采用此方式存储。

表 7.7 矩阵的按列存储

| 0 | 1 | 2 | … | m | … | … | … | k | … | … | … | m×n－1 |
|---|---|---|---|---|---|---|---|---|---|---|---|---|
| $a_{0,0}$ | $a_{1,0}$ | … | $a_{m-1,0}$ | $a_{0,1}$ | $a_{1,1}$ | … | $a_{m-1,1}$ | … | $a_{i,j}$ | … | $a_{0,n-1}$ | $a_{1,n-1}$ | … | $a_{m-1,n-1}$ |

当矩阵按列优先存储后，对于矩阵中下标为 i,j 的任意元素 $a_{i,j}$，仍假设它的相对存储位置为 k。在图 7.2 所示的矩阵中，在 $a_{i,j}$ 前面有 j 列，每列 m 个元素，共 j×m 个元素，

在 $a_{i,j}$ 所在列,它上面有 i 个元素。因此,在表 7.7 中 $a_{i,j}$ 之前共有 j×m+i 个元素,即下标函数为 k=f(i, j)=j×m+i。根据该下标函数也可以直接计算出 $a_{i,j}$ 的存储地址并进行随机存取。

同样也可将按列存储方式推广到多维表格中,即对于表格中的元素按照最右下标优先的方式进行存储,依次存储的元素最左下标变化最快。例如,一个三维表格共有 $m_1$ 页、$m_2$ 行、$m_3$ 列,存储时先存 0 列的所有元素,对于同列的元素,先存 0 行元素,对于同行元素,则按页序递增存放。三维表格中任一元素 $a_{i_1,i_2,i_3}$ 的存储位置 $k=i_3×m_2×m_1+i_2×m_1+i_1$,即下标函数 $k=f(i_1, i_2, i_3)=i_3×m_2×m_1+i_2×m_1+i_1$。

### 3. Python 中的表格及存储方法

1) list

Python 中的 list 通常被认为等同于其他语言中的数组,可以用 list 来表示表格。不过 Python 中 list 的存储方案与其他语言不同,它采用元素外置的顺序存储方案,具体见 3.3.2 节。多维列表的存储也并非上述的按行或按列的方式存储,而是嵌套的顺序存储。因此,用 list 实现多维数组的存储和操作效率不高。

2) 使用 C 语言数组

Python 的 ctypes 模块提供了与 C 语言兼容的数据类型,可以定义包含固定数量的相同类型实例的 C 语言数组。创建数组类型的推荐方法是将数据类型与正整数相乘。此方法曾在 3.4.1 节中用于实现顺序线性表。

```
from ctypes import *
tenIntegers = c_long * 5 * 2          #注意这两个数字的顺序
m = tenIntegers((1, 2, 3, 4, 5), (6, 7, 8, 9))
print(m)
for i in m:
    for j in i:
        print(j, end = " ")
    print()
```

上述代码生成一个 2 行 5 列的长整型数组并做初始化,未初始化的元素为 0,输出该数组对象以及数组中的值,运行结果如下:

```
<__main__.c_long_Array_5_Array_2 object at 0x0000018487088640>
1 2 3 4 5
6 7 8 9 0
```

另外,Python 中的 array 模块也是用 C 语言实现的高效数组存储类型,它要求所有的数组成员必须是同一种类型,在创建数组的时候需确定数组的类型。

```
from array import array
primes = array('i', [1030, 8141, 2507])
```

```
print(primes)
for i in primes:
    print(i, end = " ")
```

上述代码生成一个长度为 3 的紧凑型整型数组并做初始化，输出该数组对象以及其中的值，运行结果如下：

```
array('i', [1030, 8141, 2507])
1030 8141 2507
```

3）NumPy 模块中的数组

NumPy（Numerical Python）是一个用于科学计算的开源第三方 Python 包。它支持多维数组 ndarray 对象，并提供了庞大的高级数学函数库来操作数组。

从多维数组的具体实现来看，与采用 Python 内置 list 实现多维数组不同，在 NumPy 中实现的多维数组 ndarray 中的所有元素必须类型相同，在创建时即固定大小，更改 ndarray 的大小将创建一个新的数组并删除原数组数据。由于 NumPy 模块同时支持 C 和 Fortran，所以 ndarray 既支持按行优先存储，也支持按列优先存储。

从对多维数组的操作来看，NumPy 具有矢量运算能力，即可以直接对整个数组进行运算，而不需要编写循环对数组中的每个元素依次处理。它具有强大的广播功能，即直接对数组中的每个元素做相同操作，而无须循环，例如直接将每个元素乘以 2。另外，NumPy 提供了常用的线性代数运算、傅里叶变换以及随机数生成等功能，可集成 C/C++ 和 Fortran 的数值计算代码。

与直接使用 Python 的嵌套列表表示多维数组相比，使用 NumPy 中的 ndarray 数组，存储结构更简单、紧凑，在操作时可以省掉很多循环语句，代码更简单、快速、直接。因此，NumPy 数组在存储和处理数据时比内置的 Python 嵌套列表更高效，并且数组越大，NumPy 的优势越明显。

注意，NumPy 模块不是内置模块，需要单独安装。

```
import numpy as np
c = np.arange(24).reshape(2, 3, 4)
print(c)
```

以上代码即生成一个三维数组并输出，输出结果如下：

```
[[[ 0  1  2  3]
  [ 4  5  6  7]
  [ 8  9 10 11]]

 [[12 13 14 15]
  [16 17 18 19]
  [20 21 22 23]]]
```

## 7.2.3 特殊矩阵的压缩存储

**特殊矩阵**是指元素分布有一定规律的二维表格。为了节省存储空间,特别是对于高阶矩阵,可利用特殊矩阵的特点对它进行压缩存储,以提高存储效率。

**1. 对称矩阵的压缩存储**

一个 n 行 n 列的方阵,若其中的任意元素都满足 $a_{i,j}=a_{j,i}(0 \leq i,j<n)$,则称其为 n 阶**对称矩阵**(symmetric matrix),如图 7.3 所示。

$$\begin{bmatrix} a_{0,0} & \cdots & \cdots & \cdots & a_{0,i} & \cdots & a_{0,n-1} \\ a_{1,0} & a_{1,1} & \cdots & \cdots & \cdots & \cdots & a_{1,n-1} \\ \vdots & \vdots & \vdots & \vdots & \vdots & \vdots & \vdots \\ a_{i,0} & \cdots & \cdots & a_{i,j} & a_{i,i} & \cdots & a_{i,n-1} \\ \vdots & \vdots & \vdots & \vdots & \vdots & \vdots & \vdots \\ a_{n-1,0} & \cdots & \cdots & \cdots & a_{n-1,i} & \cdots & a_{n-1,n-1} \end{bmatrix}$$

图 7.3 对称矩阵

对于一个方阵,主对角线及以下部分的元素称为下三角部分,主对角线以下(不包括主对角线)部分的元素称为严格下三角部分。同样,主对角线及以上部分的元素称为上三角部分,主对角线以上(不包括主对角线)部分的元素称为严格上三角部分。

对于图 7.3 所示的对称矩阵,由于严格上三角部分的每个元素 $a_{i,j}$ 在严格下三角部分有对称元素 $a_{j,i}$ 与之相同,这两个相同的元素只需存储一个。因此,对称矩阵在存储时可以采用按行存储的方式,顺序存储其下三角部分,共需要 n(n+1)/2 个空间,如表 7.8 所示。

表 7.8 对称矩阵的压缩存储

| 0 | 1 | 2 | ... | ... | ... | ... | k | ... | ... | ... | ... | ... | n(n+1)/2−1 |
|---|---|---|---|---|---|---|---|---|---|---|---|---|---|
| $a_{0,0}$ | $a_{1,0}$ | $a_{1,1}$ | $a_{2,0}$ | $a_{2,1}$ | $a_{2,2}$ | ... | $a_{i,0}$ | ... | $a_{i,j}$ | ... | $a_{i,i}$ | ... | $a_{n-1,0}$ | $a_{n-1,1}$ | ... | $a_{n-1,n-1}$ |

设矩阵中的任意元素 $a_{i,j}$ 在连续内存中的相对存储位置为 k,接下来推导下标函数 k=f(i, j)。当 $i \geq j$ 时,$a_{i,j}$ 为下三角中的元素,它以表 7.8 所示的方式存储在连续内存中,k 的值即为 $a_{i,j}$ 之前存储的元素个数。由于在矩阵的 $a_{i,j}$ 上面的 0~i−1 行中,0 行存储一个元素,1 行存储两个元素,以此类推,i−1 行存储 i 个元素,共存储 i(i+1)/2 个元素;由于 $a_{i,j}$ 所在的第 i 行,在它之前有 j 个元素被存储,所以 k 的值为 i(i+1)/2+j。

当 i<j 时,$a_{i,j}$ 并没有直接存储,但是它的对称元素 $a_{j,i}$ 为下三角的元素,存储位置为 j(j+1)/2+i,即下标函数为

$$k = \begin{cases} \dfrac{i(i+1)}{2}+j & i \geq j \\ \dfrac{j(j+1)}{2}+i & i < j \end{cases}$$

因此,当对称矩阵采用按行优先压缩存储时,可以根据任一元素的下标对元素进行存储和访问,仍然可以做到随机存取。

**2. 三角矩阵的压缩存储**

如果一个方阵的主对角线以上(不含主对角线)为常数 C(C 通常为 0),只有下三角部分有不同于 C 的元素,则该方阵为**下三角矩阵**(lower triangular matrix),如图 7.4(a)所示;如果一个方阵的主对角线及以上为常数 C(通常为全 0),只有严格下三角部分有不同于 C 的元素,则该方阵为**严格下三角矩阵**(strictly lower triangular matrix)。

类似可以得到**上三角矩阵**(upper triangular matrix)和**严格上三角矩阵**(strictly upper triangular matrix)的定义,图 7.4(b)所示为一个严格上三角矩阵。

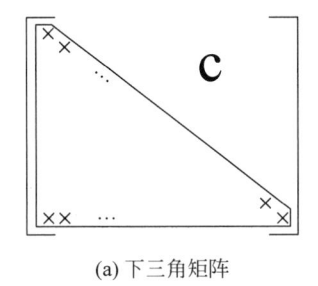

(a) 下三角矩阵　　　　　　　　(b) 严格上三角矩阵

图 7.4　三角矩阵示意图

对下三角矩阵进行压缩存储,可选用与对称矩阵压缩存储类似的方法,即按照行序为主序的方式依次存储下三角部分的元素,并在最后存储常数 C。图 7.5 所示的下三角矩阵的存储方法如表 7.9 所示。

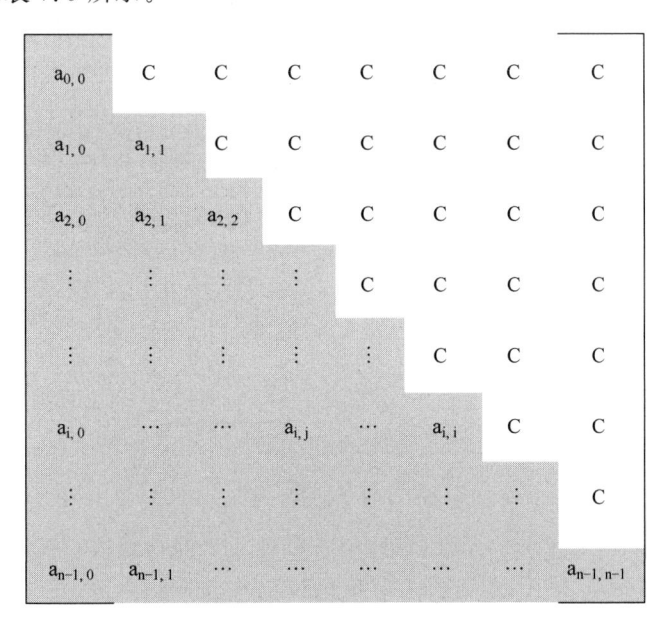

图 7.5　下三角矩阵举例

表 7.9　下三角矩阵的压缩存储

| 0 | 1 | 2 | ... | ... | ... | k | ... | ... | ... | ... | ... | n(n+1)/2−1 | n(n+1)/2 |
|---|---|---|---|---|---|---|---|---|---|---|---|---|---|
| $a_{0,0}$ | $a_{1,0}$ | $a_{1,1}$ | ... | $a_{i,0}$ | ... | $a_{i,j}$ | ... | $a_{i,i}$ | ... | $a_{n-1,0}$ | $a_{n-1,1}$ | ... | $a_{n-1,n-1}$ | C |

设下三角矩阵中的任意元素 $a_{i,j}$ 在连续内存中的相对存储位置为 k，不难得到下标函数：

$$k = \begin{cases} \dfrac{i(i+1)}{2} + j & i \geqslant j \\ \dfrac{n(n+1)}{2} & i < j \end{cases}$$

对上三角矩阵进行压缩存储，可按照行序为主序的方式依次存储上三角部分的元素，并在最后存储常数 C。图 7.6 所示的上三角矩阵的存储方法如表 7.10 所示。

$$\begin{pmatrix}
a_{0,0} & a_{0,1} & \cdots & \cdots & \cdots & \cdots & \cdots & a_{0,n-1} \\
C & a_{1,1} & a_{1,2} & \cdots & \cdots & \cdots & \cdots & a_{1,n-1} \\
C & C & \ddots & \cdots & \cdots & \cdots & \cdots & \vdots \\
C & C & C & a_{i,i} & \cdots & a_{i,j} & \cdots & a_{i,n-1} \\
C & C & C & C & \ddots & \vdots & & \vdots \\
C & C & C & C & C & \ddots & \vdots & \vdots \\
C & C & C & C & C & C & \ddots & \vdots \\
C & C & C & C & C & C & C & a_{n-1,n-1}
\end{pmatrix}$$

图 7.6　上三角矩阵举例

表 7.10　上三角矩阵的压缩存储

| 0 | 1 | 2 | ... | ... | ... | ... | ... | k | ... | ... | ... | ... | n(n+1)/2 |
|---|---|---|---|---|---|---|---|---|---|---|---|---|---|
| $a_{0,0}$ | $a_{0,1}$ | ... | $a_{0,n-1}$ | $a_{1,1}$ | ... | $a_{1,n-1}$ | ... | $a_{i,i}$ | ... | $a_{i,j}$ | ... | $a_{i,n-1}$ | ... | $a_{n-1,n-1}$ | C |

不难得到该上三角矩阵压缩存储方案对应的下标函数：

$$k = \begin{cases} \dfrac{i(2n-i+1)}{2} + j - i & i < j \\ \dfrac{n(n+1)}{2} & i \geqslant j \end{cases}$$

### 3. 对角矩阵的压缩存储

所有不同于常数 C 的元素都集中在以主对角线为中心的带状区域，除了主对角线和它上/下方的若干条对角线上的元素以外，所有其他元素都为常数 C（C 通常为 0），这样的矩阵称为**对角矩阵**（diagonal matrix）。对角矩阵也称为带状矩阵，图 7.7 所示为一个三对角矩阵（tri-diagonal matrix），除了 3 条对角线上有不同元素以外，其他元素全为 C。

在三对角矩阵中，0 行和 n−1 行各有两个元素，其他每行都有 3 个元素，因此只需存储 3n-2 个元素，也可按照行序为主序的方式依次压缩存储。三对角矩阵的下标函数的求解作为习题供读者练习。

图 7.7 三对角矩阵

### 7.2.4 数组的应用

多维数组在数学和工程等领域有着非常广泛的应用，特别是在图像处理领域，被处理的数字图像即是一个二维数组。

以下是一个非常简单的图像处理程序。在程序中读取一个"Python 标志"图像，将其灰度化后转换为一个二维数组 image_array1，然后用 255 减去 image_array1 的每个值得到二维数组 image_array2，最后显示 image_array1 和 image_array2 数组的对应图像。

```python
from PIL import Image                          #引入 Python 图像库 PIL 中的 Image 类
import numpy as np
import matplotlib.pyplot as plt                #引入 matplotlib.pyplot 用于绘图
#读取彩色图片 python.jpg,灰度化,并转换为数组
image_array1 = np.array(Image.open("python.jpg").convert('L'))
image_array2 = 255 - image_array1              #对图像进行反相处理
plt.subplot(121)                               #1 行 2 列显示,第 1 列显示原灰度图
plt.gray()
plt.imshow(image_array1)
plt.subplot(122)                               #1 行 2 列显示,第 2 列显示反相图
plt.gray()
plt.imshow(image_array2)
plt.show()
```

程序运行结果如图 7.8 所示，可以看到左、右两张图互为反相。

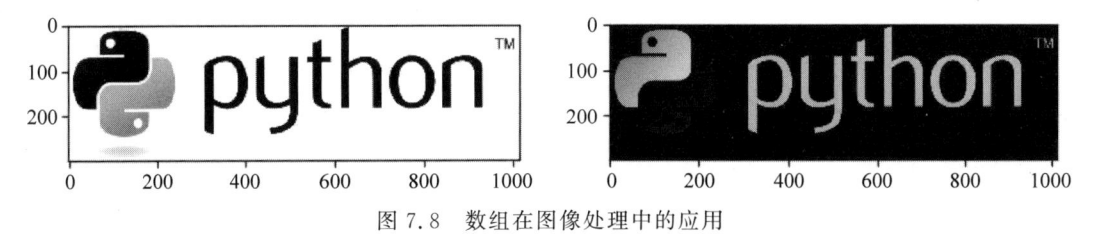

图 7.8 数组在图像处理中的应用

## 7.3 上机实验

## 习题 7

# 第 8 章

# 二 叉 树

前面几章介绍了常见的线性结构,在线性结构下不能同时满足任意位置的存取、插入和删除操作的高效率要求。树形结构属于非线性结构,元素之间具有一对多的关系,是一种层次型数据结构,能提供对大量数据的高效访问和更新,在信息检索等应用系统中具有重要价值。二叉树是一种简单、实用的树形结构,相比普通的树更容易实现,可以用于信息检索、快速实现优先级队列、存储表达式以及组织数据压缩编码算法所需的信息等。本章介绍二叉树的基本概念、相关算法设计和应用。

## 8.1 基础知识

### 8.1.1 二叉树的基本概念

**1. 二叉树的定义**

**二叉树**(binary tree)是由若干称为**结点**(node)的数据元素构成的集合,它或者为空集,或者由一个称为**根**(root)的结点和分别称为根的**左子树**(left subtree)与根的**右子树**(right subtree)的两棵二叉树组成,其中根结点的左子树和右子树互不相交且与根不相交(不相交意味着它们没有共有的结点)。这是一个递归定义,后续对二叉树进行操作也经常使用递归的方法。

**2. 二叉树的基本形态**

根据二叉树的定义,对于任意结点数的二叉树,二叉树有 5 种基本状态,如表 8.1 所示。

表 8.1  二叉树的 5 种基本形态

| 序号 | 1 | 2 | 3 | 4 | 5 |
|---|---|---|---|---|---|
| 形态 | ∅ | ○ | ○<br>非空左子树 | ○<br>非空右子树 | ○<br>非空左子树 非空右子树 |
| 说明 | 空二叉树 | 根结点的左、右子树都为空 | 根结点只有非空左子树 | 根结点只有非空右子树 | 根结点有非空左、右子树 |

二叉树的根结点的子树是严格区分左右的。图 8.1 给出了 3 个结点构成的二叉树的 5 种形态。

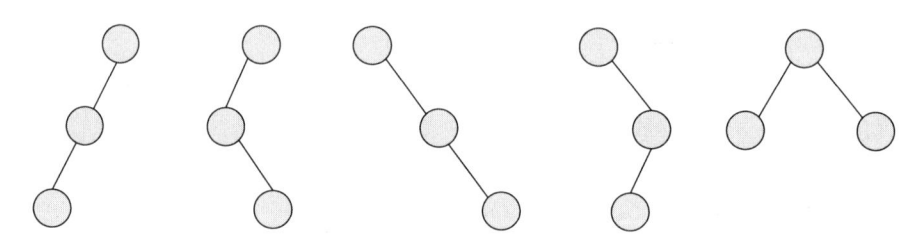

图 8.1  3 个结点二叉树的 5 种形态

#### 3. 二叉树的表示

当二叉树为空时，可以借助空集符号∅来表示。一棵非空二叉树则可以用逻辑结构示意图直观表示。图 8.2 所示的二叉树 BT 包含 8 个结点，即 A、B、C、D、E、F、G、H，其中 A 为根结点，其左子树为{B,D,E,G,H}，右子树为{C,F}；左子树{B,D,E,G,H}也为二叉树，其根结点为 B，左子树为{D}，右子树为{E,G,H}；{D}也为二叉树，根结点为 D，左、右子树都为空二叉树，以此类推。

在递归定义中没有直接描述出结点之间的逻辑关系，通过逻辑结构示意图可以看到一棵二叉树中所有结点之间的前趋和后继关系，它不再是一对一的线性关系，而是一对多的层次关系。例如，结点 B 有一个前趋 A，有两个后继 D 和 E。

### 8.1.2  相关术语

现以图 8.2 所示的二叉树 BT 为例，描述二叉树中经常提到的一些术语。结点 A 是根结点。A 是 B 和 C 的双亲结点，B 是 A 的左孩子，C 是 A 的右孩子。结点 C 和 F 一起构成 A 的右子树。结点 B 有两个孩子结点——左孩子 D 和右孩子 E。结点 A、B 和 E 是 G 的祖先。(A,B,E,G)形成一条长度为 3 的路径，路径中含有 3 条边。结点 D、G、H 和 F 是叶结点。结点 A、B、C 和 E 是内部结点或非终端结点。结点 A 在第 0 层，结点 B、C 在第 1 层,结点 D、E 和 F 在第 2 层,结点 E 的深度为 2,结点 H 的深度是 3。这棵二叉树的高度是 4,宽度为 3。

由于部分术语与第 9 章中多路树的同名术语含义一致,所以在以下术语中以"树(tree)"这个更一般的概念进行描述而不强调是"二叉树"。下面介绍其相关术语及具体含义。

**结点**(node):树中的数据元素通常称为结点。

**分支**(branch):也称**边**或**树枝**,是一个结点与其子树的根结点之间的连线,体现结点之间的前趋和后继关系。

**双亲**与**孩子**:如前所述,一根分支连接着两个结点,称上面的结点为双亲、前趋或父结点(parent),下面的结点为孩子、后继结点或子结点(child)。在二叉树中,孩子分为**左孩子**(left child)和**右孩子**(right child)。除根结点外,每个结点通过分支与其双亲相连,因此,假设二叉树中有 n 个结点、b 个分支,则 n=b+1。在图 8.2 所示的 BT 中有 8 个结点、7 个分支。

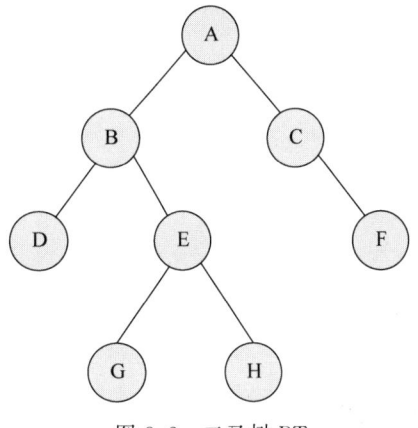

图 8.2  二叉树 BT

**兄弟**(sibling):同一双亲的各孩子结点互称为兄弟。对二叉树来说,某结点的两个非空左、右孩子结点互称为兄弟结点。在图 8.2 所示的 BT 中结点 B 和 C、D 和 E、G 和 H 分别互为兄弟结点。

**堂兄弟**:双亲互为兄弟的结点互为堂兄弟。例如结点 E 和结点 F,它们的双亲结点 B 和 C 互为兄弟,因此它们是堂兄弟。

**路径**(path)与**路径长度**(path length):树中的路径是一个结点序列($n_1, n_2, \cdots, n_i, \cdots, n_k$),当 $1 \leq i < k$ 时,$n_i$ 是 $n_{i+1}$ 的父结点,称该序列为 $n_1$ 到 $n_k$ 的路径,该路径的长度是 k−1。

**祖先**(ancestor)与**子孙**(descendant):如果有一条从结点 R 到结点 M 的路径,则 R 是 M 的祖先,M 是 R 的子孙。因此,树中的所有结点都是树根的子孙,而根是所有结点的祖先。

树中结点之间的关系可能是父子、兄弟、堂兄弟、祖先或子孙,但父子关系是最基本的关系。

**结点的层次**(level)或**深度**(depth):结点 M 的层次或深度是根结点到 M 的路径的长度。根结点的层次为 0,它是 0 层的唯一结点,根结点的孩子则处于 1 层,以此类推。

**树的深度**(depth of tree):树中所有结点深度的最大值。

**树的高度**(height of tree):树的高度比树的深度多 1。

在不同的数据结构教材中,深度、高度和层次这些术语在定义的细节上可能有所不同,主要关于根结点是 0 层还是 1 层,树的深度和高度是相同还是差 1,但是并没有本质的差别,读者只需理解并遵守其约定即可。

**树的宽度**(width of tree):树中所有层次上结点数的最大值。

**叶结点**(leaf node)：也称**外部结点**(external node)、**终端结点**、**叶子**等，是左、右子树都为空的结点。

**分支结点**(branch node)：也称**内部结点**(internal node)、**非终端结点**、**非叶结点**，是至少有一棵非空子树的结点。

**结点的度**(degree of node)：结点所拥有的非空子树的数目。在图 8.2 所示的 BT 中，结点 A 的度为 2。

**树的度**(degree of tree)：树中所有结点的度的最大值。很显然，二叉树中结点的度的最大值是 2，因此一棵二叉树的度总是小于或等于 2。

### 8.1.3 一些特殊的二叉树

以下介绍一些常见的特殊二叉树。

**严格二叉树**(strictly binary tree)：也称 **2 树**，是指不存在度为 1 的结点的二叉树，空二叉树是严格二叉树，在非空的严格二叉树中，除了叶结点之外，每个结点都有两个孩子。图 8.3 所示为一棵严格二叉树。

**扩充二叉树**(extended binary tree)：对一棵已有的非空二叉树进行扩充，使得原二叉树中所有结点的度数都变为 2。在图 8.4 中，对图 8.4(a)所示的二叉树进行扩充，得到图 8.4(b)所示的二叉树。通常，扩充的外部结点的含义和作用与内部结点不同。从形态上看，扩充二叉树一定是严格二叉树。

**满二叉树**(full binary tree)：高度为 k 且含有 $2^k-1$ 个结点的二叉树，是高度为 k 时结点数最多的二叉树。它的叶结点全部在最下层，分支结点的度全部为 2。图 8.5 所示为一棵高度为 4 的满二叉树。

图 8.3 严格二叉树示例

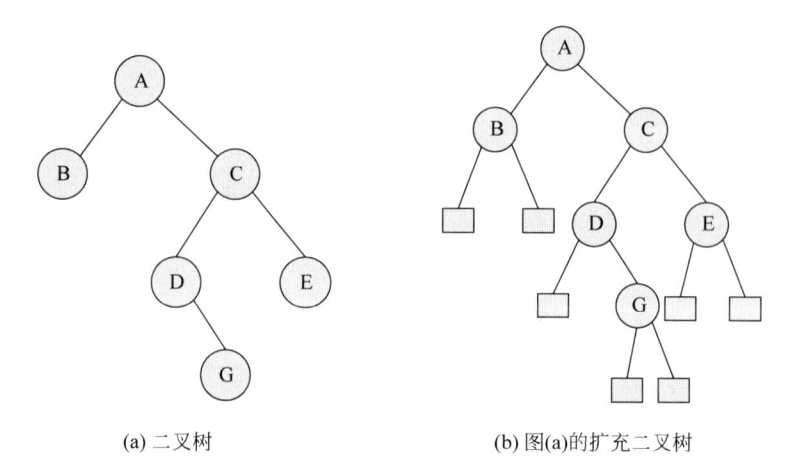

(a) 二叉树

(b) 图(a)的扩充二叉树

图 8.4 扩充二叉树示例

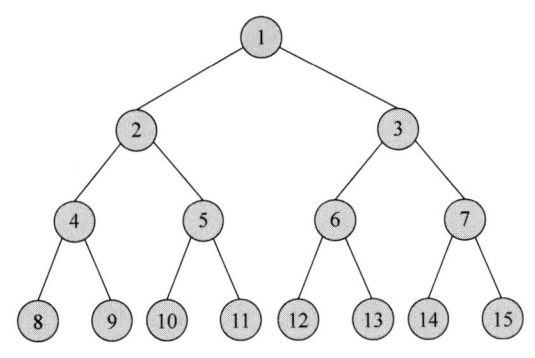

图 8.5 满二叉树示例

**完全二叉树**(complete binary tree)：对二叉树按照从上到下且从左到右的次序编号，简称**按层序编号**，如果编号为 i(1≤i≤n)的结点与满二叉树中编号为 i 的结点在二叉树中的位置完全相同，则这棵二叉树称为完全二叉树。从满二叉树的最右下角开始删除连续 m(0≤m≤n,n 为满二叉树的结点数)个结点可得到一棵完全二叉树。高度为 h(h>1)的完全二叉树可以看成由高度为 h−1 的满二叉树以及最下层从左到右连续的若干叶结点构成。图 8.6 所示为一棵高度为 4 的完全二叉树。

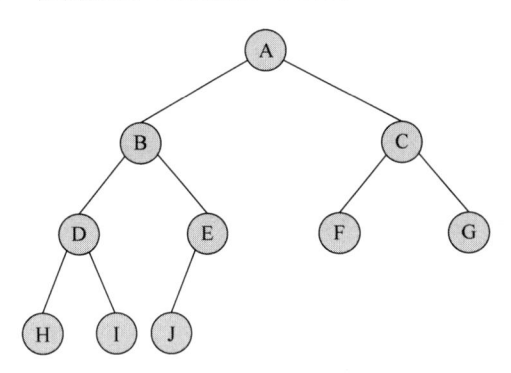

图 8.6 完全二叉树示例

完全二叉树具有以下特点。

(1) 叶结点最多分布在最下两层。
(2) 对于任一结点，若其右子树的高度为 h，则其左子树的高度为 h 或 h+1。
(3) 完全二叉树是具有相同结点数的二叉树中高度最小的二叉树之一。

满二叉树是完全二叉树的一种特例。如果一棵二叉树是满二叉树，那么它必定是一棵完全二叉树；如果一棵二叉树是完全二叉树，它不一定是一棵满二叉树。

**单支二叉树**：除叶结点之外，每个结点都只有一个唯一的左孩子的二叉树称为**左单支二叉树**。除叶结点之外，每个结点都只有一个唯一的右孩子的二叉树称为**右单支二叉树**。如图 8.7 所示，图 8.7(a)为左单支二叉树，图 8.7(b)为右单支二叉树。在非单支二叉树中，有时也将其包含的单支部分称为单支。在图 8.6 所示的完全二叉树中，A—B—D—H 部分构成一个左单支，A—C—G 部分则为一个右单支。

(a) 左单支二叉树　　　　　　(b) 右单支二叉树

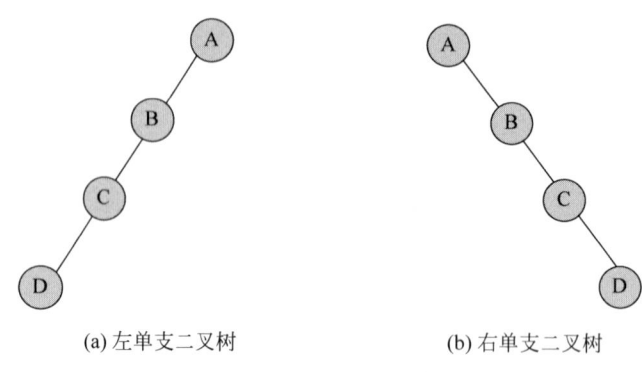

图 8.7　左单支二叉树和右单支二叉树示例

### 8.1.4　二叉树的抽象数据类型

T 类型元素构成的二叉树或者为空，或者由根结点和分别称为根的左子树和根的右子树的两棵二叉树组成，并且具有以下基本操作。

(1) 构造空二叉树(\_\_init\_\_)。
(2) 获取二叉树的根(get_root)。
(3) 判别二叉树是否为空(empty)。
(4) 求二叉树的结点数(size)。
(5) 清空二叉树(clear)。
(6) 在二叉树上插入一个结点(insert)。
(7) 创建二叉树(create)。
(8) 对二叉树进行先序遍历(preorder)。
(9) 对二叉树进行中序遍历(inorder)。
(10) 对二叉树进行后序遍历(postorder)。
(11) 求二叉树的叶结点数(leaf_size)。
(12) 求二叉树的高度(height)。
(13) 判读二叉树是否相同(\_\_eq\_\_)。

二叉树下的基本操作可以根据实际需要增加或减少。例如 8.4.3 节中就添加了二叉树的多个操作。

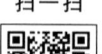

## 8.2　二叉树的性质

**性质 1**：在二叉树的第 i 层上最多有 $2^i$ 个结点(i≥0)。

**证明**：采用数学归纳法。

当 i=0 时，第 0 层上最多只有一个根结点。$2^i=2^0=1$，结论成立。

假定 i=k 时结论成立，即第 k 层上最多有 $2^k$ 个结点，现在考虑 i=k+1 时的情况，由于第 k+1 层的结点全部是第 k 层结点的孩子，而每个结点最多有两个孩子，则第 k+1 层的结点数最多为 $2^k \times 2 = 2^{k+1}$，结论成立。

**性质 2**：高度为 h 的二叉树上最多含 $2^h-1$ 个结点（$h\geqslant 1$）。

**证明**：高度为 h 的二叉树的所有结点分布在 0 至 h-1 层，根据性质 1，结点总数最多为 $2^0+2^1+\cdots+2^{h-1}=2^h-1$。

**性质 3**：对于任何一棵二叉树，若它含有 $n_0$ 个叶结点、$n_2$ 个度为 2 的结点，则必存在关系式 $n_0=n_2+1$。

**证明**：

设二叉树上的结点总数为 n，设度为 1 的结点数为 $n_1$，则

$$n=n_0+n_1+n_2 \tag{1}$$

设二叉树上的分支总数为 b，则

$$b=n-1 \tag{2}$$

$$b=n_1+2n_2 \tag{3}$$

由式(1)～(3)可得 $n_0=n_2+1$。

**性质 4**：具有 n 个结点的完全二叉树的高度为 $\lceil \log_2(n+1) \rceil$ 或 $\lfloor \log_2 n \rfloor+1$。

**证明**：

设完全二叉树的高度为 h，则根据性质 2 得

$$n\leqslant 2^h-1 \tag{1}$$

一棵高度为 h 的完全二叉树是由高度为 h-1 的满二叉树以及最下层的至少一个叶结点构成，如图 8.8 所示。因此

$$n>2^{h-1}-1 \tag{2}$$

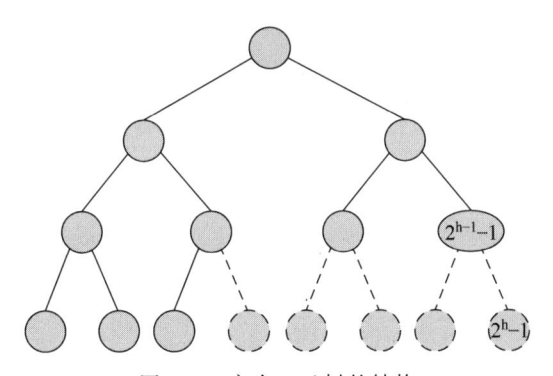

图 8.8 完全二叉树的结构

根据式(1)、(2)得

$$2^{h-1}-1<n\leqslant 2^h-1 \tag{3}$$

即

$$2^{h-1}<n+1\leqslant 2^h \tag{4}$$

对式(4)以 2 为底取对数，得到 $h-1<\log_2(n+1)\leqslant h$。

因为 h 是整数，所以 $h=\lceil \log_2(n+1) \rceil$。

类似地，可以证明 h 也可表示为 $\lfloor \log_2 n \rfloor+1$，此时要求 $n>0$。

**性质 5**：若对含 n 个结点的完全二叉树按层序进行 1～n 的编号，则对完全二叉树中任意一个编号为 i 的结点有以下性质。

(1) 若 i=1,则该结点是二叉树的根,无双亲;否则,其双亲结点的编号为 $\lfloor i/2 \rfloor$。
(2) 若 2i>n,则该结点无左孩子结点;否则,其左孩子结点的编号为 2i。
(3) 若 2i+1>n,则该结点无右孩子结点;否则,其右孩子结点的编号为 2i+1。

性质 5 可用数学归纳法来证明,读者可自行完成。如果对所有结点按层序进行 0~n−1 的编号,则 i 号结点的双亲为 $\lfloor (i-1)/2 \rfloor$ 号,左孩子为 2i+1 号,右孩子为 2i+2 号。

## 8.3 二叉树的存储结构及实现

在存储二叉树时,除了要考虑结点值的存储之外,还要考虑如何存储各结点间的关系。下面分别介绍二叉树的 3 种存储方案。

### 8.3.1 二叉树的顺序存储

顺序存储时,所有结点存储于一个连续的数组。当存储完全二叉树时,对完全二叉树的所有结点按层序进行 0~n−1 的编号,将编号为 i 的结点存储在数组中的 i 下标位置,如图 8.9 所示。

(a) 一棵完全二叉树

(b) 完全二叉树的顺序存储

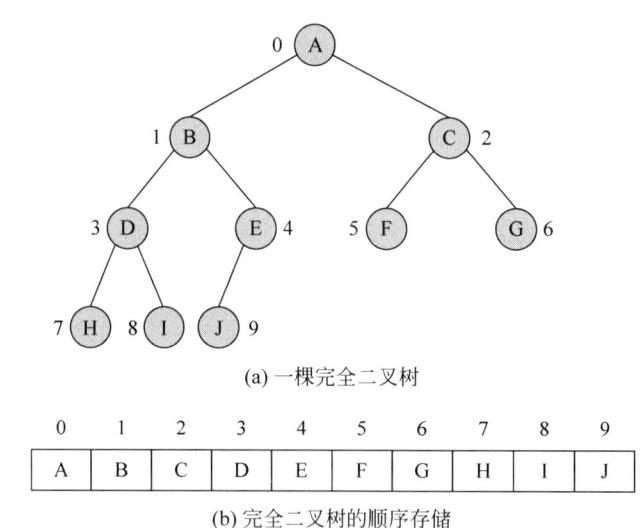

图 8.9 完全二叉树及其顺序存储

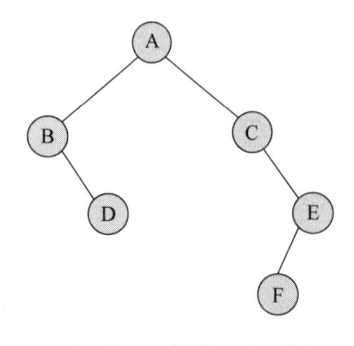

图 8.10 一棵普通二叉树

这种方法存储完全二叉树非常简单,根据性质 5,很容易找到数组中任意结点的左、右孩子和双亲结点的位置。可以看到,一棵含有 n 个结点的完全二叉树与一个长度为 n 的对应数组是等价的。

如果用这种方法存储普通二叉树,可以先在该二叉树上增加一些并不存在的虚结点使其成为一棵完全二叉树,然后按照完全二叉树的编号方法对所有结点进行编号,最后按照编号次序存储原二叉树的真实结点值,其余位置则为 None。例如,对图 8.10 所示的一棵普通二叉树,将其补全为完全二叉树并进行从 0 开始的层序编号,如图 8.11(a)所示,对应存储示意图如图 8.11(b)所示。

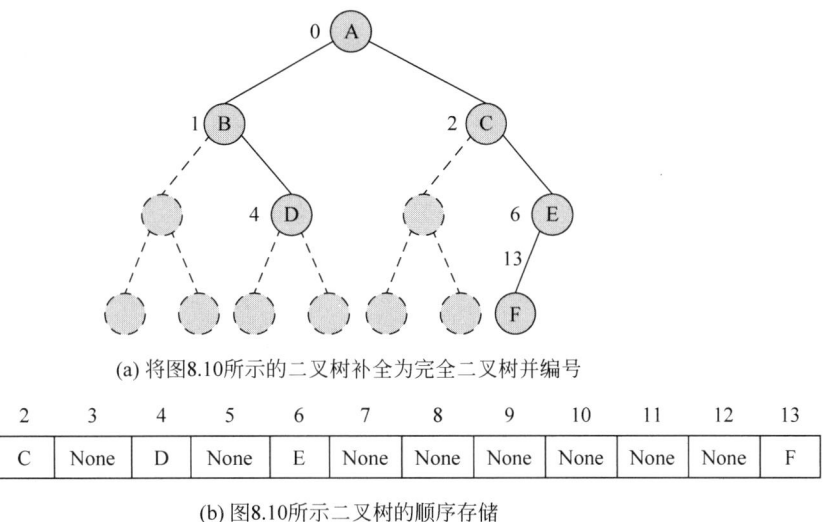

(a) 将图8.10所示的二叉树补全为完全二叉树并编号

| 0 | 1 | 2 | 3 | 4 | 5 | 6 | 7 | 8 | 9 | 10 | 11 | 12 | 13 |
|---|---|---|---|---|---|---|---|---|---|----|----|----|----|
| A | B | C | None | D | None | E | None | None | None | None | None | None | F |

(b) 图8.10所示二叉树的顺序存储

图 8.11 一棵普通二叉树的顺序存储

可以看到,对于非完全二叉树来说,顺序存储结构会造成存储空间的浪费。最坏情况发生在对右单支二叉树的存储,n 个结点的右单支二叉树需要 $2^n-1$ 个空间进行存储。一般来说,顺序存储方案只适合于存储完全二叉树。

## 8.3.2 二叉树的嵌套列表存储

由于 Python 的列表可以嵌套定义,所以可以直接使用嵌套列表存储二叉树。此时一棵空二叉树对应于一个空列表,非空二叉树则是由 3 个元素构成的列表,其中第 1 个元素为根结点的值;第 2 个元素是左子树(所以也是一个列表);第 3 个元素是右子树(所以也是一个列表),即任意的一棵非空子树可以表示为形如[root,left,right]的列表。仍以图 8.10 所示的二叉树为例,其对应的 Python 嵌套列表如下:

```
treeList = [A,                    #根结点
            [B,                   #A 的左子树
             [],                  #B 的左子树
             [D, [], []]          #B 的右子树
            ],
            [C,                   #A 的右子树
             [],                  #C 的左子树
             [E,                  #C 的右子树
              [F, [], []],        #E 的左子树
              []                  #E 的右子树
             ]
            ]
           ]
```

此时,可以通过 treeList[0]、treeList[1]和 treeList[2]分别访问树根、根的左子树和根的右子树,进而可以访问左、右子树的根结点及左、右子树。

### 8.3.3 二叉树的链式存储及实现

**1. 二叉链表**

二叉树最常见的链式存储结构称为**二叉链表**。二叉树中的每个元素结点用二叉链表中的一个结点来表示,除了存储元素值以外,还存储该结点的左、右孩子结点的指针。其结点结构如图 8.12 所示。

| left | data | right |

图 8.12 二叉链表的结点结构

二叉链表结点类及其__init__方法的定义如下:

```
class BinaryNode:
    def __init__(self, data, left = None, right = None):
        self.data = data
        self.left = left
        self.right = right
```

一棵二叉树的二叉链表即是将所有结点通过左、右孩子指针域互相连接而成的结构。就像单链表由表头结点指针 head 表示一样,用指向根结点的指针(设为 root)来表示整个二叉链表。图 8.10 所示的二叉树对应的二叉链表如图 8.13 所示。当存储一棵空二叉树时,root 为 None。

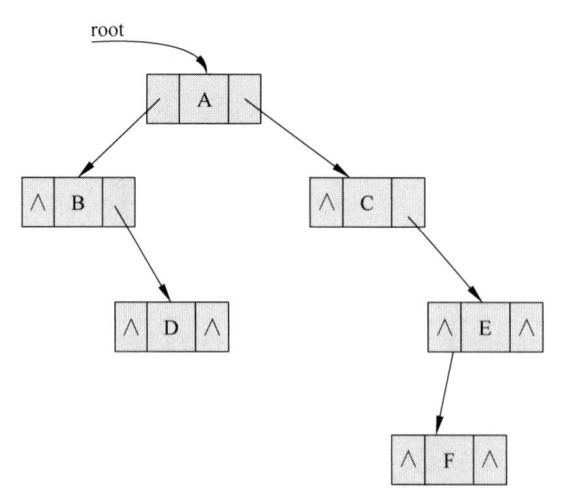

图 8.13 二叉链表存储结构示意图

二叉链表类及其__init__方法的定义如下:

```
class BinaryTree:
    def __init__(self):
        self._root = None
```

在二叉链表结构中,可以方便地访问每个结点的左、右孩子,但是由于没有直接指向双亲的指针,如果需要频繁地访问结点的双亲,效率就比较低,此时可以采用三叉链表。

### 2. 三叉链表

在二叉链表结点的基础上增加一个 parent 域用于指向该结点的双亲,即为三叉链表结点,结构如图 8.14 所示。

三叉链表也由根结点指针 root 唯一代表,图 8.10 所示的二叉树对应的三叉链表结构如图 8.15 所示。

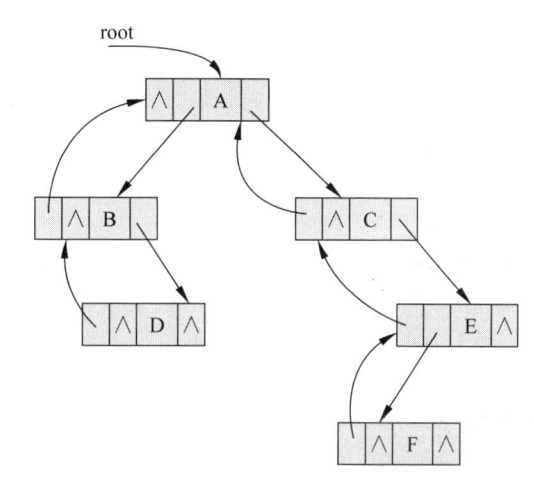

图 8.14 三叉链表的结点结构

图 8.15 三叉链表存储结构示意图

## 8.4 二叉树的操作

### 8.4.1 二叉树的遍历

二叉树的遍历是指按照某种次序对二叉树的每个结点进行访问并且只访问一次的过程。遍历是对二叉树最基本的操作。

根据二叉树的递归定义,任何一棵非空的二叉树包含根、根的左子树和根的右子树三部分。显然,也可以将对二叉树的遍历定义成递归的操作。将对一棵非空二叉树的遍历分解为:对根结点本身的访问,假设用 V 表示;对根结点左子树的遍历,用 L 表示;对根结点右子树的遍历,用 R 表示,如图 8.16 所示。

假设结点的左子树总是先于右子树被遍历,可以得出 3 种遍历次序——先序遍历(VLR)、中序遍历(LVR)和后序遍历(LRV)。它们的区别在于对于任何一棵子树,其根结点分别是在什么时候被访问的。

**先序遍历**(preorder traversal)又称**先根遍历**、**前序遍历**。遍历方法为:若二叉树为空树,则进行空操作,否则:

图 8.16 二叉树递归遍历的三部分

(1) 访问根结点。

(2) 先序遍历左子树。

(3) 先序遍历右子树。

例如，对图 8.10 所示的二叉树进行先序遍历。首先访问二叉树的根 A。然后遍历以 B 为根的这棵左子树，也按照先序的原则，先访问 B，再遍历 B 的左子树，但左子树上没有结点，接着再遍历 B 的右子树，此时只有一个结点 D，因此该左子树的先序序列是 BD。接着遍历以 C 为根的这棵右子树，先访问根结点 C，C 没有左子树，C 的右子树以 E 为根，仍然按照先序原则，得到的结点依次是 E 和 F，则右子树的序列为 CEF。整个二叉树的先序序列为 ABDCEF。

**中序遍历**(inorder traversal)又称**中根遍历**。遍历方法为：若二叉树为空树，则进行空操作，否则：

(1) 中序遍历左子树。

(2) 访问根结点。

(3) 中序遍历右子树。

例如，对图 8.10 所示的二叉树进行中序遍历。首先对 A 的左子树(即以 B 为根的二叉树)进行中序遍历，按照中序遍历的原则，先遍历 B 的左子树，但是它不存在，所以先访问 B，再遍历 B 的右子树，此时只有一个结点 D，因此 A 的左子树的中序遍历序列为 BD。在左子树遍历完后访问根结点 A。接着对以 C 为根的二叉树进行中序遍历，不难得到这棵子树的中序序列为 CFE。整个二叉树的中序序列为 BDACFE。中序序列的第一个结点为根结点的左单支末端结点。

**后序遍历**(postorder traversal)又称**后根遍历**。遍历方法为：若二叉树为空树，则进行空操作，否则：

(1) 后序遍历左子树。

(2) 后序遍历右子树。

(3) 访问根结点。

例如，对图 8.10 所示的二叉树进行后序遍历。显然，左子树的后序序列为 DB，右子树的后序序列为 FEC，最后访问根结点 A。整个二叉树的后序序列为 DBFECA。

除了递归定义的遍历之外，还可以对二叉树进行层次遍历。**层次遍历**(level traversal)的过程是从根结点开始，按照从上到下、从左到右的次序访问二叉树中的每个结点。图 8.10 所示二叉树的层次遍历序列为 ABCDEF。

用一棵二叉树来表示一个表达式，此时的二叉树称为表达式二叉树。在表达式二叉树中，叶结点存储操作数，分支结点存储运算符。在图 8.17 中，图(a)表示算术表达式 (a−b*c)/d，图(b)表示逻辑表达式 a<b or c<d。

如果对表达式二叉树分别进行先序、中序和后序遍历，可以发现二叉树的遍历序列与表达式的不同形式之间具有对应关系，如表 8.2 所示。

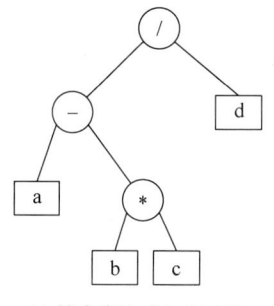

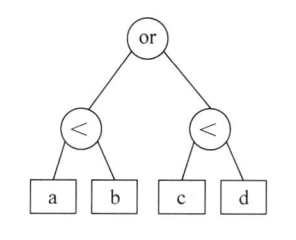

(a) 算术表达式(a-b*c)/d  (b) 逻辑表达式a<b or c<d

图 8.17 表达式二叉树示例

表 8.2 表达式二叉树的遍历序列与表达式形式间的对应关系

| 遍 历 序 列 | 表达式形式 |
| --- | --- |
| 先序序列 | 前缀表达式 |
| 中序序列 | 中缀表达式(不含括号) |
| 后序序列 | 后缀表达式 |

【例 8.1】 已知一棵二叉树的先序序列和中序序列分别为 ABCDEFGH 和 BDCEAFHG,画出此二叉树。

分析:先序序列中的第一个结点为 A,说明根结点为 A,中序序列中 A 左边的 4 个结点 B、D、C、E 是其左子树上的结点,A 右边的 3 个结点 F、H、G 是其右子树上的结点。

这样就可以初步确定该二叉树的结构如图 8.18(a)所示,根结点为 A,且 A 的左子树的先序和中序序列分别为 BCDE 和 BDCE,右子树的先序和中序序列分别为 FGH 和 FHG。因此,该问题可用递归方式求解。已知先序序列和中序序列求解二叉树的问题分解为 3 个子问题:根的确定;已知两个短序列求解左子树;已知另两个短序列求解右子树。后两个问题是原问题的小规模同等问题。

对左子树进行逐步细化,依次得到图 8.18(b)和图 8.18(c)所示的结构;接着对右子树进行逐步细化,得到图 8.18(d)所示的结构;最后得到图 8.18(e)所示的最终二叉树。

类似地,如果已知一棵二叉树的中序和后序序列,也可以画出一棵二叉树。

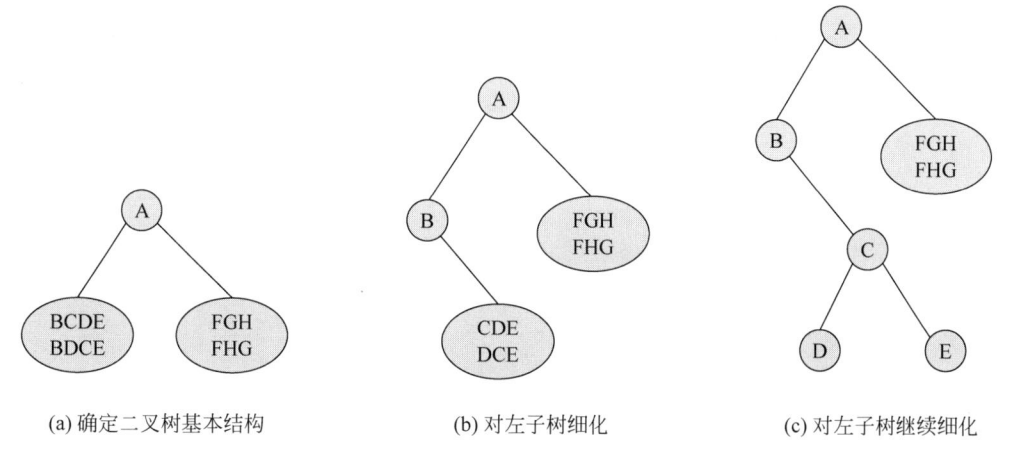

(a) 确定二叉树基本结构　(b) 对左子树细化　(c) 对左子树继续细化

图 8.18 通过先序和中序序列求解二叉树

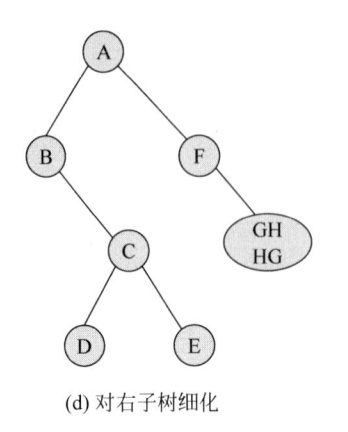

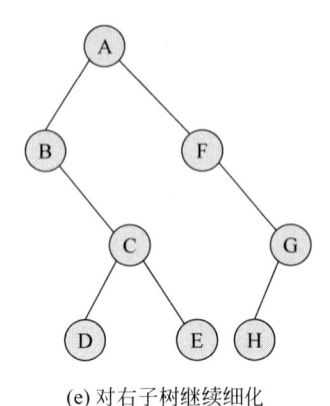

(d) 对右子树细化  (e) 对右子树继续细化

图 8.18 （续）

### 8.4.2 二叉树遍历的递归算法

由于二叉链表是二叉树的最常用存储结构，如无特别说明，本书后续对二叉树操作的算法都基于二叉链表结构。

根据先序、中序、后序遍历的递归定义，很容易得到这 3 种遍历的递归算法，与之前介绍的类的递归算法一样，用两个方法共同完成，一个是负责调用的接口方法，另一个是递归函数完成具体遍历。这里对结点的访问只做简单的输出，在具体应用中可以定义其他访问结点的方法。

```python
def preorder(self):
    """先序遍历接口方法"""
    self.recursive_preorder(self._root)

def recursive_preorder(self, sub_root):
    """先序遍历递归算法"""
    if sub_root:
        print(sub_root.data, end = " ")
        self.recursive_preorder(sub_root.left)
        self.recursive_preorder(sub_root.right)
```

只需要调整递归函数中 print 语句的位置，即可将先序遍历递归算法修改为中序和后序遍历递归算法，以下是中序遍历递归算法。

```python
def recursive_inorder(self, sub_root):
    """中序遍历递归算法"""
    if sub_root:
        self.recursive_inorder(sub_root.left)
        print(sub_root.data, end = " ")
        self.recursive_inorder(sub_root.right)
```

各遍历算法对每个结点只访问一次，时间复杂度都为 $O(n)$。

## 8.4.3 二叉树的递归算法举例

利用递归的方法，可以对二叉树做各种操作，例如求二叉树的结点数、清空二叉树、求二叉树的高度等。为了简便，除非必要，以下举例仅给出递归成员函数部分。在递归函数中有一个表示当前被处理子二叉树的根结点的参数，假设为 sub_root。

**【例 8.2】** 统计二叉树的结点总数。

以 sub_root 为根结点的二叉树的结点总数的求解可递归定义为：如果 sub_root 为空，则结点总数为 0；否则结点总数为根结点数 1 与以 sub_root.left 为根结点的二叉树的结点总数及以 sub_root.right 为根结点的二叉树的结点总数三者之和。根据递归定义得到如下递归算法：

```python
def recursive_size(self, sub_root):
    if sub_root is None:
        return 0
    else:
        return 1 + self.recursive_size(sub_root.left) + self.recursive_size(sub_root.right)
```

**【例 8.3】** 统计二叉树上度为 1 的结点数。

假设 recursive_degree1_size 方法用于计算一棵以 sub_root 为根的二叉树中度为 1 的结点数。对 5 种基本形态的二叉树分别进行分析，如表 8.3 所示。

表 8.3 度为 1 的结点数的分类计算

| 序号 | 1 | 2 | 3 | 4 | 5 |
|---|---|---|---|---|---|
| 形态 | ∅ | ◯ | 根有非空左子树 | 根有非空右子树 | 根有非空左子树和非空右子树 |
| 度为 1 的结点数 | 0 个 | 0 个 | 左子树上度为 1 的结点数加 1 | 右子树上度为 1 的结点数加 1 | 左、右子树上度为 1 的结点数之和 |

如果 sub_root 为空（第 1 种形态）或者 sub_root 没有左、右子树（第 2 种形态），则度为 1 的结点数为 0；如果 sub_root 有两棵子树（第 5 种形态，sub_root 所指结点的度为 2），则二叉树中度为 1 的结点数是左、右子树上度为 1 的结点数之和；否则（第 3、4 种形态，sub_root 所指结点的度为 1），二叉树上度为 1 的结点数是左、右子树上度为 1 的结点数之和再加 1（一棵子树为空，而空子树上度为 1 的结点数为 0）。具体算法如下：

```
def recursive_degree1_size(self, sub_root):
    if not sub_root:                                    # 第 1 种形态
        return 0
    if not sub_root.left and not sub_root.right:        # 第 2 种形态
        return 0
    if sub_root.left and sub_root.right:                # 第 5 种形态
        return self.recursive_degree1_size(sub_root.left) + \
               self.recursive_degree1_size(sub_root.right)
    else:                                               # 第 3、4 种形态
        return 1 + self.recursive_degree1_size(sub_root.left) + \
               self.recursive_degree1_size(sub_root.right)
```

【例8.4】 判断二叉树是否为严格二叉树。

严格二叉树请参考8.1.3节中的定义。假设recursive_is_strict方法用于判断一棵以sub_root为根的二叉树是否为严格二叉树。

如果sub_root为空,则返回True;如果sub_root只有一个孩子,则返回False;否则由sub_root的左、右子树是否同时为严格二叉树决定整棵二叉树是否为严格二叉树。

```
def recursive_is_strict(self, sub_root):
    if not sub_root:                                    # sub_root 为空
        return True
    if sub_root.left and not sub_root.right:            # sub_root 只有非空左孩子
        return False
    if sub_root.right and not sub_root.left:            # sub_root 只有非空右孩子
        return False
    # sub_root 有非空左、右孩子
    return self.recursive_is_strict(sub_root.left) and \
           self.recursive_is_strict(sub_root.right)
```

【例8.5】 判断两棵二叉树是否相同。

判断以sub_root1和sub_root2为根的两棵二叉树是否相同,即判断它们的结构和对应位置的值是否完全相同。各种情形如表8.4所示。

表8.4 两棵二叉树是否相同的判别

| 情 形 | 1 | 2 | 3 | 4 |
|---|---|---|---|---|
| sub_root1 | 空 | 非空 | 空 | 非空 |
| sub_root2 | 空 | 空 | 非空 | 非空 |
| 是否相同 | 相同 | 不同 | 不同 | 由根结点的值、左子树和右子树是否分别相同共同决定 |

情形1,两棵二叉树都为空二叉树,则相同;情形2和3,一棵是空二叉树而另一棵非空,则不相同;情形4,两棵二叉树都非空,则由根结点的值、左子树和右子树是否分别相同共同决定。

```
    def __eq__(self, other):
        """接口方法,是二叉树类的特殊方法,
        使得用户代码可以用 == 比较两棵二叉树是否相等."""
        return self.recursive_eq(self._root, other._root)

    def recursive_eq(self, sub_root1, sub_root2):
        if not sub_root1 and not sub_root2:
            return True                              #情形 1
        if not (sub_root1 and sub_root2):
            return False                             #情形 2、情形 3
        #以下为情形 4
        if sub_root1.data != sub_root2.data:
            return False
        return self.recursive_eq(sub_root1.left, sub_root2.left) and \
               self.recursive_eq(sub_root1.right, sub_root2.right)
```

【例 8.6】 二叉树的复制。

假设 recursive_copy 方法复制一棵以 sub_root 为根的二叉树,返回新生成的备份二叉树的根结点。对于非空二叉树,先复制根结点,设生成的副本为 new_root,再分别调用该递归函数复制根结点的左子树和右子树,并注意根结点左子树的副本由 new_root 的左孩子指针指示,根结点右子树的副本由 new_root 的右孩子指针指示。

```
    def recursive_copy(self, sub_root):
        if not sub_root:                            #sub_root 为空,返回空
            return sub_root
        new_root = BinaryNode(sub_root.data)        #生成 sub_root 的副本 new_root
        #复制 sub_root 的左子树作为 new_root 的左子树
        new_root.left = self.recursive_copy(sub_root.left)
        #复制 sub_root 的右子树作为 new_root 的右子树
        new_root.right = self.recursive_copy(sub_root.right)
        return new_root
```

【例 8.7】 删除二叉树中当前的叶结点。

假设 recursive_de_leaf 方法删除一棵以 sub_root 为根的二叉树中当前的叶结点,并返回新生成二叉树的根结点。如果 sub_root 为空,则无须删除,返回 sub_root;如果 sub_root 无左、右子树,根结点为叶子,则删除该根结点后返回 None;否则,分别调用递归算法删除 sub_root 左、右子树上的叶子,并注意将 sub_root 的 left 和 right 指针分别指向删除了叶子之后的新左、右子树的根,最后返回根 sub_root。

```
    def recursive_de_leaf(self, sub_root):
        if not sub_root:                            #sub_root 为空,无须删除
            return sub_root
        if not sub_root.left and not sub_root.right:  #sub_root 为叶子,删除该结点返回 None
            del sub_root
            return None
```

```
        # 删除 sub_root 左子树上的叶子,将新二叉树作为 sub_root 的左子树
        sub_root.left = self.recursive_de_leaf(sub_root.left)
        # 删除 sub_root 右子树上的叶子,将新二叉树作为 sub_root 的右子树
        sub_root.right = self.recursive_de_leaf(sub_root.right)
        return sub_root                                    # 返回 sub_root
```

### 8.4.4 二叉树的非递归遍历

本节介绍二叉树的非递归操作,主要包括递归定义的先序、中序和后序遍历算法的非递归实现以及对二叉树的层次遍历。假设二叉树的存储结构仍采用二叉链表结构,对一棵二叉树的操作只能从根结点指针 root 开始。

首先来看递归定义的遍历算法的非递归实现。第 6 章讨论过所有的递归算法都可以转换为非递归算法,尾递归可以直接转换成循环形式,对于非尾递归,通常需要利用栈进行转换。

**1. 中序遍历的非递归实现**

以图 8.19 所示的二叉树为例进行中序遍历,按照中序遍历的定义,对以任一结点(设为 V)为根的非空二叉树进行中序遍历,首先遍历 V 的左子树 L,然后访问 V,再遍历 V 的右子树 R。如果这棵子树遍历完后还有其余结点未访问,则继续访问,如果 V 是其父结点的左孩子,接下来则访问 V 的父结点(例如以 7 为根的子树遍历完后,接下来访问的是 6);如果 V 是其父结点的右孩子,接下来则访问 V 的一个祖先(例如以 5 为根的子树遍历完后,接下来访问的是它的祖先 2)。

示例二叉树以 1 为根,需先遍历 1 的左子树(即以 2 为根的子树),因此要先遍历 2 的左子树(即以 3 为根的子树),3 的左子树为空,故第一个访问的结点为 3;接着遍历 3 的右子树,即以 4 为根的二叉树,由于 4 的左子树为空,因此接着访问的结点为 4;接着遍历以 5 为根的二叉树,可以发现第三个访问的结点应为 7;接着访问 7 的右孩子 8;8 访问完后,即 6 的左子树已访问完,应该依次退回去访问 6、5、2,然后访问 9,再退回 1 访问,最后访问 0。从根结点 1 到 2 到 3,5 到 6 到 7 是通过左孩子指针的直接移动,从 3 到 4 到 5,7 到 8,2 到 9,1 到 0 是通过右孩子指针的直接移动,那么从 8 回到 6 回到 5 再回到 2,9 回到 1 又如何做到呢?

假设活动指针 p 从根结点开始移动,将走过的每个非空结点指针依次入栈,在结点的左子树遍历完后出栈访问该结点。例如 7 的左子树遍历完(空操作),则出栈 7 访问,8 也访问完后,说明 6 的左子树已经遍历结束,则出栈 6 访问,用这样的方法完成回溯。

在对图 8.19 所示的二叉树进行中序非递归遍历时,p 指针的变化、栈的操作以及结点访问过程如表 8.5 所示。

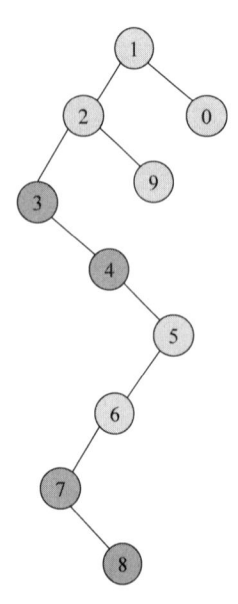

图 8.19 示例二叉树 1

表 8.5 中序遍历的活动指针变化、栈操作及结点访问过程

| p 指针 | 1 | 2 | 3 | None | 3 | 4 | None | 4 | 5 | 6 | 7 | None | 7 | 8 | None | 8 |
|---|---|---|---|---|---|---|---|---|---|---|---|---|---|---|---|---|
| 栈操作 | 入 | 入 | 入 |  | 出 | 入 |  | 出 | 入 | 入 | 入 |  | 出 | 入 |  | 出 |
| 访问 |  |  |  |  | √ |  |  | √ |  |  |  |  | √ |  |  | √ |

| p 指针 | None | 6 | None | 5 | None | 2 | 9 | None | 9 | None | 1 | 0 | None | 0 | None |
|---|---|---|---|---|---|---|---|---|---|---|---|---|---|---|---|
| 栈操作 |  | 出 |  | 出 |  | 出 | 入 |  | 出 |  | 出 | 入 |  | 出 |  |
| 访问 |  | √ |  | √ |  | √ |  |  | √ |  | √ |  |  | √ |  |

p 首先指向结点 1, p 指针入栈,接着往左孩子走依次指向 2、3 并入栈, p 再往左走为空,说明 3 的左子树不存在,则出栈 3 访问。

接着开始遍历 3 的右子树,即 4 为根的二叉树,4 入栈,往左走为空,说明 4 没有左子树,则出栈 4 访问。

接着开始遍历 4 的右子树,即 5 为根的二叉树,5 入栈,6 入栈,7 入栈,出栈 7 访问。

接着开始遍历 7 的右子树,即 8 为根的二叉树,8 入栈,出栈 8 访问。

接着应该遍历 8 的右子树,但 8 的右子树不存在,以 8 为根、7 为根的子树都已遍历完毕,即 6 的左子树遍历完毕,此时栈里的元素从栈底到栈顶依次为 1256,出栈 6 访问;以此类推,接着出栈 5 访问;出栈 2 访问,入栈 9,出栈 9 访问;出栈 1 访问,入栈 0,出栈 0 访问,p 调整到 0 的右孩子为空,此时栈空且 p 为空,所有结点已走过,遍历结束。

算法步骤如下。

(1) 初始化一个空栈,设为 s。

(2) 设活动指针 p 将在二叉树的各结点中移动,初始指向 root。

(3) 当栈 s 不为空栈或 p 不为 None 时,循环执行:

① 当 p 不为 None 时,循环执行:p 入栈于 s,p 往其左孩子移动;

② 如栈非空,则出栈 s 中的一个结点,假设也由 p 指示,访问 p 所指结点,p 调整至其右孩子,如 p 为空,则继续出栈(执行②),否则执行①,这个步骤可统一成继续循环执行步骤(3)。

因此,中序遍历的非递归算法可用栈辅助实现,栈中存放所走过的每个结点的指针。实际上,在中序遍历递归算法中有两个递归调用语句,这两个递归调用语句不都是尾递归,而非尾递归常需利用栈来消除递归。具体算法如下:

```
def inorder(self):
    s = ArrayStack()           #s 为第 4 章中实现的顺序栈,也可以用链栈
    p = self._root             #活动指针 p 初始指向 root
    while not s.empty() or p:  #当栈 s 不为空栈或 p 不为 None 时
        while p:               #当 p 不为 None 时
            s.push(p)          #p 入栈于 s
            p = p.left         #p 往其左孩子移动
        if not s.empty():      #如栈非空
            p = s.pop()        #则出栈 s 中的一个结点由 p 指示
            print(p.data, end = " ")  #访问 p 所指结点
            p = p.right        #p 调整至其右孩子
```

## 2. 先序遍历的非递归实现

二叉树先序遍历的非递归实现主要有两种方法,下面分别介绍。

1) 中序遍历非递归算法的修改

不难发现,先序序列中各结点的次序与中序遍历算法中指针 p 的入栈次序相同,因此只需将中序遍历算法中的结点访问语句 print(p.data, end=" ") 放到入栈语句 s.push(p) 前,即可修改为先序遍历算法。也就是说,中序遍历在结点出栈时访问,而先序遍历在结点入栈时访问。进一步观察 inorder 算法后发现其形式还可以进一步简化,得到如下先序遍历算法:

```python
def preorder1(self):
    s = ArrayStack()
    p = self._root
    while not s.empty() or p:
        if p:                               #将 inorder 算法中的内循环改成 if 语句
            print(p.data, end=" ")          #将结点访问语句移到入栈时
            s.push(p)
            p = p.left
        else:
            p = s.pop()
            p = p.right
```

2) 仅入栈结点的非空右孩子

由于结点在入栈时已经被访问,在回溯时出栈该结点,目的是找到它的右孩子,所以可以直接入栈该结点的非空右孩子,而不需要入栈该结点本身。算法步骤如下:

(1) 初始化一个空栈,设为 s。

(2) 设活动指针 p 将在二叉树的各结点中移动,初始指向 root。

(3) 当栈 s 不为空栈或 p 不为 None 时,循环执行:

① 如果 p 不为 None,则访问 p 所指结点的值,如果 p 的右孩子存在,则将 p 的右孩子入栈于 s,p 往其左孩子移动;

② 如果 p 为 None,则出栈 s 中的一个结点赋值给 p。

```python
def preorder2(self):
    p = self._root                          #活动指针 p 初始指向 root
    s = ArrayStack()                        #初始化空栈 s
    while not s.empty() or p:               #当栈 s 不为空栈或 p 不为 None 时
        if p:                               #如果 p 不为 None
            print(p.data, end=" ")          #访问 p 所指结点的值
            if p.right:                     #如果 p 的右孩子存在
                s.push(p.right)             #将 p 的右孩子入栈于 s
            p = p.left                      #p 往其左孩子移动
```

```
        else:                          #p 为 None 时
            p = s.pop()                #出栈 s 中的一个结点赋值给 p
```

### 3. 后序遍历的非递归实现

与中序遍历类似,对于后序遍历,同样设活动指针 p 从根开始移动并将走过的非空结点入栈。

对于图 8.19 所示的二叉树,一开始 p 的移动路径为 1—2—3—None—3,当从 3 的空左孩子回来时,3 并不能出栈,只有当它的右子树已经遍历完时才能出栈访问它。

接下来 p 从 3 的右孩子 4 开始,移动路径为 4—None—4,当从 4 的空左孩子回来时,4 不能出栈。

接下来 p 从 4 的右孩子 5 开始,移动路径为 5—6—7—None—7,7 不能出栈。

接下来 p 从 7 的右孩子 8 开始,移动路径为 8—None—8,此时 8 没有右孩子,说明 8 可以出栈并访问。

接着依次出栈 7、6、5、4、3 访问(这些结点或者没有右孩子,或者此时右孩子已被访问)。

接着读取栈顶 2,入栈 9,出栈 9 访问,出栈 2 访问;读取栈顶 1,入栈 0,出栈 0 访问,出栈 1 访问。此时检测到 1 为根结点,整个后序遍历结束。

算法步骤如下。

(1) 初始化一个空栈,设为 s。

(2) 设活动指针 p 将在二叉树的各结点中移动,初始指向 root;q 指针指向最近访问的结点,初始为 None。

(3) 当栈 s 不为空栈或 p 不为 None 时,循环执行:

① 当 p 不为 None 时,循环执行 p 入栈于 s,p 往其左孩子移动;

② 当栈 s 非空时,循环执行:

- 读取栈顶 p;
- 如果 p 没有右孩子,或者 p 的右孩子是最近访问的结点 q,则出栈 p,访问 p 所指结点,更新 q,如果 p 是根,则算法结束,否则继续循环②;
- 否则,p 指向其右孩子,跳出循环②。

```
def postorder(self):
    s = ArrayStack()
    p = self._root
    q = None                           #q 指针指向最近访问的结点,初始为 None
    while not s.empty() or p:
        while p:                       #左单支结点依次入栈
            s.push(p)
            p = p.left
        while not s.empty():
            p = s.get_top()            #查看栈顶 p
```

```
            if not p.right or p.right == q:    #如果p没有右孩子或p的右孩子刚访问过
                p = s.pop()                     #出栈p
                print(p.data, end = " ")        #访问该结点
                q = p                           #更新q,使其指向最近访问结点
                if p == self._root:             #如果遇到根,则返回
                    return
            else:
                p = p.right                     #p指向其右孩子
                break                           #跳出循环
```

### 4. 层次遍历算法

例如,对图8.20所示的二叉树进行层次遍历。首先访问0层的唯一结点A;然后依次访问1层上根的非空左、右孩子B、C;接着依次访问1层结点B、C的非空左、右孩子,即2层上的D、E、F。以此类推,即总是在访问完第i层结点后,按照i层结点的访问次序依次访问它们的各非空左、右孩子。

为了保证得到这样的访问次序,可以使用队列依次存放二叉树的各结点。当第i层的结点全部入队时,将它们逐个出队并访问,同时将它们的非空左、右孩子依次入队;当第i层的结点全部出队时,第i+1层从左到右的所有结点恰好全部入队,这样重复出队、访问和入队,直至队列为空,即可得到层次遍历序列。

对于图8.20所示的二叉树使用队列作为辅助结构进行层次遍历。具体过程如下。

(1) 将0层结点A入队。
(2) A出队访问,A的左、右孩子B、C入队。
(3) B出队访问,D、E入队;C出队访问,F入队。

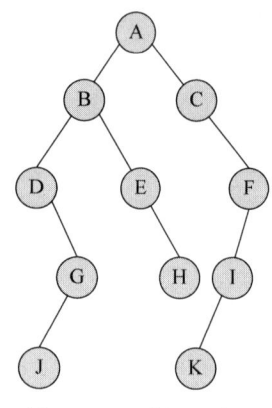

图8.20 示例二叉树2

(4) D出队访问,G入队;E出队访问,H入队;F出队访问,I入队。
(5) G出队访问,J入队;H出队访问;I出队访问,K入队。
(6) J、K出队访问。
(7) 队列为空,遍历结束。

算法步骤如下。
(1) 判断根结点root是否为None,如果是则结束。
(2) 初始化空队列q,root入队q。
(3) 当队列q非空时执行循环:出队队首p,访问p所指结点,将p的非空左、右孩子入队。

```
    def level_traversal(self):
        if self._root is None:          #判断根结点root是否为None,如果是则结束
            return
        q = CircularQueue()             #初始化空队列q
```

```
        q.append(self._root)              # root 入队 q
        while not q.empty():               # 当队列 q 非空时
            p = q.serve()                  # 出队队首 p
            print(p.data, end = " ")       # 访问 p 所指结点
            if p.left:                     # 将 p 的非空左孩子入队
                q.append(p.left)
            if p.right:                    # 将 p 的非空右孩子入队
                q.append(p.right)
```

### 8.4.5 二叉树的创建

根据不同的输入方式和应用场合,二叉树有不同的创建方法,在此介绍几种常用方法。为了简单,假设每个结点的值是互不相同的单个字符。

**1. 通过扩充二叉树的先序序列创建二叉树**

对如图 8.21(a)所示的二叉树画出它的扩充二叉树,即将原二叉树的所有结点全部补为有两个孩子,用特殊的符号(例如"♯")来表示不存在的孩子(即空二叉树对应于"♯"),得到图 8.21(b)所示的扩充二叉树。该扩充二叉树的先序序列为"451♯♯2♯♯6♯7♯♯",该序列与图 8.21(a)所示的二叉树是一一对应的,因此可以通过扩充二叉树的先序序列创建一棵二叉树。

(a) 二叉树　　　　　　　　　　　(b) 扩充二叉树

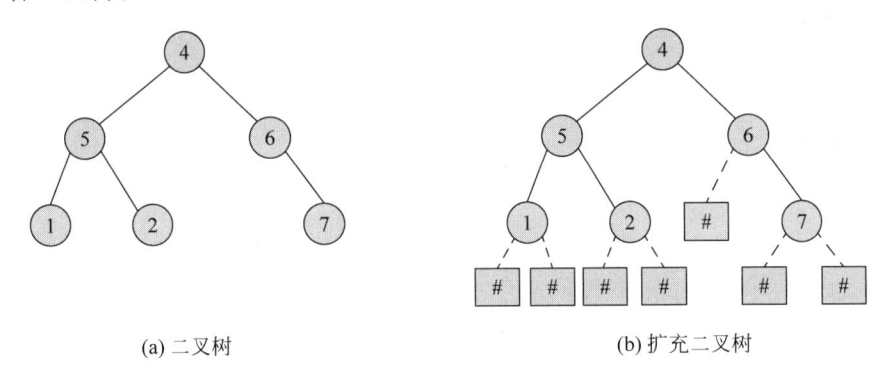

图 8.21　用带"♯"的先序序列创建二叉树

假设 recursive_create1 递归算法通过带"♯"的先序序列列表 preorder(preorder 列表可由先序序列字符串转换而来)创建一棵新二叉树,并返回该二叉树的根结点指针,则 recursive_create1 算法可递归定义如下:

如果 preorder 列表为空表,说明 preorder 序列不是合法的带"♯"的先序序列;

将 preorder 列表的首元素删除并赋值给 data,如果 data 为"♯",则说明该二叉树为空,返回 None;

否则以 data 值创建根结点 new_root,以目前的新列表 preorder 依次生成根的左子树 new_root.left 和根的右子树 new_root.right。注意,preorder 列表随着递归调用不断变化,例如生成左子树时的 preorder 列表比原序列少了首元素,生成右子树时的 preorder 列表比原序列少了首元素以及左子树上包括"♯"在内的所有元素。

```python
def create1(self, pre):
    self._root = self.recursive_create1(pre)

def recursive_create1(self, preorder):
    if len(preorder) == 0:
        raise ValueError("不合法的带#先序序列")
    data = preorder.pop(0)              #将列表的首元素删除并赋值给 data
    if data == '#':                     #如果 data 为"#"
        return None                     #返回 None
    else:
        new_root = BinaryNode(data)     #以 data 值生成结点 new_root
        #以删除了首元素的 preorder 列表生成 new_root 的左子树
        new_root.left = self.recursive_create1(preorder)
        #以删除了首元素以及 new_root 左子树对应元素的 preorder 列表
        #生成 new_root 的右子树
        new_root.right = self.recursive_create1(preorder)
        return new_root                 #返回根结点指针
```

### 2. 以二叉树的先序和中序序列创建二叉树

在 8.4.2 节曾讨论通过先序序列和中序序列用递归的方法创建一棵二叉树，假设二叉树的每个结点的元素值为单个字符，preorder 和 inorder 分别代表二叉树的先序和中序序列字符串，递归算法 recursive_create2 创建对应二叉树的二叉链表，并返回根结点指针。接口方法 create2 主要完成对递归函数的调用，在调用之前排除两个序列不等长的情况。

```python
def create2(self, preorder, inorder):
    if len(preorder) != len(inorder):
        raise ValueError("不是合法的序列")
    self._root = self.recursive_create2(preorder, inorder)

def recursive_create2(self, preorder, inorder):
    if len(preorder) == 0:
        return None                              #序列长度为0,生成空二叉树
    root_char = preorder[0]                      #root_char 为根结点值
    root_in = inorder.find(root_char)            #在中序序列中定位根的位置
    if root_in == -1:
        raise ValueError("不是合法的序列")
    left_in = inorder[:root_in]                  #获得左子树的中序序列
    right_in = inorder[root_in + 1:]             #获得右子树的中序序列
    left_pre = preorder[1:root_in + 1]           #获得左子树的先序序列
    right_pre = preorder[root_in + 1:]           #获得右子树的先序序列
    new_root = BinaryNode(root_char)             #创建根结点
    #用左子树的先序和中序序列创建根结点的左子树
    new_root.left = self.recursive_create2(left_pre, left_in)
```

```
#用右子树的先序和中序序列创建根结点的右子树
new_root.right = self.recursive_create2(right_pre, right_in)
return new_root                    #返回根结点指针
```

对于等长的两个序列,如所含字符不同,则必定不是合法的先序和中序序列。需要注意的是,即使两个序列的长度和所含字符都相同,仍然可能不是合法的序列。例如,假设有 preorder 为 123、inorder 为 312,从先序序列判断根为 1,从中序序列看,左子树上有一个结点 3,右子树上有一个结点 2,很显然这样的二叉树的先序序列应为 132,而不是 123,因此这两个序列仍是不合法的。这两种不合法序列的情况都可以通过 recursive_create2 中的语句 if root_in == -1 检测出来。

### 3. 利用顺序存储结构创建二叉树的二叉链表

在 8.3.1 节中介绍了二叉树的顺序存储方法,它按照完全二叉树的编号次序对二叉树中的所有结点进行编号,然后按照编号次序将所有结点值存储在数组中。图 8.10 所示的二叉树顺序存储于一个列表中,则列表的内容为['A','B','C',None,'D',None,'E',None,None,None,None,None,None,'F']。

假设递归函数 recursive_create3 从 lst 的 i 号位置开始创建二叉树的二叉链表。如果 i 超出 lst 的下标范围,则二叉树为空;如果 i 号位置的值为 None,则二叉树为空,否则依次完成以下操作。

(1) 通过 lst[i] 的值生成根结点 new_root。
(2) 从 lst 的 2i+1 号位置开始创建 new_root 的左子树的二叉链表。
(3) 从 lst 的 2i+2 号位置开始创建 new_root 的右子树的二叉链表。
(4) 返回生成二叉树的根,即 new_root。

```
def create3(self, lst):
    self._root = self.recursive_create3(lst, 0)

def recursive_create3(self, lst, i):
    """从 lst 的 i 号位置开始创建二叉树,返回生成二叉树的根结点指针"""
    if i >= len(lst):
        return None                    #返回空指针
    else:                              #i 号位置没有超出列表长度
        if lst[i] is None:             #该位置为 None
            return None                #返回空指针
        new_root = BinaryNode(lst[i])  #生成 i 号元素对应的结点
        #从 lst 的 2i+1 号位置开始创建左子树
        new_root.left = self.recursive_create3(lst, 2 * i + 1)
        #从 lst 的 2i+2 号位置开始创建右子树
        new_root.right = self.recursive_create3(lst, 2 * i + 2)
        return new_root                #返回根结点指针
```

### 4. 通过后缀表达式创建一棵表达式二叉树

假设读入仅含双目运算的合法后缀表达式"abc*-d/"，创建出如图8.22所示的表达式二叉树。

假设依次读入后缀表达式，如果读入的是操作数，则生成对应结点并放入栈中；如果读入的是运算符，则生成对应结点，设为p，并且依次从栈中出栈两个结点分别作为p的右孩子和左孩子，再将p入栈；直至后缀表达式中的所有符号全部读完，此时栈中的唯一元素即为根结点。这是一个非递归算法。

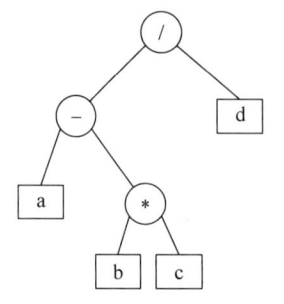

图8.22 通过后缀表达式创建表达式二叉树

```python
def create_expression(self, postfix):
    optr = ["*", "-", "+", "/"]         # 存放运算符的列表
    s = ArrayStack()
    for token in postfix:                # 对于postfix中的每个符号token
        if token not in optr:            # 如果token不是运算符，即为操作数
            s.push(BinaryNode(token))    # 生成新结点并入栈
        else:                            # 如果token是运算符
            p = BinaryNode(token)        # 生成对应结点p
            p.right = s.pop()            # 出栈一个结点作为p的右孩子
            p.left = s.pop()             # 再次出栈一个结点作为p的左孩子
            s.push(p)                    # 将p入栈
    self._root = s.pop()                 # 出栈栈中的唯一元素(即为根结点)
```

### 8.4.6 二叉树的图形化输出

有时希望能直观地看到当前二叉树的形状，即获得当前二叉树对应的字符图案，为此设计二叉树的图形化输出算法。为了控制输出的格式，假设用空格和连接符"_"来对齐二叉树中的各结点，用字符"/"和"\"连接父子结点。

例如，用字符串列表l_box表示根为5，左、右孩子分别是1和2的一棵子树，则该列表的每个元素对应一行，是一个长度为5的字符串，其中两个叶结点之间有3个空格，最后一行全为空格。该二叉树的字符串宽度为5。

```
l_box[0]:'  5  '
l_box[1]:'/ \\ '
l_box[2]:'1   2'
l_box[3]:'     '
```

又如，用字符串列表r_box表示根为6，右孩子是7的一棵子树，则该列表的每行元素是一个长度为3的字符串。该二叉树的字符串宽度为3。

```
r_box[0]:'6  '
r_box[1]:'  \\'
r_box[2]:'  7'
r_box[3]:'   '
```

当需要输出根为 4,左、右子树分别为用列表 l_box 和 r_box 表示的子树时,只需根据根结点的值及 l_box 和 r_box 的内容增加最上面的两行,并将 l_box、r_box 列表的同行内容进行合并。由于在两棵子树之间加了 3 列空格,该列表的每行元素是一个长度为 11 的字符串,即该二叉树的字符串宽度为 11。

```
new_box [0]: '    __4    '
new_box [1]: '   /   \\   '
new_box [2]: '  5       6 '
new_box [3]: '/ \\      \\ '
new_box [4]: '1   2      7'
new_box [5]: '            '
```

因此,生成一棵二叉树的字符串表示的算法思想与后序遍历一致。除了用 l_box 和 r_box 分别表示二叉树的左、右子树对应的字符串列表之外,另外设 l_box_width 和 r_box_width 分别表示左、右子树的字符串宽度,l_root_start 和 r_root_start 分别表示左、右子树根字符串的起始位置,l_root_end 和 r_root_end 分别表示左、右子树根字符串的结束位置。根据左、右子树的这 4 对值以及根结点的值,首先得到 new_box 最上面两行的内容,其中包含根、根的左/右分支及适量的空格和连接符"_",接着合并 l_box、r_box 列表的同行内容得到 new_box 后面各行的内容,最后返回 new_box 等信息。

根据以上分析,设计二叉树图形化输出接口方法 print_tree 以及求解二叉树对应字符串列表和位置等信息的递归算法 build_tree_string。

```python
def print_tree(self):
    """输出二叉树图形字符串"""
    # 调用 build_tree_string 获得当前二叉树的字符串列表 lines
    lines = self.build_tree_string(self._root)[0]
    # 将 lines 列表的内容进行连接
    a = '\n' + '\n'.join((line.rstrip() for line in lines))
    print(a)

def build_tree_string(self, root, delimiter = '-'):
    """获得 root 为根的二叉树的字符串列表表示
    以及二叉树的字符串宽度、根的起始和结束位置"""
    if root is None:
        return [], 0, 0, 0
    line1 = []              # 用于存储当前二叉树的根所在行的字符串表示
    line2 = []              # 用于存储当前二叉树根的左、右分支所在行的字符串表示
    node_repr = str(root.data)
    new_root_width = gap_size = len(node_repr)
    # 递归调用获得左/右子树的字符串列表表示、字符串宽度和根的位置信息
    l_box, l_box_width, l_root_start, l_root_end = \
        self.build_tree_string(root.left, delimiter)
    r_box, r_box_width, r_root_start, r_root_end = \
        self.build_tree_string(root.right, delimiter)
    # 生成当前根结点到左子树的字符串列表部分,需要的地方用空格和"_"填充
```

```
if l_box_width > 0:
    l_root = (l_root_start + l_root_end) // 2 + 1
    line1.append(' ' * (l_root + 1))
    line1.append('_' * (l_box_width - l_root))
    line2.append(' ' * l_root + '/')
    line2.append(' ' * (l_box_width - l_root))
    new_root_start = l_box_width + 1
    gap_size += 1
else:
    new_root_start = 0
#生成当前根结点的列表部分
line1.append(node_repr)
line2.append(' ' * new_root_width)
#生成当前根结点到右子树的字符串列表部分,在需要的地方用空格和"_"填充
if r_box_width > 0:
    r_root = (r_root_start + r_root_end) // 2
    line1.append('_' * r_root)
    line1.append(' ' * (r_box_width - r_root + 1))
    line2.append(' ' * r_root + '\\')
    line2.append(' ' * (r_box_width - r_root))
    gap_size += 1
new_root_end = new_root_start + new_root_width - 1
#将 l_box 和 r_box 与 line1 和 line2 的内容进行合并
gap = ' ' * gap_size
new_box = [''.join(line1), ''.join(line2)]
for i in range(max(len(l_box), len(r_box))):
    l_line = l_box[i] if i < len(l_box) else ' ' * l_box_width
    r_line = r_box[i] if i < len(r_box) else ' ' * r_box_width
    new_box.append(l_line + gap + r_line)
#返回二叉树的字符串列表 new_box、字符串宽度和根的位置信息
return new_box, len(new_box[0]), new_root_start, new_root_end
```

## 8.5 堆与优先级队列

### 8.5.1 二叉堆的定义

**二叉堆**简称**堆**(heap),是具有下列性质的完全二叉树:每个结点的值都小于或等于其左、右孩子结点的值(称为**小顶堆**),或者每个结点的值都大于或等于其左、右孩子结点的值(称为**大顶堆**)。在 8.2 节的性质 5 中介绍了如果对含 n 个结点的完全二叉树按层序进行 1~n 的编号,则编号为 i 的结点,其左孩子存在时为 2i 号,右孩子存在时为 2i+1 号。因此,如果 i 号结点的值用 $r_i$ 表示,则堆中各结点的值满足

$$\begin{cases} r_i \leqslant r_{2i} \\ r_i \leqslant r_{2i+1} \end{cases} \text{(小顶堆)} \quad \text{或者} \quad \begin{cases} r_i \geqslant r_{2i} \\ r_i \geqslant r_{2i+1} \end{cases} \text{(大顶堆)}$$

在 8.3.1 节介绍了完全二叉树的顺序存储方案,一棵完全二叉树与一个线性序列等价,因此也常把堆定义为一个满足上述大小关系的序列($r_1,\cdots,r_i,\cdots,r_n$)。图 8.23 所示

的完全二叉树是一个小顶堆,也可以说序列(12,36,27,65,40,34,98,81,73,55,49)是一个小顶堆。

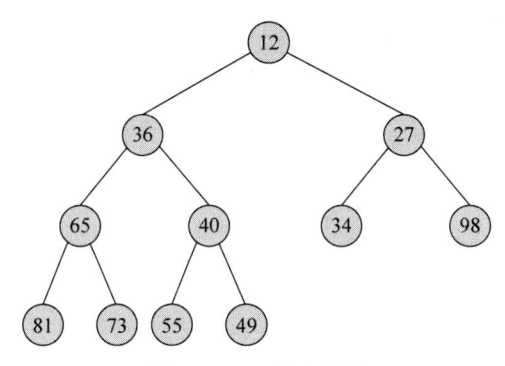

图 8.23　一个小顶堆

堆主要用于实现优先级队列,优先级队列的操作特点是每次出队的元素是优先级最高的元素,在无序表结构下出队算法的性能为 O(n),而利用堆实现优先级队列,入队和出队算法的性能都为 $O(\log_2 n)$。在 12.4.2 节还将介绍如何利用堆实现堆排序。下面以小顶堆为例介绍堆的实现和操作。

### 8.5.2　二叉堆的主要操作

二叉堆的主要操作如下。
(1) 创建一个空二叉堆(__init__)。
(2) 插入一个新元素 x 到堆中(insert)。
(3) 读取堆中的最小值(find_min)。
(4) 删除堆中的最小值(del_min)。
(5) 判断堆是否为空(empty)。
(6) 返回堆中的元素个数(__len__)。
(7) 将列表中的元素调整成堆(build_heap)。
(8) 复制一个堆(__copy__)。

当利用堆表示优先级队列时,堆的 insert 操作对应于入队操作,堆的 del_min 操作对应于出队操作。

### 8.5.3　二叉堆的实现

**1. 二叉堆类及简单方法**

在二叉堆类 BinHeap 的 __init__ 方法中设置 data 列表用于存储堆中元素,初始为空表。由于列表中元素的下标从 0 开始编号,所以当堆存储元素后,其中 i 号元素的父结点编号为 $\lfloor (i-1)/2 \rfloor$、左孩子编号为 2i+1、右孩子编号为 2i+2。另外,在 BinHeap 类中还实现了特殊方法 __copy__ 和 __len__, __copy__ 方法复制当前堆的元素生成一个新堆。

```
class BinHeap:
    def __init__(self):
        self.data = []

    def __copy__(self):
        new_heap = BinHeap()
        new_heap.data = self.data[::]
        return new_heap

    def __len__(self):
        return len(self.data)
```

**2. 插入方法**

将 x 插入堆中,仍需保持堆的性质。在图 8.23 所示的堆中插入元素 25 的过程如图 8.24(a)～图 8.24(d)所示。首先将 25 作为最后一个叶结点插入,即添加在 data 列表的尾部,但此时不一定能满足堆的性质,因此需要将 x 与其双亲结点进行比较。若 x 小于其双亲则进行交换,这种比较和交换的操作可能需要重复多次,直到遇到 x 的双亲小于或等于 x 或者 x 为根为止,常称这个过程为向上筛选(sift_up)。在最坏情况下比较和交换持续到 x 为根结点为止,即 x 将陆续与其每个祖先进行比较和交换。由于完全二叉树的高度为 $\lfloor \log_2 n \rfloor + 1$,所以 x 的祖先最多为 $\lfloor \log_2 n \rfloor$ 个,即比较和交换次数最多为 $\lfloor \log_2 n \rfloor$ 次,故插入算法的时间复杂度为 $O(\log_2 n)$。

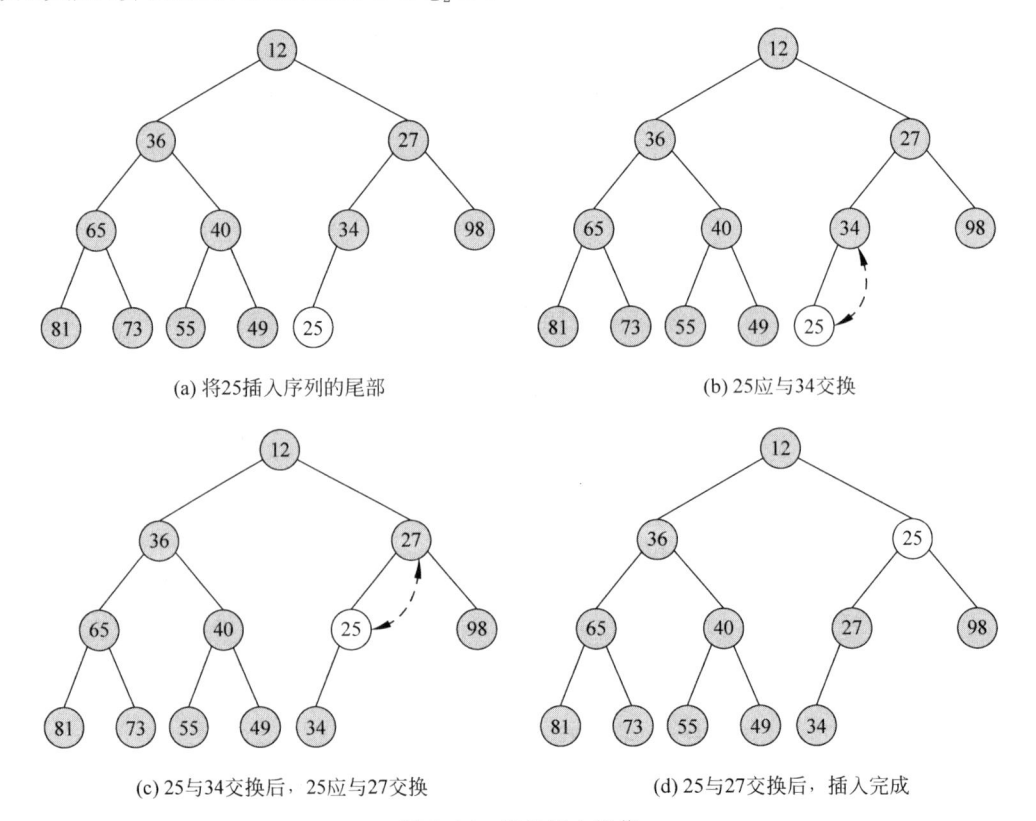

(a) 将25插入序列的尾部

(b) 25应与34交换

(c) 25与34交换后,25应与27交换

(d) 25与27交换后,插入完成

图 8.24 堆的插入操作

以下为在小顶堆中插入元素 x 的完整算法。其中,接口方法 insert 将 x 插入堆的尾部,并调用 sift_up 函数从该插入位置开始向上筛选。

```
def insert(self, x):
    self.data.append(x)
    self.sift_up(len(self.data) - 1)

def sift_up(self, i):
    """从 i 号位置开始向上筛选"""
    # 由于列表中元素的下标从 0 开始编号,i 号元素的父结点编号为(i-1)//2
    while (i-1) // 2 >= 0:              # 最坏情况下筛选到根,即 0 号位置
        # 如果 i 号结点小于其父结点,则交换这对父子
        if self.data[i] < self.data[(i-1) // 2]:
            self.data[(i - 1) // 2], self.data[i] = self.data[i], self.data[(i - 1) // 2]
        i = (i - 1) // 2                # i 更新为其父结点编号
```

### 3. 删除方法

在小顶堆中删除最小值,即删除堆顶,并将堆中的剩余元素重新调整为小顶堆。例如,在图 8.25(a)所示的堆中删除元素 12。为保持完全二叉树的结构,先将最后一个叶结点的值 x(即 49)替换到堆顶位置,然后删除叶结点 49。现在 49 为堆顶,不满足小顶堆的

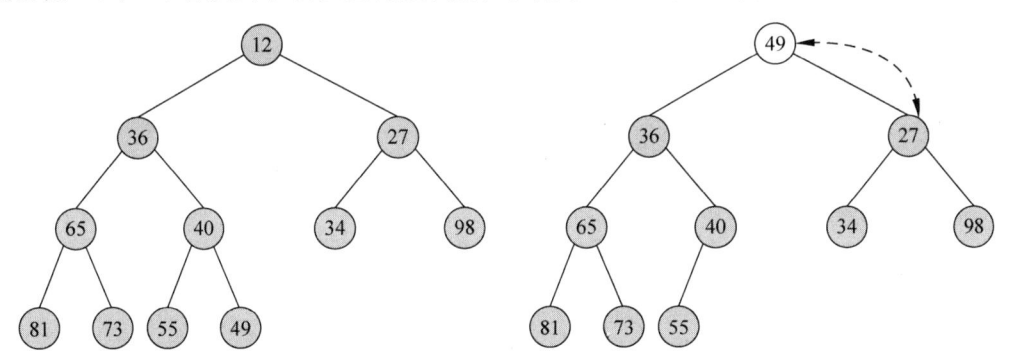

(a) 获得堆顶12,堆顶赋值为49,原叶子49删除　　(b) 步骤(a)完成,49应与左、右孩子的小者27交换

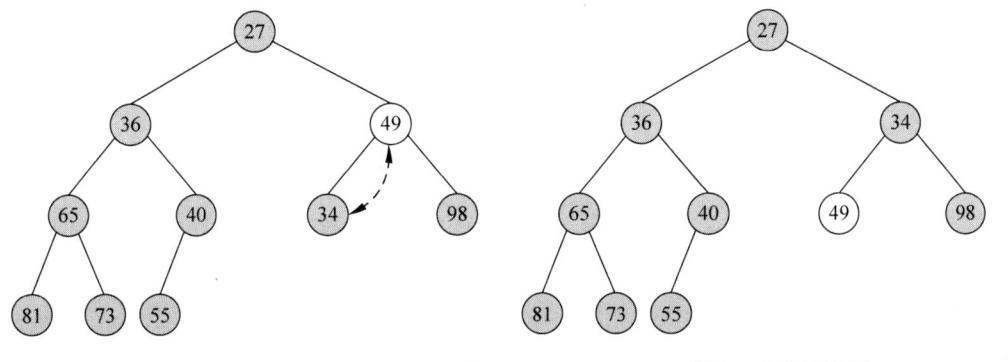

(c) 步骤(b)完成,49应与左、右孩子的小者34交换　　(d) 删除12后形成的新堆

图 8.25　删除堆顶后重新调整成堆

性质,需要进行调整。此时 49 的左、右子树均为堆,只需将 49 与其左、右孩子的小者进行比较,若该孩子小于它,则与之交换。这个比较及交换的操作可能需要重复多次,在最坏情况下比较和交换将持续到 x 交换为叶子为止(这里 49 最后交换为叶子)。通常称这个操作为向下筛选(sift_down)。因为左、右孩子之间要先比较大小,更小的孩子再与父结点比较,因此最坏情况下的比较次数为 $2\lfloor \log_2 n \rfloor$ 次,交换次数为 $\lfloor \log_2 n \rfloor$ 次。所以,删除算法的时间复杂度也为 $O(\log_2 n)$。

以下是在小顶堆中删除堆顶元素的完整算法。其中,接口方法 del_min 完成图 8.25(a) 描述的初始操作,并调用 sift_down 函数从堆顶位置开始向下筛选,最后返回被删除元素。

```
def del_min(self):
    min_val = self.data[0]                          #暂存原堆顶的值
    self.data[0] = self.data[len(self.data) - 1]    #将最后一个叶子的值替换到堆顶
    self.data.pop()                                 #删除列表中的最后一个叶子
    if len(self.data) > 0:                          #如果堆中还有元素
        self.sift_down(0, len(self.data) - 1)       #从 0 号位置开始向下筛选
    return min_val                                  #返回被删除的原堆顶的值

def sift_down(self, i, end):
    """ 对当前堆从 i 号位置开始向下筛选,筛选的结束位置为 end """
    j = 2 * i + 1                                   #j 为 i 号结点的左孩子编号
    x = self.data[i]                                #当前堆顶的值
    while j <= end:
        if j < end and self.data[j + 1] < self.data[j]:
            j = j + 1                               #j 为 i 号结点更小孩子的编号
        if x <= self.data[j]:
            break                                   #x 应在 i 号位置
        else:
            #更小的孩子 j 号应该与父结点 i 号交换,但由于 j 号位置并不一定
            #是 x 的最终位置,在此做单方向赋值,只将该孩子提升到 i 号位置
            self.data[i] = self.data[j]
            i = j                                   #i 赋值为更小孩子的编号
            j = 2 * j + 1                           #j 为 i 的左孩子
    self.data[i] = x                                #x 填入最终位置 i
```

## 8.6 哈夫曼树及其应用

### 8.6.1 哈夫曼树的相关概念

哈夫曼树在信息领域有着重要理论和实用价值,这里将其看作二叉树的一种应用。在具体介绍哈夫曼树之前,首先介绍树的路径长度和带权路径长度等相关概念。

**树的外部路径长度**(external path length):根结点到各叶结点(外部结点)的路径长度之和。

**树的内部路径长度**(internal path length):根结点到各非叶结点(内部结点)的路径长度之和。

**树的路径长度**(path length)：树的外部路径长度与树的内部路径长度之和。

如图 8.26 所示的二叉树，其外部路径长度、内部路径长度和路径长度分别如下。

树的外部路径长度：1+2+3+4+4=14。

树的内部路径长度：0+1+2+3=6。

树的路径长度：20。

显然，一棵二叉树的所有结点离根越近，二叉树的路径长度越小。完全二叉树能保证是这样的一棵二叉树，此时二叉树的路径长度最小：

$$\sum_{i=1}^{n}\lfloor \log_2 i \rfloor = 0+1+1+2+2+2+2+3+3+\cdots$$

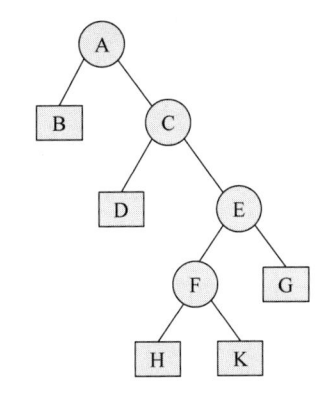

图 8.26 求二叉树路径长度的示例图

在 8.1.3 节中介绍过扩充二叉树中只有度为 2 的内部结点和度为 0 的外部结点。扩充二叉树的每个外部结点常对应一个数值，该数值称为该结点的**权**，表示与该外部结点有关的某种性质，如出现频度、概率值等实际意义。

根据二叉树的性质 3，有 n 个叶结点的二叉树有 n−1 个度为 2 的内部结点，因此扩充二叉树的总结点数为 2n−1。

扩充二叉树的**带权路径长度**(Weighted Path Length, WPL)：若一棵扩充二叉树有 n 个叶结点，第 i 个叶结点的权值为 $w_i$，根到它的路径长度为 $l_i$，则该扩充二叉树的带权路径长度如下：

$$WPL = \sum_{i=1}^{n} w_i l_i$$

如果同一组权值放在外部结点上，组织方式不同，带权路径长度也不同。例如表 8.6 中同一组权值对应的 3 棵扩充二叉树，其带权路径长度各不相同。

表 8.6 由 4 个带权叶结点构成的不同扩充二叉树及对应的带权路径长度

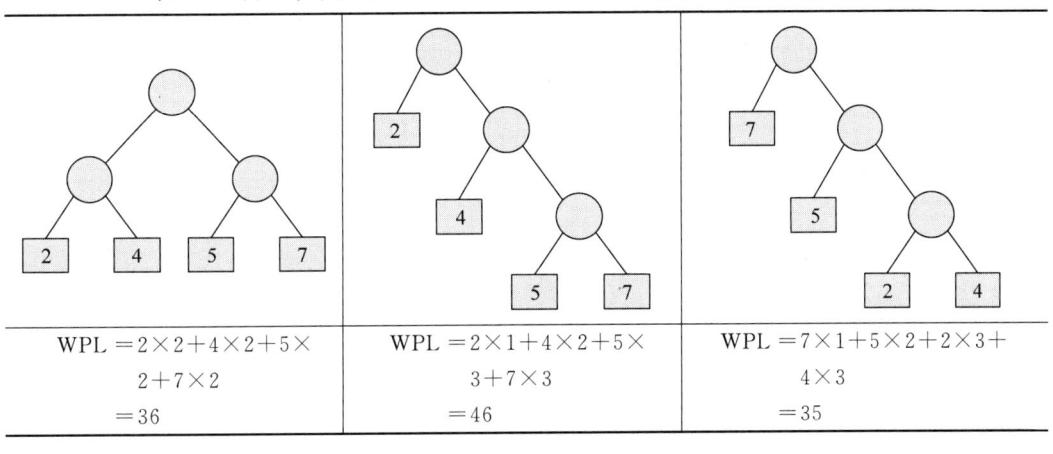

| WPL = 2×2+4×2+5×2+7×2 = 36 | WPL = 2×1+4×2+5×3+7×3 = 46 | WPL = 7×1+5×2+2×3+4×3 = 35 |
| --- | --- | --- |

**哈夫曼树**(Huffman tree)：在 n 个带有权值的叶结点构成的所有扩充二叉树中，带权路径长度 WPL 最小的扩充二叉树称为哈夫曼树或**最优二叉树**。

## 8.6.2 哈夫曼树的构造

### 1. 构造原则

在哈夫曼树中权值越大的叶结点离根越近。假设给定叶结点的权值为$\{w_1, w_2, \cdots, w_i, \cdots, w_n\}$,$l_i$表示从根结点到i号叶结点的路径长度,那么

$$WPL = \sum_{i=1}^{n} w_i l_i = w_1 l_1 + w_2 l_2 + \cdots + w_i l_i + \cdots + w_n l_n$$

由于每个叶结点的权值$w_i$是确定的,根据哈夫曼树的定义,为使 WPL 值最小,每个$l_i$的值都应尽可能小。最小的$l_i$值可以为1,但不可能使所有叶结点的对应$l_i$值都为1,那样就不能构成二叉树了。因此,为使总和最小,$w_i$值大的叶结点的$l_i$值应尽可能小,$w_i$值小的叶结点的$l_i$值可以稍大,即权值越大,离根越近。

由于已知叶结点的权值,所以需要从叶结点向上构造,根据孩子构造双亲,最后得到根结点。在扩充二叉树中没有度为1的结点,每次都选取两个孩子向上构造双亲结点。

### 2. 构造步骤

构造哈夫曼树的步骤如下。

(1) 根据给定的 n 个权值$\{w_1, w_2, \cdots, w_i, \cdots, w_n\}$,生成仅含叶结点的 n 棵二叉树,这些二叉树构成一个集合,称为森林,设为 F。

(2) 在森林 F 中选取根结点权值最小的两棵二叉树设为 B1 和 B2,以它们为左、右子树构造新二叉树 B,B 的根结点的权值为其左、右孩子的权值之和。

(3) 在森林 F 中,用新二叉树 B 代替 B1 和 B2。

(4) 重复步骤(2)和(3),直到 F 中只含一棵二叉树为止。

【例 8.8】 已知叶结点的权值为$\{3,5,6,7,9\}$,构造哈夫曼树。

按照上述构造哈夫曼树的步骤,以权值$\{3,5,6,7,9\}$构造哈夫曼树的过程如表 8.7 所示,最终得到的哈夫曼树如表中的图(e)所示。以下构造过程约定左孩子的权值总是小于或等于右孩子的权值,但哈夫曼树本身的定义并无该要求。由此可见,哈夫曼树是不唯一的。

表 8.7 哈夫曼树构造示例

| 说 明 | 当 前 状 态 |
|---|---|
| (1) 初始森林 | 3  5  6  7  9<br>(a) 初始森林 |
| (2) 将初始森林中根结点权值最小(3 和 5)的两棵二叉树作为左、右子树构造根结点,其权值为8,接着将组成森林的 4 棵二叉树按根结点权值递增排列 | 6  7  8  9<br>      / \\<br>     3  5<br>(b) 调整1 |

续表

| 说　　明 | 当前状态 |
| --- | --- |
| （3）将图(b)森林中根结点权值最小(6和7)的两棵二叉树作为左、右子树构造根结点，其权值为13，接着将3棵二叉树按根结点权值递增排列 | (c) 合并2 |
| （4）将图(c)森林中根结点权值最小(8和9)的两棵二叉树作为左、右子树构造根结点，其权值为17，接着将两棵二叉树按根结点权值递增排列 | (d) 合并3 |
| （5）将图(d)森林中根结点权值为13和17的两棵二叉树作为左、右子树构造双亲结点，权值为30，此时得到一棵哈夫曼树，如图(e)所示 | (e) 哈夫曼树 |

### 3. 算法实现

为了方便地获得每个结点的双亲，使用三叉链表存储哈夫曼树。

首先定义哈夫曼树三叉链表的结点结构，如图8.27所示。其中，parent域指向结点的双亲，data和weight分别记录结点的值和权值。内部结点的值通常没有意义，默认用特殊符号"♯"表示。

| parent | left | data | weight | right |
| --- | --- | --- | --- | --- |

图8.27 哈夫曼树的结点结构

定义HuffmanNode类存储哈夫曼树的结点，为方便按权值比较两个结点，在类中定义了特殊方法\_\_gt\_\_和\_\_lt\_\_。

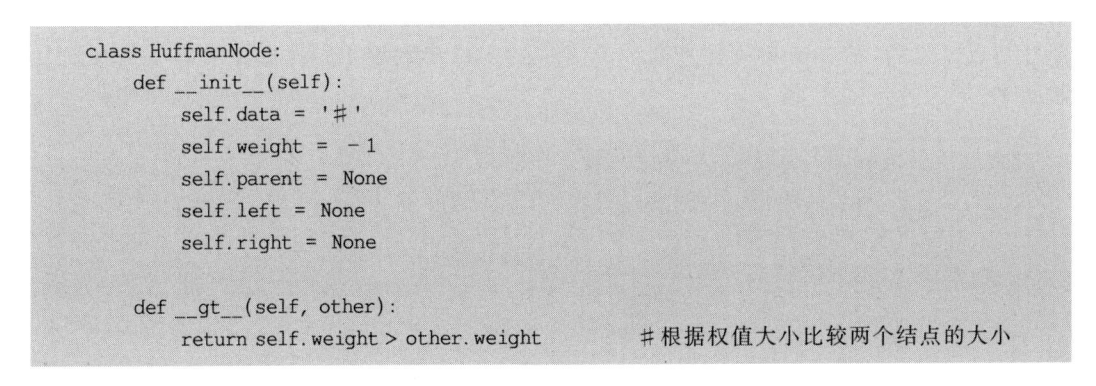

```
class HuffmanNode:
    def __init__(self):
        self.data = '♯'
        self.weight = -1
        self.parent = None
        self.left = None
        self.right = None

    def __gt__(self, other):
        return self.weight > other.weight        ♯根据权值大小比较两个结点的大小
```

```python
    def __lt__(self, other):
        return self.weight < other.weight
```

然后看哈夫曼树的类定义,初始化时为一棵空二叉树。

```python
class HuffmanTree:
    def __init__(self):
        self._root = None
```

接下来看哈夫曼树的创建算法。由于每次要在候选森林中挑选根结点权值最小的两棵二叉树,所以可用有序列表(如表 8.7 中所示的方法)或用 8.5 节介绍的小顶堆存储森林中各棵二叉树的根结点指针。以下介绍通过存储森林的小顶堆 forest 创建哈夫曼树的方法。当 forest 中的二叉树棵数大于 1 时,连续删除两个权值最小的根结点,以它们生成双亲结点 new_node,并将 new_node 插入 forest 堆中。循环往复,直至 forest 堆中只有一个结点,即根结点 self._root。

```python
    def create(self, forest):
        """哈夫曼树的创建算法,forest 为存放初始森林中各叶结点指针的堆,
            注意创建结束后 forest 为空堆,并会影响实参堆"""
        while len(forest) > 1:                          # 当 forest 中的二叉树棵数大于 1 时
            left_node = forest.del_min()                # 连续删除 forest 中两个权值最小的根结点
            right_node = forest.del_min()
            new_node = HuffmanNode()                    # 生成双亲结点 new_node
            new_node.weight = left_node.weight + right_node.weight
            # new_node 结点与它左、右孩子结点之间指针域的连接
            new_node.left = left_node
            new_node.right = right_node
            left_node.parent = new_node
            right_node.parent = new_node
            forest.insert(new_node)                     # 将 new_node 插入 forest 堆中
        self._root = forest.del_min()                   # 堆顶结点即为哈夫曼树的根
```

接下来介绍创建初始森林小顶堆的方法 create_leaf_nodes,它通过一个存储所有叶结点值和权值的字典 data_and_weights 建立小顶堆 leaf_nodes,堆中存放初始森林的全部叶结点。之后,哈夫曼树创建算法 create 中的入口参数堆 forest 即由 leaf_nodes 堆复制而来。

```python
def create_leaf_nodes(data_and_weights):
    """创建 leaf_nodes 堆,存储初始森林中所有叶结点的指针"""
    leaf_nodes = BinHeap()
    for key, value in data_and_weights.items():
```

```
            new_node = HuffmanNode()        #生成三叉链表叶结点 new_node
            new_node.data = key             #将叶子的值填入 new_node 的 data 域
            new_node.weight = value         #将叶子的权值填入 new_node 的 weight 域
            leaf_nodes.insert(new_node)     #调用堆的插入算法将 new_node 插入堆中
        return leaf_nodes
```

### 8.6.3 哈夫曼编码

在数据通信中,经常需要将传输的文字转换为由 0 和 1 组成的二进制串,这个过程称为编码。通常有两类编码方案,即等长编码方案和不等长编码方案。大家熟悉的 ASCII 码方案属于等长编码方案,在该方案下字符集中每个字符的编码位数都是 8 位。为了提高存储和传输效率,人们总是希望传输信息的编码总长度尽可能短。

**1. 等长编码**

【例 8.9】 假设有一段报文,内容为"CAASATAACASATASAATAATAATAASA",即报文中的字符集合是{C,A,S,T},各字符出现的频度是 W={2,17,4,5}。为这 4 个字符设计等长编码方案,要求编码总长度最短。

为使编码总长度最短,4 个字符只需使用两位二进制位,假设设计如下编码方案:

$$C:00 \quad A:01 \quad S:10 \quad T:11$$

上述编码方案对应于图 8.28 所示二叉树中从根到各叶子的路径上 0 和 1 构成的二进制串。于是,编码总长度对应于该二叉树的带权路径长度,即 $(2+17+4+5) \times 2 = 56$(bit)。

**2. 哈夫曼编码**

对于例 8.9 中的问题,如果允许对每个字符进行不等长编码,如何设计编码方案使得编码总长度最短?

以上问题可以抽象为:假设报文中共出现 n 个不同字符,其中第 i 个字符的出现次数为 $w_i$,如何设计不等长编码方案使得编码总长度最短?

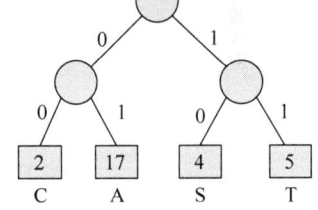

图 8.28 等长编码

假设该编码方案中第 i 个字符的编码长度为 $l_i$,则该段报文的编码总长度为

$$\sum_{i=1}^{n} w_i l_i$$

可以看到,报文的编码总长度与扩充二叉树的带权路径长度 WPL 一致,编码总长度最小的情形即对应于哈夫曼树的情形。编码方案的设计问题即转换成哈夫曼树的构造问题。此时各字符及出现次数对应于叶结点及权值,各字符的二进制编码位数对应于根到叶结点的路径长度。在生成的哈夫曼树中左分支标 0,右分支标 1,每个字符的编码为根到对应叶子的路径上 0 和 1 构成的二进制串,即得到**哈夫曼编码**方案。

在例 8.9 中,各字符的出现次数为{2,17,4,5},以它们为叶结点权值建立哈夫曼树,如图8.29所示。在哈夫曼树中左分支标0,右分支标1,即得到哈夫曼编码。

C:010    A:1    S:011    T:00

此时报文的编码总长度为 $2×3+17×1+4×3+5×2=45(bit)$,比等长编码的情形要短。在一般情况下,报文长度越长,各字符之间出现的频度差异越大,哈夫曼编码的优势就越明显。

可以看到,哈夫曼编码根据各字符出现的频度不同而给予不等长编码,本质是使用频率越高的字符采用越短的编码。另外,哈夫曼编码中任一字符的编码不是其他字符编码的前缀,从而保证在译码时不会发生歧义。

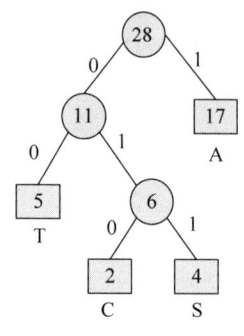

图 8.29  哈夫曼编码

### 3. 哈夫曼编码求解算法

假设 leaf 堆中存储了哈夫曼树中的所有叶结点指针,则可从每个叶子出发,顺着 parent 域往上直至遇到根结点,在这个过程中依次得到该叶子对应字符哈夫曼编码从后往前的每个二进制位。

```python
def huffman_encoding(self, leaf):
    print("各字符的哈夫曼编码如下:")
    for i in range(len(leaf)):              #对于 leaf 堆中的每个叶结点
        p = leaf.del_min()                  #p指向当前堆顶的叶结点
        print(p.data, end = ":")            #输出该叶子对应的字符值
        t_code = []                         #t_code 用于存储该叶子的哈夫曼编码
        while p != self._root:              #当p还未到达根结点时
            if p.parent.left == p:          #如果p为其双亲的左孩子
                t_code.append('0')          #将0插入 t_code 的尾部
            else:                           #如果p为其双亲的右孩子
                t_code.append('1')          #将1插入 t_code 的尾部
            p = p.parent                    #将p移动至它的双亲
        t_code.reverse()                    #t_code 逆置后才是该字符的编码
        print(''.join(i for i in t_code))   #输出该字符的哈夫曼编码
```

### 4. 哈夫曼编码求解测试程序

以下程序模拟了例8.9中各字符的哈夫曼编码的生成过程。二叉堆使用8.5.3节中定义的 BinHeap 类。

```python
from binheap import BinHeap
import copy
if __name__ == "__main__":
    data_and_weights = { 'C': 2, 'A': 17, 'S': 4, 'T': 5}
    huffman = HuffmanTree()                 #初始化空哈夫曼树 huffman
    #创建存储所有叶结点指针的堆 leaf_nodes
    leaf_nodes = create_leaf_nodes(data_and_weights)
    #forest 复制了 leaf_nodes 堆
```

```
# 即 forest 和 leaf_nodes 堆中的每个元素分别依次存放各叶结点指针
forest = copy.copy(leaf_nodes)
# 由初始森林 forest 创建哈夫曼树 huffman
huffman.create(forest)
# 输出哈夫曼树,此处修改了 build_tree_string 算法以显示不同类型结点的信息
huffman.print_tree()
# 利用 leaf_nodes 堆生成并输出哈夫曼编码,注意 forest 现已为空
huffman.huffman_encoding(leaf_nodes)
```

运行结果如下,与例题的分析结果一致。

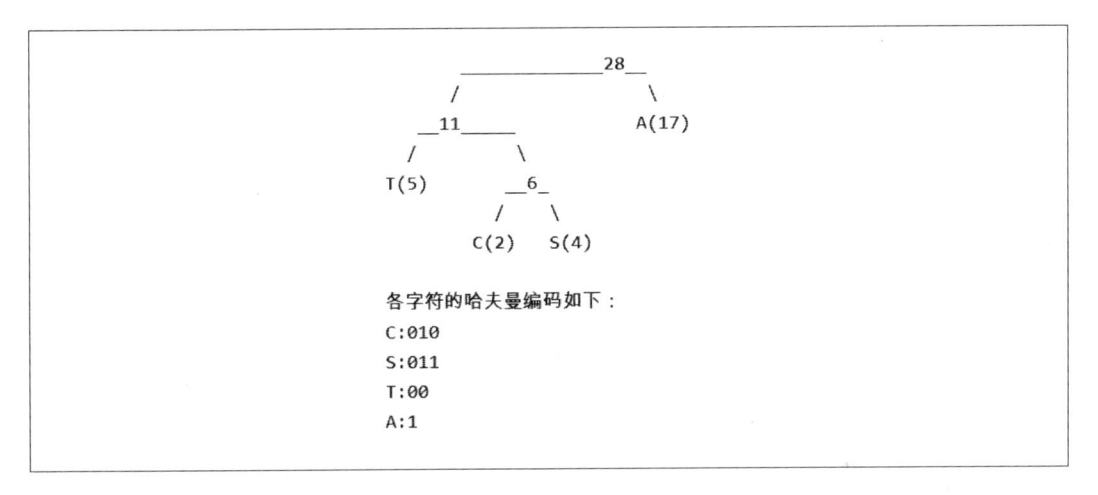

```
            _____28__
           /          \
        __11____      A(17)
       /        \
     T(5)       _6_
               /   \
             C(2)  S(4)

各字符的哈夫曼编码如下:
C:010
S:011
T:00
A:1
```

## 8.7 上机实验

扫一扫

上机实验

## 习题 8

扫一扫                    扫一扫

习题                      自测题

# 第 9 章

# 树

第 8 章介绍了二叉树结构,本章介绍一种更普遍的树形数据结构。企业的组织机构、家族的族谱、HTML 文档结构、域名系统、操作系统的文件系统均是树形结构的例子。

## 9.1 基础知识

### 9.1.1 树的基本概念

根据树中是否有一个特殊的根结点,将树分为两类,即**自由树**(free tree)和**有根树**(rooted tree)。

自由树是从图论角度定义的树,属于无向图。自由树由顶点集和边集构成,并且满足以下两个条件。

(1) 顶点集中的任意一个顶点与其他任意顶点相互连通。

(2) 自由树中没有回路,即不存在从某个顶点出发,通过其他顶点又回到该顶点的路径。

图 9.1 所示为包含 4 个结点的两棵自由树。

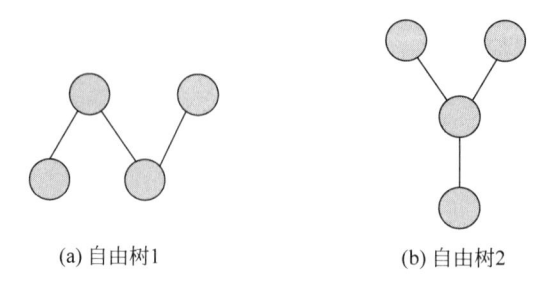

(a) 自由树1　　　　(b) 自由树2

图 9.1　包含 4 个结点的两棵自由树

本章主要介绍**有根树**,树中有一个指定的被称为根的结点。

**树**(tree)又称为**普通树**(general tree)、**多路树**(multiway tree),是由若干数据元素构成的有限集合。若该集合中的结点个数为0,则称该树为空树,否则称为非空树。任意一棵非空树满足以下两个条件。

(1) 有且仅有一个称为树根的结点(简称根结点),该结点无任何前趋结点。

(2) 当结点数目大于1时,除了根结点之外的其余结点被分成若干互不相交的有限集合,这些有限集合均可被视为一棵独立的树,并且均被称为根结点的子树。

通常用如图9.2所示的逻辑结构示意图来表示一棵树。与二叉树一样,树中的所有数据元素通常称为结点,用圆圈来表示;连接每个结点与其各棵子树的根结点的线段称为分支、树枝或边。分支连接的两个结点具有双亲和孩子的关系。除了根结点之外,每个结点有一个双亲结点;除了叶结点之外,每个结点有一个或多个孩子,这些孩子处于同一层。由此可见,树是一种一对多的层次结构。

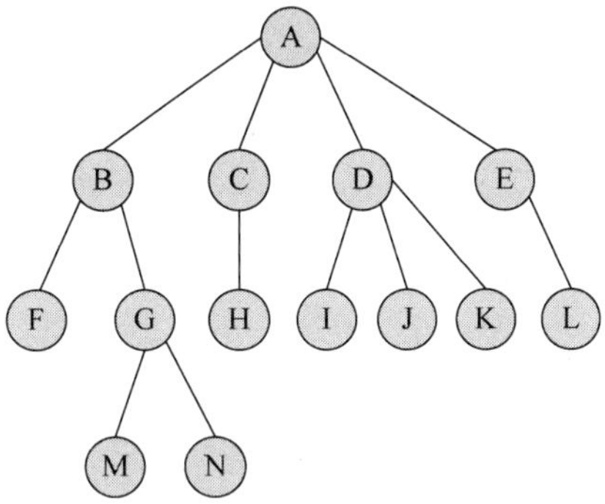

图 9.2 非空树 $T_1$

图9.2所示的非空树 $T_1$ 共有14个结点,其中 A 为树根,其余13个结点被分为4个非空集合。这4个集合分别是4棵树,并称为根 A 的子树。例如以 B 为根的子树中含有5个元素 B,F,G,M,N,除了根 B 之外,剩下的4个结点被分成两个集合{F}和{G,M,N},这两个集合也是树,分别称为 B 的子树。

**有序树**(ordered tree):如果树中结点的各子树从左至右是有次序规定的,这些子树的位置不能互换,则称该树为有序树。

**无序树**(unordered tree):如果树中结点的各子树从左至右没有次序规定,这些子树的位置可以互换,则称该树为无序树。

在一般情况下,如果没有特别说明,树默认为**有序有根树**。

树与二叉树都是层次型的树形结构。二叉树的度最大为2,而树的度没有限制;二叉树中任一结点的子树按左、右区分,而树中任一结点的子树按序号区分,例如第1棵子树、第2棵子树等。8.1.2节中讨论的二叉树的相关术语对树同样适用。

图9.2所示的树 $T_1$ 中有14个结点,13根分支。A 是 B、C、D、E 的双亲结点,B 是 A 的第1个孩子,E 是 A 的第4个孩子,B、C、D、E 互为兄弟。G、H、I 互为堂兄弟。(A,B,G,N)形成一条长度为3的路径。结点 A、G 是 M 和 N 的祖先。结点 B 的子孙结点有 F、G、M 和 N。

结点 A 在第0层,结点 B、C、D、E 在第1层,结点 F、G、H、I、J、K、L 的深度为2,结点 M 和 N 的深度是3。这棵树的高度是4。结点 F、M、N、H、I、J、K 和 L 是叶结点,其他结点都是分支结点(非叶结点、内部结点)。A 结点的度为4,B 结点的度为2。

如果树中所有结点的度的最大值为k,则该树的度为k,俗称为 **k 叉树**。$T_1$ 中结点 A

的度值最大，$T_1$ 的度为 4，是一棵 4 叉树。

**森林**(forest)：m(m≥0)棵互不相交的树构成的集合称为森林。

树是特殊的森林，此时森林中只有一棵树。

树删去根结点就变成了森林；反之，为森林增加一个结点，使得森林中每棵树的根结点都变成它的孩子，森林就成为一棵树。

如图 9.3 所示，非空的森林 F 也可递归分解为三部分。

(1) 森林中第一棵树的树根。

(2) 第一棵树的树根的子树构成的森林。

(3) 除第一棵树之外的其他树构成的森林。

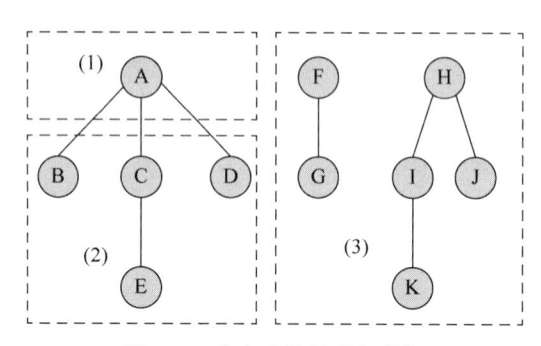

图 9.3 非空森林的递归分解

树的大部分术语也适用于森林。森林中各棵树的根结点可看成互为兄弟结点，如图 9.3 中的结点 A、F、H 可看成互为兄弟。**森林的高度**为其中各棵树的高度的最大值，并可递归定义为第一棵树的树根的子树构成的森林的高度加 1 与除第一棵树之外的其他树构成的森林的高度中的大者。对于图 9.3 所示的森林，其高度为第(2)部分森林的高度加 1 与第(3)部分森林的高度的大者，高度为 3。

## 9.1.2　树的抽象数据类型

T 类型元素构成的树或者为空，或者由根结点以及它的若干棵子树构成，并且具有以下基本操作。

(1) 构造空树(\_\_init\_\_)。

(2) 判别树是否为空(empty)。

(3) 求树中的结点数(\_\_len\_\_)。

(4) 清空一棵树(clear)。

(5) 创建一棵树(create)。

(6) 获得树中某结点的第 i 个孩子(get_child)。

(7) 对树进行先序遍历(preorder)。

(8) 对树进行后序遍历(postorder)。

(9) 求树的高度(height)。

在具体使用时，可根据需要调整和加入相应操作。由于树中每个结点的孩子的个数是任意大于或等于 0 的整数,所以树的操作方法相对比较复杂。为此,在对树操作时经常将树转换为更简单的二叉树进行处理。

## 9.1.3 树的性质

**性质 1**:度为 k 的树第 i(i≥0)层上的最多结点数为 $k^i$。

证明方法与二叉树的性质 1 类似。

**性质 2**:高度为 h(h≥1)的 k 叉树最多结点数为 $\dfrac{k^h-1}{k-1}$。

证明方法与二叉树的性质 2 类似。

满 k 叉树和完全 k 叉树的定义与二叉树类似。高度为 h(h≥1)、结点数为 $\dfrac{k^h-1}{k-1}$ 的 k 叉树为**满 k 叉树**。高度为 h 的**完全 k 叉树**由高度为 h-1 的满 k 叉树以及最下层从左到右连续的若干叶结点构成。显然,在 n 个结点的 k 叉树中完全 k 叉树具有最小的高度。

**性质 3**:具有 n 个结点的 k 叉树的最小高度为 $\lceil \log_k(n(k-1)+1) \rceil$。

**证明**:完全 k 叉树具有最小高度,设 n 个结点的完全 k 叉树的高度为 h。根据性质 2 得

$$n \leqslant \frac{k^h-1}{k-1} \tag{1}$$

高度为 h 的完全 k 叉树,除最下层之外的部分为高度为 h-1 的满 k 叉树。因此,总结点数:

$$n > \frac{k^{h-1}-1}{k-1} \tag{2}$$

根据式(1)和式(2)得

$$\frac{k^{h-1}-1}{k-1} < n \leqslant \frac{k^h-1}{k-1} \tag{3}$$

由式(3)得

$$k^{h-1} < n(k-1)+1 \leqslant k^h \tag{4}$$

对式(4)以 k 为底取对数,得到 $h-1 < \log_k(n(k-1)+1) \leqslant h$。因为 h 只能是整数,所以 $h = \lceil \log_k(n(k-1)+1) \rceil$。

## 9.2 树的存储结构

### 9.2.1 双亲表示法

**双亲表示法**指用一个数组存储树中的所有结点,在存储每个结点值的同时附加存储该结点的双亲结点在数组中的编号,也称为双亲数组表示法。

例如,图 9.2 所示的树 $T_1$ 的双亲数组表示如表 9.1 所示。由于根结点 A 没有双亲,可用-1 表示其双亲的编号。

表 9.1 树 $T_1$ 的双亲数组表示

|  | 0 | 1 | 2 | 3 | 4 | 5 | 6 | 7 | 8 | 9 | 10 | 11 | 12 | 13 |
|---|---|---|---|---|---|---|---|---|---|---|---|---|---|---|
| data | A | B | C | D | E | F | G | H | I | J | K | L | M | N |
| parent | -1 | 0 | 0 | 0 | 0 | 1 | 1 | 2 | 3 | 3 | 3 | 4 | 6 | 6 |

该方法适用于需要频繁获取各结点双亲的场合。

### 9.2.2 孩子链表表示法

**孩子链表表示法**指用一个数组存储树中的所有结点，在存储 i 号结点的值的同时附加存储一条单链表的首指针，该单链表中每个结点的值是 i 号结点的各孩子在数组中的编号。树 $T_1$ 的孩子链表表示如图 9.4 所示。如 0 号结点为 A，其后的单链表中存储其孩子结点 B、C、D、E 的数组编号 1、2、3、4。该方法适合用于需要频繁获取各结点的孩子结点的场合。如果需要同时访问各结点的双亲，可以再附加存储每个结点的双亲。

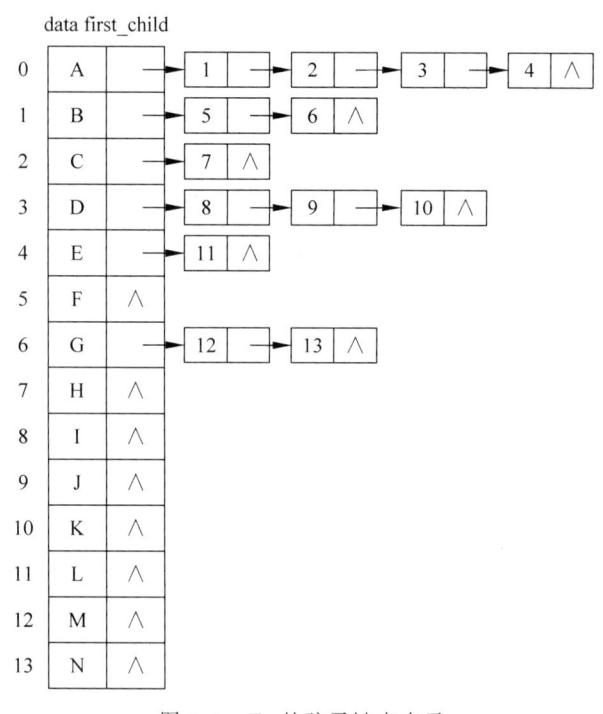

图 9.4 $T_1$ 的孩子链表表示

### 9.2.3 孩子兄弟链表表示法

**孩子兄弟链表表示法**是一种二叉链表表示，对于树中的每个结点，除了存储该结点的值以外，另外存储两个指针，分别指向该结点的最左孩子和它右边的兄弟，因此也被称为左孩子右兄弟链表表示。树 $T_1$ 的孩子兄弟链表表示如图 9.5 所示。

树的孩子兄弟链表结构是树与二叉树转换的依据，即如果树 T 的孩子兄弟链表结构与二叉树 BT 的二叉链表结构相同，则树 T 与二叉树 BT 可以相互转换。由于 $T_1$ 的孩子兄弟链表和如图9.6所示的二叉树$BT_1$的二叉链表都对应于图9.5所示的结构,所以$T_1$与$BT_1$可以相互转换。$T_1$中任一结点X的最左孩子对应于$BT_1$中结点X的左孩子;$T_1$中在结点X右边的兄弟对应于$BT_1$中结点X的右孩子;$T_1$中的各兄弟在$BT_1$中对应于某右单支上的各结点。

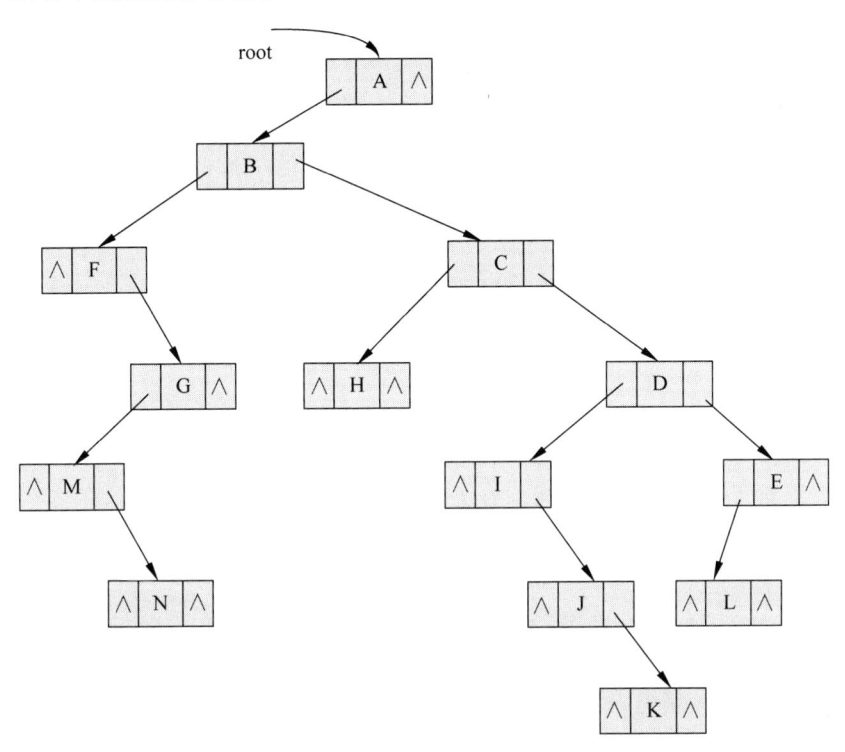

图9.5 $T_1$的孩子兄弟链表表示

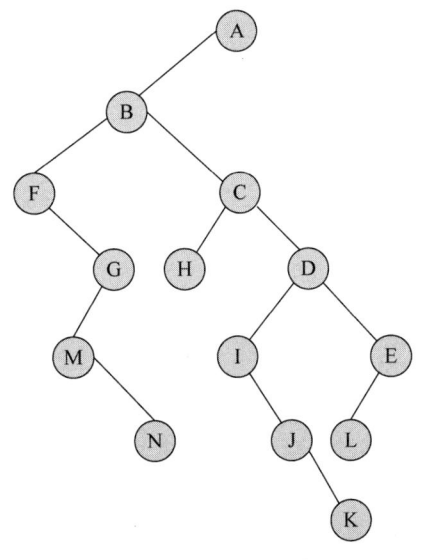

图9.6 $T_1$对应的二叉树$BT_1$

孩子兄弟链表结构是树最常用的存储结构。在该结构下，树的操作可以转换为对应二叉树的操作。另外，树的孩子兄弟链表存储方案同样适用于森林，此时将组成森林的各棵树的树根视为兄弟。

## 9.3 树与二叉树的转换

### 9.3.1 树转换为二叉树

在 9.2.3 节中描述了树 T 与二叉树 BT 相互转换的依据是树 T 的孩子兄弟链表与二叉树 BT 的二叉链表结构相同，因此可利用该存储结构作为中间媒介将树 T 与二叉树 BT 进行相互转换。

也可以直接使用以下 3 个步骤将树转换为二叉树。

(1) 在树中的所有兄弟结点之间添加连线。

(2) 仅保留每个结点与其最左孩子之间的连线，删除与其他孩子结点之间的连线。

(3) 所有水平的兄弟及连线顺时针旋转 45°。注意，保证树 T 中每个结点的最左孩子为 BT 中对应结点的左孩子。例如，$T_1$ 中 C 的最左孩子 H 在转换后的 $BT_1$ 中为 C 的左孩子。

图 9.7 示意了由 $T_1$ 转换为 $BT_1$ 的 3 个步骤。注意，由树转换得到的二叉树，其根结点没有右子树。

### 9.3.2 二叉树转换为树

由 9.2.3 节可知，二叉树中右单支上的结点为对应树的兄弟，因此在如图 9.7(c) 所示二叉树对应的树中，结点 B、C、D、E 为兄弟，都是 A 的孩子，B 是 A 的最左孩子；结点 F 和 G 为兄弟，都是 B 的孩子，F 是 B 的最左孩子；结点 M 和 N 为兄弟，都是 G 的孩子，M 是 G 的最左孩子；结点 I、J、K 为兄弟，都是 D 的孩子，I 是 D 的最左孩子，从而可以得到如图 9.2 所示的树 $T_1$。

也可以直接用 9.3.1 节中由树转换为二叉树的步骤的逆过程将二叉树还原为树，具体操作步骤如下。

(1) 所有右单支逆时针旋转 45°。

(2) 添加各结点与跟它的最左孩子水平相连的各结点之间的连线。

(3) 删除水平的各连线。

利用上述 3 个步骤将 $BT_1$ 还原为树的过程依次对应于图 9.7(b)、图 9.7(a) 所示的形态和图 9.2 所示的树 $T_1$。

### 9.3.3 森林转换为二叉树

在将森林 F 转换为二叉树 BT 时，把森林的各棵子树的根看成兄弟，在转换为二叉树时，与其他真正的兄弟一样，它们将被转换为右单支的相连结点。图 9.8(a) 所示的森林转换为二叉树后，结点 A、F、H 将依次成为右单支上的结点，另外，结点 B、C、D 和结点 I、J 也分别形成右单支。森林中各结点的第一个孩子在转换后成为二叉树中对应结点的左孩子，因此图 9.8(a) 所示的森林可直接转换为图 9.8(f) 所示的二叉树。

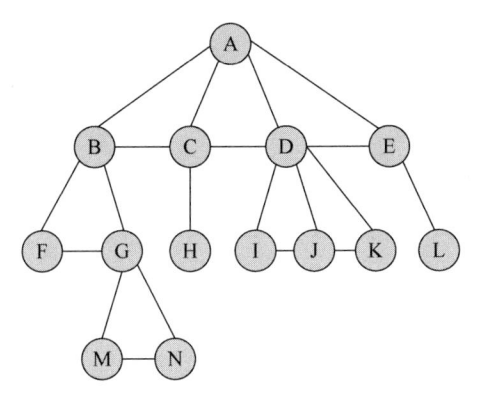

(a) 在所有兄弟结点之间添加连线

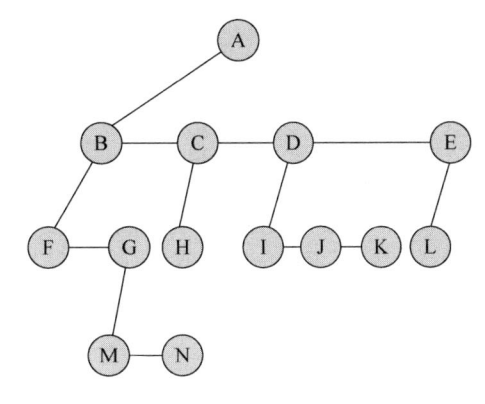

(b) 保留每个结点与其最左孩子之间的连线，删除与其他孩子的连线

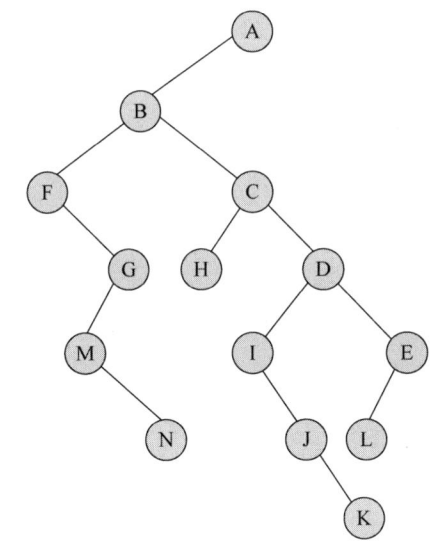

(c) 所有水平的兄弟及连线顺时针旋转45°

图 9.7　由 $T_1$ 转换为二叉树 $BT_1$ 的步骤

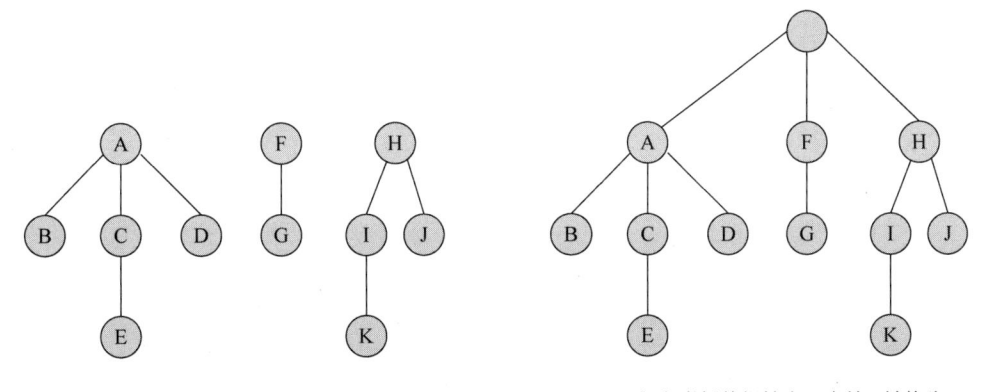

(a) 森林$F_1$

(b) 加上虚拟的根结点，森林$F_1$转换为$T_2$

图 9.8　由森林 $F_1$ 转换为二叉树 $BT_2$ 的步骤

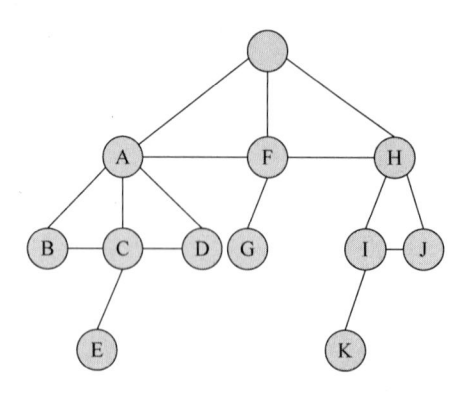

(c) 在T₂的各兄弟之间添加连线

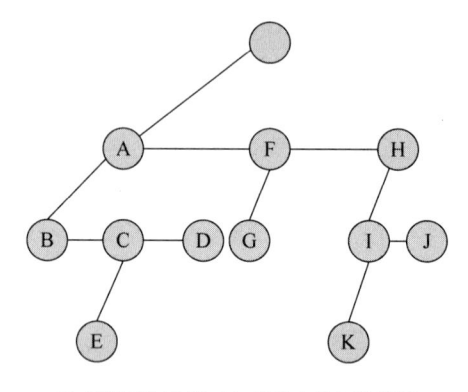

(d) 只保留每个结点与其最左孩子的连线

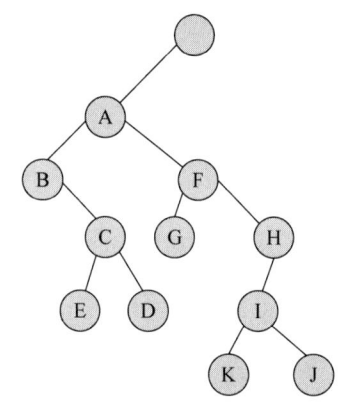

(e) 水平部分右旋45°，得到BT₂'

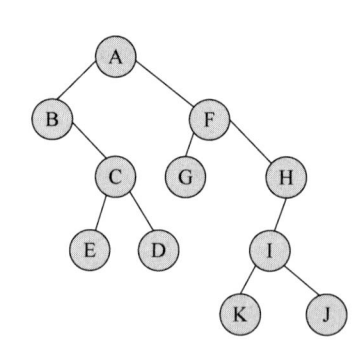

(f) 去除BT₂'中虚拟的根，得到二叉树BT₂

图9.8　（续）

也可以直接使用以下3个步骤将森林 F 转换为二叉树 BT。

（1）将该森林 F 转换为树 T，即在该森林的上面加一个虚拟的根结点，组成森林 F 的各棵树作为该结点的子树。

（2）利用9.3.1节介绍的树转换为二叉树的方法将树 T 转换为 BT'。

（3）去除 BT' 中的虚拟根结点即得到 BT。

图9.8(a)～图9.8(f)示意了由 $F_1$ 转换为 $BT_2$ 的步骤。注意由森林转换得到的二叉树，其从根开始的右单支部分的结点数与森林中树的数目一致。

## 9.3.4　二叉树转换为森林

如果一棵二叉树的根结点有非空右子树，则可以转换为森林（多于一棵树）。此时，从根结点开始的右单支上的每个结点和它的左子树分别对应于转换后森林的各棵树。例如，图9.8(f)所示的二叉树中结点 A 与其左子树部分 B、C、D、E 转换为第1棵树；结点 F 和 G 转换为第2棵树；结点 H、I、J、K 转换为第3棵树。根据二叉树转换为树的方法，可得到如图9.8(a)所示的森林 $F_1$。

## 9.4 树与森林的遍历

### 9.4.1 树的遍历

树的遍历方法有3种,即递归定义的先序遍历和后序遍历以及非递归定义的层次遍历。

**1. 先序遍历(preorder traversal)**

如果树为空,则空操作,否则:
(1) 访问根结点。
(2) 按照从左到右的次序依次先序遍历根的各棵子树。

例如,对于图9.2所示的树$T_1$,其先序遍历序列为 ABFGMNCHDIJKEL。

如果对$T_1$的对应二叉树$BT_1$(图9.7(c))进行先序遍历,可以发现$T_1$的先序序列与$BT_1$的先序序列完全一致。

**2. 后序遍历(postorder traversal)**

如果树为空,则空操作,否则:
(1) 按照从左到右的次序依次后序遍历根的各棵子树。
(2) 访问根结点。

例如,对于图9.2所示的树$T_1$,其后序遍历序列为 FMNGBHCIJKDLEA。

如果对$T_1$的对应二叉树$BT_1$(图9.7(c))进行中序遍历,可以发现$T_1$的后序遍历序列与$BT_1$的中序遍历序列完全一致。

树的先序遍历和后序遍历是递归定义的遍历,是基于深度优先搜索的遍历。

**3. 层次遍历(level traversal)**

树的层次遍历与二叉树的层次遍历类似,即从根结点开始,按照从上到下、从左到右的次序访问树中的每个结点。树的层次遍历也称为树的广度优先遍历。对于图9.2所示的树$T_1$,其层次遍历序列为 ABCDEFGHIJKLMN。

### 9.4.2 森林的遍历

森林的遍历主要有两种方法,即先序和后序遍历。

**1. 先序遍历**

森林的先序遍历是指按照从左到右的次序对组成森林的各棵树进行先序遍历。例如,对于图9.8(a)所示的森林$F_1$,其先序遍历序列为 ABCEDFGHIKJ。

如果对$F_1$的对应二叉树$BT_2$(图9.8(f))进行先序遍历,可以发现$F_1$的先序序列与$BT_2$的先序序列完全一致。

**2. 后序遍历**

森林的后序遍历是指按照从左到右的次序对组成森林的各棵树进行后序遍历。例如，对于图9.8(a)所示的森林$F_1$，其后序遍历序列为BECDAGFKIJH，可以发现$F_1$的后序序列与$BT_2$的中序序列完全一致。

表9.2给出了树、森林分别与对应二叉树两种遍历序列之间的关系。

表9.2 树、森林分别与对应二叉树遍历序列之间的关系

| 树 | 森林 | 二叉树 |
| --- | --- | --- |
| 先序 | 先序 | 先序 |
| 后序 | 后序 | 中序 |

## 9.5 树的实现

### 9.5.1 树的孩子兄弟链表结点类

孩子兄弟链表是树和森林最常用的存储方案，该方案下树的操作自然转换为对应二叉树的操作。

树中的每个元素结点用孩子兄弟链表中的一个结点来表示，结点结构如图9.9所示。其中，data域存储结点的元素值，first_child域指向其第一个孩子结点，next_sibling域指向其右边的兄弟。

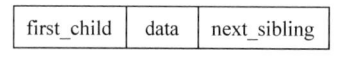

图9.9 孩子兄弟链表结点结构

孩子兄弟链表中的结点类及初始化方法可定义如下：

```python
class TreeNode:
    def __init__(self, data, first_child = None, next_sibling = None):
        self.data = data
        self.first_child = first_child
        self.next_sibling = next_sibling
```

### 9.5.2 树的孩子兄弟链表类

**1. 类及初始化方法**

```python
class Tree:
    def __init__(self):
        self._root = None
```

**2. 树的后序遍历**

树的后序序列等价于对应二叉树的中序序列，树的后序遍历算法即为二叉链表下的中序遍历算法。以下为递归算法：

```python
def recursive_postorder(self, sub_root):
    if sub_root:
```

```
        self.recursive_postorder(sub_root.first_child)
        print(sub_root.data, end = " ")
        self.recursive_postorder(sub_root.next_sibling)
```

### 3. 树的创建方法

由于树的孩子兄弟链表与对应二叉树的二叉链表结构相同,树的创建即转换为其对应二叉树的创建。在此通过带"♯"的先序序列列表 lst 创建其对应二叉树(算法思想见8.4.5 节)。以下为递归算法:

```
def recursive_create(self,lst):
    data = lst.pop(0)
    if data == '♯':
        sub_root = None
    else:
        sub_root = TreeNode(data)
        sub_root.first_child = self.recursive_create(lst)
        sub_root.next_sibling = self.recursive_create(lst)
    return sub_root
```

### 4. 统计树中的结点个数

统计树中的结点个数,即统计对应二叉树上的结点个数。特殊方法 __len__ 只做简单调用,recursive_size 递归函数用于统计 sub_root 为根的树中的结点个数。完整算法如下:

```
def __len__(self):
    return self.recursive_size(self._root)

def recursive_size(self, sub_root):
    if not sub_root:
        return 0
    else:
        return 1 + self.recursive_size(sub_root.first_child) + \
               self.recursive_size(sub_root.next_sibling)
```

### 5. 求解树的高度

求解 sub_root 为根的树的高度的算法 recursive_height1(sub_root)可递归定义为:如果 sub_root 为 None,则高度为 0;否则为 sub_root 各棵子树的高度的最大值加 1。各棵子树的高度分别调用递归函数 recursive_height1(p)求解,其中 p 的值依次为 sub_root.first_child 和 p.next_sibling。

```
def recursive_height1(self, sub_root):
    if not sub_root:
```

```
            return 0
        maxHeight = 0
        p = sub_root.first_child
        while p:
            h = self.recursive_height1(p)
            if h > maxHeight:
                maxHeight = h
            p = p.next_sibling
        return maxHeight + 1
```

求解树的高度的另一种方法借助森林高度的求解方法来完成。

在 9.1.1 节中介绍过非空的森林可递归分解为三部分，如图 9.3 所示。该森林的对应二叉树，即它的孩子兄弟链表结构如图 9.10 所示，sub_root 为其第一棵树的树根，则该森林的三部分分别为：

（1）第一棵树的根 A，即 sub_root 所指结点。

（2）第一棵树的树根 A 的子树构成的森林，即第一棵树的树根为 sub_root.first_child 的森林。

（3）除第一棵树之外其他树构成的森林，即第一棵树的树根为 sub_root.next_sibling 的森林。

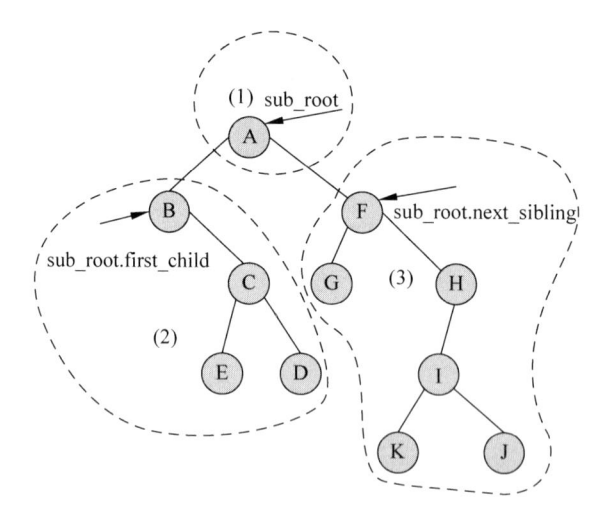

图 9.10 非空森林的递归分解

因此，第一棵树的树根为 sub_root 的森林的高度可递归定义为：如果 sub_root 为 None，则高度为 0；否则为第一棵树的树根为 sub_root.first_child 的森林的高度加 1 与第一棵树的树根为 sub_root.next_sibling 的森林的高度的大者。

将树看成只含有一棵树的森林，求解其高度的递归算法可定义如下：

```
def recursive_height2(self, sub_root):
    if not sub_root:
```

```
        return 0
    h1 = self.recursive_height2(sub_root.first_child)
    h2 = self.recursive_height2(sub_root.next_sibling)
    return max(h1 + 1, h2)
```

## 9.6 上机实验

上机实验

## 习题 9

习题

自测题

# 第 10 章

# 图

在数学中有专门的分支"图论"研究"图"这种拓扑结构。在"数据结构"课程中把图看成一种最复杂、最灵活的数据结构,它是比树更为一般的结构。图可以模拟现实世界中各种事物之间的关系,因此它的应用非常广泛。例如,图可以表示人际关系网络、交通网络、计算机网络、超文本链接和工程施工图等。在交通网络图中,人们常需要计算两地之间的最短路径;在工程施工图中,人们常希望能确定各子工程的工作顺序并找到影响工程效率的关键活动。研究图数据结构,目的就是抽象出图的基本性质,找出合适的存储方案和基本操作的方法,从而方便地解决各种图的问题。

## 10.1 基础知识

### 10.1.1 图的定义

**图**(graph)由顶点集和边集组成。图记为 G=(V,E),其中:

(1) V 是**顶点**(vertex)的有穷且非空的集合,称为**顶点集**。顶点即图中的一个数据元素。

(2) E 是连接 V 中两个不同顶点的**边**(edge)的有穷集合,称为**边集**。边是一个顶点对,表示这两个顶点之间的一对关系。

图中的任意两个顶点之间都可能有边,每个顶点可以有多个前趋和多个后继,因此图是一种多对多的数据结构。

本书讨论的图是**简单图**,即对于图中的任意两个顶点 u 和 v,u 到 v 的边最多一条,并且不包含 u 到 u 的边。

## 1. 无向图与有向图

如果图中的每条边都没有方向,则该图为**无向图**(undirected graph)。如果图中的每条边都有方向,则该图为**有向图**(directed graph 或 digraph)。

无向图中的边用圆括号表示,例如无向边(u,v),其中 u,v∈V,(u,v)与(v,u)表示同一条边。有向图中的边,也称为弧,用尖括号表示,例如有向边<u,v>,其中 u,v∈V,u 为起点,v 为终点,<u,v>与<v,u>是两条不同的边。

图 10.1 是一个无向图,可表示为 $G_1=(V_1,E_1)$,其中:
$V_1=\{A,B,C,D,E,F\}$;
$E_1=\{(A,B),(A,E),(B,C),(C,D),(C,E),(C,F),(D,F)\}$。

图 10.2 是一个有向图,可表示为 $G_2=(V_2,E_2)$,其中:
$V_2=\{A,B,C,D,E\}$;
$E_2=\{<A,B>,<A,E>,<B,C>,<C,D>,<D,A>,<D,B>,<E,C>\}$。

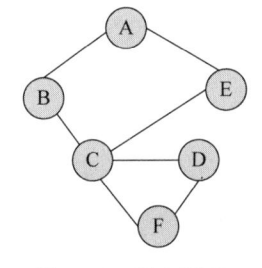

图 10.1 无向图 $G_1$

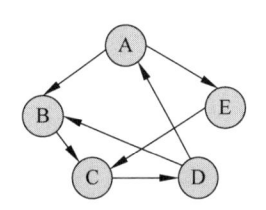

图 10.2 有向图 $G_2$

## 2. 完全图

在无向图中,任意两个顶点之间都存在边,则称该图为**无向完全图**(undirected complete graph)。含有 n 个顶点的无向完全图有 n(n−1)/2 条边。

在有向图中,任意两个顶点之间都存在方向互为相反的两条有向边,则称该图为**有向完全图**(directed complete graph)。含有 n 个顶点的有向完全图有 n(n−1) 条边。

显然,**完全图**(complete graph)中边的数目达到最多。图 10.3(a)所示为 4 个顶点的无向完全图,共有 6 条边;图 10.3(b)所示为 3 个顶点的有向完全图,共有 6 条有向边。

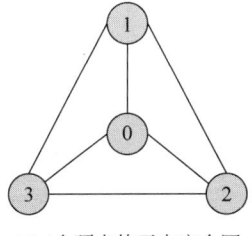

(a) 4个顶点的无向完全图　　(b) 3个顶点的有向完全图

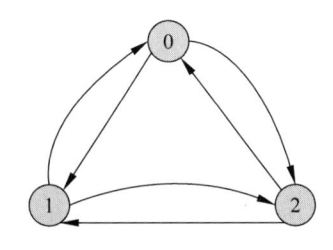

图 10.3 完全图

### 3. 稀疏图和稠密图

当图的边数很多,例如接近完全图的边数时,该图为**稠密图**(dense graph)。相对地,边数很少的图为**稀疏图**(sparse graph)。需要注意的是,稀疏和稠密之间的界限是模糊的。

### 4. 带权图(网)

如果图中的每条边都被赋予一个数值,该数值称为边的**权值**(weight),称这样的图为**带权图**(weighted graph)或**网**(network)。无向带权图和有向带权图分别称为**无向网**和**有向网**,图 10.4(a)和图 10.4(b)所示分别为无向网 $G_3$ 和有向网 $G_4$。通常权值是一个大于 0 的实数,可以表示从一个顶点到另一个顶点的距离、时间或代价等含义。本书仅讨论权值大于 0 的情况。

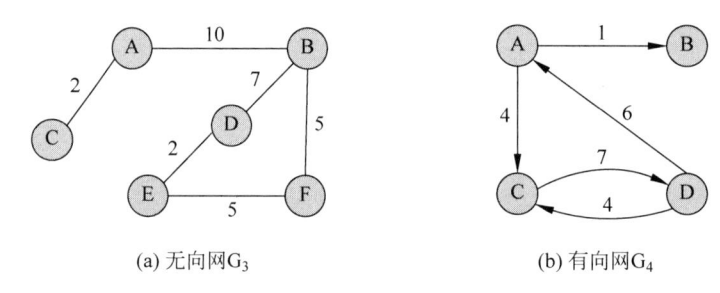

(a) 无向网 $G_3$　　(b) 有向网 $G_4$

图 10.4　带权图 $G_3$ 和 $G_4$

## 10.1.2　图的相关术语

### 1. 邻接

对于无向图,如果顶点 v 和顶点 w 之间存在一条边(v,w),则称 v 和 w 是相邻的(adjacent),顶点 v 和 w 互为邻接点(adjacent vertices),边(v,w)与顶点 v 和 w 相关联。

对于有向图,如果顶点 v 到顶点 w 有一条有向边<v,w>,则该边从 v 出发,到 w 结束,即该边的起点为 v,终点为 w。顶点 w 是 v 的邻接点。

### 2. 顶点的度

对于无向图而言,和顶点相关联的边的数目称为顶点的**度**(degree)。如图 10.1 所示的无向图 $G_1$,其中顶点 C 的度 Degree(C)为 4。

对于有向图而言,从该顶点出发的边的数目称为该顶点的**出度**(out degree),以该顶点结束的边的数目称为该顶点的**入度**(in degree),顶点的度为其出度与入度之和。如图 10.4(b)所示的有向网 $G_4$,其中顶点 A 的出度为 2、入度为 1,A 的度 Degree(A)为 3。

对于 n 个顶点、e 条边的图,由于每条边的两个顶点在计算顶点的度值时分别计算了一遍,所以所有顶点的度值之和为边数的 2 倍,即

$$e = \frac{1}{2}\sum_{i=0}^{n-1}\text{Degree}(v_i)$$

### 3. 子图和生成子图

设有两个图 G=(V,E) 和 G'=(V',E')，若 V' 是 V 的子集，即 V'⊆V，并且 E' 是 E 的子集，即 E'⊆E，则称 G' 为 G 的**子图**(subgraph)，记为 G'⊆G。

若 G' 为 G 的子图，并且 V'=V，即 G' 是包含 G 中所有顶点的子图，则称 G' 为 G 的**生成子图**(spanning subgraph)。表 10.1 分别列出了无向图 $G_1$ 和有向图 $G_2$ 的部分子图。通常，一个图有多个子图。

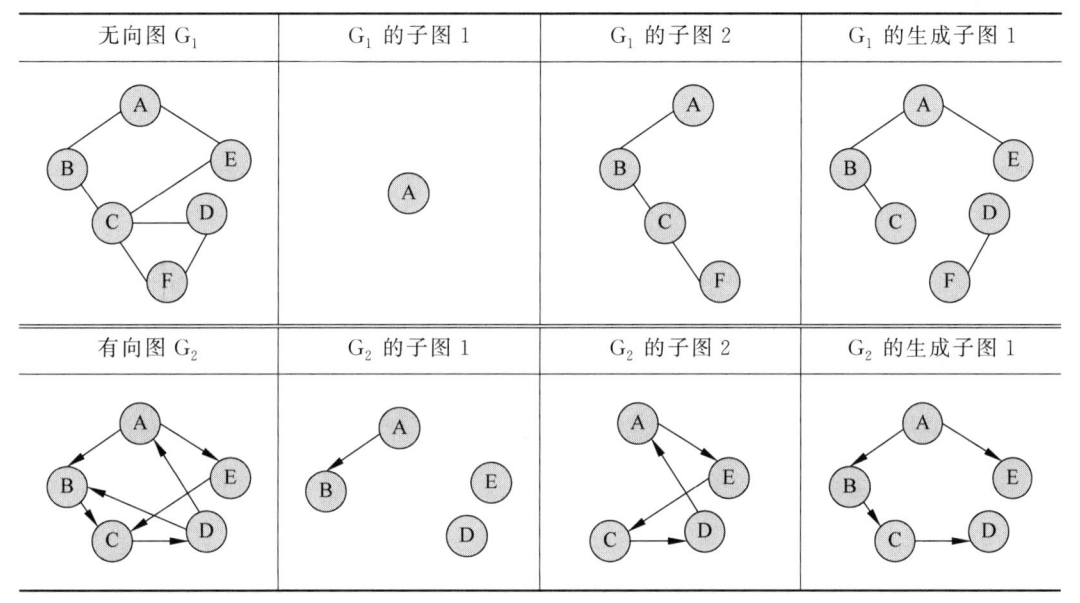

表 10.1 子图和生成子图示例

| 无向图 $G_1$ | $G_1$ 的子图 1 | $G_1$ 的子图 2 | $G_1$ 的生成子图 1 |
|---|---|---|---|
| 有向图 $G_2$ | $G_2$ 的子图 1 | $G_2$ 的子图 2 | $G_2$ 的生成子图 1 |

### 4. 路径

图中的一条**路径**(path)指的是一个顶点序列$(v_0,v_1,\cdots,v_i,\cdots,v_m)$，其中$(v_i,v_{i+1})\in E$(无向图中)或$<v_i,v_{i+1}>\in E$(有向图中)，因此路径中包含了若干条相连的边。无权路径的长度为边的数量；带权路径的长度为路径中所有边的权值之和。例如，$G_1$ 中的路径 path1：(A,B,C,D,F) 是从顶点 A 到 F 的长度为 4 的路径；$G_4$ 中的路径 path2：(A,C,D) 是从顶点 A 到 D 的长度为 11 的路径。

若路径中的顶点没有重复，则称为**简单路径**(simple path)，上述的 path1 和 path2 都为简单路径。起点和终点相同的路径称为**回路**、**环**或**圈**(cycle)。如果有向图中不存在任何回路，则称为**有向无环图**(directed acyclic graph)，简称 **DAG 图**。除了起点和终点相同，无其他重复顶点的路径称为**简单回路**。例如，$G_1$ 中(A,B,C,E,A)是简单回路，$G_4$ 中(A,C,D,A)也是简单回路。

### 5. 连通

如果从顶点 v 到顶点 w 存在路径,则称顶点 v 到顶点 w 是**连通**的。如果是无向图,则称顶点 v 和顶点 w 是相互连通的。

在无向图 G 中,如果任意两个顶点都是相互连通的,则称图 G 是**连通图**(connected graph)。包含 n 个顶点的连通图至少需要 n−1 条边。如果一个无向图不是连通图,则其中的各极大连通子图称为它的**连通分量**(connected component)。表 10.2 给出了连通图、非连通图及其连通分量的示例。

表 10.2 连通图和非连通图的连通分量

| 连通图 $G_1$ | 非连通图 $G_5$ | $G_5$ 的连通分量 1 | $G_5$ 的连通分量 2 |
|---|---|---|---|

在有向图 G 中,如果任意两个顶点间都存在有向路径,即对于任意两个顶点 v 和 w,既存在从 v 到 w 的有向路径,又存在从 w 到 v 的有向路径,则称有向图 G 是**强连通图**(strongly connected graph)。包含 n 个顶点的强连通图至少需要 n 条有向边,此时 n 条边将所有顶点连成一个有向环。如果一个有向图不是强连通图,则其中的各极大强连通子图称为它的**强连通分量**(strongly connected component)。如果不考虑有向图中边的方向所得到的无向图是连通图,则该有向图为**弱连通图**(weakly connected graph)。表 10.3 给出了强连通图、弱连通图和强连通分量的示例。

表 10.3 强连通图、弱连通图和强连通分量

| 强连通图 $G_2$ | 弱连通图 | 非强连通且非弱连通图 $G_6$ |
|---|---|---|
| $G_6$ 的强连通分量 1 | $G_6$ 的强连通分量 2 | $G_6$ 的强连通分量 3 |

### 6. 生成树和生成森林

假设一个无向连通图有 n 个顶点和 e 条边,由图中的全部顶点和 n−1 条边构成的一个极小的连通子图称为该连通图的**生成树**(spanning tree)。表 10.4 列出了 $G_1$ 及其部分生成树。

表 10.4  连通图 $G_1$ 及其部分的生成树

| 连通图 $G_1$ | $G_1$ 的生成树 1 | $G_1$ 的生成树 2 | $G_1$ 的生成树 3 |
|---|---|---|---|

生成树是连通且无环的图,处于不连通和有回路的分界状态。若在生成树中删除一条边,则该图不连通;若在生成树中增加一条边,则该图一定会产生回路。无向图的生成树与第 9 章中描述的自由树的本质相同。非连通图 G 的各连通分量的生成树构成的集合称为图 G 的生成森林。

## 10.1.3  图的抽象数据类型

图由一个非空的顶点集和一个边集组成,每条边表示的是一对顶点间的关系。图的基本操作主要如下。

(1) 初始化图结构(__init__)。
(2) 根据输入信息创建图(create)。
(3) 增加一个顶点(addVertex)。
(4) 删除一个顶点(removeVertex)。
(5) 增加一条边(addEdge)。
(6) 删除一条边(removeEdge)。
(7) 获得指定顶点的编号(locateVertex)。
(8) 求顶点 v 的第一个邻接点(firstAdjVertex)。
(9) 求顶点 v 相对于某个邻接点的下一个邻接点(nextAdjVertex)。
(10) 求顶点 v 的度(degree)。
(11) 对图进行深度优先搜索(dfsTraverse)。
(12) 对图进行广度优先搜索(bfsTraverse)。
(13) 图相关信息的输出(graph_out)。

用户可以根据实际情况对图的基本操作加以取舍和调整。例如,当经常需要判断图中是否存在回路时,可增加该操作。

## 10.2 图的存储结构及实现

根据图的边是否有方向,图分为有向图和无向图;根据图中的边是否带权,图分为不带权图和带权图。因此共有 4 种类型的图,即无向图、无向网、有向图和有向网。这 4 种类型的图的存储和操作方法基本相似,但有细节上的差别,也有各自不同的应用场景。由于图本身的复杂性,并且不同应用场合下所处理的图的类型是确定的,在本书中对这 4 种类型的图分别进行定义,为节省篇幅,本书主要以无向网为例介绍其存储和实现。

不管对什么类型的图,需要存储的信息都主要包括以下内容。

(1) 顶点信息:包括目前的顶点个数、每个顶点的值等。通常将顶点存储于一维数组中。在实际情况下,顶点有其确定的含义,例如一个地点、一个人等。为简单起见本书中默认图中每个顶点的值为一个字符。由于存储时经常给每个顶点一个编号,将编号作为顶点的标识,在本书后续讨论中,顶点也常被直接简化为其编号。

(2) 边信息:包括具体的边数,以及每条边的信息,即该边的起点和终点。对于带权图,还需表示边的权值。根据边的不同表示方法,图的常见存储方案主要有邻接矩阵和邻接表。

### 10.2.1 邻接矩阵

**1. 邻接矩阵表示法**

**邻接矩阵**(adjacent matrix)表示法又称为数组表示法,用一个一维数组存储图中顶点的信息,用一个矩阵存储图中边的信息。假设图 G=(V,E)含有 n(n>0)个顶点,对所有顶点进行编号并按编号次序存储在长度为 n 的一维数组 vertices 中,图的邻接矩阵 arcs 是一个 n 行 n 列的方阵。

假设 $v_i$ 表示编号为 i 的顶点,对于无权图,邻接矩阵定义为

$$arcs[i][j] = \begin{cases} 1 & (v_i,v_j) \in E \text{ 或} <v_i,v_j> \in E \\ 0 & (v_i,v_j) \notin E \text{ 或} <v_i,v_j> \notin E \end{cases}$$

对于带权图,假设 $w_{ij}$ 代表边$(v_i,v_j)$或$<v_i,v_j>$上的权值,则邻接矩阵定义为

$$arcs[i][j] = \begin{cases} w_{ij} & (v_i,v_j) \in E \text{ 或} <v_i,v_j> \in E \\ 0 & i=j \\ \infty & (v_i,v_j) \notin E \text{ 或} <v_i,v_j> \notin E \end{cases}$$

表 10.5 中分别给出了 4 种不同类型的图的邻接矩阵示例。图中各顶点按顶点值的字母序进行编号。通过图的邻接矩阵可以获得图的边数、顶点的度值等图的基本信息,实现图的各种基本操作。

**2. 无向网的邻接矩阵实现**

现以无向网为例,分别实现顶点类 Vertex 和邻接矩阵类 UDNGraphMatrix 及其部分基本操作。对于其他类型的图的邻接矩阵实现,读者可以在无向网实现的基础上自行修改。

表 10.5　不同类型的图的邻接矩阵

| 无向图 $G_1$ 的邻接矩阵 | (图) | $\begin{bmatrix} 0 & 1 & 0 & 0 & 1 & 0 \\ 1 & 0 & 1 & 0 & 0 & 0 \\ 0 & 1 & 0 & 1 & 1 & 1 \\ 0 & 0 & 1 & 0 & 0 & 1 \\ 1 & 0 & 1 & 0 & 0 & 0 \\ 0 & 0 & 1 & 1 & 0 & 0 \end{bmatrix}$ |
|---|---|---|
| 有向图 $G_2$ 的邻接矩阵 | (图) | $\begin{bmatrix} 0 & 1 & 0 & 0 & 1 \\ 0 & 0 & 1 & 0 & 0 \\ 0 & 0 & 0 & 1 & 0 \\ 1 & 1 & 0 & 0 & 0 \\ 0 & 0 & 1 & 0 & 0 \end{bmatrix}$ |
| 无向网 $G_3$ 的邻接矩阵 | (图) | $\begin{bmatrix} 0 & 10 & 2 & \infty & \infty & \infty \\ 10 & 0 & \infty & 7 & \infty & 5 \\ 2 & \infty & 0 & \infty & \infty & \infty \\ \infty & 7 & \infty & 0 & 2 & \infty \\ \infty & \infty & \infty & 2 & 0 & 5 \\ \infty & 5 & \infty & \infty & 5 & 0 \end{bmatrix}$ |
| 有向网 $G_4$ 的邻接矩阵 | (图) | $\begin{bmatrix} 0 & 1 & 4 & \infty \\ \infty & 0 & \infty & \infty \\ \infty & \infty & 0 & 7 \\ 6 & \infty & 4 & 0 \end{bmatrix}$ |

图的顶点类 Vertex 的定义及初始化方法如下,其中 data 数据域存储顶点的信息。

```
class Vertex:
    def __init__(self, data = None):
        self.data = data
```

以下介绍无向网的邻接矩阵类 UDNGraphMatrix 及其部分基本操作。

1) 类定义及初始化方法

类的实例属性 vertexNum 和 arcNum 为图的当前顶点数和边数,vertices 列表存储所有顶点信息,arcs 为邻接矩阵。由于插入顶点会使邻接矩阵的结构发生变化,而结构重构使得操作效率变低,因此在初始化时根据顶点个数的最大值 max_vertex 来确定顶点列表和邻接矩阵的最大容量。随着顶点数的增加,顶点列表和邻接矩阵的有效长度将逐渐增加。

初始化方法 __init__ 的具体操作步骤如下。

（1）初始化顶点数和边数,均为 0。

(2) 初始化容量为 max_vertex 的顶点列表 vertices。

(3) 初始化 max_vertex 行 max_vertex 列的二维列表，即邻接矩阵 arcs，除了对角线上为 0 以外，其他都为∞。

```python
class UDNGraphMatrix:
    def __init__(self, max_vertex = 32):
        self._vertexNum = 0
        self._arcNum = 0
        self._vertices = [None for i in range(0, max_vertex)]
        self._arcs = [[float("inf") for i in range(0, max_vertex)]
                      for j in range(0, max_vertex)]
        for i in range(max_vertex):
            self._arcs[i][i] = 0
```

初始化 vertices 列表的时间复杂度为 $O(n)$，初始化 arcs 邻接矩阵的时间复杂度为 $O(n^2)$，__init__ 方法的时间复杂度为 $O(n^2)$。

2) 增加一个顶点

addVertex 方法为图增加一个值为 v 的顶点，具体步骤如下。

(1) 生成一个顶点对象并存储至 vertices 列表的第 vertexNum 个位置。

(2) 顶点数 vertexNum 增 1。

顶点在 vertices 数组中的位置即作为该顶点的编号。算法的时间复杂度为 $O(1)$。

```python
def addVertex(self, v):
    newVertex = Vertex(v)
    self._vertices[self._vertexNum] = newVertex
    self._vertexNum += 1
```

3) 获得指定顶点的编号

locateVertex 方法在 vertices 数组中进行顺序查找，以获取顶点 v 的编号。如果不存在该顶点，则返回 −1。算法的时间复杂度为 $O(n)$。

```python
def locateVertex(self, v):
    for i in range(self._vertexNum):
        if v == self._vertices[i].data:
            return i
    return -1
```

4) 增加一条边

addEdge 方法在图中增加一条从顶点 v 到顶点 w 的权值为 weight 的边，具体步骤如下。

(1) 调用 locateVertex 方法定位 v 和 w 在列表 vertices 中的编号 i 和 j，若图中不存在 v 或 w，则添加该顶点，对应 i 或 j 的值为 vertexNum−1。

(2) 将邻接矩阵的第 i 行第 j 列和第 j 行第 i 列元素赋值为 weight。

(3) 边数 arcNum 增 1。

```python
def addEdge(self, v, w, weight):
    i = self.locateVertex(v)
    if i == -1:
        self.addVertex(v)
        i = self._vertexNum - 1
    j = self.locateVertex(w)
    if j == -1:
        self.addVertex(w)
        j = self._vertexNum - 1
    self._arcs[i][j] = weight
    self._arcs[j][i] = weight
    self._arcNum += 1
```

算法的时间复杂度为 $O(n)$。

5）根据输入信息创建图

可以通过多次调用 addVertex 和 addEdge 方法创建图，以下的 create 方法通过集中输入顶点和边的信息创建一个无向网。

```python
def create(self):
    n, e = input("请输入顶点数和边数: ").split()
    print("请分别输入图的各个顶点: ")
    for i in range(int(n)):
        self.addVertex(input())
    print("请分别输入图的各条边的信息: 如 A B 1")
    for i in range(int(e)):
        a, b, weight = input().split()
        self.addEdge(a, b, float(weight))
```

在该算法中，第一个循环完成顶点的插入，时间复杂度为 $O(n)$；第二个循环完成边的插入，时间复杂度为 $O(ne)$。构造一个具有 n 个顶点、e 条边的无向网的邻接矩阵，总的时间复杂度为 $O(n^2+ne)$，其中对邻接矩阵初始化的时间复杂度为 $O(n^2)$。

6）求顶点的度

degree 方法求解顶点 v 的度值，在无向网邻接矩阵中，顶点 v 的度值即为顶点对应行或列中非 0 且非无穷大的值的个数。算法的时间复杂度为 $O(n)$。

```python
def degree(self, v):
    i = self.locateVertex(v)
    count = 0
    for j in range(self._vertexNum):
        count += self._arcs[i][j] != 0 and self._arcs[i][j] != float("inf")
    return count
```

7）输出图的顶点和邻接矩阵

graph_out 方法输出无向网的所有顶点值和邻接矩阵，输出时用"♯"代替了"∞"。

```python
def graph_out(self):
    print("该图的顶点为: ")
    for i in range(0,self._vertexNum):
        print(self._vertices[i].data, end = " ")
    print()
    print("该图的邻接矩阵为: ")
    for i in range(self._vertexNum):
        for j in range(self._vertexNum):
            if self._arcs[i][j] == float("inf"):
                print("%4s" % ('#'), end = " ")
            else:
                print("%4.0f" % (self._arcs[i][j]), end = " ")
        print()
```

8) 类方法的测试

以下代码以图 10.4(a)所示的 $G_3$ 为例测试无向网邻接矩阵类的部分方法。由于顶点按字母序加入图中，所以顶点编号与字母序一致，程序输出的邻接矩阵与表 10.5 中所列 $G_3$ 的邻接矩阵一致。

```python
if __name__ == "__main__":
    g3 = UDNGraphMatrix()
    g3.addVertex('A')
    g3.addVertex('B')
    g3.addVertex('C')
    g3.addEdge('A', 'B', 10)
    g3.addEdge('A', 'C', 2)
    g3.addEdge('B', 'D', 7)
    g3.addEdge('D', 'E', 2)
    g3.addEdge('B', 'F', 5)
    g3.addEdge('E', 'F', 5)
    g3.graph_out()
    print("请输入任意一个顶点的值: ", end = " ")
    print("该顶点的度值为: ", g3.degree(input()))
```

运行上述程序，输出结果如下：

```
该图的顶点为:
A B C D E F
该图的邻接矩阵为:
   0   10    2    #    #    #
  10    0    #    7    #    5
   2    #    0    #    #    #
   #    7    #    0    2    #
   #    #    #    2    0    5
   #    5    #    #    5    0
请输入任意一个顶点的值: B
该顶点的度值为: 3
```

### 3. 邻接矩阵表示的特点

(1) 邻接矩阵中 i 行 j 列的元素表示编号为 i 的顶点到编号为 j 的顶点之间边的信息。由于顶点编号由 addVertex 方法的调用(直接或间接调用)顺序决定,不同的顶点加入次序对应于不同的邻接矩阵,所以图的邻接矩阵是不唯一的。

(2) 无向图(网)的邻接矩阵具有对称性,因此可采用压缩存储的方式,只存储其严格下三角(或严格上三角)部分的元素。

(3) 对于无向图(网),若某一顶点 v 在一维数组 vertices 中的下标为 i,则该顶点的度为邻接矩阵第 i 行或第 i 列中 1(非无穷大且非 0)的个数。

(4) 对于有向图(网),若某一顶点 v 在一维数组 vertices 中的下标为 i,则该顶点的出度为邻接矩阵第 i 行中 1(非无穷大且非 0)的个数,入度为邻接矩阵第 i 列中 1(非无穷大且非 0)的个数。

(5) 对于含有 n 个顶点、e 条边的图,利用邻接矩阵进行存储的空间效率和对它进行整体操作的时间效率都为 $O(n^2)$,与边数 e 无关。因此邻接矩阵表示更适合存储边数 e 很大的稠密图,而不适合存储 n 很大的稀疏图。

## 10.2.2 邻接表

实现稀疏图的一个高效方案是使用**邻接表**。在这种实现方法中,用一个列表或字典存储所有顶点信息,对于每个顶点,除了存储该顶点的值以外,还存储该顶点出发的所有边的信息,即该顶点的所有邻接点等信息。在存储由每个顶点出发的边的信息时也有两种方法,一种是经典的单链表表示法,另一种则使用 Python 的集合(无权图)或字典(带权图)表示。

接下来分别介绍顶点列表结合单链表与顶点字典结合边集合(字典)两种方法,以下分别简称**邻接表**表示和**邻接字典**表示。

### 1. 邻接表表示

图 10.5 为无向图 $G_1$ 和有向图 $G_2$ 的邻接表结构示意图;图 10.6 为无向网 $G_3$ 和有向网 $G_4$ 的邻接表结构示意图。

(a) 无向图$G_1$的一个邻接表    (b) 有向图$G_2$的一个邻接表

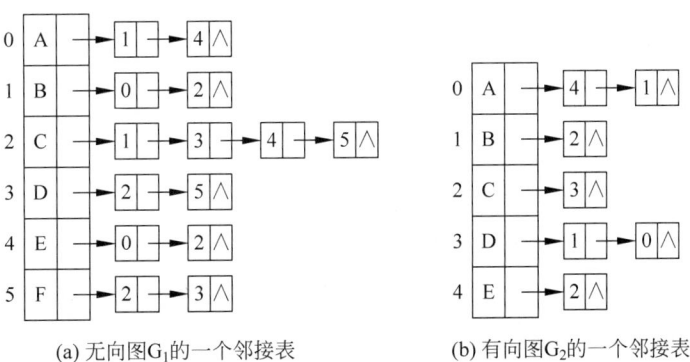

图 10.5 无权图的邻接表

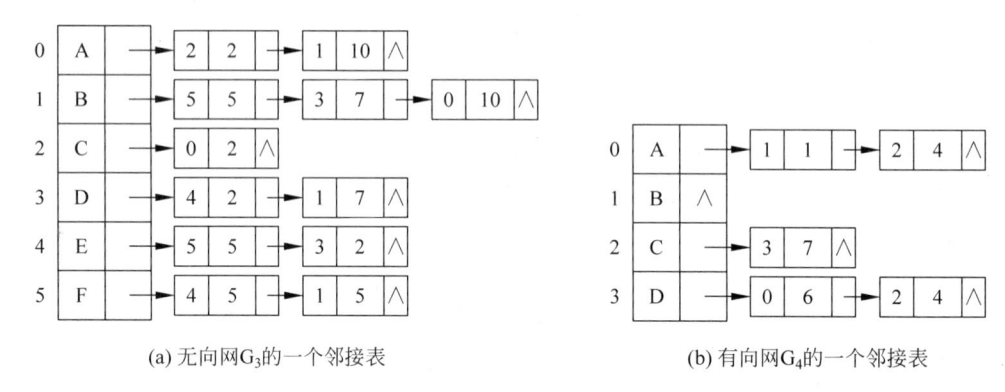

```
0 │ A │→│ 2 │ 2 │→│ 1 │10 │∧
1 │ B │→│ 5 │ 5 │→│ 3 │ 7 │→│ 0 │10 │∧
2 │ C │→│ 0 │ 2 │∧
3 │ D │→│ 4 │ 2 │→│ 1 │ 7 │∧
4 │ E │→│ 5 │ 5 │→│ 3 │ 2 │∧
5 │ F │→│ 4 │ 5 │→│ 1 │ 5 │∧
```

(a) 无向网$G_3$的一个邻接表

```
0 │ A │→│ 1 │ 1 │→│ 2 │ 4 │∧
1 │ B │∧
2 │ C │→│ 3 │ 7 │∧
3 │ D │→│ 0 │ 6 │→│ 2 │ 4 │∧
```

(b) 有向网$G_4$的一个邻接表

图 10.6  带权图的邻接表

如无向图 $G_1$ 的邻接表，**顶点列表**中存储 A、B、C、D、E、F 共 6 个顶点的信息，对每个顶点除了存储值之外，还附加存储该顶点的邻接点信息构成的单链表的首指针。例如，顶点 A 存储在顶点列表的 0 号下标处，对应单链表中依次存储了 1 和 4，表示 0 号顶点 A 有 1 号顶点 B 和 4 号顶点 E 两个邻接点。通常顶点列表中的每个元素称为**顶点结点**，单链表中的结点则称为**边结点**，该链表也称为**边链表**。边结点中不存储邻接顶点的值而存储邻接顶点编号，是为了防止信息冗余，提高空间效率。

如果是带权的图，则需在边结点中增加一个域，用于存放边的权值。例如有向网 $G_4$，顶点 A 存储在列表的 0 号下标处，对应链表中存储 A 的所有邻接点信息，即 1 号顶点 B、2 号顶点 C，且 A 到 B 的边权值为 1，A 到 C 的边权值为 4。

对于含 e 条边的无向图或无向网，因为同一条边在其关联的两个顶点对应边链表中各出现一次，所以边结点总数为 2e；对于含 e 条边的有向图或有向网，边结点总数为 e。

在无向图（网）中，i 号顶点的度值即是 i 号边链表中边结点的个数。对于有向图（网），i 号边链表中边结点的个数对应于 i 号顶点的出度，i 号顶点的入度则对应于所有边链表中邻接点编号为 i 的边结点数目。如果需经常求任意顶点的入度，可为有向图建立逆邻接表结构，此时 i 号边链表中存放以 i 号顶点结束的边<u, i>的起点 u 等信息。

边链表中各边结点的次序是随意的，如图 10.5(a)所示 $G_1$ 的邻接表中顶点 C 对应的边链表中 4 个边结点的顺序都可以互换。一般情况下，建立邻接表的算法按照邻接点编号的递增或递减序生成。在图 10.5 和图 10.6 中，$G_1$ 和 $G_4$ 的邻接表中各边结点按邻接点编号递增序排列，$G_2$ 和 $G_3$ 的邻接表中各边结点按邻接点编号递减序排列。因此，图的邻接表结构是不唯一的。通过图的邻接表可以获得图的边数、顶点的度值等图的基本信息，并对图做各种基本操作。

接下来以无向网为例，分别介绍顶点结点类 Vertex、边结点类 Arc 和邻接表类 UDNGraphAdjList 及部分基本操作。

顶点结点结构如图 10.7(a)所示。其中，data 域存储顶点的值，firstArc 域存储该顶点对应的边链表的首指针，即指向第一个边结点。

边结点结构如图 10.7(b)所示。其中，adjacent 为邻接点编号；假设该边结点在 u 号单链表中,则 weight 为边(u,adjacent)的权值;nextArc 则指向下一个边结点。

| data | firstArc |
|---|---|

(a)顶点结点

| adjacent | weight | nextArc |
|---|---|---|

(b)边结点

图 10.7　顶点结点和边结点的结构

顶点结点类定义如下:

```
class Vertex:
    def __init__(self, data = None):
        self.data = data
        self.firstArc = None
```

边结点类定义如下:

```
class Arc:
    def __init__(self, adjacent, weight, next = None):
        self.adjacent = adjacent
        self.weight = weight
        self.nextArc = next
```

接下来介绍无向网的邻接表类 UDNGraphAdjList 及其部分基本操作。

1) 类定义及初始化方法

类的实例属性 vertexNum 和 arcNum 为图的当前顶点数和边数,vertices 列表存储所有顶点结点。初始化时,vertexNum 和 arcNum 都为 0,顶点列表 vertices 初始为空。

```
class UDNGraphAdjList:
    def __init__(self):
        self._vertexNum = 0
        self._arcNum = 0
        self._vertices = []
```

2) 增加一个顶点

addVertex 方法为图增加一个值为 v 的顶点,具体步骤如下。

(1) 生成一个顶点对象 newVertex。
(2) 将顶点对象 newVertex 添加到顶点列表 vertices 的尾部。
(3) 顶点数 vertexNum 增 1。

```
def addVertex(self, v):
    newVertex = Vertex(v)
    self._vertices.append(newVertex)
    self._vertexNum += 1
```

上述算法的时间复杂度为 $O(1)$。

### 3) 增加一条边

addEdge 方法为图增加一条从值为 v 的顶点到值为 w 的顶点、权值为 weight 的边，具体步骤如下。

（1）调用 locateVertex 方法定位 v 和 w 在列表 vertices 中的编号 i 和 j，若图中不存在 v 或 w，则添加该顶点，对应 i 或 j 的编号为 vertices 列表的尾位置，即 vertexNum－1。

（2）生成边结点 edge_node1，对应起点为 i、终点为 j、权值为 weight 的边，插入为 i 号边链表的首结点。

（3）生成边结点 edge_node2，对应起点为 j、终点为 i、权值为 weight 的边，插入为 j 号边链表的首结点。

（4）边数 arcNum 增 1。

```python
def addEdge(self, v, w, weight):
    i = self.locateVertex(v)
    if i == -1:
        self.addVertex(v)
        i = self._vertexNum - 1          #v 顶点的编号为当前顶点数减 1
    j = self.locateVertex(w)
    if j == -1:
        self.addVertex(w)
        j = self._vertexNum - 1          #w 顶点的编号为当前顶点数减 1
    edge_node1 = Arc(j, weight, self._vertices[i].firstArc)
    self._vertices[i].firstArc = edge_node1
    edge_node2 = Arc(i, weight, self._vertices[j].firstArc)
    self._vertices[j].firstArc = edge_node2
    self._arcNum += 1
```

链表中用头插法插入一个边结点的算法效率为 $O(1)$；locateVertex 方法与邻接矩阵类同名方法的实现基本相同，其算法的时间复杂度为 $O(n)$，因此 addEdge 算法的时间复杂度为 $O(n)$。

### 4) 输出无向网的邻接表

graph_out 方法输出无向网的邻接表示意结构，输出时用"|"作为边结点中两个域的分隔。

```python
def graph_out(self):
    for i in range(self._vertexNum):
        print(i, ":", self._vertices[i].data, end = "")
        p = self._vertices[i].firstArc
        while p:
            print("->", p.adjacent, '|', p.weight, end = " ")
            p = p.nextArc
        print()
```

### 5) 类方法的测试

以下代码以图 10.4(a) 所示的 $G_3$ 为例，测试无向网邻接表类的部分方法。

```
if __name__ == "__main__":
    g3 = UDNGraphAdjList()
    g3.addVertex('A')
    g3.addVertex('B')
    g3.addVertex('C')
    g3.addEdge('A', 'B', 10)
    g3.addEdge('A', 'C', 2)
    g3.addEdge('B', 'D', 7)
    g3.addEdge('D', 'E', 2)
    g3.addEdge('B', 'F', 5)
    g3.addEdge('E', 'F', 5)
    g3.graph_out()
```

运行上述程序,输出结果如下:

```
0 : A -> 2 | 2 -> 1 | 10
1 : B -> 5 | 5 -> 3 | 7 -> 0 | 10
2 : C -> 0 | 2
3 : D -> 4 | 2 -> 1 | 7
4 : E -> 5 | 5 -> 3 | 2
5 : F -> 4 | 5 -> 1 | 5
```

由于顶点按照字母序加入图中,所以顶点编号与字母序一致;又由于从同一个起点出发的边按终点的字母序(即编号递增的次序)依次加入,而 addEdge 算法中每次将新生成的边结点插入为边链表的首结点,所以边链表中的各边结点按邻接点编号递减序排列。程序输出的邻接表与图 10.6(a)所示 $G_3$ 的邻接表一致。

### 2. 邻接字典表示

在用邻接字典表示法存储一个图时,除了存储图的当前顶点数 vertexNum 和边数 arcNum 外,用 vertices 字典存储所有顶点信息。假设 vertices 字典中每个元素的键值为顶点标识,值为该顶点对应的 Vertex 对象。图 10.4(a)所示无向网 $G_3$ 的 vertices 字典的内容如表 10.6 所示。

表 10.6 无向网 $G_3$ 的邻接字典表示

| keys | vertices | | |
|---|---|---|---|
| | values(Vertex 对象) | | |
| | 顶点标识(id) | 顶点值(data) | 顶点的邻接点字典(connectTo) |
| 'A' | 'A' | '苏州' | {'B': 10, 'C': 2} |
| 'B' | 'B' | '广州' | {'A': 10, 'D': 7, 'F': 5} |
| 'C' | 'C' | '南京' | {'A': 2} |
| 'D' | 'D' | '无锡' | {'B': 7, 'E': 2} |
| 'E' | 'E' | '常州' | {'D': 2, 'F': 5} |
| 'F' | 'F' | '上海' | {'B': 5, 'E': 5} |

Vertex 类存储顶点信息，其中 id 字段为顶点标识，data 字段存储顶点的值，connectedTo 字段存储它的邻接顶点的字典（集合）。例如，顶点 A 的 id 域为 'A'，data 域为与该顶点相关联的其他信息，如当顶点表示一个城市时则可以是城市的名称等属性项，connectTo 域存储与之相连的边的信息{'B': 10, 'C': 2}，即 A 到 B 长度为 10 的边以及 A 到 C 长度为 2 的边。对于不带权的图，connectTo 域是存储对应顶点的所有邻接点的集合。

Vertex 类定义如下。除了初始化方法外，另设 addNeighbor(nbr, weight)方法为当前顶点增加一条到顶点 nbr 的权值为 weight 的边，getConnections()获得当前顶点的所有邻接点，特殊方法__str__将顶点对象转换成字符串。

```python
class Vertex:
    def __init__(self, key, entry = None):
        """顶点对象3个属性的初始化"""
        self.id = key
        self.data = entry
        self.connectedTo = {}

    def addNeighbor(self, nbr, weight):
        """为当前顶点增加一条到 nbr 的权值为 weight 的边"""
        self.connectedTo[nbr] = weight

    def getConnections(self):
        """获得当前顶点的所有邻接点"""
        return self.connectedTo.keys()

    def __str__(self):
        """顶点对象的输出格式，仅输出顶点值、以它出发的边的终点和权值"""
        return str(self.data + ", " + str(self.connectedTo))
```

接下来介绍无向网的邻接字典类 UDNGraphAdjDict 及其部分基本操作。

1) 类定义及初始化方法

```python
class UDNGraphAdjDict:
    def __init__(self):
        self._vertices = {}
        self._arcNum = 0
        self._vertexNum = 0
```

2) 增加一个顶点

addVertex 方法为图增加一个键值为 key 的顶点。首先生成一个 Vertex 对象 newVertex，并以 key 作为关键字、newVertex 为值，为 vertices 字典添加一个元素，最后图的顶点数加 1。

```python
def addVertex(self, key, entry = None):
    newVertex = Vertex(key, entry)          #生成 Vertex 对象
```

```
        self._vertices[key] = newVertex
        self._vertexNum += 1
```

3）增加一条边

addEdge 方法在图中添加一条顶点 a 到顶点 b 的权值为 weight 的边。由于是无向网，需为顶点 a 和顶点 b 各添加一条权值为 weight 的关联边，最后图的边数加 1。

```
def addEdge(self, a, b, weight = 0):
    if a not in self._vertices:
        self.addVertex(a)
    if b not in self._vertices:
        self.addVertex(b)
    self._vertices[a].addNeighbor(b, weight)
    self._vertices[b].addNeighbor(a, weight)
    self._arcNum += 1
```

4）输出邻接字典示意图

graph_out 方法输出无向网的邻接字典示意图。由于 Vertex 类中定义了特殊方法 __str__，所以可以直接用 print 语句输出各 Vertex 对象。

```
def graph_out(self):
    print("该图的邻接字典表示为：")
    for (vertexId, vertex) in self._vertices.items():
        print(vertexId, vertex)
```

5）类方法的测试

以下代码以图 10.4(a)所示的 $G_3$ 为例测试无向网邻接字典类的部分方法。

```
if __name__ == "__main__":
    g3 = UDNGraphAdjDict()
    g3.addVertex('A', "苏州")
    g3.addVertex('B', "广州")
    g3.addVertex('C', "南京")
    g3.addVertex('D', "无锡")
    g3.addVertex('E', "常州")
    g3.addVertex('F', "上海")
    g3.addEdge('A', 'B', 10)
    g3.addEdge('A', 'C', 2)
    g3.addEdge('B', 'D', 7)
    g3.addEdge('B', 'F', 5)
    g3.addEdge('D', 'E', 2)
    g3.addEdge('E', 'F', 5)
    g3.graph_out()
```

运行上述程序，输出结果如下：

```
该图的邻接字典表示为：
A 苏州, {'B': 10, 'C': 2}
B 广州, {'A': 10, 'D': 7, 'F': 5}
C 南京, {'A': 2}
D 无锡, {'B': 7, 'E': 2}
E 常州, {'D': 2, 'F': 5}
F 上海, {'B': 5, 'E': 5}
```

## 10.3 图的遍历

图的遍历与树的遍历类似，即访问图中的所有顶点，并使每个顶点仅被访问一次。与树不同的是，树中有一个特殊的根结点，而图中所有顶点地位相同，因此对图进行遍历需要指定起始顶点；在树中是沿着分支找到孩子结点，而在图中则是沿着边找到顶点的邻接顶点；另外，树中不存在回路，在按照某种规则遍历时不必担心重复访问结点，但图中可能有回路，有可能会沿着某条边又回到一个访问过的顶点，因此在具体实现时需要为每个顶点设立是否已被访问标记。

根据遍历方法的不同，图的遍历方法有两种，即深度优先搜索（Depth First Search，DFS）和广度优先搜索（Breadth First Search，BFS）。

### 10.3.1 深度优先搜索

**深度优先搜索**（DFS）即**深度优先遍历**，简称深度遍历，它类似于树的先序遍历，是一种递归定义的遍历。从指定起始顶点 v 开始的深度遍历 DFS(v) 的过程为：首先访问顶点 v，然后依次从 v 的各个未被访问的邻接点 $w_j$ 开始进行深度遍历（DFS($w_j$)）。

**1. 无向连通图的 DFS 遍历**

假设对如图 10.8 所示的连通图 $G_7$ 从顶点 0 出发开始深度优先遍历。为便于理解，可把顶点看成某个城市内的 9 个景点，把各条边看成两个景点之间的直达路线，游客计划从景点 0 出发游览全部 9 个景点，最后再沿原路回到景点 0。

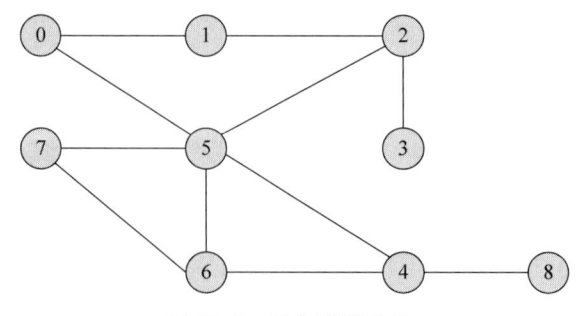

图 10.8 无向连通图 $G_7$

从顶点 0 出发的深度遍历的过程相当于以下游览过程。

（1）到达景点 0 游览。

（2）选择 0 的相邻景点 1 或 5 游览，假设选择 1 游览。

（3）选择 1 的未玩过相邻景点 2 游览。

（4）选择 2 的未玩过相邻景点游览，假设选择 3 游览。

（5）因 3 已没有未玩过的相邻景点，则退回到 2；选择 2 的未玩过的相邻景点 5 游览。

（6）在 5 的未玩过的相邻景点 4、6、7 中选择，假设选择 4 游览。

（7）选择 4 的未玩过相邻景点 6 游览。

（8）选择 6 的未玩过相邻景点 7 游览。

（9）因 7 已没有未玩过的相邻景点，按原路退回，即从 7 退到 6；从 6 退到 4；4 还有未玩过的相邻景点 8，游览 8。

（10）因 8 已没有未玩过的相邻景点，退回到 4；从 4 退到 5；从 5 退到 2；从 2 退到 1；从 1 退到 0。

以上过程对应遍历序列 012354678，整个遍历过程即为图 10.9 所示编号为 1~16 共 16 步的搜索和回溯过程。从顶点 0 出发，带箭头的实线表示向前搜索，带箭头的虚线表示向后退回，各实线和虚线上的数值表示步骤编号。

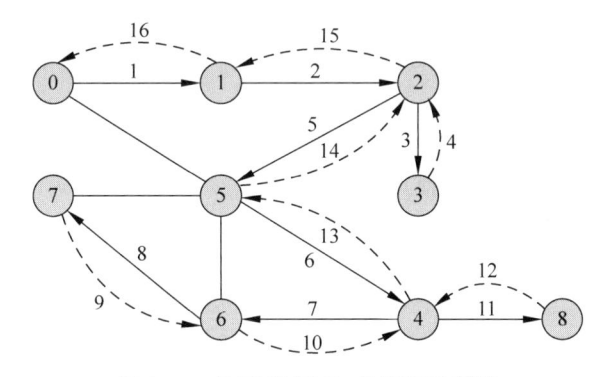

图 10.9  DFS 遍历 $G_7$ 的过程示意图

深度优先搜索过程即从起始点出发访问，如该顶点还有未被访问的邻接顶点，则任选一个出发继续遍历；当到达的顶点 u 已没有未被访问的邻接点时退回到搜索路径中的前一个顶点 v，从 v 顶点的下一个未被访问的邻接点继续遍历，如仍然没有未访问邻接点，则继续退回；最终访问完所有顶点，并回到起始点。

对图 10.9 所示的搜索过程进行简化，去除 16 个步骤中向前搜索边的箭头和所有回溯边，得到对应以上深度优先搜索过程的一棵树，称为**深度优先搜索生成树**，如图 10.10 所示。

在深度优先搜索过程中，如遇到的顶点有多个未被访问的邻接顶点，可以任选一个出发继续访问，例如在图 10.8 所示的 $G_7$ 中，访问完顶点 0 后，接下来可以选择访问顶点 5 而不是 1。因此，深度优先遍历序列和深度优先搜索生成树都不是唯一的。不过，针对确定的存储结构和确定的邻接点查找算法，DFS 遍历得到的序列和生成树是确定的。

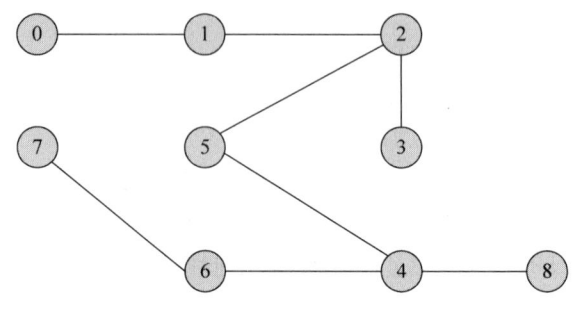

图 10.10　深度优先搜索生成树

**2. 非连通图和有向图的 DFS 遍历**

对不连通的图或有向图进行遍历，只需依次检查图中的每个顶点 v，如果顶点 v 未被访问过，则从它出发进行 DFS(v)遍历。

在以下两个例子中，假设获取顶点的各邻接点时按照其字母或数字递增序依次获得。

对如图 10.11 所示的非连通图进行深度遍历，依次检查 A~F 的每个顶点是否已被访问过：首先从 A 出发，可依次访问到 B、C、E；接着检查顶点 B 和 C，由于它们已被访问，无须从它们出发遍历；接着从 D 出发，可访问到 F；无须从 E 和 F 出发遍历，遍历结束。整个遍历序列为 ABCEDF。

对如图 10.12 所示的有向图进行深度遍历，依次检查 0~9 的每个顶点：从顶点 0 出发，可依次访问到 2、3、5、8、6；从顶点 1 出发，可继续访问到 4；从顶点 7 出发，只访问到 7；从顶点 9 出发，只访问到 9。整个遍历序列为 0235861479。

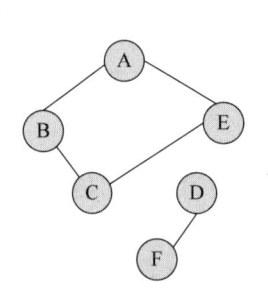

图 10.11　非连通图的深度遍历 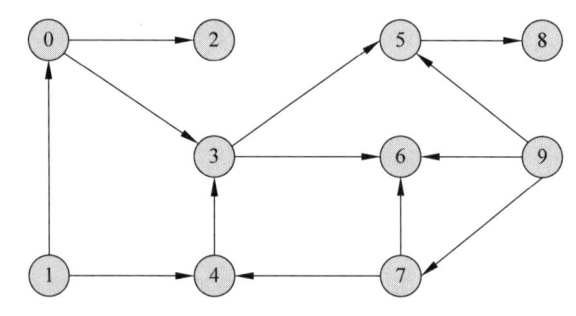　　　图 10.12　有向图的深度遍历

**3. 遍历算法**

以下介绍深度优先遍历接口方法 dfsTraverse 和深度遍历递归算法 dfs，为更好地表达出算法的通用思想，这两个算法适用于 10.2 节中介绍的图的各种存储结构。

1) 深度优先遍历接口方法

为了标记每个顶点是否已被访问过，设长度为 n 的访问数组 visited，visited[v]的值为 True 或 False，分别表示 v 号顶点是否已被访问过。接口方法 dfsTraverse 首先将 visited 数组全部初始化为 False，接着依次检查图中的每个顶点，若该顶点未被访问过，则调用递归算法 dfs 从该顶点开始进行深度优先遍历。

```python
def dfsTraverse(self):
    print("该图的深度优先搜索序列为：", end = " ")
    visited = [False for i in range(self._vertexNum)]
    for i in range(self._vertexNum):
        if not visited[i]:
            self.dfs(visited, i)
```

2）从 v 号顶点开始的深度优先遍历递归算法

```python
def dfs(self, visited, v):
    self.visitVertex(v)                          #访问 v 号顶点
    visited[v] = True                            #置 v 号顶点访问标记为 True
    nextAdj = self.firstAdjVertex(v)             #nextAdj 为 v 的第一个邻接点的编号
    while nextAdj != -1:                         #当邻接点 nextAdj 存在时
        if not visited[nextAdj]:                 #如果 nextAdj 未被访问
            self.dfs(visited, nextAdj)           #从 nextAdj 开始深度优先遍历
        nextAdj = self.nextAdjVertex(v, nextAdj) #nextAdj 为 v 的下一个邻接点的编号
```

以上深度优先遍历算法调用了顶点访问、求顶点的邻接点等算法。

以下介绍无向图邻接表结构下的相应算法。无向图类 UDGraphAdjList 的定义可参考 10.2.2 节中无向网的邻接表类的定义。

3）访问顶点的方法

这里对顶点的访问只做简单的输出，在具体应用中可以定义其他访问顶点的方法。

```python
def visitVertex(self, v):
    print(self._vertices[v].data, end = ' ')
```

4）求 v 号顶点的第一个邻接点的编号

在邻接表的 v 号边链表中找到顶点结点的指针域，如非空，则返回第一个边结点中的顶点编号，否则返回 -1。

```python
def firstAdjVertex(self, v):
    firstArc = self._vertices[v].firstArc
    if firstArc:
        return firstArc.adjacent
    else:
        return -1
```

5）求 v 号顶点相对于 adjacent 的下一个邻接点的编号

在邻接表的 v 号边链表中定位 v 的邻接点 adjacent 所对应的边结点，如果该结点有后继边结点，则返回后继边结点中的顶点编号，否则返回 -1。

```python
def nextAdjVertex(self, v, adjacent):
    p = self._vertices[v].firstArc
    while p:
        if p.adjacent == adjacent:
            if p.nextArc:
                return p.nextArc.adjacent
            else:
                return -1
        else:
            p = p.nextArc
```

6) 输出无向图的邻接表

```python
def graph_out(self):
    for i in range(self._vertexNum):
        p = self._vertices[i].firstArc
        print(self._vertices[i].data, ":", end = " ")
        while p:
            if p.nextArc:
                print(p.adjacent, end = " -> ")
            else:
                print(p.adjacent, end = " ")
            p = p.nextArc
        print()
```

7) 深度遍历的测试

以下代码生成无向图 $G_7$ 的邻接表，并在该结构下进行深度优先搜索。

```python
if __name__ == "__main__":
    g7 = UDGraphAdjList()
    edgeList = [(0, 1), (0, 5), (1, 2), (2, 3),
                (2, 5), (4, 5), (4, 6), (4, 8),
                (5, 6), (5, 7), (6, 7)]
    for i in range(9):
        g7.addVertex(str(i))
    for edge in edgeList:
        g7.addEdge(str(edge[0]), str(edge[1]))
    g7.graph_out()
    g7.dfsTraverse()
```

运行上述程序，输出以下邻接表示意图以及该结构下的深度优先搜索序列。在程序生成的邻接表中，每个顶点的各邻接点按编号递减排序。

```
0 :  5 -> 1
1 :  2 -> 0
2 :  5 -> 3 -> 1
3 :  2
```

```
4:   8 ->6 ->5
5:   7 ->6 ->4 ->2 ->0
6:   7 ->5 ->4
7:   6 ->5
8:   4
该图的深度优先搜索序列为：０ ５ ７ ６ ４ ８ ２ ３ １
```

接下来分析在上述程序生成的邻接表结构下 DFS 算法的执行过程。

(1) 从顶点 0 出发，首先访问 0。
(2) 在 0 号单链表中找到第一个邻接点 5 访问。
(3) 接着在 5 号链表中找到顶点 7 访问。
(4) 在 7 号链表中找到顶点 6 访问。
(5) 在 6 号链表中依次找到邻接点 7 已访问过，5 也访问过，再往后找到 4 访问。
(6) 在 4 号链表中找到 8 访问。
(7) 在 8 号链表中邻接点 4 已被访问过，退回到 4。
(8) 在 4 号链表中依次检查，发现邻接点 8、6 和 5 都已经访问过，退回到 6。
(9) 在 6 号链表中检查，发现 6 的邻接点都访问过，退回到 7。
(10) 发现 7 的邻接点也都访问过，退回到 5。
(11) 在 5 号链表中找到未被访问的邻接点 2 访问。
(12) 在 2 号链表中找到 3 访问。
(13) 在 3 号链表中没有未被访问的邻接点，退回到 2。
(14) 在 2 号链表中找到顶点 1 访问。
(15) 1 没有未被访问邻接点，再退回到 2。
(16) 2 退回到 5；5 退回到 0。

DFS 遍历过程如图 10.13 所示，与程序运行得到的遍历序列 057648231 相对应。这个遍历序列与图 10.9 对应的遍历序列不一样，这是因为程序中是按照邻接表结构中确定的边结点顺序依次搜索邻接点的，而图 10.9 中按照顶点编号的递增序依次选取邻接点。

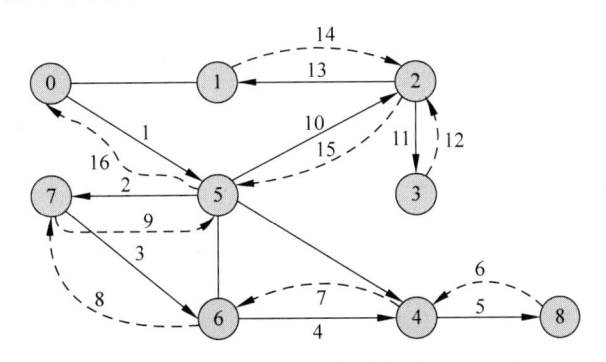

图 10.13　在程序生成的 $G_7$ 的邻接表下的 DFS 遍历过程

递归算法 DFS 的主要工作是通过调用 firstAdjVertex 和 nextAdjVertex 方法寻找每个顶点 v 的邻接点，在邻接表结构下即对应为对 v 号边链表的操作。由于邻接表中共有

2e个或e个边结点,所以寻找所有顶点的邻接点的时间复杂度为O(e),另外,遍历需对每个顶点进行访问,访问的总时间性能为O(n),因此在邻接表存储结构下深度优先搜索算法的时间复杂度为O(n+e)。在邻接字典存储结构下进行深度遍历,时间复杂度也为O(n+e)。

在邻接矩阵下,寻找全部顶点的所有邻接点需要检查矩阵中的所有元素,所以深度遍历的时间复杂度为$O(n^2)$。

### 10.3.2 广度优先搜索

**广度优先搜索**(BFS)即**广度优先遍历**,简称广度遍历,它类似于树的层次遍历。从图中某顶点v出发的广度优先遍历BFS(v)的过程为首先访问v,然后依次访问v的各个未被访问过的邻接点,设为$u_1,u_2,\cdots,u_m$,接着依次访问$u_1,u_2,\cdots,u_m$的各个未被访问的邻接点,设为$w_1,w_2,\cdots,w_k$,再依次访问$w_1,w_2,\cdots,w_k$的各个未被访问的邻接点,以此类推,直至图中所有已被访问的顶点的邻接点都被访问到。注意,访问某顶点的未被访问过的邻接点的顺序是任意的,以下举例按邻接点编号的递增序访问。

#### 1. 无向连通图的 BFS 遍历

对图10.8所示的$G_7$,从顶点0出发的广度优先遍历的过程相当于以下游览过程。
(1) 到达景点0游览。
(2) 选择0的未玩过相邻景点1、5依次游览。
(3) 选择1的未玩过相邻景点2游览。
(4) 选择5的未玩过相邻景点4、6、7依次游览。
(5) 选择2的未玩过相邻景点3游览。
(6) 选择4的未玩过相邻景点8游览。
(7) 6、7、3、8都已无未玩过的相邻景点,整个遍历结束。

以上过程对应遍历序列015246738,整个遍历过程对应于图10.14(a)所示编号为1~8共8步的搜索过程。这个过程类似于树的层次遍历,顶点0相当于第0层的根结点,根访问完后依次访问第1层的结点,即0的邻接点1、5(相当于树中0的孩子们);然后访问第2层的结点,即1、5的邻接点2、4、6、7;再访问第3层的结点,即2、4的邻接点

(a) BFS遍历过程    (b) 广度优先搜索生成树

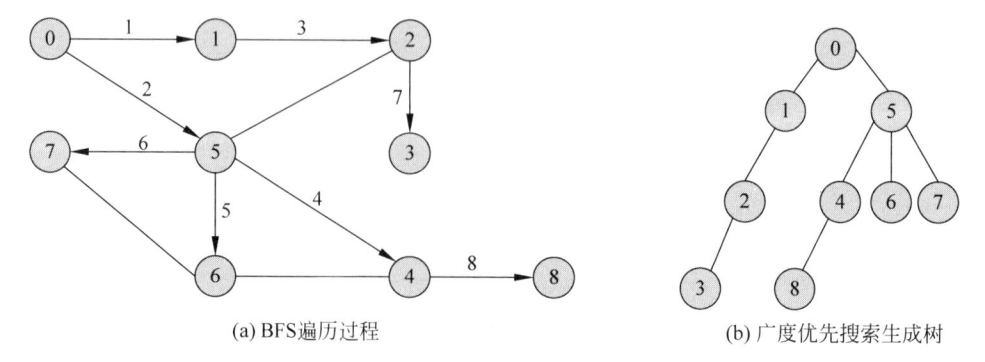

图10.14 广度优先搜索遍历过程及对应的生成树

3、8。这个一层层的访问可以用图 10.14(b)所示的一棵**广度优先搜索生成树**来表示。为了更清楚地体现广度搜索的层次,这棵生成树中的顶点位置被重新定位了,不过这不是必要的。在绘制生成树时,完全可以维持原图中所有顶点的位置,就像图 10.10 所示的深度优先搜索生成树一样,此时生成树的边对应图 10.14(a)中所有带编号的边。

**2. 非连通图和有向图的 BFS 遍历**

对于不连通的图或有向图,只要依次检查图中的每个顶点 v,如果顶点 v 未被访问过,则从它出发进行 BFS(v)遍历即可。

如对图 10.11 所示的非连通图进行广度遍历,依次检查 A~F 的每个顶点是否已被访问过:首先从 A 出发,可依次访问到 B、E、C;依次检查顶点 B 和 C,无须从它们出发遍历;接下来从 D 出发,可访问到 F;无须从 E 和 F 遍历,遍历结束。整个遍历序列为 ABECDF。

如对图 10.12 所示的有向图进行广度遍历,依次检查 0~9 的每个顶点:从顶点 0 出发,可依次访问到 2、3、5、6、8;从 1 出发,可继续访问到 4;从 7 出发,只访问到 7;从 9 出发,只访问到 9。整个遍历序列为 0235681479。

**3. 遍历算法**

与二叉树层次遍历类似,广度优先遍历算法需要用到辅助队列。假设在 10.3.1 节中程序生成的 $G_7$ 的邻接表结构下对 $G_7$ 进行广度优先遍历。

如对 $G_7$ 进行广度优先遍历,可以与二叉树的层次遍历类似理解,首先访问第 0 层的顶点 0,然后依次访问第 1 层的顶点 5、1,接着访问 5 的邻接顶点 7、6、4、2,以此类推,即总是在访问完第 i 层顶点后,按照 i 层顶点的访问次序依次访问它们的未被访问的邻接点,如图 10.15 所示。

为了保证得到这样的访问次序,可以使用队列依次存放图的各顶点。当第 i 层的顶点已全部访问并入队时,将它们逐个出队,同时对它们的未被访问的邻接点依次访问并入队;当第 i 层的顶点全部出队时,第 i+1 层的所有顶点已按序全部访问并入队;这样重复出队、访问和入队,直至队列为空,即可得到对应广度优先遍历序列。

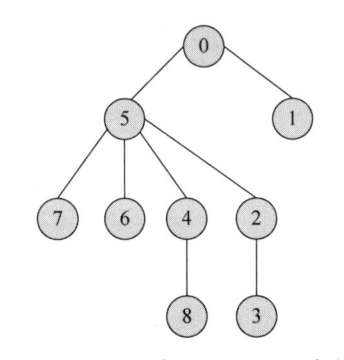

图 10.15  在程序生成的 $G_7$ 的邻接表下的 BFS 生成树

广度优先遍历不是递归算法,可以仅用一个方法描述,为了便于阅读和调用,在此也安排两个方法,即广度优先遍历接口方法 bfsTraverse 和从某个顶点出发的广度优先遍历算法 BFS,这两个算法适用于 10.2 节中图的各种存储结构。

1) 广度优先遍历接口方法

与深度优先遍历一样,设置长度为 n 的访问数组 visited,visited[v]的值为 True 或 False,分别表示 v 是否已被访问过。bfsTraverse 方法首先将 visited 数组全部初始化为 False,接着依次检查图中的每个顶点,若该顶点未被访问过,则调用 bfs 算法从该顶点开始进行广度优先遍历。

```python
def bfsTraverse(self):
    print("该图的广度优先搜索序列为: ", end = " ")
    visited = [False for i in range(self._vertexNum)]
    for i in range(self._vertexNum):
        if not visited[i]:
            self.bfs(visited, i)
```

2) 从顶点 v 开始的广度优先遍历

从顶点 v 开始进行广度优先遍历的算法 BFS 的步骤如下。

(1) 设置一个初始为空的队列 q。

(2) 访问起始顶点 v,置访问标记,并入队 q。

(3) 当队列 q 非空时执行循环：出队队首 u；对于 u 的所有邻接顶点,如果该顶点未被访问,则对它进行访问、置访问标记、入队。

```python
def bfs(self, visited, v):
    q = CircularQueue()
    visited[v] = True
    self.visitVertex(v)
    q.append(v)
    while not q.empty():
        u = q.serve()
        nextAdj = self.firstAdjVertex(u)
        while nextAdj != -1:
            if not visited[nextAdj]:
                self.visitVertex(nextAdj)
                visited[nextAdj] = True
                q.append(nextAdj)
            nextAdj = self.nextAdjVertex(u, nextAdj)
```

将深度遍历测试程序中的 g7.dfsTraverse 改为 g7.bfsTraverse 并运行,得到的输出序列为 0 5 1 7 6 4 2 8 3。

与深度遍历一样,广度遍历算法的主要工作是寻找每个顶点的所有邻接点,因此在邻接表存储结构下广度优先搜索算法的时间复杂度为 O(n+e),在邻接矩阵下广度优先搜索算法的时间复杂度为 $O(n^2)$。

### 10.3.3 遍历算法的应用

**1. 深度优先遍历的应用**

【**例 10.1**】 设计算法求图中顶点 a 到顶点 b 的所有简单路径(设 a 和 b 为不同顶点)。

简单路径中的顶点不重复出现,通过遍历可得到简单路径。要得到 u 到 v 的所有路径,可通过深度优先搜索从顶点 u 开始遍历,若遍历过程中遇到 v,则输出一条路径,然后退回到 v 的前趋顶点试探其他路径,直至探索并输出了所有可能的路径。

对于 u 的所有邻接点 k,如果 k 为 v,则得到一条路径输出,否则 u 到 v 的路径 path(u,v)={(u,k)+path(k,v)}。假设 dfs_path(u,v,path,start,visited)算法求解并输出 u 到 v 的所有简单路径,路径动态存放在 path 数组中从 start 开始的连续位置,以下算法步骤对无向图和有向图都适用。

(1) 将 u 顶点放在 path 数组的 start 下标位置。

(2) 置顶点 u 访问标记。

(3) 对于 u 的每个未被访问的邻接点 k,如果 k 是终点 v,则输出 path 数组中的路径;否则调用 dfs_path(k,v,path,start+1,visited),求解 k 到 v 的所有路径并存放在 path 数组中从 start+1 开始的连续位置。

(4) 重置 u 顶点未访问标记,使得 u 在其他路径中可重新使用。

递归算法 dfs_path 的完整代码如下:

```python
def dfs_path(self, u, v, path, start, visited):
    """求解u到v的所有路径并输出,路径从path数组的start位置开始存放"""
    path[start] = u                     #将u顶点放在path的第start位置
    visited[u] = True
    k = self.firstAdjVertex(u)
    while k != -1:
        if not visited[k]:
            if k == v:                  #已到达终点,输出路径
                start += 1
                path[start] = v
                for index in range(0, start + 1):
                    print(path[index], end=" ")
                print()
                start -= 1
            else:
                #求出k到v的路径,路径从path数组中的start+1位置开始存放
                self.dfs_path(k, v, path, start + 1, visited)
        k = self.nextAdjVertex(u, k)
    #恢复该顶点的未访问标记,使得u在其他路径中可重新使用
    visited[u] = False
```

接口方法 path 完成 visited 访问数组及 way 路径数组的初始化,并调用 dfs_path 算法。

```python
def path(self, a, b):
    visited = [0 for i in range(self._vertexNum)]       #访问数组初始化
    way = [-1 for i in range(self._vertexNum)]          #way记录a到b的路径
    self.dfs_path(a, b, way, 0, visited)
```

对无向图 $G_7$,在邻接矩阵结构下,运行 path(0,8),得到以下全部简单路径。本算法同样适合有向图的求解。

```
0 1 2 5 4 8
0 1 2 5 6 4 8
0 1 2 5 7 6 4 8
0 5 4 8
0 5 6 4 8
0 5 7 6 4 8
```

【例 10.2】 设计算法判断一个有向图中是否有回路。

利用深度优先遍历算法可以判定有向图中是否存在有向回路。若在从顶点 u 开始的深度遍历结束之前出现一条从当前访问顶点 k 到顶点 u 的有向边，由于 u 到 k 存在有向路径，则有向图中存在包含顶点 u 和顶点 k 的环。

在图 10.16(a)中，从 A 顶点开始深度遍历，依次顺着边<A，B>，<B，C>，<C，D>到达了顶点 D，此时探测到可以从顶点 D 顺着边<D，A>到达顶点 A，即可判断图中存在回路。而在图 10.16(b)中，从 A 顶点开始深度遍历，依次顺着边<A，B>，<B，C>，<C，D>到达了顶点 D，接着发现 D 没有邻接点，说明 D 开始的遍历结束，依次回退到 C、B、A，当退到 A 时，A 虽然能走到 D，但此时并不能认为有回路。这两种情况的差别是图 10.16(a)中从 D 走到 A 时，以 A 开始的遍历正在进行中；图 10.16(b)中能从 A 走到 D，但以 D 开始的遍历已经结束了。因此将顶点的访问状态设为 3 种：visited[i]为 0 表示 i 号顶点未访问，为 1 表示从它开始的遍历正在进行，为 2 则表示从该顶点的遍历已经结束。若从顶点 u 顺着某条边到达顶点 k，发现 k 顶点的访问标记为 1，则可判断图中存在回路。

如图 10.16(a)所示，在从 A 一路走到 D 的过程中，A、B、C、D 顶点的访问标记依次置为 1，此时发现通过 D 可以走到访问标记是 1 的顶点 A，则判定图中有回路。如图 10.16(b)所示，在从 A 一路走到 D 的过程中，A、B、C、D 顶点的访问标记依次置为 1，发现 D 没有邻接点，说明 D 开始的遍历结束，则将 D 的访问标记置为 2，再逐步返回，将 C 和 B 顶点的访问标记也置为 2，退到 A 时，A 可以走到 D，而 D 的访问标记为 2，说明这里不构成回路。

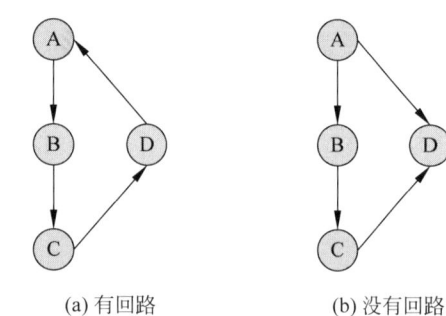

(a) 有回路　　　　(b) 没有回路

图 10.16　判断有向图中是否有回路

设 dfs_loop_dg 算法判断有向图中从顶点 u 遍历可达的子图是否有回路，算法步骤如下。

(1) 设置顶点 u 的访问标记为 1。

(2) 对于顶点 u 的所有邻接点 k，如果 k 的访问标记为 1，则返回 True；如果 k 的访问标记为 0，则递归判断从 k 可达的子图是否有回路，如有，则返回 True。

(3) 置顶点 u 的访问标记为 2。

(4) 返回 False。

```
def dfs_loop_dg(self, visited, u):
    visited[u] = 1
    k = self.firstAdjVertex(u)          #k为u的第一个邻接点
    while k != -1:
        if visited[k] == 1:             #从k开始的遍历正在进行中
            return True                 #图中有回路
        elif visited[k] == 0:           #从k开始深度遍历并判断该部分子图是否有回路
            result = self.dfs_loop_dg(visited, k)
            if result:
                return True
        k = self.nextAdjVertex(u, k)    #查找u的下一个邻接点
    visited[u] = 2                      #表示v顶点开始的遍历已经结束
    return False
```

接口方法 has_loop_dg 判断当前有向图中是否包含回路,算法步骤如下。

(1) 初始化每个顶点的访问标记为 0。

(2) 检查图 G 中的每个顶点 v,如果 v 未被访问过,则调用 dfs_loop_dg 算法判断从 v 开始遍历可达的子图是否包含回路。

```
def has_loop_dg(self):
    visited = [0 for i in range(self._vertexNum)]
    for v in range(self._vertexNum):
        if visited[v] == 0:
            if self.dfs_loop_dg(visited, v):
                return True
    return False
```

【例 10.3】 设计算法判断一个无向图中是否有回路。

对于无向图,在深度优先遍历过程中,从某个顶点 u 出发进行遍历,顺着一些边到达了顶点 k,此时发现可以顺着一条新边(k,u)到达顶点 u,即可认定图中存在回路。如图 10.17(a)所示,从 A 开始深度遍历,依次访问 A、B、C、D,发现 D 可以到达 A,而 A 已被访问,说明图(a)有回路。由于边没有方向,所以图 10.16(b)归结为和图 10.17(a)一样的情形,visited[i]的值只需设两个值。

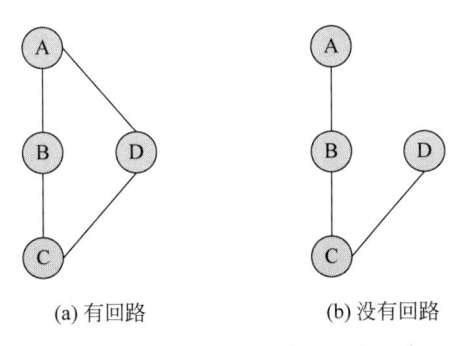

(a) 有回路  (b) 没有回路

图 10.17 判断无向图中是否有回路

强调"新边(k,u)"是由于无向图的边没有方向,因此在遍历过程中可以通过刚才搜索路径中的最后一条边回到之前的顶点,但此时不能被认为有回路。在图 10.17(b)中,从顶点 A 开始深度遍历,从 A 到达 B,该两顶点都已被访问,然后发现 B 又是可以到达 A 的,但此时显然不能认为存在回路。同样,如果从 A 出发,顺着边(A,B)、(B,C)、(C,D)依次访问 A、B、C、D,发现可以从 D 顺着边(D,C)走到已访问的顶点 C,也不能认为 C、D 之间构成回路。因此,在无向图中判别是否有回路,还需记录每个顶点在遍历过程中的前趋顶点。

以下 dfs_loop_ud 算法判断无向图中从顶点 u 遍历可达的子图是否有回路,其中 pre 数组存放每个顶点的前趋。

```
def dfs_loop_ud(self, u, visited, pre):
    visited[u] = 1
    k = self.firstAdjVertex(u)           #k 为 u 的第一个邻接点
    while k != -1:
        #k 已被访问,且 u 不是由 k 访问而来
        if visited[k] == 1 and pre[u] != k:
            return True                  #图中有回路
        #从 k 开始深度遍历并判断该部分子图是否有回路
        elif visited[k] == 0:
            pre[k] = u                   #记录顶点 k 的前趋
            result = self.dfs_loop_ud(k, visited, pre)
            if result:
                return True
        k = self.nextAdjVertex(u, k)     #查找 u 的下一个邻接点
    return False
```

接口方法 has_loop_ud 判断当前无向图中是否包含回路,与例 10.2 中的 has_loop_dg 接口方法相比,增加了 pre 数组的初始化。

```
def has_loop_ud(self):
    visited = [0 for i in range(self._vertexNum)]
    pre = [-1 for i in range(self._vertexNum)]
    for v in range(self._vertexNum):
        if visited[v] == 0:
            if self.dfs_loop_ud(v, visited, pre):
                return True
    return False
```

**2. 广度优先遍历的应用**

【例 10.4】 判断无向图是否有回路。

对于无向图,利用广度优先遍历,如果顶点 pre 的未被访问的邻接点 i 的邻接点 j (j 不是 pre)已经被访问过,那么该图一定存在回路。在图 10.18(a)中,从 A 开始广度遍历,先从 A 走到 B 访问,然后从 A(算法中的 pre)走到 C(算法中的 i),此时可以从 C 走到已访问的 B 点(算法中的 j),说明图中存在回路。又如图 10.18(b)所示,从 A 开始广度遍

历,访问完 A 后接着访问 B 和 D,再找到 B 的未被访问的邻接点 C,发现 C 可以走到已访问的 D,则该图存在回路。

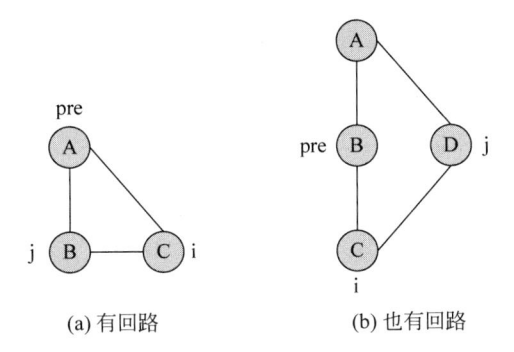

(a) 有回路　　　　(b) 也有回路

图 10.18　利用广度优先遍历判断无向图中是否有回路

以下算法判断顶点 u 所在的连通图是否存在回路。

```
def has_loop_bfs_ud(self, u):
    visited = [False for i in range(self._vertexNum)]
    q = CircularQueue()
    q.append(u)                              # 顶点 u 入队
    visited[u] = True                        # 顶点 u 置访问标记
    while not q.empty():
        pre = q.serve()                      # 出队 pre
        i = self.firstAdjVertex(pre)         # 找到 pre 的第一个邻接点 i
        while i != -1:
            if not visited[i]:               # 如果该顶点未被访问过
                q.append(i)                  # 入队 i
                visited[i] = True            # 置访问标记
                j = self.firstAdjVertex(i)   # 找到 i 的邻接点 j
                while j != -1:
                    if j != pre and visited[j]:  # 如果 j 不是 pre 且已被访问则存在回路
                        return True
                    j = self.nextAdjVertex(i, j) # 继续找 i 的下一个邻接点 j
            i = self.nextAdjVertex(pre, i)   # 找到 pre 的下一个邻接点 i
    return False
```

【例 10.5】　求无权图中从顶点 u 到顶点 v 的一条最短路径。

以图 10.8 中的 $G_7$ 为例,通过例 10.1 的 dfs_path 算法可得到顶点 0 到顶点 8 的全部 6 条路径,如果需求解最短路径,则可以通过广度优先遍历得到。参考 10.3.2 节对 $G_7$ 的广度优先遍历过程及图 10.14(b),可以看到,顶点 0 到顶点 8 的最短路径是(0,5,4,8)。因此只需从顶点 u 开始进行广度优先遍历,在遍历过程中记录每个顶点的前趋顶点,当到达终点 v 时再输出路径。

以下算法通过广度优先遍历求解顶点 u 到顶点 v 的最短路径并输出,如果存在路径,则返回 True,否则返回 False。

```python
def bfs_path(self, u, v):
    q = CircularQueue()
    visited = [0 for i in range(self._vertexNum)]
    pre = [-1 for i in range(self._vertexNum)]      #记录遍历过程中的每个顶点从何而来
    visited[u] = True
    q.append(u)
    while not q.empty():
        t = q.serve()
        i = self.firstAdjVertex(t)
        while i != -1:
            if not visited[i]:
                if i == v:                           #如果广度优先遍历到达了终点 v
                    pre[v] = t                       #置终点 v 的前趋为 t
                    self.out_path(u, v, pre)         #调用 out_path 输出 u 到 v 的最短路径
                    return True
                visited[i] = True
                q.append(i)
                pre[i] = t                           #置顶点 i 的前趋
            i = self.nextAdjVertex(t, i)
    return False
```

bfs_path 算法用 pre 数组记录广度遍历过程中所访问的每个顶点的前趋顶点，在 $G_7$ 的邻接矩阵结构下，从顶点 0 遍历到顶点 8 后，pre 数组的内容如表 10.7 所示。

表 10.7 pre 数组的内容

| i | 0 | 1 | 2 | 3 | 4 | 5 | 6 | 7 | 8 |
|---|---|---|---|---|---|---|---|---|---|
| pre[i] | -1 | 0 | 1 | 2 | 5 | 0 | 5 | 5 | 4 |

pre[8] 为 4，即 8 的前趋为 4，类似地，4 的前趋为 5，5 的前趋为 0，到达起点，对应路径为 (0, 5, 4, 8)。以下 out_path 算法完成从顶点 u 到顶点 v 的最短路径的生成和输出，它将顶点 v 及依次得到的 v 的前趋加入初始为空的列表 lst，最后反序输出 lst 的内容。

```python
def out_path(self, u, v, pre):
    lst = []
    while v != u:
        lst.append(v)
        v = pre[v]
    lst.append(u)
    for i in range(len(lst) - 1, -1, -1):
        print(lst[i], end=" ")
```

## 10.4 最小生成树

在 10.1.2 节介绍过连通图的生成树，它是由原图的全部顶点和 n-1 条边构成的一个极小连通子图。不同的遍历过程可对应多棵不同的深度优先搜索生成树和广度优先搜

索生成树。对一个连通网来说，各边权值之和最小的生成树称为该连通网的**最小生成树**（minimum spanning tree）。最小生成树的求解具有重要的实际意义。假设需在如图10.19所示的6个城市之间建造高铁，各城市之间的距离（单位为km）如图10.19所示，如何设计这一高铁网络，以使连通这6个城市的高铁的总代价最小（总距离最短）？若将上述6个城市看成连通网的6个顶点，并将城市间的距离看作边的权值，那么这一问题的本质就是构造连通网的最小生成树。在实际应用中，通常使用**普里姆算法**（Prim）和**克鲁斯卡尔算法**（Kruskal）来构造最小生成树。

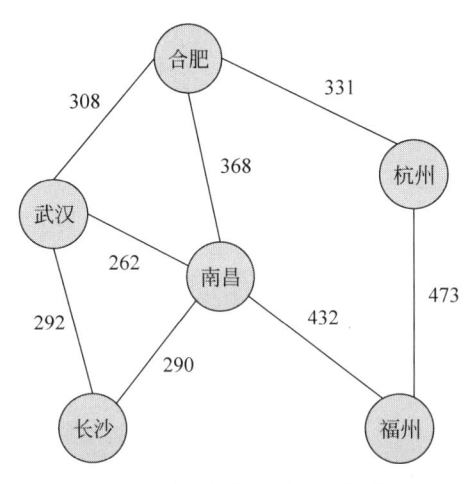

图 10.19 最小生成树的实际意义

## 10.4.1 Prim 算法

**1. 算法思想**

假设 G=(V,E)是具有 n 个顶点的连通网，其最小生成树为 T=(U,TE)，其中 U 是最小生成树的顶点集，TE 是最小生成树的边集。

用 Prim 算法求解最小生成树的过程如下。

(1) 初始化生成树，使得 U={w}，TE={}，其中 w 为图 G 中的任一顶点。

(2) 循环执行 n−1 次：

① 找到一条边(u,v)∈E，这条边(u,v)必须满足以下两个条件。

条件1：顶点 u 在生成树中，顶点 v 不在生成树中（即 u∈U，v∈V−U）。

条件2：(u,v)是满足条件1的所有边中权值最小的边，即最短边。

② 将 v 并入 U，将边(u,v)并入 TE。

对于如图10.20所示的无向网 $G_8$，图10.21给出了利用Prim算法求解 $G_8$ 的最小生成树的过程。图10.21(a)所示为初始状态，依次加入5条边，得到如图10.21(f)所示的最小生成树。如果在某个步骤中存在多条满足条件的权值相同的边，则可以任选一条，因此最小生成树可能是不唯一的。

Prim算法是一个贪心算法，在为生成树加入每条边时都选

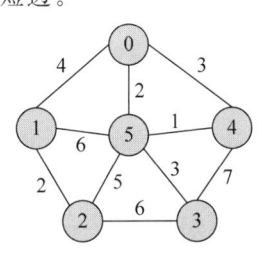

图 10.20 无向网 $G_8$

择满足条件的权值最小的边,最终得到各边权值之和最小的生成树。

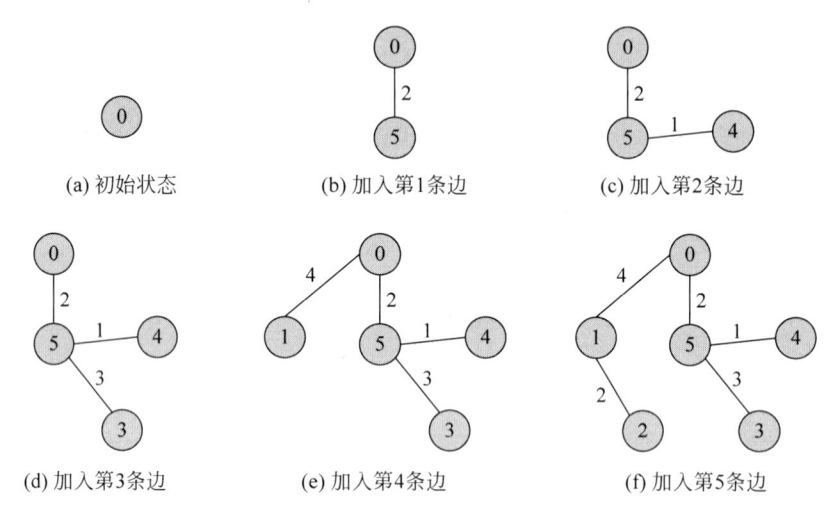

(a) 初始状态　　(b) 加入第1条边　　(c) 加入第2条边

(d) 加入第3条边　　(e) 加入第4条边　　(f) 加入第5条边

图 10.21　用 Prim 算法求解 $G_8$ 的最小生成树

**2. 算法设计**

由于需要频繁获取图中两个顶点之间边的权值信息,所以通常用邻接矩阵存储图。

为了存放已在生成树中的顶点到达其他顶点的最短边信息,使用了一个长度为 n 的 closedges 数组作为辅助数据结构。closedges[i]表示已在生成树中的顶点 u(u∈U)到达 i 号顶点的最短边的信息。

一条最短边的信息包括边的权值和起始顶点的编号 u。CloseEdge 类存储最短边,定义如下:

```
class CloseEdge:
    def __init__(self, lowcost, adjvertex):
        self.lowcost = lowcost
        self.adjvertex = adjvertex
```

用 closedges[i].lowcost 记录已在生成树中的顶点 u(u∈U)到达顶点 i 的最短边的权值;用 closedges[i].adjvertex 记录该最短边的已在生成树中的顶点 u。当顶点 i 加入生成树中时,将 closedges[i].lowcost 置标记 0。

Prim 算法的具体步骤如下。

1) 初始化工作

假设求解生成树的起始点为 0 号,即初始情况下已在生成树中的顶点只有 0 号,根据 closedges 的定义,此时 closedges[i].lowcost 即为边(0,i)的权值,如果该边不存在,则为 ∞,即对应于 G 的邻接矩阵中 0 行的元素;closedges[i].adjvertex 为起点 0。以 $G_8$ 为例,可得表 10.8 右上角阴影部分中 closedges 的初始值。

表 10.8　Prim 算法求解最小生成树过程举例

| 迭代次数 | 加入TE的边 | 边长 | 加入U的顶点{0} | closedges[i] | i | 0 | 1 | 2 | 3 | 4 | 5 |
|---|---|---|---|---|---|---|---|---|---|---|---|
|   |   |   |   | lowcost |   | 0 | 4 | ∞ | ∞ | 3 | 2 |
|   |   |   |   | adjvertex |   | 0 | 0 | 0 | 0 | 0 | 0 |
| 1 | (0,5) | 2 | 5 | lowcost |   | 0 | 4 | 5 | 3 | 1 | 0 |
|   |   |   |   | adjvertex |   | 0 | 0 | 5 | 5 | 5 | 0 |
| 2 | (5,4) | 1 | 4 | lowcost |   | 0 | 4 | 5 | 3 | 0 | 0 |
|   |   |   |   | adjvertex |   | 0 | 0 | 5 | 5 | 5 | 0 |
| 3 | (5,3) | 3 | 3 | lowcost |   | 0 | 4 | 5 | 0 | 0 | 0 |
|   |   |   |   | adjvertex |   | 0 | 0 | 5 | 5 | 5 | 0 |
| 4 | (0,1) | 4 | 1 | lowcost |   | 0 | 0 | 2 | 0 | 0 | 0 |
|   |   |   |   | adjvertex |   | 0 | 0 | 1 | 5 | 5 | 0 |
| 5 | (1,2) | 2 | 2 | lowcost |   | 0 | 0 | 0 | 0 | 0 | 0 |
|   |   |   |   | adjvertex |   | 0 | 0 | 1 | 5 | 5 | 0 |

2) 循环 n－1 次

(1) 在所有的 closedges[i] 中选择权值 lowcost 最小且非零的边(u,v)加入生成树中，同时加入一个新顶点 v。例如，$G_8$ 的最小生成树中加入的第一条边是权值为 2 的边(0,5)。

(2) 当 v 号顶点加入生成树中，则 closedges[v].lowcost 置为 0，相当于给顶点 v 做了已加入生成树的标记；接着更新剩下的 closedges[i] 值，如果边(v,i)的权值小于原 closedges[i].lowcost，则 closedges[i].lowcost 更新为(v,i)的权值，closedges[i].adjvertex 更新为 v。例如，第 1 次迭代 5 号顶点加入生成树之后，(5,1)的权值 6 大于原来的 closedges[1].lowcost 值 4，不更新；(5,2)、(5,3)、(5,4)的权值分别为 5、3、1，小于原来的∞、∞、3，需依次更新；而 0 号和 5 号的 lowcost 值已经为 0，不再需要修改。

从表 10.8 可以看出，Prim 算法共迭代 n－1 次，每次迭代对 closedges 数组的每个值进行检查，必要时进行更新，并在该数组中找到 lowcost 的最小值，因此算法的时间复杂度为 $O(n^2)$。Prim 算法的执行时间与图中的边数 e 无关，所以特别适合用于求解稠密图的最小生成树。

**3. 算法实现**

1) 求最小生成树算法

以下 Prim 算法从顶点 start 开始求解并输出生成树的每条边。该算法需调用 getMin 方法，以获得 closedges[i].lowcost 中最小值对应的新顶点 v。

```
def prim(self, start):
    print('组成最小生成树的边依次为：')
    # 初始化 closedges 数组，closedges[i].lowcost 即为边(start, i)的权值
```

```
    #closedges[i].adjvertex 即为 start
    closedges = [None for i in range(self._vertexNum)]
    for i in range(self._vertexNum):
        closedges[i] = CloseEdge(self._arcs[start][i], start)
    #起点 start 的对应 lowcost 赋值为 0,相当于置已加入生成树的标记
    closedges[start].lowcost = 0
    for edge_no in range(1, self._vertexNum):
        #调用 getMin 方法获得 closedges[i].lowcost 中最小值对应的新顶点 v
        v = self.getMin(closedges)
        u = closedges[v].adjvertex    #u 为该最短边的已在生成树中的顶点
        #输出一条生成树的边(u, v)
        print((self._vertices[u].data, self._vertices[v].data, self._arcs[u][v]))
        #将 v 顶点的对应 lowcost 赋值为 0,相当于置已加入生成树的标记
        closedges[v].lowcost = 0
        #更新其他顶点的 closedges 值,如果边(v, i)的权值小于原 closedges[i].lowcost,
        #则 closedges[i].lowcost 更新为(v, i)的权值,closedges[i].adjvertex 更新为 v,
        #已加入生成树的顶点对应的 lowcost 值为 0,if 条件不成立,closedges 不更新
        for i in range(self._vertexNum):
            if self._arcs[v][i] < closedges[i].lowcost:
                closedges[i] = CloseEdge(self._arcs[v][i], v)
```

2)求权值最小边

求权值最小边的方法 getMin 定义如下:

```
def getMin(self, closedge):
    v = 0
    minWeight = float("inf")
    for i in range(self._vertexNum):
        if closedge[i].lowcost != 0 and closedge[i].lowcost < minWeight:
            minWeight = closedge[i].lowcost
            v = i
    return v
```

3)以无向网 $G_8$ 为例的测试

```
if __name__ == "__main__":
    g8 = UDNGraphMatrix()
    edgeList = [('0', '1', 4), ('0', '5', 2), ('0', '4', 3),
                ('1', '2', 2), ('1', '5', 6), ('2', '5', 5),
                ('2', '3', 6), ('3', '5', 3), ('3', '4', 7), ('4', '5', 1)]
    for i in range(6):
        g8.addVertex(str(i))
    for edge in edgeList:
        g8.addEdge(edge[0], edge[1], edge[2])
    g8.prim(0)
```

运行上述程序,输出结果如下:

```
组成最小生成树的边依次为:
('0', '5', '2')
('5', '4', '1')
('5', '3', '3')
('0', '1', '4')
('1', '2', '2')
```

## 10.4.2 Kruskal 算法

**1. 算法思想**

假设 G=(V,E)是具有 n 个顶点的连通网,其最小生成树为 T=(U,TE),其中 U 是最小生成树的顶点集,TE 是最小生成树的边集。

用 Kruskal 算法求解最小生成树的过程如下。

(1) 初始化最小生成树,使得 U=V,TE={},即生成树 T 含有图 G 的全部顶点,且每个顶点都自成一个连通分量。

(2) 对 G 的所有边按照权值递增的次序进行排序。

(3) 依次检查已排好序的各条边,若该边的两个顶点属于不同的连通分量,则将该边并入 TE,并标记两个顶点所在的连通分量为同一连通分量。

(4) 重复执行步骤(3),直到生成树中含有 n-1 条边,所有顶点在一个连通分量中。

对如图 10.20 所示的无向网 $G_8$,图 10.22 给出了利用 Kruskal 算法求解 $G_8$ 的最小生成树的过程。图 10.22(a)为初始状态,按权值递增序依次加入符合条件的边。图 10.22(c)和图 10.22(d)加入的两条边权值相同,所以顺序可以互换,在接下来权值为 3 的候选边(0,4)和(3,5)中,由于 0 和 4 处于同一个连通分量,所以不能加入,而 3

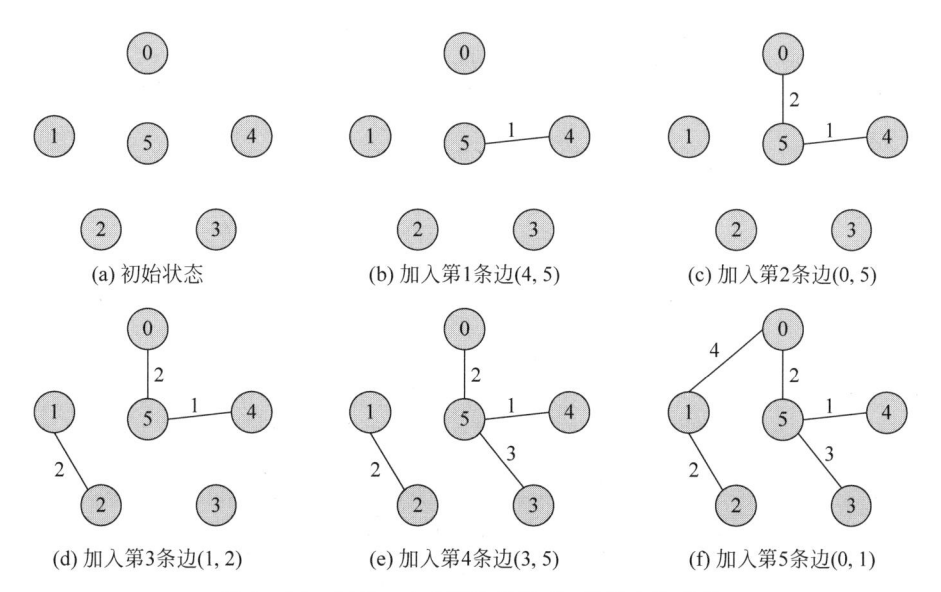

(a) 初始状态　　(b) 加入第1条边(4,5)　　(c) 加入第2条边(0,5)

(d) 加入第3条边(1,2)　　(e) 加入第4条边(3,5)　　(f) 加入第5条边(0,1)

图 10.22　用 Kruskal 算法求解 $G_8$ 的最小生成树

和5处于不同的连通分量,可以加入。依次加入5条边,最后得到图10.22(f)所示的最小生成树。

**2. 算法设计**

下面介绍Kruskal算法的具体步骤。假设仍采用邻接矩阵存储图。

这里设置两个辅助数组:按权值递增序存放e条边的数组edges,以及存放每个顶点所在连通分量的编号的component数组。component[i]表示i号顶点所在的连通分量编号,初始情况下每个顶点处于不同的连通分量中,设i号顶点在i号连通分量中。

Kruskal算法的步骤描述如下。

(1) 生成edges数组,用于按权值递增序存放所有边,每条边存储其两个顶点及权值共三部分信息。例如$G_8$对应的edges数组内容如表10.9所示。此处将edges[k]设为一个元组,edges[k][0]、edges[k][1]、edges[k][2]分别为该边的两个顶点和权值。

表10.9 递增排序的边数组

| k | edges[k] | k | edges[k] |
| --- | --- | --- | --- |
| 0 | ('4', '5', 1) | 5 | ('0', '1', 4) |
| 1 | ('0', '5', 2) | 6 | ('2', '5', 5) |
| 2 | ('1', '2', 2) | 7 | ('1', '5', 6) |
| 3 | ('0', '4', 3) | 8 | ('2', '3', 6) |
| 4 | ('3', '5', 3) | 9 | ('3', '4', 7) |

(2) 初始化component数组,如表10.10所示。

表10.10 顶点所在连通分量的数组的初始状态

| i | 0 | 1 | 2 | 3 | 4 | 5 |
| --- | --- | --- | --- | --- | --- | --- |
| component[i] | 0 | 1 | 2 | 3 | 4 | 5 |

(3) 初始化用于存放最小生成树的各条边的列表result,初始化存放生成树当前边数的计数器count为0,当前所处理的边在edges列表中的序号k为0。

(4) 在count<n−1且k<len(edges)时循环执行:

检查edges中的第k条边edges[k],如果该边的两个顶点u和v不在一个连通分量,即component[u]!=component[v],则将该边加入result中,count加1,并将v所在连通分量中所有顶点的component值都更新为component[u],即并入u所在的连通分量中;k加1。

循环结束时,如果count=n−1,则生成树求解完毕,此时component中的所有值都相等,即所有顶点都在一个连通分量中;否则,即k=len(edges),说明所有边都已检查,count仍小于n−1,原图不连通,无法输出完整生成树,一般已知图为连通网,无须考虑该情况。

$G_8$对应component数组的变化如表10.11所示。

表 10.11　算法执行过程中 component 数组的变化

| 迭代次数 | 插入边 | component[i] 0 | 1 | 2 | 3 | 4 | 5 |
|---|---|---|---|---|---|---|---|
|  |  | 0 | 1 | 2 | 3 | 4 | 5 |
| 1 | ('4', '5') | 0 | 1 | 2 | 3 | 4 | 4 |
| 2 | ('0', '5') | 0 | 1 | 2 | 3 | 0 | 0 |
| 3 | ('1', '2') | 0 | 1 | 1 | 3 | 0 | 0 |
| 4 | ('3', '5') | 3 | 1 | 1 | 3 | 3 | 3 |
| 5 | ('0', '1') | 3 | 3 | 3 | 3 | 3 | 3 |

### 3. 算法实现

1）生成按权值递增排序的数组 edges

使用 Kruskal 算法求解最小生成树之前，首先要获得 edges 数组。由于无向网采用邻接矩阵存储，get_edges 方法从已知无向网的邻接矩阵中获得如表 10.9 所列的各条边的信息。无向网的邻接矩阵是对称的，因此只对邻接矩阵主对角线以上的非 0 且非无穷大的值依次进行处理，每次将 i 行 j 列权值为 arcs[i][j] 的这条边插入 edges 的正确位置。

```
def get_edges(self):
    edges = []
    for i in range(self._vertexNum):
        for j in range(i + 1, self._vertexNum):
            if self._arcs[i][j] != 0 and self._arcs[i][j] != float("inf"):
                k = len(edges) - 1
                while k >= 0 and edges[k][2] > self._arcs[i][j]:
                    k -= 1
                if k == len(edges) - 1:
                    edges.append((i, j, self._arcs[i][j]))
                else:
                    edges.insert(k + 1, (i, j, self._arcs[i][j]))
    return edges
```

以上 get_edges 算法的本质即是有序线性表下的按值插入。在 edges 数组中每插入一条边，可能使其他的边发生移动，因此插入 e 条边，时间复杂度为 $O(e^2)$。邻接矩阵对角线以上的元素约为 $n^2/2$ 个，因此算法的时间效率为 $O(n^2+e^2)$。如果将图中的所有边先存放在无序列表中，并采用高级的排序方法进行排序，则 get_edges 算法的效率可以达到 $O(e\log_2 e)$。

2）Kruskal 算法

根据 Kruskal 算法的上述步骤描述可得到如下算法：

```
def kruskal(self):
    edges = self.get_edges()
```

```
component = [i for i in range(self._vertexNum)]    #存放每个顶点的连通分量编号
result = []                                         #用于存放生成树的边
k = 0                                               #当前正在处理的边的序号
count = 0
#依次检查 edges[k],当符合条件时加入 result 中
#直到 result 满 n-1 条边或所有边已检查过
while count < self._vertexNum - 1 and k < len(edges):
    u = edges[k][0]                                 #edges[k]的一个顶点 u
    v = edges[k][1]                                 #edges[k]的另一个顶点 v
    first = component[u]                            #u 处于 first 连通分量
    second = component[v]                           #v 处于 second 连通分量
    if first != second:
        #若 u 和 v 不属于同一连通分量,则将 edges[k]加入生成树边集 result 中
        #并将 second 连通分量合并到 first 连通分量内
        #即更改 second 连通分量内的所有顶点的 component 值为 first
        result.append(edges[k])
        count += 1
        for w in range(self._vertexNum):
            if component[w] == second:
                component[w] = first
    k += 1
print('组成最小生成树的边依次为: ')
for item in result:                                 #输出最小生成树的边
    print(item)
```

上述 Kruskal 算法的第 1 行调用 get_edges 算法,最好情况下时间复杂度为 $O(elog_2 e)$。在算法中外层 while 循环最多对每条边检查一次,即最多循环 e 次,内循环合并连通分量的操作的时间性能为 $O(n)$,因此从 while 循环开始的部分时间效率为 $O(ne)$,由于连通网中 $e \geqslant n-1$,可以表示为 $O(e^2)$,因此整个算法的时间效率也为 $O(e^2)$。如果采用并查集等方法改进连通分量合并的算法,则整个算法的效率可以提升至 $O(elog_2 e)$。因此,Kruskal 算法的效率只与边数有关,适合用于稀疏图。

## 10.5 最短路径

在不带权的图中,路径长度为路径上边的数目。10.3.3 节中曾利用深度优先搜索求得顶点 u 到另一顶点 v 的所有路径,利用广度优先搜索求得顶点 u 到顶点 v 的最短路径。对于带权图,路径长度为路径上各边的权值之和,顶点 u 到顶点 v 可能有多条路径,其中路径长度最小的路径即为**最短路径**。

在有向网中最短路径的求解有其重要意义。例如在一个城市公路网中,图中的每个顶点表示一个城市,每条边表示城市之间的一条公路,公路的长度即为该边的权值。寻找城市 A 到城市 B 距离最近的道路即等价于求解顶点 A 到顶点 B 的最短路径。根据不同的需求,最短路径问题分为两类,即单源点最短路径问题和每对顶点间的最短路径问题。

## 10.5.1 单源点最短路径

**单源点最短路径问题**是指在有向带权图中求解指定的起点到图中其余各顶点的最短路径。指定的起点称为**源点**,其余各顶点则为终点。对如图 10.23 所示的有向网 $G_9$,假设源点为 0,需分别求出顶点 0 到 1、2、3、4 这 4 个终点的最短路径及长度。

**1. 算法思想**

单源点最短路径问题的经典求解算法称为**迪杰斯特拉**(**Dijkstra**)**算法**,由荷兰的计算机科学家 Edsger Wybe Dijkstra 最先提出。Dijkstra 算法与 Prim 算法一样也是贪心算法,它按照路径长度不减的次序依次找到源点到各终点的最短路径,即找出的第 1 条最短路径在即将找出的所有最短路径中长度最短,然后依次递增。例如 $G_9$ 中,第 1 条最短路径是从源点 0 出发不经过其他任何顶点直接到达

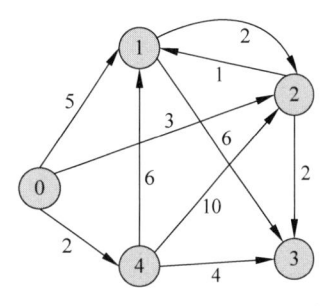

图 10.23 有向网 $G_9$

终点 4 的长度为 2 的路径;第 2 条路径可能从源点直接到达终点,或经过刚才已找到最短路径的顶点 4 再到达终点,取决于两种情形下的路径哪条更短。

**2. 算法设计**

Dijkstra 算法求解最短路径的过程与 Prim 算法求解最小生成树的过程非常相似,由于需要频繁获取图中两个顶点之间边的权值,所以图采用邻接矩阵存储,用到的辅助结构如下。

(1) 集合 S:表示已找到最短路径的终点,初始时含有源点 0。

(2) 长度为 n 的数组 distance:distance[i]记录从源点出发,可以经过 S 集合中的顶点,但不能经过 S 集合之外的顶点,最终到达 i 号顶点的最短路径长度。

(3) 长度为 n 的数组 pre:它与数组 distance 相对应,pre[i]记录 distance[i]对应的最短路径的终点 i 的前趋顶点。

算法的具体步骤描述如下。

(1) 初始化数组 distance 和 pre,distance[i]为边<0,i>的权值(如果该边不存在,则为∞),即对应于图的邻接矩阵中 0 行的元素。初始化所有的 pre[i]为源点 0。针对 $G_9$,可得表 10.12 右上角阴影部分所示 distance 和 pre 的初始值。

(2) 循环执行 n−1 次:

① 从数组 distance 中找出不在 S 集合中的各顶点的最小 distance 值,假设最小者为 distance[j],即找到了源点到 j 的最短路径,将 j 加入 S 集合。

② 对不在 S 集合中的顶点 i 进行检查,如果 distance[j]加上边<j,i>的权值小于 distance[i],则 distance[i]更新为此更小者,且 pre[i]更新为 j。

对 $G_9$ 利用 Dijkstra 算法求解单源点最短路径的过程如表 10.12 所示。

表 10.12　Dijkstra 算法求解单源点最短路径的过程

| 迭代次数 | 最短路径 | 路径长度 | 加入 S 集合的顶点{0} | i | 0 | 1 | 2 | 3 | 4 |
|---|---|---|---|---|---|---|---|---|---|
|  |  |  |  | distance[i] | 0 | 5 | 3 | ∞ | 2 |
|  |  |  |  | pre[i] | 0 | 0 | 0 | 0 | 0 |
| 1 | 0—>4 | 2 | 4 | distance[i] | 0 | 5 | 3 | 6 | 2 |
|  |  |  |  | pre[i] | 0 | 0 | 0 | 4 | 0 |
| 2 | 0—>2 | 3 | 2 | distance[i] | 0 | 4 | 3 | 5 | 2 |
|  |  |  |  | pre[i] | 0 | 2 | 0 | 2 | 0 |
| 3 | 0—>2—>1 | 4 | 1 | distance[i] | 0 | 4 | 3 | 5 | 2 |
|  |  |  |  | pre[i] | 0 | 2 | 0 | 2 | 0 |
| 4 | 0—>2—>3 | 5 | 3 | distance[i] | 0 | 4 | 3 | 5 | 2 |
|  |  |  |  | pre[i] | 0 | 2 | 0 | 2 | 0 |

从表 10.12 可以看出，Dijkstra 算法共迭代 n−1 次，每次迭代对长度为 n 的 distance 数组中的每个值进行检查，在需要时更新 distance 和 pre 值，并在 distance 数组中找最小值，算法的时间复杂度为 $O(n^2)$。

### 3. 算法实现

1) 单源点最短路径求解算法

根据 Dijkstra 算法的设计思路可得到如下 Dijkstra 算法：

```python
def dijkstra(self, source):
    #存放最短路径长度
    distance = [self._arcs[source][i] for i in range(self._vertexNum)]
    #存放到达 i 号顶点的最短路径中 i 号顶点的前趋
    pre = [source for i in range(self._vertexNum)]
    #模拟 S 集合,记录顶点是否已求得最短路径,已在 S 中的顶点标记为 True
    solved = [False for i in range(self._vertexNum)]
    solved[source] = True
    for count in range(self._vertexNum):
        #找到一条以 j 为终点的最短路径
        j = self.findMinDist(solved, distance)
        for i in range(self._vertexNum):
            if not solved[i]:
                if self._arcs[j][i] < float("inf") \
                        and distance[j] + self._arcs[j][i] < distance[i]:
                    distance[i] = distance[j] + self._arcs[j][i]
                    pre[i] = j
    self.printShortest(distance, pre, solved, source)
```

2) 找出当前最短路径的方法

在上述 Dijkstra 算法中，利用 findMinDist 方法找出当前最短路径。该方法对所有不在 S 中的顶点 i 找出 distance[i]中最小者对应的顶点，将其加入 S 集合，并返回其编号 j。具体算法如下：

```python
def findMinDist(self, solved, distance):
    minDist = float("inf")
    i = 0
    j = 0
    while i < self._vertexNum:
        if not solved[i] and distance[i] < minDist:
            j = i
            minDist = distance[j]
        i = i + 1
    solved[j] = True
    return j
```

3）最短路径输出算法

最短路径输出算法 printShortest 根据 pre 数组中的路径终点的前趋信息输出从源点出发到其他各终点的最短路径及长度信息。对每个终点 v,不断获取路径的前趋顶点并添加到 path 列表,直到遇到源点为止。接着将逆序存储在 path 列表中的最短路径进行反向输出,最后根据 distance[v] 的值输出该最短路径的长度。

```python
def printShortest(self, distance, pre, solved, start):
    path = []
    v = 0
    while v < self._vertexNum:
        if solved[v] and v != start:
            print("最短路径", end = " ")
            path.append(v)                  # 添加路径终点
            former = pre[v]                 # 获取前一个顶点的下标
            while former != start:
                path.append(former)
                former = pre[former]
            path.append(start)
            while len(path) > 1:
                print(self._vertices[path.pop()].data, "->", end = "")
            print(self._vertices[path.pop()].data, end = "")
            print(",长度为: ", distance[v])
        v = v + 1
```

4）以有向网 $G_9$ 为例的测试

```python
if __name__ == "__main__":
    g9 = DNGraphMatrix()
    edgeList = [('0', '1', 5), ('0', '2', 3), ('0', '4', 2),
                ('1', '2', 2), ('1', '3', 6), ('2', '1', 1),
                ('2', '3', 2), ('4', '1', 6), ('4', '2', 10), ('4', '3', 4)]
    for i in range(5):
        g9.addVertex(str(i))
    for edge in edgeList:
        g9.addEdge(edge[0], edge[1], edge[2])
    g9.dijkstra(0)
```

运行上述程序,输出结果如下:

```
最短路径 0 ->2 ->1,长度为: 4
最短路径 0 ->2,长度为: 3
最短路径 0 ->2 ->3,长度为: 5
最短路径 0 ->4,长度为: 2
```

### 10.5.2 每对顶点间的最短路径

每对顶点间的最短路径是指有向带权图中任意一对顶点之间的最短路径。例如,在图 10.24 所示的有向网中,需分别求解出每个顶点到其余 3 个顶点的最短路径,共有 12 条路径。一种方法是分别以顶点 0、1、2、3 作为源点调用 Dijkstra 算法进行求解,算法效率为 $O(n^3)$。接下来介绍一个更直接的求解算法——**弗洛伊德(Floyd)算法**。

**1. Floyd 算法思想**

有向网中 i 号顶点到 j 号顶点的最短路径,可能是不通过其他顶点直接走的路径,也可能是经过其他顶点中转到达的路径,对图中的每一个顶点 k,算法依次检查若将 k 加入路径中是否可以得到更短的路径。由于需要求出任意一对顶点之间的最短路径,所以用矩阵 D 和 P 分别存储最短路径长度和最短路径上的顶点信息。即算法依次求得 n 阶方阵序列 $D^{-1}, D^0, D^1, \cdots, D^k, \cdots, D^{n-1}$,其中 $D^{-1}[i][j]$ 表示从 i 出发,不经过其他顶点直接到达顶点 j 的路径长度;$D^k[i][j]$ 表示从 i 到 j,中间只可能经过 0 号至 k 号顶点而不可能经过 k+1 号至 n-1 号顶点的最短路径长度;最后得到的 $D^{n-1}[i][j]$ 就是 i 到 j 的最短路径长度。为了得到对应最短路径上的顶点序列,设置路径矩阵 P,P[i][j] 记录当前 i 到 j 的最短路径中终点 j 的前趋顶点。

假设有向图用邻接矩阵表示,则

$$D^{-1}[i][j] = arcs[i][j]$$

$$P^{-1}[i][j] = \begin{cases} i & \text{i 到 j 存在边} \\ -1 & \text{i 到 j 不存在边} \end{cases}$$

接着循环 n 次,在执行第 k(0≤k<n)次循环时依次检查每个 D[i][j],如果顶点 i 经过顶点 k 到达顶点 j 的路径长度更短,则修改 D[i][j] 为此更小值,同时更新 P[i][j] 为顶点 k 到顶点 j 的最短路径的终点的前趋顶点,即更新为 P[k][j]。假设经过 k 号顶点时的路径长度和路径矩阵分别用 $D^k$ 和 $P^k$ 表示,则

$$D^k[i][j] = \min(D^{k-1}[i][j], D^{k-1}[i][k] + D^{k-1}[k][j])$$

当 $D^k[i][j]$ 更新为 $D^{k-1}[i][k] + D^{k-1}[k][j]$ 时,将 $P^k[i][j]$ 更新为 $P^{k-1}[k][j]$。

对于如图 10.24 所示的有向图,可以列出如表 10.13 所示的路径长度矩阵 D 和路径矩阵 P 的变化情况,P 矩阵中空的位置表示对应的 P[i][j] 为初始值 −1。

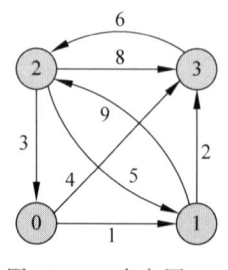

图 10.24 有向网 $G_{10}$

表 10.13　Floyd 算法下路径长度及路径矩阵的变化情况

|   | \multicolumn{4}{c\|}{$D^{-1}$} | \multicolumn{4}{c\|}{$D^0$} | \multicolumn{4}{c\|}{$D^1$} | \multicolumn{4}{c\|}{$D^2$} | \multicolumn{4}{c}{$D^3$} |
|---|---|---|---|---|---|---|---|---|---|---|---|---|---|---|---|---|---|---|---|---|
|   | 0 | 1 | 2 | 3 | 0 | 1 | 2 | 3 | 0 | 1 | 2 | 3 | 0 | 1 | 2 | 3 | 0 | 1 | 2 | 3 |
| 0 | 0 | 1 | ∞ | 4 | 0 | 1 | ∞ | 4 | 0 | 1 | 10 | 3 | 0 | 1 | 10 | 3 | 0 | 1 | 9 | 3 |
| 1 | ∞ | 0 | 9 | 2 | ∞ | 0 | 9 | 2 | ∞ | 0 | 9 | 2 | 12 | 0 | 9 | 2 | 11 | 0 | 8 | 2 |
| 2 | 3 | 5 | 0 | 8 | 3 | 4 | 0 | 7 | 3 | 4 | 0 | 6 | 3 | 4 | 0 | 6 | 3 | 4 | 0 | 6 |
| 3 | ∞ | ∞ | 6 | 0 | ∞ | ∞ | 6 | 0 | ∞ | ∞ | 6 | 0 | 9 | 10 | 6 | 0 | 9 | 10 | 6 | 0 |

|   | \multicolumn{4}{c\|}{$P^{-1}$} | \multicolumn{4}{c\|}{$P^0$} | \multicolumn{4}{c\|}{$P^1$} | \multicolumn{4}{c\|}{$P^2$} | \multicolumn{4}{c}{$P^3$} |
|---|---|---|---|---|---|---|---|---|---|---|---|---|---|---|---|---|---|---|---|---|
| 0 |   |   | 0 |   |   |   | 0 |   |   |   | 1 | 1 |   |   | 1 | 1 |   |   | 3 | 1 |
| 1 |   |   | 1 | 1 |   |   | 1 | 1 |   |   | 1 | 1 | 2 |   | 1 | 1 | 2 |   | 3 | 1 |
| 2 | 2 | 2 |   | 2 | 2 | 0 |   | 0 | 2 | 0 |   | 1 | 2 | 0 |   | 1 | 2 | 0 |   | 1 |
| 3 |   |   | 3 |   |   |   | 3 |   |   |   | 3 |   | 2 | 0 | 3 |   | 2 | 0 | 3 |   |

## 2. 算法实现

### 1) Floyd 算法

以下 Floyd 算法首先初始化 D 矩阵为全 0，初始化 P 矩阵为全 −1；然后用二重循环将 D 矩阵赋值为 $D^{-1}$，将 P 矩阵赋值为 $P^{-1}$；接着的三重循环做 n 次矩阵更新，最后进行输出。显然，Floyd 算法的时间复杂度为 $O(n^3)$。

```python
def floyd(self):
    #生成最短路径长度矩阵 D
    d = [[0 for i in range(self._vertexNum)]
            for i in range(self._vertexNum)]
    #生成最短路径矩阵 P
    p = [[-1 for i in range(self._vertexNum)]
            for i in range(self._vertexNum)]
    for i in range(self._vertexNum):
        for j in range(self._vertexNum):
            d[i][j] = self._arcs[i][j]                      #初始化 D 矩阵
            if self._arcs[i][j] < float("inf") and i != j:  #初始化 P 矩阵
                p[i][j] = i
            else:
                p[i][j] = -1
    #依次经过顶点 k，判断加入顶点 k 是否可以得到顶点 i 到顶点 j 的更短路径
    for k in range(self._vertexNum):
        for i in range(self._vertexNum):
            for j in range(self._vertexNum):
                if i != j and d[i][k] + d[k][j] < d[i][j]:
                    d[i][j] = d[i][k] + d[k][j]
                    p[i][j] = p[k][j]
    self.printAllShortest(d, p)
```

2) 每对顶点间最短路径的输出

如需输出 start 到 end 的最短路径,则由于最短路径中 end 的前趋顶点 j 记录在 p[start][end]中,可以通过 P 矩阵逐渐向前查找前趋直到遇到 start 为止。

如顶点 0 到顶点 2 的路径,d[0][2]为 9,说明路径长度为 9;p[0][2]为 3,说明这条路径的终点 2 之前是顶点 3,那么顶点 0 是怎么到顶点 3 的呢?p[0][3]为 1,说明顶点 3 之前是顶点 1,那么顶点 0 是怎么到顶点 1 的呢?p[0][1]为 0,即为起点,说明这条路径就是 0—>1—>3—>2,长度为 9,如表 10.14 所示。printAllShortest 算法通过 floyd 算法中得到的 D 矩阵和 P 矩阵获得并输出 $n^2-n$ 条路径,在获得每条路径时需获得终点至源点的最多 n 个顶点,因此该算法的效率为 $O(n^3)$。

表 10.14 对 $G_{10}$ 获取 start 到 end 的最短路径

| start | j(初值为 end) | p[start][j] |
| --- | --- | --- |
| 0 | 2 | 3 |
| 0 | 3 | 1 |
| 0 | 1 | 0 |

每对顶点间最短路径的输出算法如下:

```python
def printAllShortest(self, d, p):
    path = []
    for start in range(self._vertexNum):
        for end in range(self._vertexNum):
            #存在路径,即 start 与 end 不同,且路径长度不为无穷大
            if d[start][end] < float("inf") and start != end:
                print("顶点" + self._vertices[start].data + "到顶点" +
                    self._vertices[end].data + "的最短路径:", end = "")
                #将 start 至 end 的路径逆向存储在 path 列表中
                j = end
                while j != start and j != -1:
                    path.append(j)
                    j = p[start][j]
                path.append(start)
                #逆序输出 path 中的各顶点
                while len(path) > 1:
                    print(self._vertices[path.pop()].data, end = "->")
                print(self._vertices[path.pop()].data, end = "")
                print(",长度为:" + str(d[start][end]))
```

3) 以有向网 G10 为例的测试

```python
if __name__ == "__main__":
    g10 = DNGraphMatrix()
    edgeList = [('0', '1', 1), ('0', '3', 4), ('1', '2', 9), ('1', '3', 2),
                ('2', '0', 3), ('2', '1', 5), ('2', '3', 8), ('3', '2', 6)]
    for i in range(4):
```

```
        g10.addVertex(str(i))
    for edge in edgeList:
        g10.addEdge(edge[0], edge[1], edge[2])
    g10.floyd()
```

运行上述程序,输出结果如下:

```
顶点 0 到顶点 1 的最短路径: 0->1,长度为: 1
顶点 0 到顶点 2 的最短路径: 0->1->3->2,长度为: 9
顶点 0 到顶点 3 的最短路径: 0->1->3,长度为: 3
顶点 1 到顶点 0 的最短路径: 1->3->2->0,长度为: 11
顶点 1 到顶点 2 的最短路径: 1->3->2,长度为: 8
顶点 1 到顶点 3 的最短路径: 1->3,长度为: 2
顶点 2 到顶点 0 的最短路径: 2->0,长度为: 3
顶点 2 到顶点 1 的最短路径: 2->0->1,长度为: 4
顶点 2 到顶点 3 的最短路径: 2->0->1->3,长度为: 6
顶点 3 到顶点 0 的最短路径: 3->2->0,长度为: 9
顶点 3 到顶点 1 的最短路径: 3->2->0->1,长度为: 10
顶点 3 到顶点 2 的最短路径: 3->2,长度为: 6
```

## 10.6 拓扑排序

### 10.6.1 概述

本节介绍有向图的一类应用。如果有向图的顶点表示活动,图中的有向边表示各项活动之间的优先关系,则这样的有向图称为**顶点表示活动的网**(Activity On Vertex Network,AOV 网)。AOV 网常用于表示工程的施工图、程序的数据流图和教学课程的依赖图等。

例如,计算机专业的学生必须完成一系列规定的基础课和专业课,假设这些课程之间的先修关系如表 10.15 所示,用顶点表示一门课程的学习,用有向边表示课程之间的先修关系,可以得到如图 10.25 所示的 AOV 网,如图中的边<$v_0$,$v_3$>表示"计算机导论"课程的学习必须先于"数据结构"课程的学习。

表 10.15 课程及先修关系示例

| 课 程 编 号 | 课 程 名 称 | 先 修 课 程 |
| --- | --- | --- |
| $v_0$ | 计算机导论 | 无 |
| $v_1$ | 面向对象程序设计 | 无 |
| $v_2$ | 离散数学 | $v_1$ |
| $v_3$ | 数据结构 | $v_0$、$v_1$、$v_2$ |
| $v_4$ | 计算机组成 | $v_1$ |
| $v_5$ | 操作系统 | $v_3$、$v_4$ |

能顺利完成的工程对应的 AOV 网一定不包含回路，即一定是一个有向无环图（DAG 图），否则意味着某活动的开始必须要以自己的完成作为先决条件。

对一个包含 n 个顶点的有向图，将所有顶点排成一个线性序列 S，如果图中存在从顶点 u 到顶点 v 的有向边，那么在序列 S 中 u 必定出现在 v 之前，序列 S 称为该有向图的**拓扑序列**（topological order），构造拓扑序列的过程称为**拓扑排序**（topological sorting）。根据定义可知，拓扑序列中的任一顶点一定出现在它的所有邻接点之前，序列中的最后一个顶点一定没有邻接顶点。

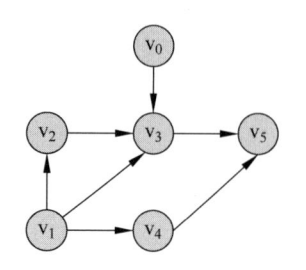

图 10.25 表 10.15 课程及先修关系示例对应的 AOV 网

拓扑序列通常是不唯一的。例如，序列 $v_0$,$v_1$,$v_2$,$v_3$,$v_4$,$v_5$ 和序列 $v_1$,$v_0$,$v_2$,$v_4$,$v_3$,$v_5$ 都是图 10.25 的拓扑序列，但是序列 $v_0$,$v_1$,$v_2$,$v_3$,$v_5$,$v_4$ 不是该图的拓扑序列，因为有向边 $<v_4,v_5>$ 要求拓扑序列中 $v_4$ 一定在 $v_5$ 之前。

对没有回路的 AOV 网进行拓扑排序，可以得到图中各顶点表示的活动的一个执行次序。例如，图 10.25 的一个拓扑序列对应一个各门课程的线性学习次序。

对存在回路的有向图进行拓扑排序，无法得到包含全部顶点的拓扑序列。如图 10.26 所示的有向图存在回路，拓扑排序时无法确定顶点 $v_1$、$v_2$、$v_3$ 的次序，即不存在包含所有顶点的拓扑序列。

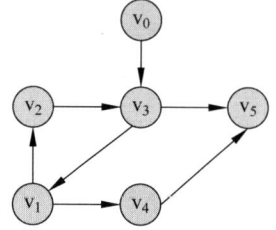

图 10.26 有回路的有向图示例

## 10.6.2 广度优先拓扑排序

**1. 算法思想**

**广度优先拓扑排序**过程可描述为：从有向图中选取一个没有前趋（即入度为 0）的顶点加入拓扑序列，接着从图中删去此顶点以及所有从它出发的边；重复以上过程，直至图中所有顶点加入拓扑序列，或者找不到没有前趋的顶点。这个过程相当于从入度为 0 的顶点开始，一层层获得入度为 0 的顶点的广度优先遍历，因此称为广度优先拓扑排序。

**2. 算法设计**

为方便统计每个顶点的入度，设立数组 indegree 存放每个顶点的入度值，删除从顶点 u 开始的边<u,v>，相当于将 v 的入度减 1。由于图中入度为 0 的顶点可能有多个，到底选择哪个顶点最先放入拓扑序列，拓扑排序本身并没有要求，但算法中需要给出一种程式化的方法。例如，可以用队列或栈进行存储，本书中采用先进先出的队列。

算法步骤如下。

（1）求出每个顶点的入度存放在数组 indegree 中。

（2）依次找出数组 indegree 中入度为 0 的顶点并入队 vertexQueue。

（3）当 vertexQueue 队列非空时循环执行：出队一个入度为 0 的顶点，设为 u，将 u 加入拓扑序列；将 u 的所有邻接点的入度值减 1，如遇到入度为 0 的邻接点则入队。

表 10.16 列出了对图 10.25 所示的有向无环图进行广度优先拓扑排序的过程。

表 10.16　广度优先拓扑排序过程

| 说　　明 | 加入拓扑序列的顶点 | 将已加入拓扑序列的顶点和从其出发的边隐去后的当前有向图 | 入度为 0 的顶点队列 |
| --- | --- | --- | --- |
| 初始状态 | | | [$v_0$,$v_1$] |
| 出队队首 $v_0$ 加入拓扑序列，将 $v_0$ 及从其出发的边删除，没有产生新的入度为 0 的顶点 | $v_0$ | | [$v_1$] |
| 出队队首 $v_1$ 加入拓扑序列，产生新的入度为 0 的顶点 $v_2$ 和 $v_4$ 依次加入队列 | $v_1$ | | [$v_2$,$v_4$] |
| 出队队首 $v_2$ 加入拓扑序列，产生新的入度为 0 的顶点 $v_3$ 加入队列 | $v_2$ | | [$v_4$,$v_3$] |
| 出队队首 $v_4$ 加入拓扑序列，没有产生新的入度为 0 的顶点 | $v_4$ | | [$v_3$] |
| 出队队首 $v_3$ 加入拓扑序列，产生新的入度为 0 的顶点 $v_5$ 加入队列 | $v_3$ | | [$v_5$] |
| 出队队首 $v_5$ 加入拓扑序列，没有产生新的入度为 0 的顶点，队列为空，拓扑排序结束，得到的拓扑序列为 $v_0$,$v_1$,$v_2$,$v_4$,$v_3$,$v_5$ | $v_5$ | | [] |

如果图中有回路，则在执行到某一步时队列为空，没有新的入度为 0 的顶点，而拓扑序列中还未包含所有顶点。例如，对于图 10.26 所示的有向图，拓扑序列只能加入一个顶

点 $v_0$。因此，利用广度优先拓扑排序可以判断一个有向图是否有回路。

### 3. 算法实现

假设采用邻接表结构表示图。下面介绍广度优先拓扑排序算法的实现。

1）求解所有顶点的入度

以下 findIndegree 方法通过对邻接表中的所有边结点的一次遍历获得所有顶点的入度，时间复杂度为 $O(n+e)$。

```python
def findIndegree(self):
    indegree = [0 for i in range(self._vertexNum)]
    for u in range(0, self._vertexNum):
        v = self._vertices[u].firstArc
        while v:
            indegree[v.adjacent] += 1
            v = v.nextArc
    return indegree
```

2）拓扑排序算法

以下 bfsTopological 方法实现了广度优先拓扑排序。

```python
def bfsTopological(self):
    indegree = self.findIndegree()              #所有顶点的入度存放在 indegree 列表中
    vertexQueue = CircularQueue()               #用于存放入度为 0 的顶点的队列
    topoOrder = []
    for i in range(self._vertexNum):            #所有入度为 0 的顶点入队列
        if indegree[i] == 0:
            vertexQueue.append(i)
    while len(vertexQueue) > 0:
        u = vertexQueue.serve()
        topoOrder.append(self._vertices[u].data)    #出队队首顶点 u，加入拓扑序列
        vnode = self._vertices[u].firstArc
        while vnode:
            v = vnode.adjacent
            indegree[v] -= 1                    #u 的所有邻接点 v 的入度值减 1
            if indegree[v] == 0:
                vertexQueue.append(v)           #若该邻接点的入度变为 0，则入队
            vnode = vnode.nextArc
    return topoOrder
```

若有向图没有回路，在广度优先拓扑排序算法中每个顶点入队、出队各一次，时间效率为 $O(n)$；而对每个出队加入拓扑序列的顶点，算法依次获得该顶点的所有邻接点，即将邻接表中的所有边结点都遍历一遍。因此，在邻接表结构下广度优先拓扑排序算法的时间复杂度为 $O(n+e)$。如果在邻接矩阵下实现广度优先拓扑排序，时间复杂度则为 $O(n^2)$。

## 10.6.3 深度优先拓扑排序

**1. 算法思想**

由于拓扑序列中的任一顶点一定出现在它的所有邻接点之前,所以可以采用深度优先搜索遍历,在从顶点 v 开始的遍历结束(即它的邻接点已全部访问)时,将顶点 v 放在拓扑序列的最前面,这种拓扑排序的方法称为**深度优先拓扑排序**。

接下来以图 10.27 所示的 $G_{11}$ 为例,分析深度优先拓扑排序的过程。在介绍拓扑排序过程之前,首先复习一下对有向图的深度优先搜索遍历。根据 10.3.1 节第 2 部分的介绍,假设按照 0~9 的次序检查每个顶点,且在访问每个顶点的邻接点时优先选取编号更小的顶点,则遍历过程为:从 0 出发遍历,依次访问到 1、7、5;无须从 1 出发遍历;从 2 出发,只能访问到自己;从 3 出发,依次访问到 4、8;无须从 4、5 出发遍历;从 6 出发,只能访问到自己;无须从 7、8 出发遍历;从 9 出发,只能访问到自己,整个遍历序列为 0175234869。

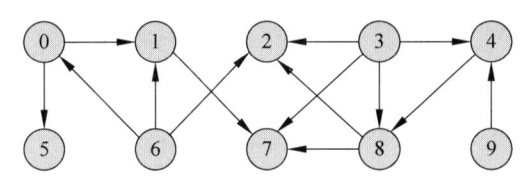

图 10.27 有向网 $G_{11}$

对于拓扑序列,在深度遍历过程中,当发现从某顶点开始的遍历结束时则将该顶点加入拓扑序列的最前面。对于有向网 $G_{11}$,深度优先拓扑排序过程如表 10.17 所示。

表 10.17 深度优先拓扑排序过程示例

| 遍历起点 | 遍历及拓扑序列产生的过程 | 在拓扑序列中加入顶点 |
| --- | --- | --- |
| 0 | 从 0 出发遍历,可以走到 1,从 1 可以走到 7,此时 7 没有未被访问的邻接点,从 7 开始的遍历结束,则将 7 加入拓扑序列中 | 7 |
|  | 退回到 1,从 1 开始的遍历结束,则将 1 加入拓扑序列中 | 1 |
|  | 退回到 0,从 0 走到 5,从 5 开始的遍历结束,将 5 加入拓扑序列 | 5 |
|  | 退回到 0,从 0 开始的遍历结束,将 0 加入拓扑序列 | 0 |
| 2 | 从 2 出发遍历,2 没有邻接点,从 2 开始的遍历结束,将 2 加入拓扑序列中 | 2 |
| 3 | 从 3 出发遍历,可以走到 4,从 4 可以走到 8,此时 8 没有未被访问的邻接点,从 8 开始的遍历结束,则将 8 加入拓扑序列中 | 8 |
|  | 退回到 4,从 4 开始的遍历结束,将 4 加入拓扑序列 | 4 |
|  | 退回到 3,从 3 开始的遍历结束,将 3 加入拓扑序列 | 3 |
| 6 | 从 6 出发遍历,6 没有未被访问的邻接点,则将 6 加入拓扑序列中 | 6 |
| 9 | 从 9 出发遍历,9 没有未被访问的邻接点,则将 9 加入拓扑序列中,整个遍历结束 | 9 |

对应于以上深度优先遍历过程，得到的 $G_{11}$ 的拓扑序列为表 10.17 中顶点加入次序的反序序列 9634820517。由于利用深度优先搜索实现，拓扑排序算法的性能与深度遍历算法一致。

值得注意的是，利用以上深度优先拓扑排序算法，即使是对有回路的图，也能得到一个包含全部顶点的序列，但该序列并不符合拓扑序列的要求。

**2. 算法实现**

下面介绍深度优先拓扑排序算法的实现。假设采用邻接表结构表示图。

1）深度优先拓扑排序接口方法

dfsTopological 方法与 10.3.1 节中 dfsTraverse 的不同就在于加了 topoOrder 列表用于存放拓扑序列，具体算法如下：

```python
def dfsTopological(self):
    visited = [False for i in range(self._vertexNum)]
    topoOrder = []
    for i in range(self._vertexNum):
        if not visited[i]:
            self.dfsTopo(visited, i, topoOrder)
    return topoOrder
```

2）深度优先拓扑排序递归算法

dfsTopo 方法完成从 v 开始的深度优先遍历，并在遍历结束时将 v 加入拓扑序列列表 topoOrder 的最前面，具体算法如下：

```python
def dfsTopo(self, visited, v, topoOrder):
    # 与10.3.1节中DFS算法的不同在于多了topoOrder列表
    # 在从v开始的深度优先遍历结束时,将v插入列表的0号位置
    visited[v] = True
    vjnode = self._vertices[v].firstArc
    while vjnode:
        w = vjnode.adjacent
        if not visited[w]:
            self.dfsTopo(visited, w, topoOrder)
        vjnode = vjnode.nextArc
    topoOrder.insert(0, self._vertices[v].data)
```

3）以 $G_{11}$ 为例测试广度优先和深度优先拓扑排序

```python
if __name__ == '__main__':
    g11 = DGraphAdjList()
    edgeList = [(0, 5), (0, 1), (1, 7), (3, 8),
                (3, 7), (3, 4), (3, 2), (4, 8),
                (6, 2), (6, 0), (8, 7), (8, 2), (9, 4)]
    for vertex in range(10):
        g11.addVertex(str(vertex))
```

```
    for edge in edgeList:
        g11.addEdge(str(edge[0]), str(edge[1]))
print("广度优先拓扑序列: ", g11.bfsTopological())
print("深度优先拓扑序列: ", g11.dfsTopological())
```

运行上述程序,输出结果如下:

```
广度优先拓扑序列: ['3', '6', '9', '0', '4', '1', '5', '8', '2', '7']
深度优先拓扑序列: ['9', '6', '3', '4', '8', '2', '0', '5', '1', '7']
```

在以上测试程序中,由于从同一个顶点出发的边按终点编号递减序输入,则邻接表每条边链表中的边结点都按编号递增序排列。所以,在拓扑排序时邻接点按递增序依次获取。

## 10.7 关键路径

### 10.7.1 相关概念

AOE 网(Activity On Edge Network)是非常重要的 PERT(Program Evaluation and Review Technique,计划评审技术)模型,最早在美国军方支持下开发出来,用于大型工程的计划和管理。AOE 网雏形曾在 20 世纪 40 年代用于美国原子弹开发的曼哈顿计划,有广泛的实际工程应用。AOE 网是一个有向无环图,其中的顶点表示**事件**(event),边表示**活动**(activity),边上的权值表示完成活动所需的时间。图中顶点 v 所表示的事件是指以 v 结束的所有边表示的活动都已经完成,以 v 出发的所有边表示的活动可以开始的那个状态。AOE 网表示了活动之间的优先关系,以顶点 v 结束的边表示的活动先于以顶点 v 出发的边表示的活动,因此 AOE 网是不允许存在回路的。

在一个工程的 AOE 网中,通常只有一个入度为 0 的顶点,称为**源点**,对应于工程开始的事件,例如开工仪式;通常也只有一个出度为 0 的顶点,称为**汇点**,对应于工程结束的事件,例如结束典礼。由于 AOE 网中的某些活动可以并行进行,所以完成整个工程的最短时间即为从源点到汇点的最长路径的长度,这条路径称为**关键路径**,构成关键路径的边即为**关键活动**。在工程实践中,可以通过提高关键活动的效率加快整个工程的进程。

在如图 10.28 所示的 AOE 网 $G_{12}$ 中,$v_0$ 为源点,表示整个工程开始的事件;$v_8$ 为汇点,表示整个工程结束的事件;$v_4$ 则表示活动 $a_4$ 和 $a_5$ 已经完成、活动 $a_7$ 和 $a_8$ 可以开始的事件。由 $v_0$ 到 $v_8$ 的最长路径(关键路径)有两条,长度都为 18。第一条为($v_0$, $v_1$, $v_4$, $v_7$, $v_8$),对应的活动 $a_1$、$a_4$、$a_8$ 和 $a_{11}$ 为关键活动;另一条关键路径为($v_0$, $v_1$, $v_4$, $v_6$, $v_8$),对应的活动 $a_1$、$a_4$、$a_7$ 和 $a_{10}$ 为关键活动。如果边的权值代表对应活动完成的天数,则该项目从开始到完成需要 18 天。因此,$a_1$、$a_4$、$a_7$、$a_8$、$a_{10}$ 和 $a_{11}$ 这 6 项活动必须按时开始并按时完成,否则将延误整个工程的工期;如果想缩短工期,则应提高这 6 项活动的效率。

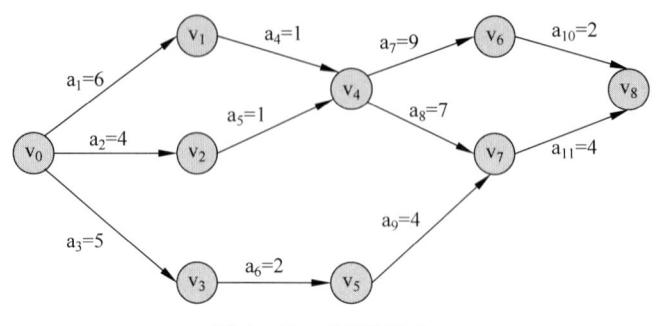

图 10.28 AOE 网 $G_{12}$

## 10.7.2 算法设计

假设顶点 $v_0$ 为源点，$v_{n-1}$ 为汇点，事件 $v_0$ 的发生时刻为 0 时刻，则事件 $v_j$ 的最早发生时间为 $v_0$ 到 $v_j$ 的最长路径长度。假设用 ve(j) 表示事件 $v_j$ 的最早发生时间，用 vl(j) 表示不影响工期的条件下事件 $v_j$ 的最晚发生时间，即顶点 $v_j$ 出发的活动必须在这个最晚发生时间开始，否则会因此延误工期。如果 $v_j$ 之后有关键活动，在这个顶点上不能等待，即 vl(j)=ve(j)。假设 e(i) 表示活动 $a_i$ 的最早开始时间，l(i) 表示不影响工期的条件下活动 $a_i$ 的最晚开始时间，两者之差 l(i)-e(i) 意味着完成活动 $a_i$ 的时间余量，因此 l(i)=e(i) 的活动即为关键活动。

**1. 事件 $v_j$ 的最早发生时间 ve(j)**

从源点 $v_0$ 出发，令 ve(0)=0，按拓扑序列求其余各顶点的 ve(j)=max{ve(i)+|$v_i$,$v_j$|}，这里 |$v_i$,$v_j$| 表示边 <$v_i$,$v_j$> 的权值，<$v_i$,$v_j$>∈T，其中 T 是所有以 $v_j$ 结束的弧的集合。如图 10.29 所示，如果已知 a、b、c 的最早发生时间 ve(a)、ve(b) 和 ve(c)，则 w 的最早发生时间为 <a,w>、<b,w> 和 <c,w> 3 个活动都完成的时刻，即 ve(a)+|a,w|、ve(b)+|b,w| 和 ve(c)+|c,w| 三者中的最大值。

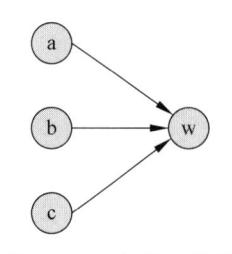

图 10.29 事件 w 的最早发生时间

对于图 10.28 所示的 AOE 网 $G_{12}$，按照拓扑序列($v_0$,$v_1$,$v_2$,$v_3$,$v_4$,$v_5$,$v_6$,$v_7$,$v_8$)依次计算各事件的最早发生时间，如表 10.18 所示。

表 10.18 $G_{12}$ 各事件的最早发生时间

| 事件 | ve(j) |
| --- | --- |
| $v_0$ | ve(0)=0 |
| $v_1$ | ve(1)=ve(0)+\|$v_0$,$v_1$\|=0+6=6 |
| $v_2$ | ve(2)=ve(0)+\|$v_0$,$v_2$\|=0+4=4 |
| $v_3$ | ve(3)=ve(0)+\|$v_0$,$v_3$\|=0+5=5 |
| $v_4$ | ve(4)=max{ve(1)+\|$v_1$,$v_4$\|, ve(2)+\|$v_2$,$v_4$\|}=max{6+1, 4+1}=7 |
| $v_5$ | ve(5)=ve(3)+\|$v_3$,$v_5$\|=5+2=7 |
| $v_6$ | ve(6)=ve(4)+\|$v_4$,$v_6$\|=7+9=16 |
| $v_7$ | ve(7)=max{ve(4)+\|$v_4$,$v_7$\|, ve(5)+\|$v_5$,$v_7$\|}=max{7+7,7+4}=14 |
| $v_8$ | ve(8)=max{ve(6)+\|$v_6$,$v_8$\|, ve(7)+\|$v_7$,$v_8$\|}=max{16+2, 14+4}=18 |

若 AOE 网的拓扑序列中顶点个数小于网中的顶点个数 n,则说明网中有环,无法求出关键路径,算法结束。

### 2. 事件 $v_j$ 的最晚发生时间 $vl(j)$

在不影响工期的情况下,汇点的最晚发生时间与最早发生时间相同,设汇点为 $v_{n-1}$,则 $vl(n-1)=ve(n-1)$,按逆拓扑有序序列求其余各顶点的 $vl(j)=\min\{vl(k)-|v_j,v_k|\}$,$<v_j,v_k>\in S$,其中 S 是所有以 $v_j$ 出发的边的集合。在图 10.30 中,如已知事件 a、b、c 的最晚发生时间 $vl(a)$、$vl(b)$ 和 $vl(c)$,则 u 的最晚发生时间 $vl(u)$ 为 $vl(a)-|u,a|$、$vl(b)-|u,b|$ 和 $vl(c)-|u,c|$ 三者中的最小值。

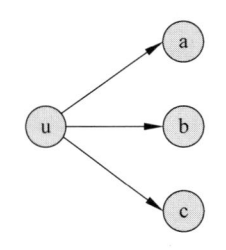

图 10.30　事件 u 的最晚发生时间

表 10.19 给出了 $G_{12}$ 各事件的最晚发生时间 $vl(j)$。注意,应按照逆拓扑序列次序(即表 10.19 中从下向上的次序)依次计算。

表 10.19　$G_{12}$ 各事件的最晚发生时间

| 事件 | ve(j) | vl(j) |
|---|---|---|
| $v_0$ | 0 | $vl(0)=\min\{vl(3)-\|v_0,v_3\|,\ vl(2)-\|v_0,v_2\|,\ vl(1)-\|v_0,v_1\|\}$<br>$=\min\{8-5,6-4,6-6\}=0$ |
| $v_1$ | 6 | $vl(1)=vl(4)-\|v_1,v_4\|=7-1=6$ |
| $v_2$ | 4 | $vl(2)=vl(4)-\|v_2,v_4\|=7-1=6$ |
| $v_3$ | 5 | $vl(3)=vl(5)-\|v_3,v_5\|=10-2=8$ |
| $v_4$ | 7 | $vl(4)=\min\{vl(6)-\|v_4,v_6\|,vl(7)-\|v_4,v_7\|\}=\min\{16-9,14-7\}=7$ |
| $v_5$ | 7 | $vl(5)=vl(7)-\|v_5,v_7\|=14-4=10$ |
| $v_6$ | 16 | $vl(6)=vl(8)-\|v_6,v_8\|=18-2=16$ |
| $v_7$ | 14 | $vl(7)=vl(8)-\|v_7,v_8\|=18-4=14$ |
| $v_8$ | 18 | $vl(8)=ve(8)=18$ |

### 3. 活动 $a_i$ 的最早开始时间 $e(i)$

若活动 $a_i$ 的起点是 $v_j$,则 $a_i$ 的最早开始时间即为 $v_j$ 的最早发生时间,即 $e(i)=ve(j)$。图 10.28 所示 $G_{12}$ 中各活动的最早开始时间如表 10.20 所示。

表 10.20　$G_{12}$ 各活动的最早开始时间

| 事件 | ve | vl | 活动 | e(i) |
|---|---|---|---|---|
| $v_0$ | 0 | 0 | $a_1$ | $e(1)=ve(0)=0$ |
| $v_1$ | 6 | 6 | $a_2$ | $e(2)=ve(0)=0$ |
| $v_2$ | 4 | 6 | $a_3$ | $e(3)=ve(0)=0$ |
| $v_3$ | 5 | 8 | $a_4$ | $e(4)=ve(1)=6$ |
| $v_4$ | 7 | 7 | $a_5$ | $e(5)=ve(2)=4$ |
| $v_5$ | 7 | 10 | $a_6$ | $e(6)=ve(3)=5$ |
| $v_6$ | 16 | 16 | $a_7$ | $e(7)=ve(4)=7$ |

续表

| 事 件 | ve | vl | 活 动 | e(i) |
|---|---|---|---|---|
| $v_7$ | 14 | 14 | $a_8$ | e(8)=ve(4)=7 |
| $v_8$ | 18 | 18 | $a_9$ | e(9)=ve(5)=7 |
|  |  |  | $a_{10}$ | e(10)=ve(6)=16 |
|  |  |  | $a_{11}$ | e(11)=ve(7)=14 |

### 4. 活动 $a_i$ 的最晚开始时间 l(i)

若活动 $a_i$ 的起点是 $v_k$，终点是 $v_j$，则其最晚开始时间 $l(i)=vl(j)-|v_k,v_j|$。图 10.28 所示 $G_{12}$ 中各活动的最晚开始时间如表 10.21 所示。

表 10.21 $G_{12}$ 各活动的最晚开始时间

| 事 件 | ve | vl | 活 动 | e(i) | l(i) |
|---|---|---|---|---|---|
| $v_0$ | 0 | 0 | $a_1$ | 0 | $l(1)=vl(1)-|v_0,v_1|=6-6=0$ |
| $v_1$ | 6 | 6 | $a_2$ | 0 | $l(2)=vl(2)-|v_0,v_2|=6-4=2$ |
| $v_2$ | 4 | 6 | $a_3$ | 0 | $l(3)=vl(3)-|v_0,v_3|=8-5=3$ |
| $v_3$ | 5 | 8 | $a_4$ | 6 | $l(4)=vl(4)-|v_1,v_4|=7-1=6$ |
| $v_4$ | 7 | 7 | $a_5$ | 4 | $l(5)=vl(4)-|v_2,v_4|=7-1=6$ |
| $v_5$ | 7 | 10 | $a_6$ | 5 | $l(6)=vl(5)-|v_3,v_5|=10-2=8$ |
| $v_6$ | 16 | 16 | $a_7$ | 7 | $l(7)=vl(6)-|v_4,v_6|=16-9=7$ |
| $v_7$ | 14 | 14 | $a_8$ | 7 | $l(8)=vl(7)-|v_4,v_7|=14-7=7$ |
| $v_8$ | 18 | 18 | $a_9$ | 7 | $l(9)=vl(7)-|v_5,v_7|=14-4=10$ |
|  |  |  | $a_{10}$ | 16 | $l(10)=vl(8)-|v_6,v_8|=18-2=16$ |
|  |  |  | $a_{11}$ | 14 | $l(11)=vl(8)-|v_7,v_8|=18-4=14$ |

### 5. 关键活动的确定

如果某个活动的最早开始时间与最晚开始时间一致，即满足 e(i)=l(i)，则它是关键活动。根据表 10.22 中 e(i) 和 l(i) 的值可知 $G_{12}$ 的关键活动为 $a_1$、$a_4$、$a_7$、$a_8$、$a_{10}$ 和 $a_{11}$。

表 10.22 $G_{12}$ 的关键活动

| 活 动 | e(i) | l(i) |
|---|---|---|
| $a_1$ | 0 | 0 |
| $a_2$ | 0 | 2 |
| $a_3$ | 0 | 3 |
| $a_4$ | 6 | 6 |
| $a_5$ | 4 | 6 |
| $a_6$ | 5 | 8 |
| $a_7$ | 7 | 7 |
| $a_8$ | 7 | 7 |
| $a_9$ | 7 | 10 |
| $a_{10}$ | 16 | 16 |
| $a_{11}$ | 14 | 14 |

### 10.7.3 算法实现

假设 AOE 网采用邻接表结构存储。下面介绍相关算法的实现。

**1. 事件最早发生时间的计算**

根据 10.7.2 节的分析，事件的最早发生时间应按拓扑次序求解，事件的最晚发生时间应按逆拓扑次序求解。因此，在 10.6.2 节中介绍的广度优先拓扑排序算法的基础上进行修改，在求解拓扑序列的同时求出各顶点的最早发生时间并存放到 eventEarly 列表中，返回所得到的拓扑序列。

将 eventEarly 列表中的元素初始化为全 0，根据最早发生时间计算公式 $ve(j) = \max\{ve(i) + |v_i, v_j|\}$，当得到一个拓扑序列的顶点 $v_i$ 时，对于 $v_i$ 的所有邻接点 $v_j$，如果 eventEarly$[v_i] + |v_i, v_j|$ 大于原 eventEarly$[v_j]$ 的值，则将 eventEarly$[v_j]$ 更新为前者。

```
def getEventEarly(self, eventEarly):
    vertexQueue = CircularQueue()      #用于存放入度为0的顶点的队列
    topoOrder = []                     #用于存放拓扑序列
    indegree = self.findIndegree()
    #所有入度为0的顶点入队列
    for i in range(self._vertexNum):
        if indegree[i] == 0:
            vertexQueue.append(i)
        eventEarly.append(0)           #将eventEarly列表初始化为全0
    while len(vertexQueue) > 0:
        vi = vertexQueue.serve()       #出队队首顶点vi
        topoOrder.append(vi)           #将vi加入到拓扑序列
        vjnode = self._vertices[vi].firstArc  #vjnode为i号边链表中的首结点
        while vjnode:
            vj = vjnode.adjacent
            indegree[vj] -= 1          #vi的所有邻接点的入度值减1
            if indegree[vj] == 0:
                vertexQueue.append(vj)
            #对vi的所有邻接点vj,更新最早发生时间
            eventEarly[vj] = max(eventEarly[vi] + vjnode.weight, eventEarly[vj])
            vjnode = vjnode.nextArc    #vjnode指向边链表中的下一个结点
    return topoOrder
```

在邻接表结构下，上述经改写的广度优先拓扑排序算法的性能仍为 O(n+e)。

**2. 事件最晚发生时间的计算**

假设用 eventLate 列表存放各顶点对应事件的最晚发生时间。拓扑序列中的最后一个顶点 topoSort[len(topoSort)−1] 为汇点，汇点的最晚发生时间即为它的最早发生时间 eventEarly[topoSort[len(topoSort)−1]]。假设在调用 getEventLate 算法之前已将所有顶点的最晚发生时间（即 eventLate 的所有值）都初始化为汇点的最晚发生时间。

进入 getEventLate 算法后，按照 topoSort 序列从后往前的次序逐个计算图中各顶点

对应事件的最晚发生时间,并更新到 eventLate 列表中。当计算 eventLate[$v_j$]时,在 $v_j$ 号单链表中依次找到各邻接点 $v_k$,若 eventLate[$v_k$] — |$v_j,v_k$|小于原 eventLate[$v_j$],则更新为此更小者。

```
def getEventLate(self, topoSort, eventLate):
    topoSort.pop()                                  # 从拓扑序列中删除最后的汇点
    # 对其余顶点按照逆拓扑序列依次求解最晚发生时间
    while len(topoSort) > 0:
        vj = topoSort.pop()
        # 以下求解 vj 的最晚发生时间
        vknode = self._vertices[vj].firstArc        # vknode 为 j 号边链表中的首结点
        # 若发现 eventLate[vk] - |vj,vk| < eventLate[vj],则更新 eventLate[vj]为此更小者
        while vknode:
            vk = vknode.adjacent                    # vj 为 vi 的各邻接点
            eventLate[vj] = min(eventLate[vk] - vknode.weight, eventLate[vj])
            vknode = vknode.nextArc                 # vknode 指向边链表中的下一个结点
```

显然,在邻接表结构下 getEventLate 算法的性能为 O(n+e)。

### 3. 关键活动的输出

对邻接表的所有边结点遍历一遍,对每条边<$v_i,v_j$>对应的活动求出最早和最晚开始时间,如发现两者相等则输出该关键活动。以下关键活动输出算法 findCriticalActivity 的时间性能为 O(n+e)。

```
def findCriticalActivity(self, eventEarly, eventLate):
    for vi in range(self._vertexNum):               # 对 i 号单链表进行遍历
        vjnode = self._vertices[vi].firstArc        # vjnode 为 i 号单链表的首结点
        activityEarly = eventEarly[vi]              # 活动<vi, vj>的最早开始时间
        while vjnode:
            vj = vjnode.adjacent
            activityLate = eventLate[vj] - vjnode.weight   # <vi, vj>的最晚开始时间
            # 如果活动的最早、最晚开始时间相同,则输出
            if activityEarly == activityLate:
                print('关键活动: ', end = '')
                print('v' + str(self._vertices[vi].data) + '->v'
                      + str(self._vertices[vj].data) + ',长度:' + str(vjnode.weight))
            vjnode = vjnode.nextArc                 # vjnode 为 i 号单链表的下一个结点
```

### 4. 关键路径求解的接口方法

关键路径求解接口方法的主要步骤如下。

(1) 生成空的列表 eventEarly 和 eventLate。

(2) 调用 getEventEarly 算法,在获得广度优先拓扑序列的同时求得各事件最早发生时间列表 eventEarly;返回拓扑序列。

(3) 初始化事件最晚发生时间列表 eventLate。

(4) 调用 getEventLate 算法,按逆拓扑次序获得 eventLate 列表的正确值。
(5) 调用 findCriticalActivity 计算各活动的最早、最晚开始时间并输出各关键活动。
求解关键路径的具体算法如下:

```python
def getCriticalPath(self):
    eventEarly = []              #存放各顶点的最早发生时间
    eventLate = []               #存放各顶点的最晚发生时间
    #调用改写的拓扑排序算法,获得拓扑序列,同时求得 eventEarly
    topoSort = self.getEventEarly(eventEarly)
    if len(topoSort) < self._vertexNum:
        print('该有向网中包含环,因此没有关键路径,没有关键活动.')
        return
    #初始化各顶点 vi 的最晚发生时间都为汇点的最晚发生时间
    duration = eventEarly[topoSort[len(topoSort) - 1]]
    for i in range(self._vertexNum):
        eventLate.append(duration)
    #获得各顶点的最晚发生时间 eventLate
    self.getEventLate(topoSort, eventLate)
    #求解并输出各关键活动
    self.findCriticalActivity(eventEarly, eventLate)
```

综合接口方法所调用的各算法的时间性能可知,在邻接表结构下关键路径求解算法的时间复杂度为 $O(n+e)$,在邻接矩阵结构下为 $O(n^2)$。

**5. 对 $G_{12}$ 求解关键路径**

以下程序求解并输出图 10.28 所示 AOE 网 $G_{12}$ 中的关键活动。

```python
if __name__ == '__main__':
    g12 = DNGraphAdjList()
    edgeList = [('0', '1', 6), ('0', '2', 4), ('0', '3', 5), ('1', '4', 1),
                ('2', '4', 1), ('3', '5', 2), ('4', '6', 9),('4', '7', 7),
                ('5', '7', 4), ('6', '8', 2), ('7', '8', 4)]
    for i in range(9):
        g12.addVertex(str(i))
    for edge in edgeList:
        g12.addEdge(edge[0], edge[1], edge[2])
    g12.getCriticalPath()
```

运行上述程序,输出结果如下:

```
关键活动:v0 -> v1,长度:6
关键活动:v1 -> v4,长度:1
关键活动:v4 -> v7,长度:7
关键活动:v4 -> v6,长度:9
关键活动:v6 -> v8,长度:2
关键活动:v7 -> v8,长度:4
```

## 10.8 上机实验

扫一扫

上机实验

## 习题 10

扫一扫

习题

扫一扫

自测题

# 第三篇 查找与排序篇

# 第 11 章

# 查 找

查找是数据处理中最常见的一种操作,是计算机最常执行的任务之一,可将查找视为一个抽象过程,它在特定集合中确定具有给定值的元素是否存在。若存在,可获取集合中跟该给定值相关联的更多信息;若不存在,可进行给定值及关联信息的插入。因此,查找以集合为数据结构,查找是其核心操作,插入和删除等其他操作都必须以查找为基础。

## 11.1 基础知识

### 11.1.1 相关概念

**查找**(search)是指给定由 n 个**记录**(record)构成的**集合**,其中每个记录都有一个对应的**关键字**(key),给定一个**目标关键字** target,要求在集合中寻找关键字与 target 相同的记录的过程。如能在集合中找到符合条件的记录,则为**成功查找**,此时可返回找到的记录的位置或值等信息;否则即为**失败查找**,可给出失败提示信息或者将目标关键字对应的记录添加至集合中。

在定义查找时使用了记录、集合、关键字、目标关键字、成功查找和失败查找等术语,这里对部分术语做简单解释。

**记录**即第 2 章中的数据元素,通常一个记录包含若干数据项,例如一个学生记录可能包含学号、姓名、性别、籍贯和年龄等多个数据项。

**关键字**也称为键、关键码,是查找时的依据,通常是记录中的某个数据项,例如根据学号来查找学生,学号即为关键字。关键字又分为主关键字和次关键字。如果通过该关键字项能唯一区分一个记录,则为**主关键字**。如果通过该关键字项可能识别出多个记录,则为**次关键字**。如学生记录的主关键字项通常为学号,因为每个学生的学号是唯一的,而姓名由于可能重名,属于次关键字。本章主要讨论的是主关键字,并在后续描述中简称关键字。为了能进行查找,关键字之间应可以进行是否相等的比较,在有序结构下还要求能相互比较大小。

虽然一个记录常包含关键字项和其他数据项,但在分析算法原理时常忽略其他数据项的内容而只关注关键字项。

这里的集合即第2章中介绍的4类数据结构(线性表、树、图、集合)之一的集合。以查找为目的,由记录构成的集合称为**查找表**,在其他的书籍或编程语言中也常被称为字典、映射或关联。

### 11.1.2 查找的分类

根据查找表是否常驻内存,查找分为**内部查找**和**外部查找**。所有记录都存放在内存中的查找称为内部查找;外部查找是大部分的数据存放在外存,查找过程涉及内外存数据交换的查找。本章只介绍内部查找。

根据查找的条件和结果,查找分为**精确匹配查找**和**模糊匹配查找**。精确匹配查找是在记录集合中搜索其关键字值与给定目标 target 值完全匹配的记录,一般情况下,最多只能找到一条记录;而模糊匹配查找是在记录集合中找出关键字值满足某些条件的记录,如属于某个区间范围等,可能找到多条记录。本章只讨论精确匹配查找。

查找表是集合,因此其中的各个记录只是隶属于同一个集合,并没有前趋或后继等任何逻辑关系。但在实现查找表时,可以将查找表组织为线性表、树、哈希表等不同结构。基于不同结构的查找表,查找方法也各不相同,图 11.1 列出了本章介绍的 3 种不同的查找表及其下的查找算法。

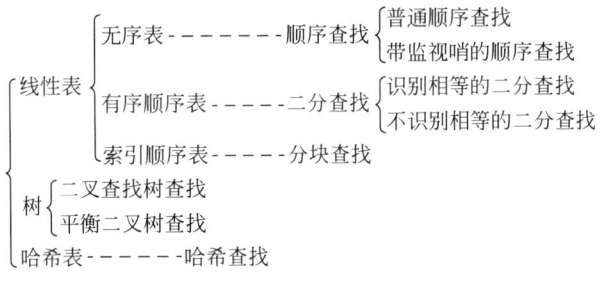

```
        ┌ 无序表 ------ 顺序查找 ┌ 普通顺序查找
        │                      └ 带监视哨的顺序查找
线性表 ─┤ 有序顺序表 ----- 二分查找 ┌ 识别相等的二分查找
        │                          └ 不识别相等的二分查找
        └ 索引顺序表 ----- 分块查找
树 ┌ 二叉查找树查找
   └ 平衡二叉树查找
哈希表 ----- 哈希查找
```

图 11.1 不同查找表下的查找算法

### 11.1.3 查找算法的性能衡量

查找算法的性能可用大 O 记号表示的时间复杂度来衡量。由于查找算法的关键操作是目标关键字与查找表中各记录的关键字之间的比较,所以查找算法的时间复杂度即是查找过程中关键字相互比较的次数的数量级表示。另外,经常直接以关键字比较次数来衡量查找算法的性能,主要考虑平均情况下的关键字比较次数,有时也考虑最好和最坏情况下的关键字比较次数。

**平均查找长度**(Average Search Length,ASL)是指平均情况下进行一次查找所需的关键字比较的次数,即按照某种概率对查找表中的每个元素进行查找时的平均比较次数。

成功查找时的平均查找长度的计算方法为

$$\mathrm{ASL}_{\text{succ}} = \sum_{i=0}^{n-1} p_i c_i$$

其中，$p_i$ 是指查找第 i 个记录的概率，$c_i$ 是指查找第 i 个记录时关键字比较的次数。一般情况下，假设查找每个元素的概率相同，即在查找成功时，对于长度为 n 的查找表，查找任何一个元素的概率为 1/n；在查找失败时，不同的失败情况产生的概率也认为是相同的。

另外，常用一种称为**比较树**的树结构来直观表示线性表下某些查找算法的查找过程，利用比较树可以对算法的时间复杂度和平均查找长度进行分析和计算。

### 11.1.4　查找表的抽象数据类型

查找表是由若干记录构成的集合，其基本操作主要如下。
(1) 创建一个新查找表(__init__)。
(2) 判断该查找表是否为空(empty)。
(3) 获取查找表中元素的个数(__len__)。
(4) 查找目标关键字对应的记录(search)。
(5) 增加一个记录(insert)。
(6) 删除指定关键字对应的记录(remove)。
(7) 输出查找表中的所有记录(traverse)。

上面定义了 7 种查找的基本操作，在实际情况下基本操作的种类和功能可能略有不同。例如对于查找操作，在不同的查找表结构或不同的需求下，查找成功时可选择返回 True、记录的位置信息或记录的值；查找失败时可选择返回 False、特殊值或 None。

### 11.1.5　记录类型的定义

首先定义 Record 类来表示 11.1.1 节中描述的记录，在此用 key 表示记录的关键字项，用 value 表示记录的其他数据项。除了初始化方法，在类中还定义了比较记录是否相等和大小关系的特殊方法。Record 类对本章中的各查找算法以及第 12 章中的排序算法都适用。

```
class Record:
    def __init__(self, key, value = None):
        self.key = key
        self.value = value

    def __eq__(self, other):
        return self.key == other.key

    def __lt__(self, other):
        return self.key < other.key

    def __le__(self, other):
```

```
            return self.key <= other.key

        def __gt__(self, other):
            return self.key > other.key

        def __ge__(self, other):
            return self.key >= other.key
```

## 11.2　线性表下的查找

本节的讨论基于线性表,即查找表为一个线性表,只是现在线性表存储的每个元素是包含关键字值和其他属性项的 Record 记录。

### 11.2.1　基于无序线性表的查找

当把查找表表示为一个无序线性表时,每个记录在线性表中的位置是任意的。例如省略了非关键字项信息的查找表{3,2,4,8,9},可用线性表(3,2,4,8,9)表示,也可用(9,3,2,4,8)等其他线性表表示。无序线性表可以用顺序存储结构存储,也可用链式存储结构存储,根据实际情况选择合适的方案即可。

**1. 无序顺序查找表类**

对 3.3.3 节的 PythonList 类做简化和修改,data 列表存储查找表并被简化为不加下画线,去除了不必要的方法,得到以下 SearchTableList 类。目前,该类实现了查找表 ADT 定义中除查找之外的 6 个基本操作。

```
from Record import Record
class SearchTableList:
    def __init__(self):
        self.data = []

    def __len__(self):
        return len(self.data)

    def empty(self):
        return not self.data

    def insert(self, record):
        self.data.append(record)

    def remove(self, key):
        r = Record(key)
        self.data.remove(r)

    def traverse(self):
        for r in self.data:
            print(r.key, end=" ")
```

注意，上述 SearchTableList 类中的 insert 方法与 3.3.3 节中的 insert 方法根据位序插入不同，由于查找表中各记录的位置是随意的，所以采用 list 效率最高的 append 方法，将新记录插入列表的尾部。另外，这里的 remove 方法调用了 list 的 remove 方法实现，底层实现时其实是以查找为基础的。接下来介绍 SearchTableList 类的顺序查找算法。

**2. 顺序查找算法**

在无序表下只能进行**顺序查找**，即从前往后或从后往前依次将表中记录的关键字与目标关键字 target 进行比较。如图 11.2 所示，假设目标关键字 target 为 88，从 data 列表的 0 号位置开始依次比较，在到达 2 号位置后比较相等而成功；如 target 为 18，则从 0 号位置一直走到表尾都没有遇到关键字相同的记录，查找失败。

| i=0 | | | | | | | | | | |
|---|---|---|---|---|---|---|---|---|---|---|
| 0 | 1 | 2 | | | | ... | | | | 10 |
| 21 | 37 | 88 | 19 | 92 | 5 | 64 | 56 | 80 | 75 | 13 |

图 11.2　无序顺序表下的查找示例

用 sequentialSearch 方法实现顺序查找，它在 data 列表中查找关键字为 target 的记录，查找成功时返回目标记录的列表编号，查找失败时返回 -1。算法的具体步骤如下。

(1) 对于 0 至 len(self.data) -1 的每个整数 i，依次比较 data 列表中 i 号记录的关键字是否与 target 相同，如相同，查找成功返回 i，否则对下一个 i 继续比较。

(2) 如果对列表中的所有元素都做了一次比较仍没有找到 target，则返回 -1。

对应算法如下：

```
def sequentialSearch(self, target):
    for i in range(len(self.data)):
        if self.data[i].key == target:
            return i
    return -1
```

**3. 顺序查找性能分析**

假设查找表长度为 n，对于成功查找的情况，如果被查的目标正好在线性表的 0 号位置，则关键字比较次数为 1，此时为顺序查找的最好情况，对应算法的时间复杂度为 O(1)；如果被查的目标在线性表的末尾位置，则关键字比较次数为 n，对应算法的时间复杂度为 O(n)；在平均情况下，假设查找各记录的概率相等，即 $p_i=1/n$，当查找目标为 i 号记录时需比较 i+1 次，所以平均查找长度为

$$ASL_{succ} = \sum_{i=0}^{n-1} p_i c_i = \frac{1}{n} \sum_{i=0}^{n-1} (i+1) = \frac{n+1}{2}$$

对于失败查找的所有情况，顺序查找算法都必须从列表的 0 号位置走到末尾位置，所以关键字的比较次数总是 n。因此，顺序查找的时间复杂度为 O(n)。

**4. 顺序查找的比较树**

顺序查找过程可以通过一棵比较树来直观表达。在比较树上有 3 个不同的要素,即圆形内部结点、方形外部结点和分支。圆形结点表示一次比较,其中的数字表示与目标关键字比较的记录在表中的位序号,比较树上的位序通常从 1 开始编序,即长度为 n 的线性表,从头至尾各元素编号依次为 1~n。由圆形结点向左、右伸出的分支表示此次比较产生的不同结果。如目标与 1 号记录比较,可能相等,也可能不等。方形结点表示比较成功或失败的结果,其中 F 表示失败查找,而方块中含有数字 k 则表示成功查找到 k 号记录后结束查找。图 11.3 为 n 个记录构成的线性表下顺序查找的比较树。

可以看到,每次查找都是从根结点开始,终止于某一个方形结点的过程。例如查找 2 号记录的过程为目标先与 1 号记录比较,不等;然后与 2 号记录比较,相等,成功查找而结束;失败查找的任何情况都对应于从根结点走到底部 F 结点的过程,比较次数总是 n。

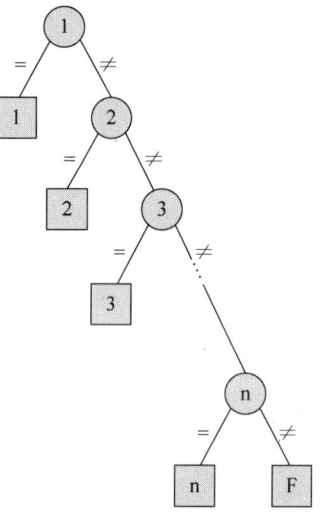

图 11.3 顺序查找的比较树

通过该比较树可计算等概率情形下成功查找的平均查找长度。比较树中有 n 个成功的方形结点,因此 $p_i=1/n$,$c_i$ 为从根走到各方形结点的分支数,即 $c_i=i$,因此

$$ASL_{succ} = \sum_{i=1}^{n} p_i c_i = \frac{1}{n}\sum_{i=1}^{n} i = \frac{n+1}{2}$$

如果查找表用链表形式存储,顺序查找即对应于活动指针从首结点依次向后移动同时进行关键字比较的过程,与顺序表下的顺序查找方法和时间性能一致。

## 11.2.2 基于有序线性表的查找

在 11.2.1 节中看到,如果将查找表组织为无序表,那么只能进行顺序查找,时间效率为 O(n)。在平均情况下需比较约一半的元素才能找到一个目标,当表长很大时,查找效率较低。那么能否提高线性表下的查找效率呢?不难发现,如果将查找表组织为按关键字有序排列的顺序表,则可以利用有序表的特性提高查找的效率。例如,省略了非关键字项信息的查找表{3,2,4,8,9}表示为有序线性表(2,3,4,8,9)。

**1. 有序顺序查找表类**

与 11.2.1 节中的无序顺序查找表相比,有序顺序查找表类 OrderedSearchTableList 中增加了 binarySearch 方法,另外还修改了其 insert 方法和 sequentialSearch 方法,其他 5 个方法完全相同。有序顺序查找表类的定义框架如下:

```
from Record import Record
class OrderedSearchTableList:
    def __init__(self):
    def __len__(self):
    def empty(self):
    def insert(self, record):
    def remove(self, key):
    def sequentialSearch(self, target):
    def binarySearch(self, target):
    def traverse(self):
```

**2. 有序表的顺序查找算法**

由于被查找的表是有序表,所以可以修改 11.2.1 节的顺序查找算法,使之可以在查找失败时不必比较到表的尾部,而是在遇到一个比它大的记录时就可以停下来。修改后的算法如下:

```
def sequentialSearch(self, target):
    for i in range(len(self.data)):
        current = self.data[i].key
        if current == target:
            return i
        elif current > target:
            return -1
    return -1
```

接下来画出有序表下顺序查找的比较树。目标首先与 1 号做是否相等比较,如果相等则查找成功,不等则继续做大小比较。因此,比较树应该画成如图 11.4(a)所示的结构。但这样画会使比较树比较庞大,所以一般将图 11.4(a)简化为图 11.4(b)所示的结构。此时每个圆形结点既代表了与该位置元素的比较,也代表了成功查找的一个终止位置。

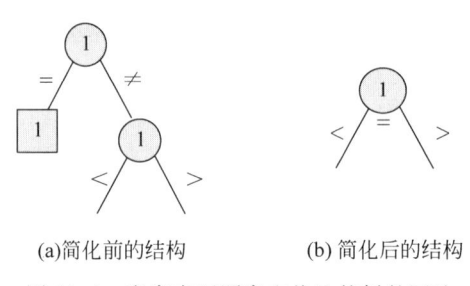

(a)简化前的结构　　　　(b)简化后的结构

图 11.4　有序表下顺序查找比较树的画法

修改之后的顺序查找算法在从前往后顺序比较的过程中,在还没有得到查找成功的结论之前,目标与之前的每个记录都比较了两次。长度为 n 的有序表下顺序查找的比较树如图 11.5 所示。

在等概率情形下，成功查找的平均查找长度为

$$\text{ASL}_{\text{succ}} = \sum_{i=1}^{n} p_i c_i = \frac{1}{n}(1+3+5+\cdots+2n-1) = n$$

失败查找时的平均查找长度为

$$\text{ASL}_{\text{unsucc}} = \sum_{i=1}^{n+1} p_i c_i = \frac{1}{n+1}(2+4+6+\cdots+2n+2n)$$
$$= n + \frac{2n}{n+1}$$

不管是成功查找还是失败查找，其平均查找长度都大于普通的顺序查找算法。因此，从算法的时间效率角度来看，这样的修改并不值得做。

### 3. 不识别相等的二分查找算法

**二分查找**又称为**折半查找**，其基本思想是在一个有序顺序表下将目标关键字与表中间位置的记录比较，如目标小，则在左半边继续用二分查找，否则在右半边用同样的方法继续二分查找，这样每次待查区间的长度约减少一半，直到找到目标记录或查找失败。在具体实现时，二分查找有两种方法，即**不识别相等的二分查找**和**识别相等的二分查找**，以下分别简称为二分查找1和二分查找2。首先看第1种，即不识别相等的二分查找，这种方法在搜索过程中不做目标与中间记录是否相等的判别。

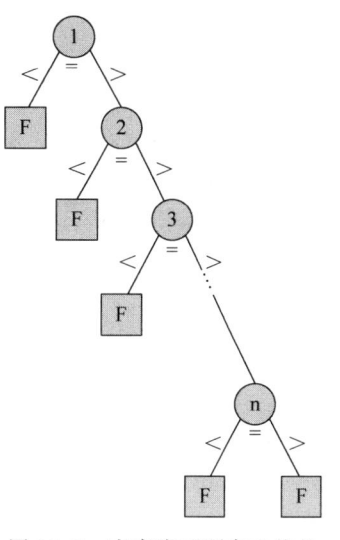

图 11.5 有序表下顺序查找的比较树

1) 举例

假设在图 11.6 所示长度为 11 的有序顺序表中查找目标 64。

| | 0 | 1 | 2 | 3 | 4 | 5 | 6 | 7 | 8 | 9 | 10 |
|---|---|---|---|---|---|---|---|---|---|---|---|
| data | 5 | 13 | 19 | 21 | 37 | 56 | 64 | 75 | 80 | 88 | 92 |

图 11.6 有序顺序表下不识别相等的二分查找示例

利用二分查找 1 查找目标 64 的过程如下。

（1）首先设 low 和 high 分别表示待查区间的左、右边界，mid 表示区间的中间位置。初始 low＝0，high＝10。

（2）计算 mid＝(0+10)/2＝5，将 64 与 5 号记录 56 做比较，64＞56，因此 low＝mid+1＝6，high 的值还是 10。

（3）计算 mid 的值为 8，将 64 与 8 号记录 80 做比较，64≤80，因此 high＝mid＝8，low 还是 6。

（4）计算 mid 的值为 7，将 64 与 7 号记录 75 做比较，64≤75，因此 high＝mid＝7，low 还是 6。

（5）计算 mid 的值为 6，将 64 与 6 号记录 64 做比较，64≤64，因此 high＝mid＝6，low 还是 6。

（6）现在检测到 low 和 high 相同，即 low 到 high 这个区间中只含有一个元素，检查

这个唯一的元素是否为目标 64,如果是,则说明查找成功。

如果换一个目标关键字 68,那么之前的查找过程是一样的,只是在第(6)步,检查区间中唯一的元素并不是 68,说明查找失败。

2) 算法步骤

根据上述举例可抽象出以下算法步骤。

(1) 初始化：low＝0,high＝len(self.data)－1。

(2) 如果 low＞high,说明整个查找表为空表,查找失败,返回－1。

(3) 当满足条件 low＜high 时循环执行：

① mid＝⌊(low＋high)/2⌋；

② 获得 mid 位置记录的关键字,假设为 current；

③ 将目标 target 与 current 相较,如果 target≤current,则 high＝mid,否则 low＝mid＋1。

(4) 如果 low＝high,则检查该区间唯一的元素是否为目标 target,如果是则查找成功,返回 low；否则查找失败,返回－1。

3) 非递归算法

```python
def binarySearch1(self, target):
    low = 0
    high = len(self.data) - 1
    if low > high:
        return -1
    while low < high:
        mid = (low + high) // 2
        current = self.data[mid].key
        if target <= current:
            high = mid
        else:
            low = mid + 1
    current = self.data[low].key
    if current == target:
        return low
    else:
        return -1
```

4) 递归算法

也可将上述算法改写为递归形式,设 recBinarySearch1 递归算法在 data 有序列表的 low 至 high 区间内查找目标 target。算法如下：

```python
def recBinarySearch1(self, target, low, high):
    if low > high:
        return -1
    elif low == high:
        current = self.data[low].key
```

```
            if current == target:
                return low
            else:
                return -1
        else:
            mid = (low + high) // 2
            current = self.data[mid].key
            if target <= current:
                return self.recBinarySearch1(target, low, mid)
            else:
                return self.recBinarySearch1(target, mid + 1, high)
```

5）比较树及算法性能分析

在查找过程中，每次目标关键字与 mid 位置记录比较后，搜索区间的长度大约减少一半，表 11.1 列出了比较次数与搜索区间中剩余记录个数的关系。

当比较足够多次后，搜索区间内仅剩余一个元素；不管这个记录是否匹配目标，查找最终都会结束，此时 $n/2^i=1$，可得 $i=\log_2 n$，因此二分查找的算法复杂度是 $O(\log_2 n)$。

表 11.1  比较次数与剩余记录个数的关系

| 比较次数 | 剩余记录的大约个数 |
| --- | --- |
| 1 | n/2 |
| 2 | n/4 |
| 3 | n/8 |
| ... | ... |
| i | $n/2^i$ |

接下来画出在长度为 5 的有序顺序表下进行不识别相等二分查找的比较树，步骤如下。

（1）初始情况下，搜索范围为 1 号到 5 号，其中间位置为 3 号，因此第 1 次比较是目标与 3 号记录的比较（画出 3 号圆形结点），产生两种比较结果，即目标小于或等于 3 号和目标大于 3 号。

（2）如果目标小于或等于 3 号，则继续在 1 到 3 号这个区间进行搜索，即目标与中间位置 2 号比较（画出 2 号圆形结点），产生两种比较结果。

（3）如果目标小于或等于 2 号，则继续在 1 到 2 号这个区间进行搜索，即目标与 1 到 2 号的中间位置 1 号比较（画出 1 号圆形结点），产生两种比较结果。

（4）如果目标小于或等于 1 号，则在 1 到 1 号这个区间进行搜索，此时区间中仅有一个元素，将目标与 1 号记录做是否相等比较（画出又一个 1 号圆形结点）。如相等则查找成功，用方形结点 1 表示，不等则查找失败，用方形结点 F 表示。注意这次的比较为是否相等比较，跟之前的其他比较是不同的。

（5）再往上面补全整棵树，如果大于 1 号，则在 2 到 2 这个区间搜索，此时区间中仅有一个 2 号元素，将目标与 2 号记录做是否相等比较（画出又一个 2 号圆形结点）。如相等则查找成功，不等则查找失败。依次往上补全，可以得到整棵比较树，如图 11.7 所示。

从图 11.7 中可以看出，不管查找哪个记录，都是一个从根结点开始进行比较，直到方形结点结束的过程。例如查找 3 号结点，则目标关键字依次与 3 号、2 号记录进行不等比较，最后将搜索目标锁定在 3 号位置，接着验证 3 号记录是否与目标相等，共进行了 3 次比较而成功结束；查找 4 号、5 号记录也是比较了 3 次，而查找 1 号、2 号记录则比较了

4次。因此,成功查找时的平均查找长度为

$$\text{ASL}_{\text{succ}} = \sum_{i=1}^{n} p_i c_i = \frac{1}{5}(3*3+2*4) = \frac{17}{5}$$

失败查找的查找过程与成功情形基本相同,只不过在最后一次验证时发现这个位置的记录并非目标而失败结束,因此失败查找的平均查找长度也为 $\frac{17}{5}$。

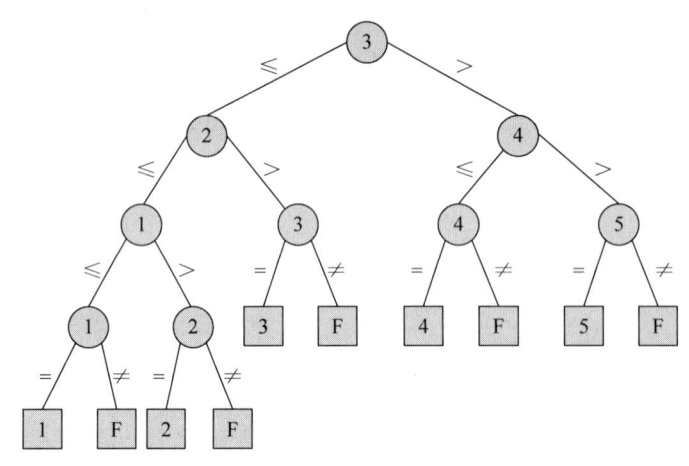

图 11.7　长度为 5 的有序顺序表下不识别相等二分查找的比较树

图 11.8 是长度为 10 的有序顺序表下不识别相等二分查找的比较树。

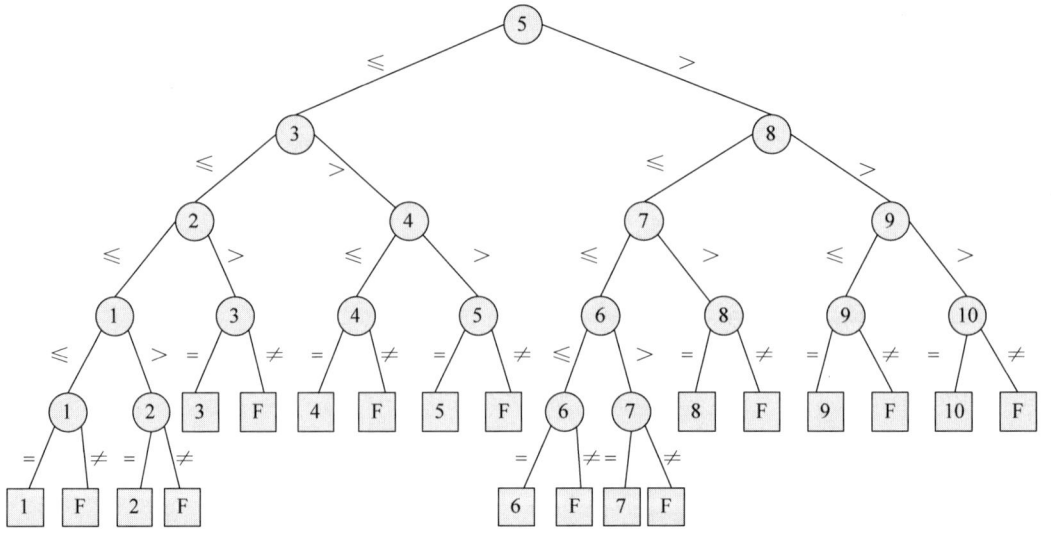

图 11.8　长度为 10 的有序顺序表下不识别相等二分查找的比较树

从图 11.8 可以看出,如果查找 3 号结点,则目标关键字依次与 5 号、3 号、2 号记录进行不等比较,最后将搜索目标锁定在 3 号位置,接着验证 3 号记录是否与目标相等,共进行了 4 次比较而成功结束;查找 4、5、8、9、10 号记录也是比较了 4 次;查找 1、2、6、7 号记录则比较了 5 次。因此,成功查找时的平均查找长度为

$$\text{ASL}_{\text{succ}} = \sum_{i=1}^{n} p_i c_i = \frac{1}{10}(6*4 + 4*5) = 4.4$$

同样,失败查找的平均查找长度也为 4.4。

如果比较树的高度为 h,在最坏情况下,一次查找所需的比较次数为树的高度减去 1。

由于每次比较之后,左、右子表基本均匀二分,所以这棵二叉树左、右基本对称,除了最下层的结点,每层上的结点都从左到右依次分布。设根结点处于 0 层,在 0 层有一个结点,在 1 层有两个结点,在 2 层有 4 个结点,在 i 层有 $2^i$ 个结点,由此可得,具有 m 个结点且结点全满的一层,它的层次 d 应为 $\log_2 m$。

叶子结点表示查找成功和失败的所有情况,即叶结点总数为 2n 个。这些叶子结点都分布在最下面的两层。假设所有的叶子结点都分布在最下层,则该层的层次为 $\log_2(2n)$,即 $\log_2 n + 1$,因此从根走到叶子需要比较的结点数为 $\log_2 n + 1$,比较次数也为 $\log_2 n + 1$。可以证明,如果叶子结点分布在最下面的两层,则这棵树的最大层次为 $\lceil \log_2 n + 1 \rceil$,如 n=10 时,该二叉树的最大层次为 5。

因此,采用不识别相等的二分查找算法,在最坏情况下,查找从根开始终止于最下层,关键字比较次数为 $\lceil \log_2 n + 1 \rceil$;在平均情况下,查找则从根开始终止于倒数第二层,比较次数为 $\lceil \log_2 n \rceil$。所以该算法的时间复杂度为 $O(\log_2 n)$。

6) 特点

此二分查找算法在搜索过程中并不比较相等,并且如果表中有多个目标记录存在,可以保证查找到的目标为最左边的一个。这是因为在 target 小于或等于 mid 位置记录时搜索区间变成包含 mid 的左半部分,即使 mid 右边有相同关键字的记录也被忽略了。

例如,在图 11.9 所示的有序表中查找目标关键字 1,递归算法共调用了 4 次,搜索区间依次为 0~4、0~2、0~1 和 1~1,最终在 1 号位置成功查找而结束。

| | 0 | 1 | 2 | 3 | 4 |
|---|---|---|---|---|---|
| data | 0 | 1 | 1 | 1 | 4 |

图 11.9 包含相同关键字记录的有序表示例

**4. 识别相等的二分查找算法**

识别相等的二分查找在搜索过程中目标 target 将与搜索区间中间位置的记录做是否相等比较。本书中将识别相等的二分查找简称为二分查找 2。

1) 举例

接下来对图 11.10 所示长度为 11 的有序顺序表利用二分查找 2 查找目标 64。图 11.10 与之前讨论二分查找 1 所用的示例图 11.6 完全相同。

| | 0 | 1 | 2 | 3 | 4 | 5 | 6 | 7 | 8 | 9 | 10 |
|---|---|---|---|---|---|---|---|---|---|---|---|
| data | 5 | 13 | 19 | 21 | 37 | 56 | 64 | 75 | 80 | 88 | 92 |

图 11.10 有序顺序表下识别相等的二分查找示例

利用二分查找 2 查找目标 64 的过程如下。

(1) low 和 high 分别表示待查区间的左、右边界,mid 表示区间的中间位置。初始

low=0,high=10。

(2) 计算 mid=(0+10)/2=5,64 与 5 号位置的 56 比较是否相等；不等,再比较大小,64>56,则将搜索区间缩小为右半部分,即 low=mid+1=6,high 不变,仍为 10。

(3) 计算 mid=(6+10)/2=8,64 与 8 号位置 80 比较是否相等；不等,再比较大小,64<80,将搜索区间缩小为左半部分,即 high=mid-1=7,low 不变,仍为 6。

(4) 计算 mid=(6+7)/2=6,64 与 6 号位置 64 比较是否相等；相等,查找成功结束。

如果查找目标 68,则最终搜索区间不存在,即 low>high,查找失败。

2) 算法步骤

(1) 初始化：low=0,high=len(self.data)-1。

(2) 当 low≤high,即搜索区间存在时,循环执行：

① 计算 mid=(low+high)/2；

② 获得 mid 位置记录的关键字,假设为 current；

③ 将目标 target 与 current 做是否相等比较,如果相等,则查找成功,mid 即为查找到的位置,返回 mid；否则判断 target 是否小于 current,如果是,则继续到左半区间搜索,即 high=mid-1,否则继续到右半区间搜索,即 low=mid+1。

(3) 如 low>high,则查找失败,返回-1。

3) 非递归算法

根据以上算法步骤编写如下算法：

```python
def binarySearch2(self, target):
    low = 0
    high = len(self.data) - 1
    while low <= high:
        mid = (low + high) // 2
        current = self.data[mid].key
        if target == current:
            return mid
        elif target < current:
            high = mid - 1
        else:
            low = mid + 1
    return -1
```

4) 递归算法

也可将上述算法改写为递归形式,设 recBinarySearch2 递归算法在 data 有序列表的 low 至 high 区间查找目标 target。算法如下：

```python
def recBinarySearch2(self, target, low, high):
    if low > high:
        return -1
    else:
```

```
            mid = (low + high) // 2
            current = self.data[mid].key
            if target == current:
                return mid
            elif target < current:
                return self.recBinarySearch2(target, low, mid - 1)
            else:
                return self.recBinarySearch2(target, mid + 1, high)
```

5）比较树及算法性能分析

接下来画出长度为 5 的有序顺序表下识别相等的二分查找的比较树。初始情况下，搜索范围为 1 号到 5 号，中间位置为 3 号，目标首先与 3 号做是否相等比较，如果相等则查找成功，不等则继续做大小比较。和有序表下顺序查找算法的比较树一样，二分查找 2 的比较树做了简化。如此时的 3 号圆形结点表示一次或两次比较，产生了 3 种结果，也可认为有一个方形结点与此圆形结点重合，表示成功查找 3 号结点结束。

接下来用简化的方法画出整棵比较树。

如果目标小于 3 号，则继续在 1 至 2 号这个区间进行搜索，即目标与 1 到 2 号的中间位置 1 号比较（画出 1 号圆形结点），产生 3 种比较结果。

如果目标等于 1 号，则查找成功（画出＝）；如果目标小于 1 号，则查找失败（画出 F 方形结点）；如果目标大于 1 号，则在 2 到 2 号这个区间进行搜索，即目标与中间位置 2 号比较（画出 2 号圆形结点）。

如果目标等于 2 号，则查找成功（画出＝）；如果目标小于 2 号或大于 2 号，则查找失败（画两个 F 方形结点）。

接着再往上画，目标大于 3 号，即继续在 4 到 5 号区间进行搜索，目标与 4 到 5 号的中间位置 4 号比较（画出 4 号圆形结点），产生 3 种比较结果。以此类推，最终得到整棵比较树，如图 11.11 所示。

从图 11.11 中可以看出，二分查找 2 的成功查找终止于一个圆形结点。如查找 3 号结点，则只需比较一次；如查找 1 号结点，目标关键字首先与 3 号记录进行相等比较，在发现不等之后，再与 3 号比较大小，所以与 3 号记录做了两次比较；接着与 1 号记录做一次比较相等而成功，共比较 3 次；同样，查找 4 号也比较 3 次；查找 2 号和 5 号结点，则分别需比较 5 次。因此成功查找时的平均查找长度为

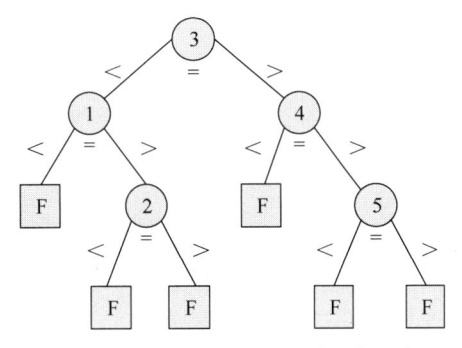

图 11.11　长度为 5 的识别相等二分查找的比较树

$$ASL_{succ} = \sum_{i=1}^{n} p_i c_i = \frac{1}{5}(1 + 2*3 + 2*5) = \frac{17}{5}$$

失败查找终止于方形结点，共有 6 个方形结点，表明查找目标处于 6 个不同的区段。

如 1 号结点左边的方形结点表示查找目标小于 1 号记录的情形,此时比较次数为 4 次。失败查找终止于 4 号结点左侧的 F 结点,比较次数也为 4 次;若终止于最下层的 4 个 F 结点,则比较次数都为 6 次。失败查找时的平均查找长度为

$$ASL_{unsucc} = \sum_{i=1}^{n+1} p_i c_i = \frac{1}{6}(2*4+4*6) = \frac{16}{3}$$

图 11.12 为 n=10 时识别相等二分查找的比较树。

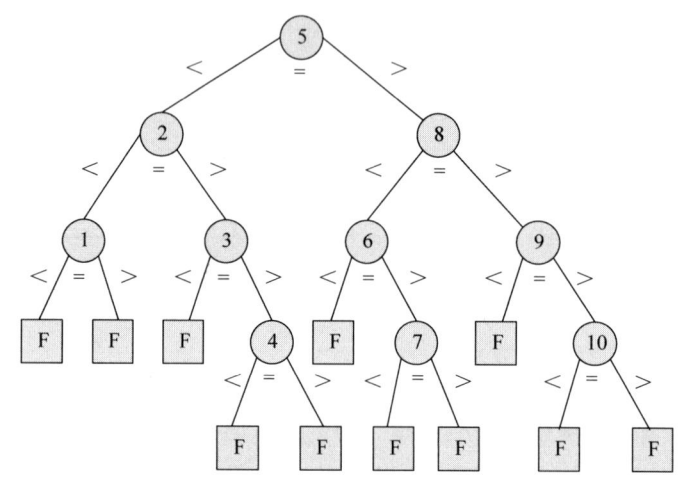

图 11.12  长度为 10 的识别相等二分查找的比较树

从图 11.12 可以看出,如查找 3 号结点,目标关键字首先与 5 号记录进行相等比较,在发现不等之后,再与 5 号比较大小,所以与 5 号记录做了两次比较;接着与 2 号记录进行两次比较;最后与 3 号记录做了一次相等的判别后查找成功而结束。所以,虽然这条搜索的路径看上去比较短,但实际上除了这条路径的末端,其余每个结点都比较了两次,比较的次数反而增多了。

查找 5 号记录比较 1 次;查找 2 号、8 号比较 3 次;查找 1、3、6、9 号比较 5 次;查找 4、7、10 号比较 7 次,因此成功查找时的平均查找长度为

$$ASL_{succ} = \sum_{i=1}^{n} p_i c_i = \frac{1}{10}(1+2*3+4*5+3*7) = 4.8$$

失败查找时,走到倒数第二层的 5 个 F 结点需比较 6 次,走到最下层的 6 个 F 结点需比较 8 次,平均查找长度为

$$ASL_{unsucc} = \sum_{i=1}^{n+1} p_i c_i = \frac{1}{11}(5*6+6*8) = \frac{78}{11}$$

这棵树的高度仍与 $\log_2 n$ 成正比,因此 binarySearch2 算法的时间效率也为 $O(\log_2 n)$。虽然这棵树略矮于 binarySearch1 的比较树,但由于在每个结点处要比较两次,其算法的效率要比第一个算法差。

可以通过数学方法证明二分查找算法 2 在失败查找时平均查找长度约为 $2\log_2(n+1)$,在成功查找时平均查找长度约为 $\frac{2(n+1)}{n}\log_2(n+1)-3$。

### 5．二分查找小结

综合以上分析得出的结论,并做进一步的近似处理,可以得出如表 11.2 所示二分查找 1 和二分查找 2 的平均查找长度。从表中可以看到,两种二分查找算法的时间复杂度都是 $O(\log_2 n)$,并且第 1 种算法好于第 2 种。

表 11.2 二分查找 1 和二分查找 2 的平均查找长度

| 查 找 方 法 | 成 功 查 找 | 失 败 查 找 |
|---|---|---|
| 二分查找 1 | $\log_2 n + 1$ | $\log_2 n + 1$ |
| 二分查找 2 | $2\log_2 n - 3$ | $2\log_2 n$ |

由于需要快速定位有序表的中间位置,二分查找在链式存储的线性表中没有应用价值。可见,二分查找必须在顺序存储的有序表结构下进行。

在 11.2.4 节将了解到以关键字比较为基础的查找算法性能的下界(即最好性能)为 $O(\log_2 n)$,因此二分查找是基于关键字比较的查找算法中性能最优的算法之一。

## 11.2.3 索引顺序表及分块查找

### 1．索引顺序表

**索引顺序表**包含两个部分,即**主数据表**和**索引表**。在主数据表中以顺序存储方式存储查找表的所有记录。所有记录被分成若干块,对于任意的 i 和 j,如 i 小于 j,则第 i 块中记录的关键字都小于第 j 块中记录的关键字,通俗的说法即"块间有序,块内(可)无序"。索引表中的每项称为索引项,索引项的一般形式是(块内最大关键字,块起始地址),它给出了对应块的最大关键字值和该块的起始地址。

图 11.13 所示为一个索引顺序表结构,其中主数据表共有 3 块,第 1 块中记录的关键字都小于第 2 块,第 2 块中记录的关键字都小于第 3 块。在索引表中,索引项(23,5)表示主数据表中的第 2 块从 5 号位置开始,块内最大关键字为 23。

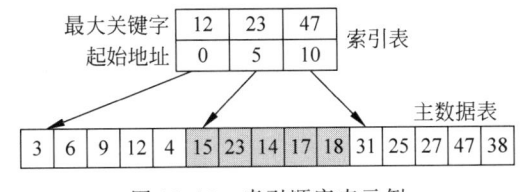

图 11.13 索引顺序表示例

### 2．分块查找

**分块查找**又称为**索引顺序查找**,其查找过程包含两个步骤:
(1) 在索引表中确定记录所在块 b。
(2) 在顺序表的第 b 块内进行查找。

如在图 11.13 所示的索引顺序表中查找 17,则首先在索引表中确定它所在块的起始位置为 5 号到 9 号,然后在主数据表中该范围内进行顺序查找。因此:

分块查找的平均查找长度＝索引表中的平均查找长度＋主数据表中块内的平均查找长度

由于索引表是有序表,可以使用二分查找,而块内的记录如果是无序的,则只能采用顺序查找,此时索引查找的性能介于顺序查找和二分查找之间。

### 11.2.4 查找算法性能的下界

通过前面几节的介绍,大家知道二分查找的时间复杂度为 $O(\log_2 n)$,顺序查找的时间复杂度为 $O(n)$。二分查找的性能好于顺序查找,二分查找 1 的性能好于二分查找 2。那么能否找到比二分查找 1 更快的查找算法呢?

一种方法是尝试对算法进行细节上的雕琢,使它们的绝对运行时间更短。例如通过一些小技巧,将每次循环中完成的工作量减少一点,以提高算法的速度。一种称为斐波那契搜索的方法甚至设法用减法替换二分查找中的除法运算,试图加速程序的运行,但是这些细节上的修改不可能带来数量级上的变化。对于大规模的列表,二分查找 2 可能需要大概两倍二分查找 1 的运行时间,但它们之间的性能差异相比顺序查找与二分查找之间的性能差异仍可以忽略不计。

是否存在数量级上比二分查找的性能更优的算法?如果假定算法都是以关键字比较作为基础,那么答案是否定的。

想象用一个任意的未知算法在一个有序表下通过关键字的比较进行查找,并绘制它的比较树,该比较树的绘制方法与绘制二分查找 1 的比较树的方法相同,即树的每个内部结点对应一个关键字的比较,每个外部结点对应一个可能的最终结果。如果该算法像二分查找 2 那样会跟一个记录连续比较两次,那么将画出两个内部结点。因此叶结点对应的结果不仅包括目标的成功查找,还包括算法可能区分的不同类型的失败查找。如长度为 n 的有序表下的二分查找 2 产生 k＝2n＋1 个结果,包括 n 个成功的结果和 n＋1 个不同类型的失败(目标小于最小关键字、在每对关键字之间、大于最大关键字)。普通顺序查找算法只产生 k＝n＋1 个可能的结果,因为它只区分一种失败。

**1. 引理**

令 T 是一棵有 k 个叶结点的严格二叉树,则 T 的最大层次 d 满足 $d \geqslant \lceil \log_2 k \rceil$,外部路径长度 E(T) 满足 $E(T) \geqslant k\log_2 k$,d 和 E(T) 的最小值出现在 T 的所有叶结点在同一层上或相邻两层上时。

(1) 首先证明 d 和 E(T) 的最小值出现在 T 的所有叶结点在同一层上或相邻两层上时。

假设 T 的一些叶结点在 r 层,另一些在 s 层,其中 r＞s＋1。现在在 r 层取两个叶子,它们都是同一个结点 v 的子结点,把它们从 v 中分离出来,将它们作为 s 层上某个叶子的子结点,如图 11.14 所示。

然后把 T 变成了一个新的二叉树 T′,它仍然有 k 个叶结点,T′的高度肯定不大于 T 的高度,T′的外部路径长度满足

$$E(T') = E(T) - 2r + (r-1) - s + 2(s+1) = E(T) - r + s + 1 < E(T)$$

可以继续以这种方式将下层的叶子移到上面各层,不断减小外部路径长度和树的高

度,直到最后所有的叶子都在同一层或相邻层,此时的 T′是所有二叉树中深度和外部路径长度都最小的比较树。

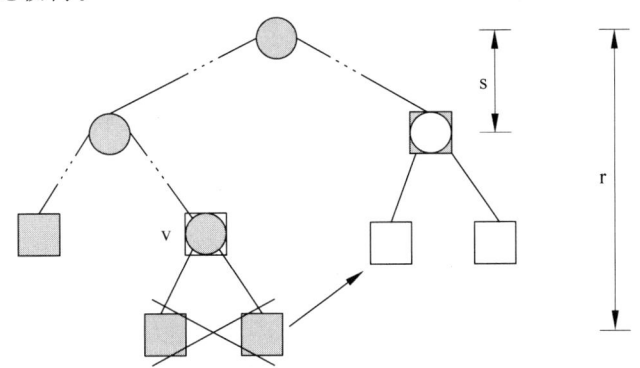

图 11.14 任意查找算法的比较树

(2) 证明引理中 d≥⌈log₂k⌉的部分。

假设 T 是具有 k 个叶结点,深度和外部路径长度最小的二叉树,因此 T 的所有叶结点都位于 d 或 d−1 层。根据第 8 章中二叉树的性质 1——在二叉树的第 i 层上最多有 $2^i$ 个结点(i≥0),那么:

① 如果叶子全部在最下层(第 d 层),则 k≤$2^d$;

② 如果有 x 个叶子在 d−1 层,由于 d−1 层上最多有 $2^{d-1}$ 个结点,则 d−1 层的非叶结点最多有 $2^{d-1}$−x 个,它们的孩子构成了 d 层的所有叶结点,最多有 2 * ($2^{d-1}$ − x)个结点,两层最多有叶结点 x + 2 * ($2^{d-1}$−x)=$2^d$−x,即 k≤$2^d$−x。

因此对于以上两种情况,k≤$2^d$ 总是成立的,对该不等式两边取对数得 d≥log₂k,又因为深度总是整数,所以 d≥⌈log₂k⌉。

(3) 证明 E(T)≥klog₂k。

假设 x 为 T 在 d−1 层上的叶结点数,则 d 层上有 k−x 个叶结点。反过来,第 d−1 层上的非叶结点数为(k−x)/ 2,那么 d−1 层上的所有结点个数为 x + (k−x)/2,根据二叉树的性质,x + (k−x)/ 2≤$2^{d-1}$,得到 x≤$2^d$ − k。

而 E(T)=(d−1)x + d(k−x)=kd−x≥kd − ($2^d$−k)=k(d+1)−$2^d$;

又由于叶结点数 k 满足 $2^{d-1}$<k≤$2^d$,即 d−1<log₂k≤d。如设 d=log₂k+δ,那么 0≤δ<1,E(T)≥k(log₂k+1+δ−$2^δ$)。

由于 0≤δ<1,所以 1+δ−$2^δ$ 是一个接近 0 的正数,因此 E(T)≥klog₂k。

**2. 小结**

假设查找算法使用关键字的比较来查找有序表中的目标。根据上述引理,d≥⌈log₂k⌉,又由于在有序表下查找最多共有 2n+1 种查找结果,即 k=2n+1,因此 d≥⌈log₂(2n+1)⌉≥⌈log₂(2n)⌉=⌈log₂n⌉+1。在 d 为最小值的边界情况下,最坏情况下的比较次数 d=⌈log₂n⌉+1,平均情况下的比较次数为 $\frac{E(T)}{k}$=log₂k=log₂(2n+1)≈log₂n+1。即基于关键字比较的查找算法,时间性能的下界为平均情况下比较 log₂n+1 次,最坏情况下比较$\lceil \log_2 n \rceil +1$次。

对比二分查找1的性能可知,在平均和最坏情况下二分查找1都处于上述的最佳边界。因此,二分查找1是基于关键字比较的查找算法中性能最优的算法之一,时间复杂度为$O(\log_2 n)$。

强调一下,这个结论仅对以关键字比较为基础的查找算法成立,而不是说所有查找算法都无法超越二分查找的性能。举个简单的例子,假设记录的关键字分别是0到n−1不重复的整数,如果将记录按关键字递增序存储在大小为n的数组中,查找目标键x即对应于在数组中定位x号位置的元素,这时查找算法的性能为$O(1)$。

最后要说明的是,在具体情况下,之前对所有关键字查找概率相同的假设很可能是不正确的。如果查找时能确保首先比较那些查找概率更高的关键字,算法的性能可能会得到很大的提高。

## 11.3 二叉树下的查找

### 11.3.1 二叉查找树

**1. 二叉查找树的概念**

**二叉查找树**(Binary Search Tree,BST)又称为二叉排序树或二叉搜索树。它或者是空二叉树,或者是具有以下性质的二叉树。

(1) 若根结点的左子树非空,则左子树中所有结点的值都小于根结点的值。
(2) 若根结点的右子树非空,则右子树中所有结点的值都大于根结点的值。
(3) 根结点的左、右子树均是二叉查找树。

如图11.15(a)所示为一棵二叉查找树,此时每个结点的值为整数,其根结点左子树上的值都小于根结点,其根结点右子树上的值都大于根结点,并且每棵子树都是二叉查找树。如果为该二叉查找树的结点30添加右孩子36,如图11.15(b)所示,由于根结点35比其左子树上的36小,就变成了一棵非二叉查找树。

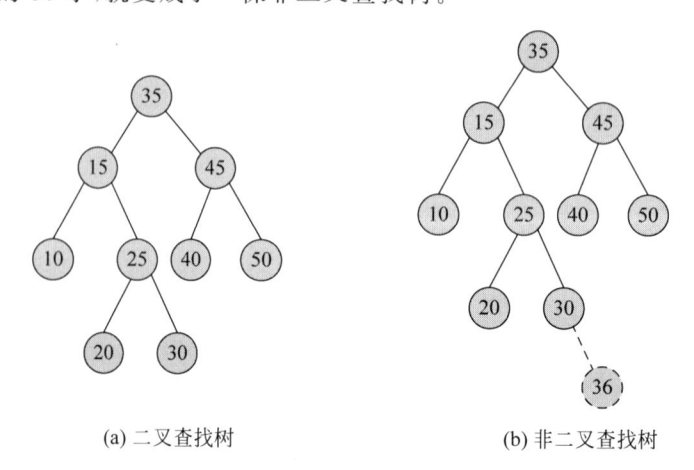

(a) 二叉查找树　　　　(b) 非二叉查找树

图11.15　二叉查找树与非二叉查找树

**2. 二叉查找树的性质**

二叉查找树是特殊的二叉树,具有以下性质。

(1) 二叉查找树主要用于查找,即将查找表中的所有记录按照关键字的值左小、右大、根在中间的要求存储在二叉查找树。

(2) 二叉查找树中没有两个结点的关键字是相同的。

(3) 对二叉查找树进行中序遍历可以得到递增有序序列,因此二叉查找树可以作为有序表的实现方法。

**3. 二叉查找树的类定义框架**

以下是二叉查找树 BSTree 的类定义框架:

```python
from Binary_tree import BinaryTree, BinaryNode
from Record import Record
class BSTree(BinaryTree):
    def __init__(self):
    def search(self, target):
    def insert(self, new_data):
    def remove(self, target):
```

8.3 节介绍了二叉链表是二叉树最常用的存储结构,二叉查找树也采用二叉链表进行存储;将其定义为普通二叉树的派生类,由父类继承的方法包括构造方法、判别二叉树是否为空、清空二叉树、求二叉树的结点数、求二叉树的高度、遍历及图形化输出等操作。二叉查找树特有的方法主要包含二叉查找树下的查找、结点的插入和删除等方法。

本节的 Record 类与第 11.1.5 节中的 Record 类定义相同,每个记录有一个关键字属性项。记录之间可以通过比较运算符判别是否相等及大小关系。

**4. 查找算法**

1) 递归算法

假设在图 11.16 所示的二叉树中查找目标关键字为 25 的记录,由于 25 小于根结点关键字 35,接着在根结点为 15 的左子树上查找,25>15,在根结点为 25 的右子树上继续查找,目标关键字与根结点关键字相等而查找成功,如图 11.16(a)所示。和上述过程类似,如需查找关键字为 28 的记录,则搜索从根结点 35 开始,依次与 35、15、25、30 比较,再往左走,到达一棵空的子树,查找失败,如图 11.16(b)所示。

因此,在 sub_root 为根的二叉查找树下查找关键字 target 对应记录的过程可递归描述如下。

(1) 若 sub_root 为空,则查找失败,返回 None。

(2) 若 target=sub_root 所指关键字值,则查找成功,返回 sub_root。

(3) 若 target<sub_root 所指关键字值,则在 sub_root 的左子树中继续查找。

(4) 否则在 sub_root 的右子树中继续查找。

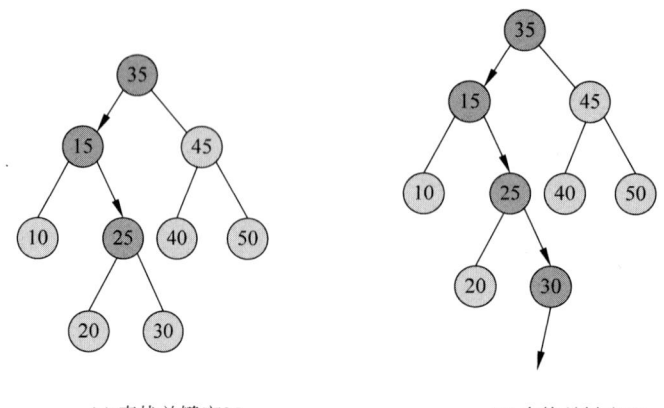

(a) 查找关键字25　　　　　　　　(b) 查找关键字28

图 11.16　二叉查找树下的查找过程

根据上述思想得到如下递归算法：

```python
def recursive_search_bst(self, sub_root, target):
    if not sub_root:
        return None
    else:
        if sub_root.data.key == target:
            return sub_root
        elif sub_root.data.key < target:
            return self.recursive_search_bst(sub_root.right, target)
        else:
            return self.recursive_search_bst(sub_root.left, target)
```

2) 查找接口方法

根据上述递归函数的返回值是否为 None，返回 None 或找到的结点中记录的 value 值。

```python
def search(self, target):
    result = self.recursive_search_bst(self._root, target)
    if result:
        return result.data.value
    else:
        return None
```

3) 不同形状的二叉查找树及查找性能

具有相同关键字的二叉查找树可以有多种不同的形状。图 11.17 列出了关键字为 {a,b,c,d,e,f,g} 的部分二叉查找树。

n 个记录构成的二叉查找树，高度的最小值为 $\lfloor \log_2 n \rfloor + 1$，与完全二叉树的高度一致；高度的最大值为 n，此时二叉树上的每层只有一个结点。

二叉查找树下的查找过程对应于一条从根开始的路径。最好情况发生在查找目标为根结点时,只需比较一次;最坏情况需从根走到最下层的叶子,比较的结点数等于树的高度,因此查找算法的时间复杂度与树的高度成正比。根据二叉树的形状不同,二叉查找树下的查找算法的时间复杂度最好情况为 $O(\log_2 n)$,最坏情况为 $O(n)$。

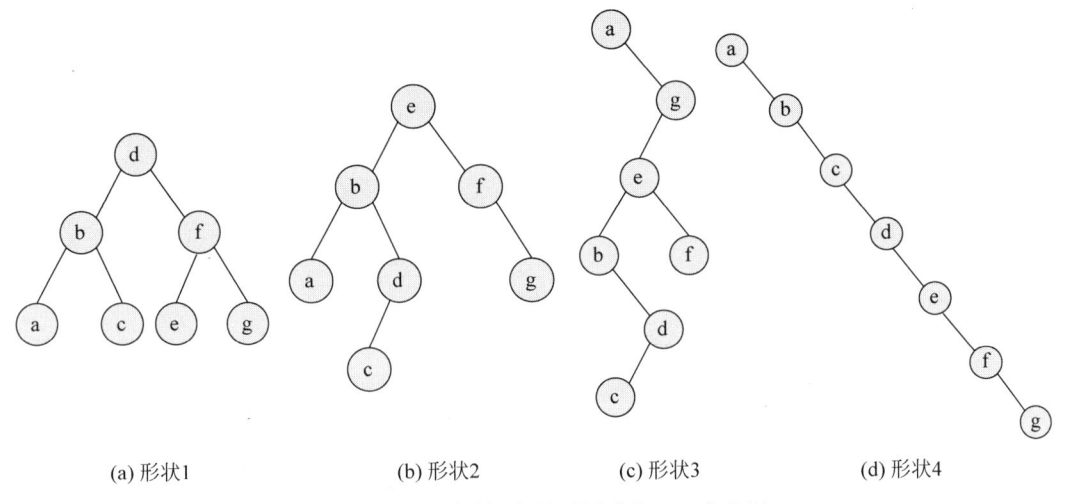

(a) 形状1　　　　(b) 形状2　　　　(c) 形状3　　　　(d) 形状4

图 11.17　相同关键字的不同形状二叉查找树

图 11.17(a)中的二叉查找树与 7 个结点对应的识别相等二分查找的比较树形状相同,时间效率也与二分查找的效率相同,为 $O(\log_2 n)$。此时查找成功时的平均查找长度为

$$ASL_{succ} = \sum_{i=1}^{n} p_i c_i = \frac{1 + 2*3 + 4*5}{7} = \frac{27}{7}$$

图 11.17(d)中的二叉查找树为一棵单支树,此时查找性能退化为有序表下顺序查找的性能,此时查找成功时的平均查找长度为

$$ASL_{succ} = \sum_{i=1}^{n} p_i c_i = \frac{1 + 3 + 5 + 7 + 9 + 11 + 13}{7}$$
$$= \frac{49}{7} = 7$$

在计算失败查找时的平均查找长度时,可以为二叉查找树加上方形外部结点,图 11.17(a)对应如图 11.18 所示的扩充二叉查找树。失败查找的平均查找长度为

图 11.18　加上查找失败对应外部结点后的二叉查找树

$$ASL_{unsucc} = \sum_{i=1}^{n+1} p_i c_i = \frac{8*6}{8} = 6$$

显然,越矮的二叉查找树平均查找长度越小,查找效率越高。

**5. 插入算法**

因为二叉查找树中不允许存在关键字相同的结点,所以在向二叉查找树中插入新元素时,应先利用查找算法检查该元素在该二叉树中是否存在,如果查找成功则不插入;如果查找失败,则将新元素添加到查找操作停止的位置。如果在图 11.16(a)所示的二叉查找树上插入关键字为 25 的记录,由于已经存在关键字为 25 的记录,则不应插入;如果在此二叉查找树上插入关键字为 28 的记录,对应的搜索路径为(35,15,25,30),再往左查找时查找失败,此时只要把 28 插入失败位置,即作为 30 的左孩子插入即可。

1) insert 方法

接口方法 insert 只完成简单的调用,它调用递归函数 search_and_insert 在 root 为根的二叉查找树下完成 new_data 结点的查找和插入。

```
def insert(self, new_data):
    self._root = self.search_and_insert(self._root, new_data)
```

2) search_and_insert 递归查找和插入函数

递归函数 search_and_insert 将 new_data 记录插入 sub_root 为根的二叉查找树中,返回形成的新二叉查找树的根。算法步骤可描述如下。

(1) 如果 sub_root 为空,则创建值为 new_data 的新结点,返回该结点。

(2) 如果 new_data 与 sub_root 的结点值相同,则"结点重复",未进行插入。

(3) 如果 new_data 的关键字值小于 sub_root 的关键字值,则在左子树上进行递归查找和插入,否则在右子树上进行递归查找和插入。

(4) 返回 sub_root。

根据上述思想实现的递归算法如下:

```
def search_and_insert(self, sub_root, new_data):
    if sub_root is None:
        sub_root = BinaryNode(new_data)
        return sub_root
    elif new_data == sub_root.data:
        raise Exception("结点重复")
    elif new_data < sub_root.data:
        sub_root.left = self.search_and_insert(sub_root.left, new_data)
    else:
        sub_root.right = self.search_and_insert(sub_root.right, new_data)
    return sub_root
```

3) 插入算法的时间性能分析

对于一个特定的二叉查找树,新的结点总是作为一个叶子插入。在最坏情况下,新结点将插入为原二叉树最下层结点的孩子,因此这棵二叉树的高度决定了插入算法的时间效率。如果二叉查找树与完全二叉树的高度一致,则算法的时间复杂度为 $O(\log_2 n)$;而当二叉查找树退化为单支树等极端情况时,二叉树的高度为 n,插入算法的时间复杂度为 $O(n)$。因此,同样希望已有二叉查找树的高度尽量小。

4) 利用插入算法建立二叉查找树

可以在初始为空的二叉查找树下用依次插入记录的方法完成二叉查找树的创建。假设依次输入关键字为 55、78、65、18、87、9、81、16 的记录,调用 8 次插入算法,可以完成二叉查找树的创建，如图 11.19 所示。

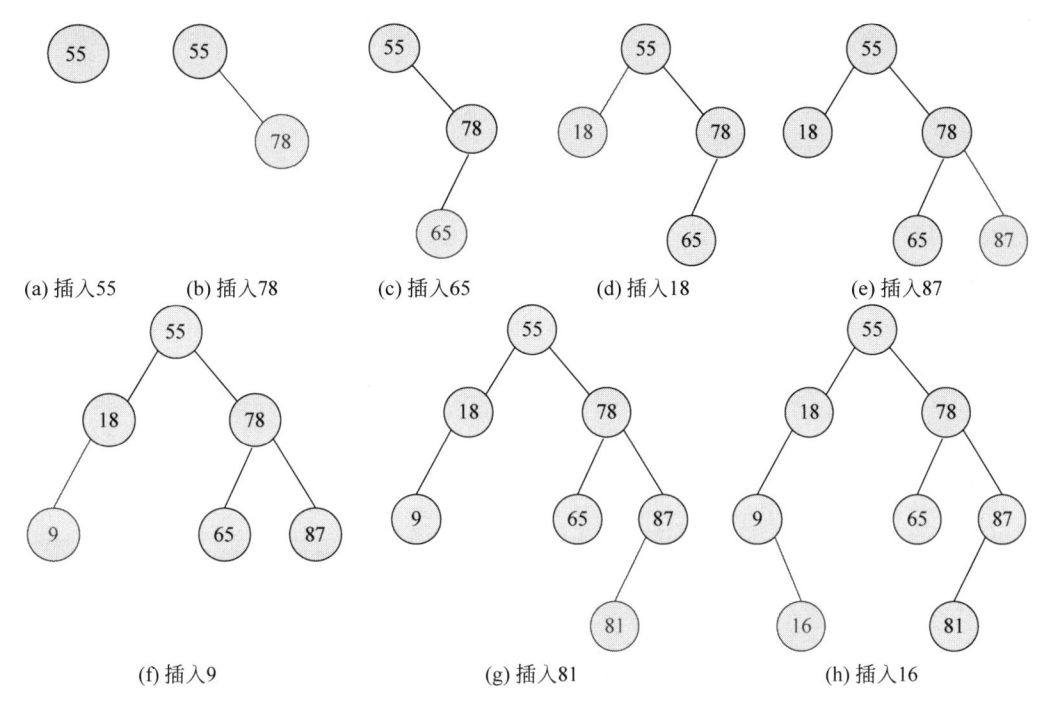

(a) 插入55　　(b) 插入78　　(c) 插入65　　(d) 插入18　　(e) 插入87

(f) 插入9　　　　　(g) 插入81　　　　　(h) 插入16

图 11.19　二叉查找树的创建示例

当输入序列为递增或递减序列时，根据依次插入的方法将会生成一棵单支二叉树，在这种高度为 n 的二叉查找树下进行查找和插入的性能最差。因此，依次输入的关键字的值应足够随机，以使生成的二叉查找树不发生最坏情况。

**6．删除算法**

删除二叉查找树上值为 target 的结点，首先需要找到该结点，在删除该结点时需要保证剩下的二叉树是完整的二叉查找树。二叉查找树下删除结点的算法分成三部分，即 remove 方法、search_and_destroy 递归函数和 remove_root 方法。

1) remove 方法

以下 remove 方法是供用户调用的接口方法，它负责调用 search_and_destroy 函数，并将 search_and_destroy 函数在 root 为根的二叉查找树下删除 target 对应结点后返回的新二叉树的根结点赋值给 root。

```
def remove(self, target):
    self._root = self.search_and_destroy(self._root, target)
```

2) search_and_destroy 递归函数

递归函数 search_and_destroy 查找并删除 sub_root 为根的二叉查找树中 target 关键字的对应结点，并确保整棵二叉树仍然为一棵完整的二叉查找树，返回删除结点后新二叉查找树的根。算法步骤如下。

(1) 如 sub_root 为空,删除失败,返回 None。

(2) 如 target 等于 sub_root 所指关键字,则调用 remove_root 方法删除该结点并返回删除后新二叉查找树的根。

(3) 如 target 小于 sub_root 所指关键字,则调用函数自身在 sub_root 的左子树上继续查找和删除,将返回的新二叉树的根作为 sub_root 的左孩子。

(4) 如 target 大于 sub_root 所指关键字,则调用函数自身在 sub_root 的右子树上继续查找和删除,将返回的新二叉树的根作为 sub_root 的右孩子。

(5) 返回 sub_root。

根据上述思想实现的递归算法如下:

```python
def search_and_destroy(self, sub_root, target):
    if sub_root is None:
        return None                          # 对应结点不存在,删除失败
    if sub_root.data.key == target:
        return self.remove_root(sub_root)
    elif target < sub_root.data.key:
        sub_root.left = self.search_and_destroy(sub_root.left, target)
    else:
        sub_root.right = self.search_and_destroy(sub_root.right, target)
    return sub_root
```

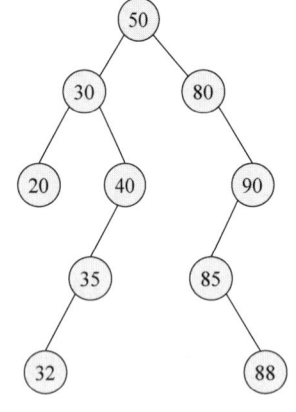

图 11.20 二叉查找树删除结点示例

3) remove_root 方法

用 remove_root 方法完成对一个已知结点的删除,在删除之后,二叉树上剩余的结点仍然是一棵完整的二叉查找树。以下结合图 11.20 所示的二叉查找树,根据被删结点的 4 种情况,分别进行讨论。

(1) 被删结点是叶子,只需将被删结点的父结点的相应指针域设置为空指针即可。如删除 20,只需将 30 的左孩子指针设为 None;如删除 88,只需将 85 的右孩子指针设为 None。

(2) 被删结点只有一个左孩子,只需将被删结点的父结点的相应指针域指向被删结点的左孩子。如删除 40,则将 30 的右孩子指针指向 40 的左孩子 35。

(3) 被删结点只有一个右孩子,只需将被删结点的父结点的相应指针域指向被删结点的右孩子。如删除 85,则将 90 的左孩子指针指向 85 的右孩子 88。

(4) 被删结点有两个孩子。假设在这棵二叉查找树中删除 30,如果直接将 30 删除,整棵二叉树将变成三部分,将剩下的结点连起来并不容易,为此采用替代法。假设被删结点为 x,用另一个容易删除的 y 结点的值来替换它,接着删除原 y 结点即可。那么这个 y 结点应该具有什么样的特点才可以用来替换 x 呢?很显然,要求 y 结点的值替换 x 结点并删除原 y 结点后这棵二叉树仍然是一棵二叉查找树。

方法一：用被删结点的左子树上的最大值替换被删结点。

如删除 30 时，用 30 的左子树上的最大值 20 替换它，再删除 20，而 20 是叶子，删除起来比较简单，删除后仍然是二叉查找树。

如删除 50 时，用 50 的左子树上的最大值 40 替换它，再删除 40，而 40 是只有一个孩子的结点，删除起来也比较简单。

方法二：用被删结点的右子树上的最小值替换被删结点。

如删除 30 时，用 30 的右子树上的最小值 32 来替换它，再删除 32，而 32 是叶子，删除起来比较简单，删除后也仍然符合二叉查找树的要求。

如删除 50 时，用 50 的右子树上的最小值 80 来替换它，再删除 80，而 80 是只有一个孩子的结点，删除起来也比较简单。

在方法一中，用于替换 x 的 y 结点是 x 结点左子树的右单支末端结点，因此肯定没有右孩子；在方法二中，用于替换 x 的 y 结点是 x 结点右子树的左单支末端结点，因此肯定没有左孩子，所以该 y 结点一定是容易删除的。

根据上述思想实现的算法如下：

```python
def remove_root(self, sub_root):
    if not sub_root.left and not sub_root.right:        #被删结点为叶子
        return None
    elif not sub_root.right:                            #被删结点只有左孩子
        return sub_root.left
    elif not sub_root.left:                             #被删结点只有右孩子
        return sub_root.right
    else:                                               #被删结点有两个孩子
        to_delete = sub_root.left
        parent = sub_root
        while to_delete.right:
            parent = to_delete
            to_delete = to_delete.right
        sub_root.data = to_delete.data
        if parent == sub_root:
            sub_root.left = to_delete.left
        else:
            parent.right = to_delete.left
        del to_delete
        return sub_root
```

remove_root 方法删除 sub_root 所指结点，返回在原 sub_root 为根的子树中删除 sub_root 结点后新二叉树的根结点。

第 1 种情况：如果 sub_root 为叶子，返回 None。

第 2 种情况：sub_root 只有左孩子，返回 sub_root 的左孩子。

第 3 种情况：sub_root 只有右孩子，返回 sub_root 的右孩子。

这 3 种情况，remove_root 方法如果返回至 search_and_destroy，sub_root 的父结点

原来指向 sub_root 的指针将指向该返回值,sub_root 结点从二叉树中分离,sub_root 的父结点与 sub_root 的子树(3 种情况依次是空子树、左子树或右子树)相连。

第 4 种情况:sub_root 的左、右孩子都存在,此时定义 to_delete 指针,它将指示最后真正删除的结点;to_delete 初始指向 sub_root 的左孩子,然后沿着右孩子指针移动到右单支末端,另设 parent 指针始终指向 to_delete 的父结点。

如对图 11.20 所示的二叉树删除 50,在 while 循环结束时,to_delete 指向 40,parent 指向 30,如图 11.21(a)所示;接着用 to_delete 结点的值 40 替换 sub_root 结点的值 50,然后将 parent 的右指针域指向 to_delete 的左孩子,即 30 的右孩子指针指向 35。

(a) 删除50　　　　(b) 右单支上只有一个结点

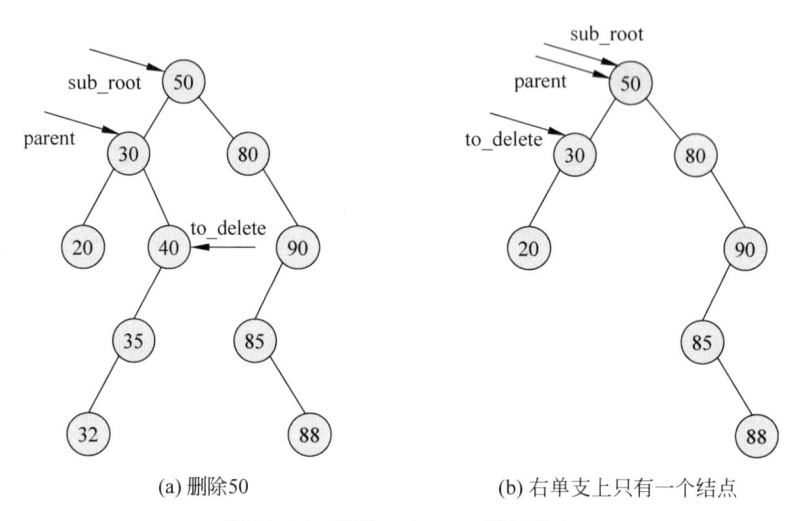

图 11.21　删除 sub_root 所指结点

如果 sub_root 的左子树的右单支上只有一个结点,如二叉查找树如图 11.21(b)所示,同样要删除 50,while 循环一次都没有执行,parent 就是 sub_root,to_delete 就是 sub_root 的左孩子,这时 30 替换 50 后,将 sub_root 的左孩子指针指向 to_delete 的左孩子,即指向 20。

在第 4 种情况中,remove_root 方法仍返回 sub_root,即该结点本身并未删除,但其结点的值被替换成真正被删除的结点 to_delete 的值。

4)删除算法的性能

删除算法首先要查找到被删结点的位置,因此它首先需要花费和查找算法同样多的时间。之前已经探讨过,这个性能与二叉树的高度有关。在删除具体结点时,最坏情况需定位到被删结点左子树的右单支末端,算法的性能也与二叉树的高度相关,因此删除算法的性能也为 $O(\log_2 n) \sim O(n)$。

### 11.3.2　平衡二叉树

对于含有 n 个结点的二叉查找树,其平均查找长度取决于树的形态,二叉查找树越矮,其平均查找长度越小。因此,仅就平均查找长度而言,二叉查找树的高度越小越好。本节将讨论一种特殊的二叉查找树,在创建过程中需要调整其形态,以保证其高度尽可能小并且满足二叉查找树的性质。这种二叉查找树被称为**平衡二叉树**(balanced binary tree)或 **AVL 树**(这一名称来自它的发明者 G. M. Adelson-Velsky 和 E. M. Landis 的名字)。

### 1. AVL 树的定义

一棵 AVL 树或者是空二叉树,或者是具有下列性质的二叉查找树:它的根结点的左、右子树的高度差的绝对值不超过 1,并且根的左子树和右子树都是 AVL 树。

如图 11.22(a)所示的二叉树是平衡二叉树,而图 11.22(b)所示的二叉树是非平衡二叉树。

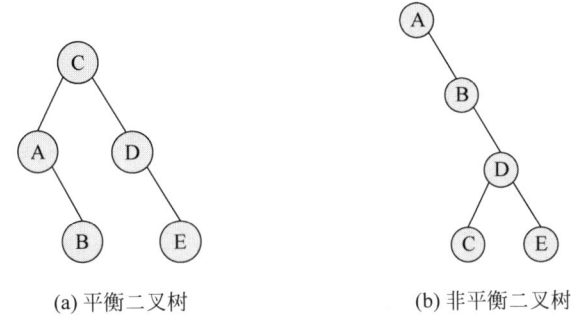

(a) 平衡二叉树　　　　　(b) 非平衡二叉树

图 11.22　平衡二叉树与非平衡二叉树

### 2. 结点的平衡因子

**结点的平衡因子**(Balance Factor,BF)为该结点的左子树和右子树的高度之差,由平衡二叉树的定义可知,AVL 树所有结点的平衡因子可能的取值为 -1、0、1,即绝对值不超过 1。如果一个结点的平衡因子的绝对值大于 1,则这棵二叉查找树就失去了平衡,不再是 AVL 树。

### 3. 平衡二叉树的构造

构造平衡二叉树的基本思想是:在构造二叉查找树的过程中,每当插入一个结点时,首先检查是否因为插入而破坏了平衡性,若是,则找出**最小不平衡子树**,在保持二叉查找树特性的前提下,调整最小不平衡子树中各结点之间的连接关系,进行相应的旋转,使之成为新的平衡子树。

先看一个例子,假设输入的关键字序列为(2,4,5,8,6)。

在一棵初始为空的二叉查找树上依次插入 2 和 4,此时是平衡的,如图 11.23(a)所示;当插入 5 后发生了不平衡,如图 11.23(b)所示;此时将 2 与 4 相连的分支逆时针旋转,如图 11.23(c)所示,则恢复了平衡;插入 8,仍然平衡,如图 11.23(d)所示;接着插入 6,则以 5 为根的子树成为最小不平衡子树,如图 11.23(e)所示;此时先把 6 往上提升(顺时针旋转),得到如图 11.23(f)所示的二叉树;接着再把 5 往下旋转(逆时针旋转),得到如图 11.23(g)所示的 AVL 树。

(a) 插入2和4　　(b) 插入5　　(c) 将2与4相连的分支逆时针旋转　　(d) 插入8

(e) 插入6　　(f) 把6往上提升　　(g) 5向下旋转后得到的AVL树

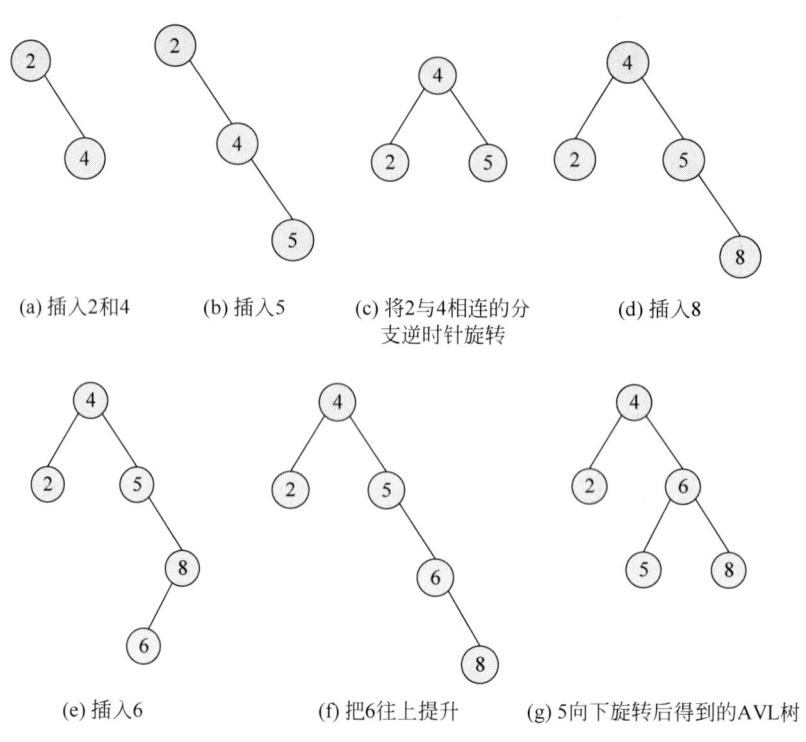

图 11.23　构造平衡二叉树的基本方法

对二叉查找树进行平衡化旋转可归纳为 4 种方法。

1) LL 型,在左孩子的左子树上插入

如图 11.24(a)所示的 AVL 树,此时 B 的右子树高度和 A 的左、右子树高度都为 h。在 B 结点的左孩子 A 的左子树上插入一个结点,使得 B 结点的平衡因子变为 2,失去了

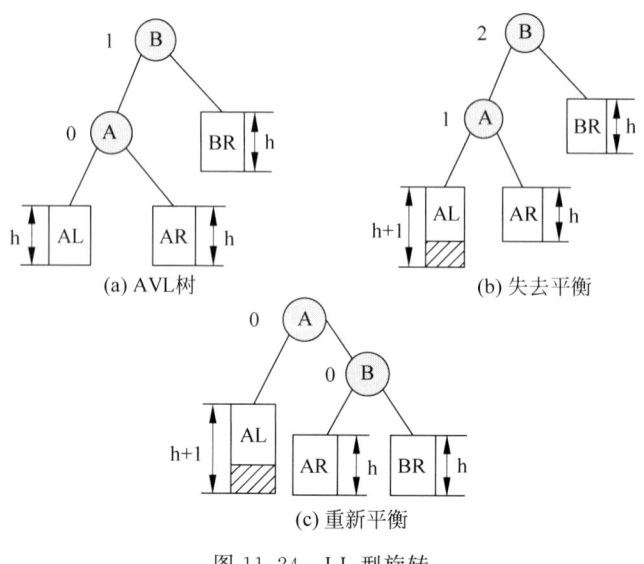

(a) AVL树　　(b) 失去平衡

(c) 重新平衡

图 11.24　LL 型旋转

平衡,如图 11.24(b)所示。这时将 B 到 A 的边以 A 为轴心做顺时针旋转(右旋),即 A 成为新的根,B 降为 A 的右孩子,且 A 原来的右子树 AR 部分变为 B 的左子树,即可重新获得平衡,如图 11.24(c)所示。

如图 11.25(a)所示的 AVL 树,插入 5 后,29 为根的子树成为最小不平衡子树,如图 11.25(b)所示。不平衡的原因是在 29 的左孩子 12 的左子树上插入了新元素,那么此时需要做 LL 型旋转,即将 29 到 12 的边以 12 为轴心做顺时针旋转(右旋)。在右旋后,12 为新的根,29 为 12 的右孩子,12 的原右孩子 20 成为 29 的左孩子,重新得到的平衡二叉树如图 11.25(c)所示。

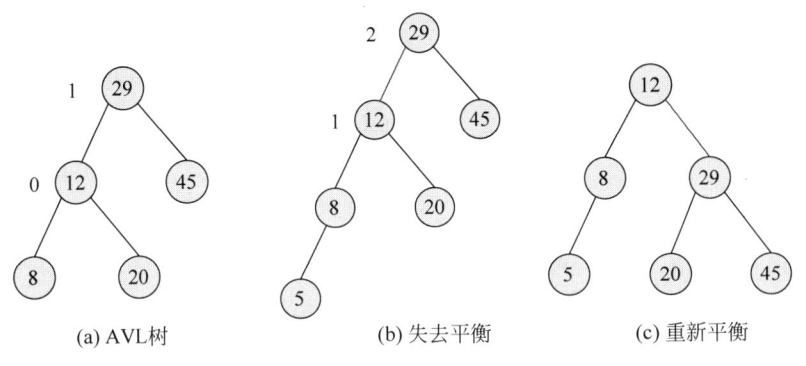

(a) AVL树　　　　(b) 失去平衡　　　　(c) 重新平衡

图 11.25　LL 型旋转举例

2) RR 型,在右孩子的右子树上插入

如图 11.26(a)所示的 AVL 树,现在在 A 结点的右孩子的右子树上插入一个结点,使得 A 结点的平衡因子变为 −2,失去了平衡,如图 11.26(b)所示。此时需要将 A 到 B 的边以 B 为轴心做逆时针旋转(左旋),即 B 成为新的根,A 降为 B 的左孩子,且 B 原来的左子树 BL 部分变为 A 的右子树,即可重新获得平衡,如图 11.26(c)所示。

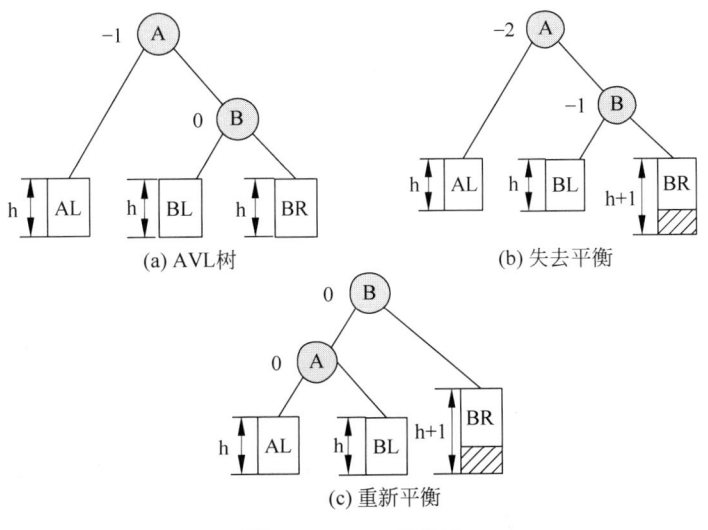

(a) AVL树　　　　　　　　(b) 失去平衡

(c) 重新平衡

图 11.26　RR 型旋转

如图 11.27(a)所示的 AVL 树,插入 50 后,29 为根的子树成为最小不平衡子树,如图 11.27(b)所示。不平衡的原因是在 29 的右孩子 45 的右子树上插入了新元素,应做 RR 型旋转,即 29 到 45 的边以 45 为轴心做逆时针旋转,在左旋后,45 为新的根,29 为 45 的左孩子,45 的原左孩子 32 成为 29 的右孩子,得到的平衡二叉树如图 11.27(c)所示。

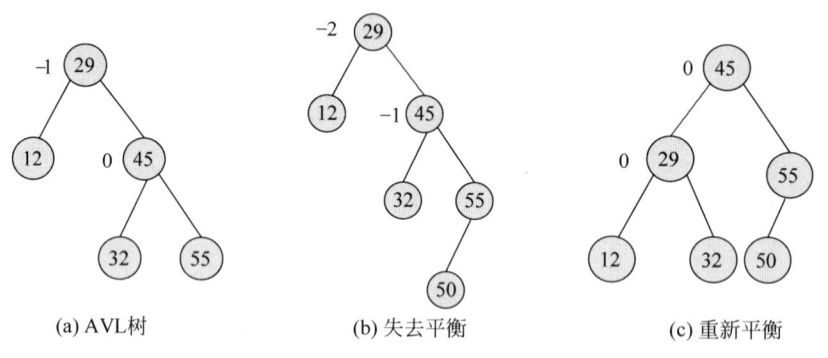

(a) AVL 树    (b) 失去平衡    (c) 重新平衡

图 11.27　RR 型旋转举例

3) LR 型,在左孩子的右子树上插入

如图 11.28(a)所示的 AVL 树,现在在结点 C 的左孩子 A 的右子树上插入一个结点,使得 C 结点的平衡因子变为 2,失去了平衡,如图 11.28(b)所示。在图 11.28(b)中新结点插入在 B 的左子树上,如插入在 B 的右子树上,也属于同样的情况。

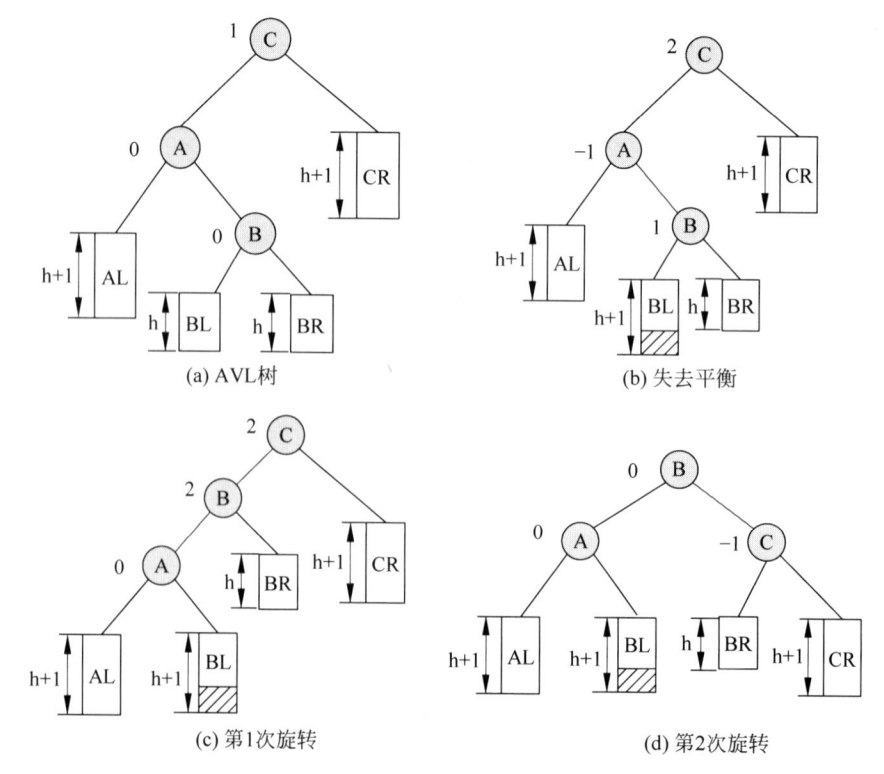

(a) AVL 树    (b) 失去平衡

(c) 第1次旋转    (d) 第2次旋转

图 11.28　LR 型旋转

这时需要做两次旋转,首先看 C 的左子树部分,将 A 到 B 的边以 A 为轴心做逆时针旋转(左旋),即 B 成为 A 的双亲,B 原来的左子树 BL 部分变为 A 的右子树,如图 11.28(c)所示。

接着将 C 到 B 的边以 B 为轴心做顺时针旋转(右旋),即 B 成为新的根结点,C 成为 B 的右孩子,B 原来的右子树 BR 部分变为 C 的左子树,如图 11.28(d)所示。

如图 11.29(a)所示的 AVL 树,插入 25 后,29 为根的子树成为最小不平衡子树,如图 11.29(b)所示。不平衡的原因是在 29 的左孩子 12 的右子树上插入了新元素,应做 LR 型旋转,即首先将 12 到 20 的边以 12 为轴心做逆时针旋转,使得 20 成为 12 的双亲,如图 11.29(c)所示。接着将 29 到 20 的边以 20 为轴心做顺时针旋转,此时 20 为新的根,29 为 20 的右孩子,20 的原右孩子 25 成为 29 的左孩子,得到的平衡二叉树如图 11.29(d)所示。

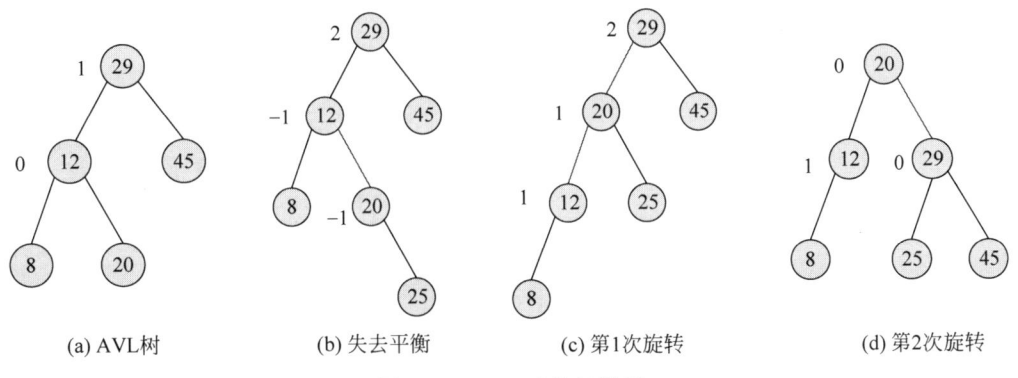

(a) AVL 树　　　(b) 失去平衡　　　(c) 第1次旋转　　　(d) 第2次旋转

图 11.29　LR 型旋转举例

4) RL 型,在右孩子的左子树上插入

如图 11.30(a)所示的 AVL 树,现在在根结点 A 的右孩子 C 的左子树上插入一个结点,使得 A 结点的平衡因子变为 −2,失去了平衡,如图 11.30(b)所示。

这时需要做两次旋转,首先看 A 的右子树部分,将 C 到 B 的边以 C 为轴心做顺时针旋转(右旋),即 B 成为 C 的双亲,B 原来的右子树 BR 部分变为 C 的左子树,如图 11.30(c)所示。

接着将 A 到 B 的边以 B 为轴心做逆时针旋转(左旋),即 B 成为新的根结点,A 成为 B 的左孩子,B 原来的左子树 BL 部分变为 A 的右子树,如图 11.30(d)所示。

如图 11.31(a)所示的 AVL 树,插入 30 后,29 为根的子树成为最小不平衡子树,如图 11.31(b)所示。不平衡的原因是在 29 的右孩子 45 的左子树上插入了新元素,应做 RL 型旋转,即首先将 45 到 32 的边以 45 为轴心做顺时针旋转,使得 32 成为 45 的双亲,如图 11.31(c)所示。接着将 32 到 29 的边以 32 为轴心做逆时针旋转,此时 32 为新的根,29 为 32 的左孩子,32 的原左孩子 30 成为 29 的右孩子,得到的平衡二叉树如图 11.31(d)所示。

(a) AVL树

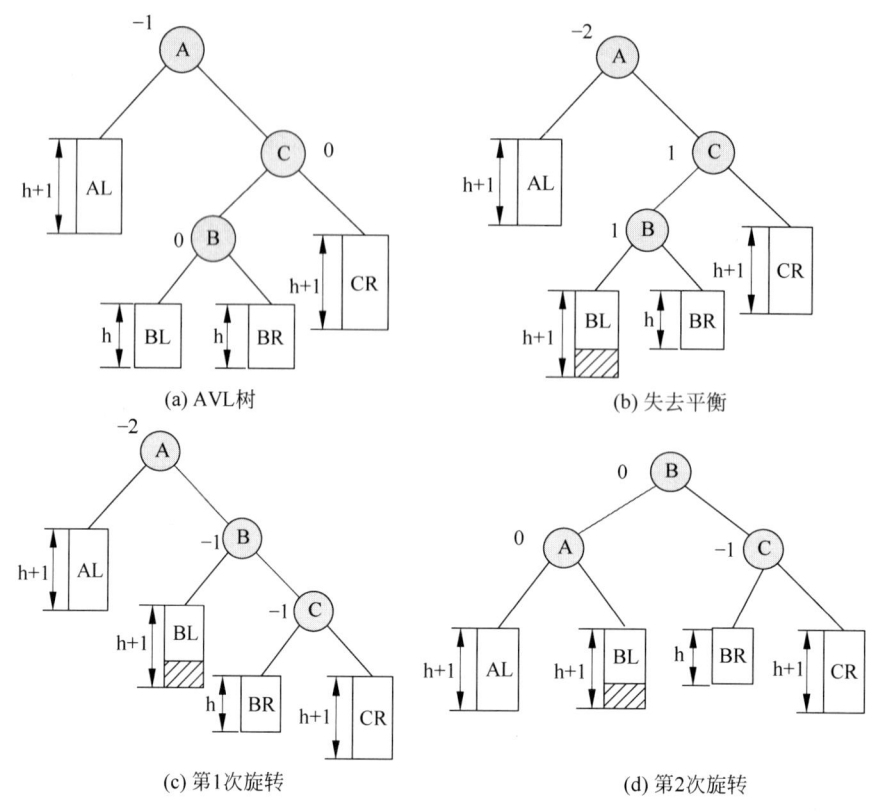

(b) 失去平衡

(c) 第1次旋转

(d) 第2次旋转

图 11.30　RL 型旋转

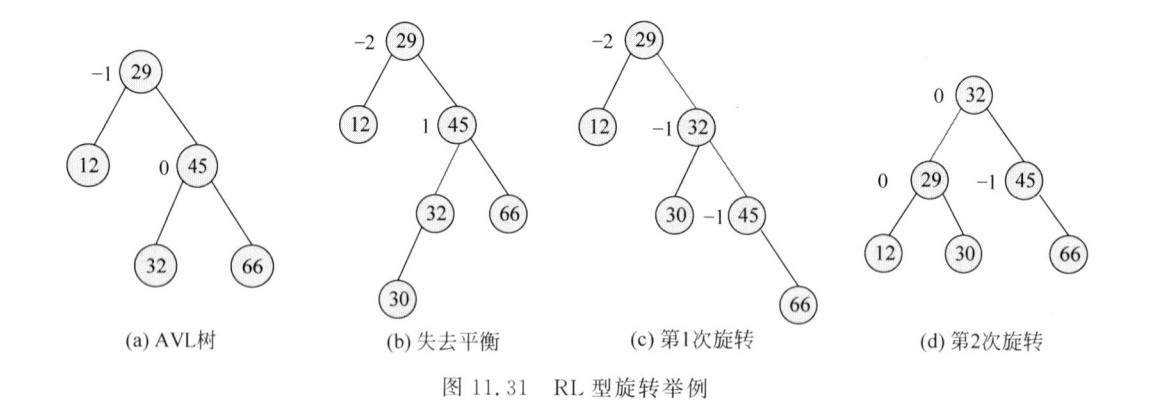

(a) AVL树

(b) 失去平衡

(c) 第1次旋转

(d) 第2次旋转

图 11.31　RL 型旋转举例

假设输入的关键字序列为(40,35,20,10,30,25,38)，图 11.32 给出了平衡二叉树的构造过程。

**4. 平衡二叉树下查找的性能**

在一棵最差的 AVL 树中，非叶结点的平衡因子都为 1 或者 −1。表 11.3 列出了高度 1～5、非叶结点平衡因子都为 1 的"左重"AVL 树及对应结点数,假设该形状下高度为 h 的 AVL 树的总结点为 $N_h$,则存在递推公式 $N_h = N_{h-1} + N_{h-2} + 1$,$N_h$ 的值类似于斐波那契数列第 h 个数的计算,可以得到 $h \approx 1.44 \log_2 N_h$,即在最坏的 AVL 树下进行查找也能保证时间复杂度为 $O(\log_2 n)$,因此 AVL 树下的查找时间复杂度为 $O(\log_2 n)$。

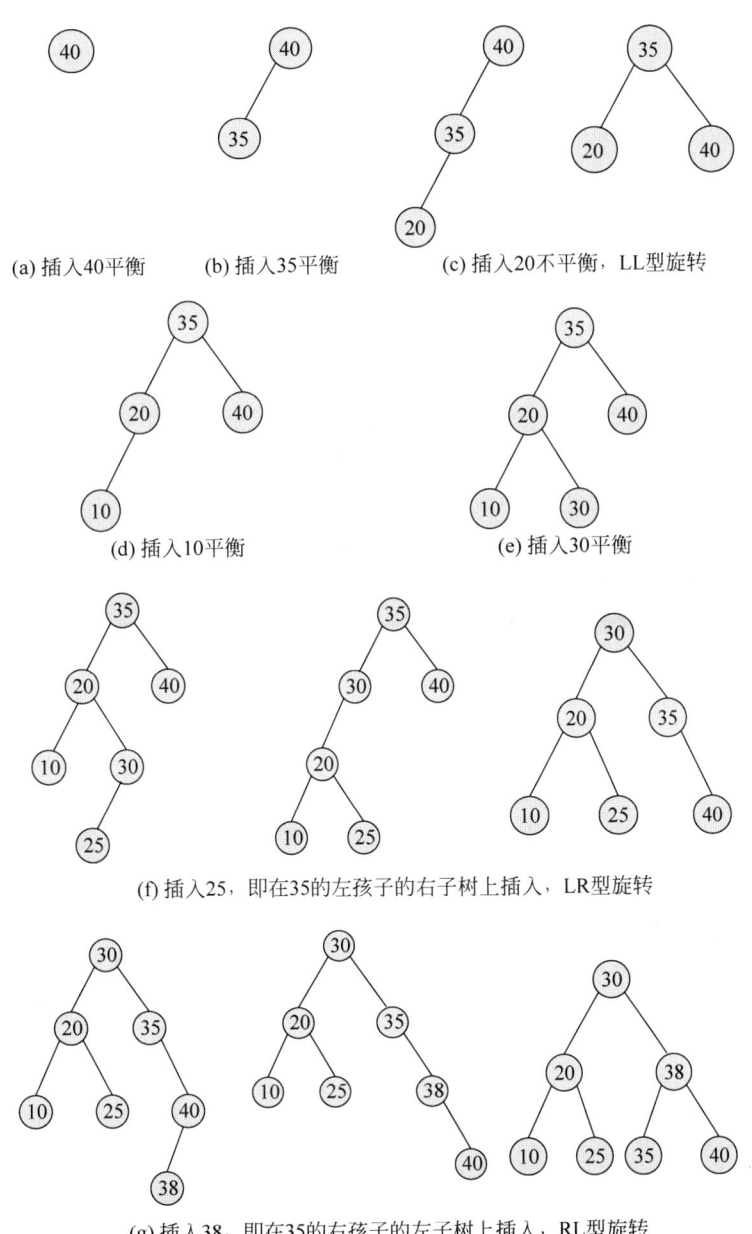

(a) 插入40平衡　　(b) 插入35平衡　　(c) 插入20不平衡,LL型旋转

(d) 插入10平衡　　(e) 插入30平衡

(f) 插入25,即在35的左孩子的右子树上插入,LR型旋转

(g) 插入38,即在35的右孩子的左子树上插入,RL型旋转

图 11.32 平衡二叉树构造过程举例

表 11.3　左重 AVL 树的最坏情况

| 高度 | 1 | 2 | 3 | 4 | 5 |
|---|---|---|---|---|---|
| 左重平衡二叉树 | | | | | |
| 结点数 | 1 | 2 | 4 | 7 | 12 |

## 11.4　哈希表查找

不管是基于线性表的顺序查找及二分查找，还是二叉查找树下的查找，查找算法都基于关键字比较，不同查找算法之间的差别仅在于目标与查找表中各记录关键字的比较顺序不同，查找算法的效率取决于目标与各记录关键字比较的次数。在 11.2.4 节中分析过所有基于关键字比较的查找算法，其时间性能的下界为 $O(\log_2 n)$。那么能否找到一个算法，使得平均查找长度为常数，时间复杂度为常量阶呢？设想如果每个记录在表中的位置和其关键字之间存在一一对应的函数关系，那么查找就成了一种直接映射，平均查找长度为 1，查找性能即可达到常量阶。

### 11.4.1　哈希表的定义

例如，某学院某专业二年级有 90 名学生，学生的学号范围为 xxxxxx01～xxxxxx99，为快速查找每位学生的信息，可以用每个学生的学号的最后两位作为存储下标，将所有学生记录存储在顺序表的 0～99 位置，这样形成的表即是一个**哈希表**（**散列表**）。学生的学号为关键字 key，每个学生记录在表中的存储位置由 key 决定，是关于 key 的一个函数，称为**哈希函数**（**散列函数**）。在这个问题中，哈希函数 H(key)＝key ％ 100。

因此，哈希函数是将关键字映射为对应记录存储位置的函数，而对不同关键字计算所得到的存储位置称为**哈希地址**（**散列地址**）。对查找表中的所有记录，以其关键字 key 作为自变量，通过哈希函数的计算得到哈希地址 H(key)，接着将该记录存放在 H(key)位置，根据这样的思想建立的查找表就是**哈希表**。在查找某个目标 target 时，也只需要计算一下哈希地址 H(target)，然后到该地址获得相应的记录即可。在哈希表下进行的查找称为**哈希查找**（**散列查找**）。

【**例 11.1**】　假设有含有 9 个记录的关键字集合{Zhao, Qian, Sun, Li, Wu, Chen, Han, Ye, Dai}，假设哈希函数为⌊关键字首字母的字母序号/2⌋，将各关键字对应记录存储在长度为 14 的哈希表中。

依次计算上述各关键字对应的哈希地址，如关键字 Zhao，由于首字母序号为 26，所以存放在表中的 13 号位置,最后得到的哈希表如表 11.4 所示。

表 11.4 哈希表示例

| 哈希地址 | 0 | 1 | 2 | 3 | 4 | 5 | 6 | 7 | 8 | 9 | 10 | 11 | 12 | 13 |
|---|---|---|---|---|---|---|---|---|---|---|---|---|---|---|
| 关键字 |  | Chen | Dai |  | Han |  | Li |  | Qian | Sun |  | Wu | Ye | Zhao |

在查找时,如果查找目标为 Dai,由于首字母 D 的序号为 4,所以哈希地址为 2,在 2 号位置查找成功。但是这种做法是有局限性的,如果在表中加入一个关键字为 Zhang 的记录,由于其首字母为 Z,哈希地址与 Zhao 相同,但两个记录不能存储在同一位置,这种现象称为**冲突**,即不同记录的关键字通过哈希函数计算得到相同的哈希地址,也就是 key1!=key2,而 H(key1)=H(key2),此时将 key1 和 key2 称为同义词。

哈希函数将关键字集合映射到一个地址集合,但由于关键字的任意性及地址集合大小的限制,很容易产生"冲突"。此时可以重新设计一个新的不产生冲突的哈希函数,但是一旦查找表中的记录发生变化,新的哈希函数很可能继续失效,从而使得哈希查找再次不可用。所以,在实际情况下只是尽量选择恰当的哈希函数,使冲突尽可能少产生,而在冲突无法避免产生时采用一种"处理冲突"的方法加以解决。因此,哈希查找的关键是找到好的哈希函数及合理的冲突解决方法,哈希表是根据选定的哈希函数和处理冲突的方法构造得到的记录存储表。在理想状态下,哈希查找是一种直接查找,通过哈希函数的计算求得哈希地址后可直接定位到目标记录,查找的时间复杂度为 O(1);在有冲突的一般情形下,需要根据冲突解决方法进行后续查找。

### 11.4.2 哈希函数设计方法

为了提高查找效率,在设计哈希函数时主要考虑以下因素。

(1) 哈希函数应尽量将不同关键字的记录均匀散列在哈希表的地址范围内。

(2) 由于每次查找前都需进行哈希函数计算,哈希函数应尽可能简单、计算快速。

(3) 在确定的哈希表中,对于确定的关键字,哈希函数的每次计算都应得到相同结果。

(4) 应综合考虑关键字的类型、位数、关键字上各位符号的分布情况以及哈希表的长度等因素设计哈希函数。

常用的哈希函数构造方法主要有除留余数法、直接定址法、数字分析法、平方取中法、折叠法和多项式法等,下面分别简要介绍。

**1. 除留余数法**

将关键字除以 p 得到其余数,即 H(key)=key%p,一般要求 p 为小于或等于哈希表表长的素数。选取合适的 p 很重要,若选取不合理,会造成严重冲突。例如,若取 $p=2^k$,则 H(key)=key % p 的值仅是 key(用二进制表示)右边的 k 个位。若取 $p=10^k$,则 H(key)=key %p 的值仅是 key(用十进制表示)右边的 k 个十进制位。虽然这两个哈希函数容易计算,但它们不依赖于 key 的全部位,分布并不均匀,易造成冲突。除留余数法常作为压缩函数,结合其他方法在最后一步使用,以保证所有的哈希地址值压缩在哈希表下标范围内。

**2. 直接定址法**

取关键字的某个线性函数为哈希地址,即 H(key)=a * key + b(a、b 为常数),如关键字集合为{10,30,40,60,70,90},H(key)=⌊key/10⌋,表长为 11。此方法仅适用于关键字分布基本均匀时,若关键字分布非常不均匀,此方法会造成空间的大量浪费。

**3. 数字分析法**

对于关键字的位数比哈希表的地址位数多的情况,可以通过对关键字的各位进行分析,从中提取分布均匀的若干位或它们的组合作为哈希地址,这种方法称为数字分析法。如表 11.5 所示,哈希地址是 3 位而关键字是 7 位,对表中的 6 个关键字进行分析,发现从左到右的第 4 位、第 6 位和第 7 位分布均匀,可以选这 3 位上的数值作为哈希地址。此方法仅适用于能预先估计出所有关键字每位上各种数字出现的频度时。

表 11.5  数字分析法示例

| key | H(key) | key | H(key) |
| --- | --- | --- | --- |
| 8106354 | 654 | 8105342 | 542 |
| 8112321 | 221 | 8108378 | 878 |
| 8103317 | 317 | 8101335 | 135 |

**4. 平方取中法**

以关键字平方值的中间几位作为哈希地址。求关键字平方值的目的是扩大差别,同时平方值的中间各位又能受到整个关键字中各位的影响。此方法适用于关键字的每位取值都不够分散或者较分散的位数少于哈希地址所需要位数的情况。

**5. 折叠法**

将关键字分割成若干部分,然后取它们的叠加和为哈希地址。一般有两种叠加处理的方法,即移位叠加和间界叠加。移位叠加将分割后的各位最低位对齐,然后叠加。间界叠加从一端向另一端沿分割界来回折叠,然后对齐最后一位相加。

例如 key=24281675436,假设哈希表的长度为 3 位数,则可对关键字按每 3 位做一次分割。图 11.33 分别采用移位叠加法和间界叠加法生成哈希地址。

此方法适用于关键字的数字位数多于哈希表长度的位数,且每位的符号都分布均匀的情形。

```
    436            436
    675            576
    281            281
+    24        +    42
   ─────          ─────
   1416           1335
H(key)=416     H(key)=335
 (a) 移位叠加    (b) 间界叠加
```

图 11.33  折叠法举例

**6. 多项式法**

对于字符串来说,可以选用字符串中每个字符的内码之和生成哈希地址,但遗憾的是这样对于所有的变位词都会产生冲突,例如"python"和"typhon"的哈希地址相同。所以,通常字符串的哈希函数还考虑了每个字符的位置,其哈希函数可通过如下多项式进行计算:

$$s_0 a^{n-1} + s_1 a^{n-2} + \cdots + s_i a^{n-i-1} + \cdots s_{n-2} a + s_{n-1}$$

其中,n 为字符串的长度,$s_i$ 为字符串中 i 号字符的内码,a 为一个不等于 1 的非零常数。

### 11.4.3 解决冲突的方法

均匀的哈希函数可以降低冲突产生的概率,但冲突不可能绝对避免。在此介绍两类冲突解决方法,即开放定址法和链表法。

#### 1. 开放定址法

用**开放定址法**(open addressing)处理冲突的散列表称为**闭散列表**,这是一个稀疏顺序表。表 11.4 所示即为一个闭散列表,哈希表中的各空位置可存放 None 作为标记。开放定址法解决冲突的基本思想是在发生冲突时生成一个地址序列,按照这个地址序列逐个探测,当找到一个空位置时将发生冲突的关键字对应记录存储在该位置。如关键字 key 在地址 H(key)处产生了冲突,则地址探测序列为

$$H_i = (H(key) + d_i) \% m \quad (i=1,2,\cdots,k(k<m))$$

其中,m 为哈希表的表长,$d_i$ 为地址增量。地址增量的不同取法对应于不同的冲突解决方法。

1) 线性探测法

**线性探测法**,其地址增量 $d_i=1,2,\cdots,m-1$,其中 i 为探测的次数。该方法在发生冲突时从冲突位置顺序向后探测,如遇到一个空位置则填入冲突记录,如直到哈希表的 m-1 号位置仍未找到空位置,则从 0 位置继续探测,直到遇到空位置或已探测了哈希表的全部位置为止。

假设在表 11.6(a)中插入 36,设 H(36)为 3,发生冲突,此时向后探测到位置 $H_1=(3+1) \% 11=4$,该位置为空位置,则将 36 放入 4 号位置。假设继续插入 48,设 H(48)=4,发生冲突,此时向后探测到位置 $H_1=(4+1) \% 11=5$,该位置不空,继续探测到位置 $H_2=(4+2) \% 11=6$,位置为空,将 48 填入该位置,得到如表 11.6(b)所示的哈希表。

表 11.6(a)  哈希表示例

| 0 | 1 | 2 | 3 | 4 | 5 | 6 | 7 | 8 | 9 | 10 |
|---|---|---|---|---|---|---|---|---|---|----|
| 55 | 1 |   | 14 |   | 82 |   | 40 | 19 |   |    |

表 11.6(b)  用线性探测法解决冲突

| 0 | 1 | 2 | 3 | 4 | 5 | 6 | 7 | 8 | 9 | 10 |
|---|---|---|---|---|---|---|---|---|---|----|
| 55 | 1 |   | 14 | 36 | 82 | 48 | 40 | 19 |   |    |

可以看到,利用线性探测法处理冲突很容易"聚集",如在表11.6(b)中,插入哈希地址为3~9的所有记录都将竞争9号位置,从而造成更多元素的聚集。这样,在查找冲突关键字对应记录时查找长度将会增大,查找效率将会降低。

2) 二次探测法

**二次探测法**也称平方探测法,其地址增量 $d_i=1^2, 2^2, 3^2, \cdots, q^2(q \leqslant m/2)$,其中 i 为探测的次数。由于探测地址分散,二次探测产生聚集的概率通常比线性探测低。但正由于探测地址的不连续性,有的位置可能永远无法探测到,可能发生表中仍有空位置,但无法完成记录插入的现象。可以证明,如果哈希表的表长为一个素数,则二次探测法能探测到表的一半位置。

在表11.6(a)中插入36,设 H(36) 为 3,发生冲突,此时向后探测到位置 $H_1=(3+1^2)\%11=4$,该位置为空位置,则将36放入4号位置。接着继续插入48,设 H(48) 为 4,发生冲突,此时向后探测到位置 $H_1=(4+1^2)\%11=5$,该位置不空,继续探测到位置 $H_2=(4+2^2)\%11=8$,该位置不空,继续探测到位置 $H_3=(4+3^2)\%11=2$,位置为空,将48填入该位置,得到如表11.6(c)所示的哈希表。

表11.6(c)  用二次探测法解决冲突

| 0 | 1 | 2 | 3 | 4 | 5 | 6 | 7 | 8 | 9 | 10 |
|---|---|---|---|---|---|---|---|---|---|---|
| 55 | 1 | 48 | 14 | 36 | 82 |  | 40 | 19 |  |  |

3) 双哈希函数探测法

在用**双哈希函数探测法**解决冲突时,$d_i=i * RH(key)$,其中 RH(key) 为关于 key 的又一个哈希函数。由于 $d_i$ 与 key 相关,RH 函数设计合理时产生聚集的可能性将会降低。

假设 RH(key)=(3 * key)%10+1,如在表11.6(a)中插入36,设 H(36) 为 3,发生冲突,计算 RH(36)=9,第一次探测位置 $H_1=(3+1*9)\%11=1$,该位置不空,第二次探测位置 $H_2=(3+2*9)\%11=10$,该位置为空,则将36放入10号位置。接着继续插入48,设 H(48) 为 4,不发生冲突,将48直接填入4号位置,得到如表11.6(d)所示的哈希表。

表11.6(d)  用双哈希函数探测法解决冲突

| 0 | 1 | 2 | 3 | 4 | 5 | 6 | 7 | 8 | 9 | 10 |
|---|---|---|---|---|---|---|---|---|---|---|
| 55 | 1 |  | 14 | 48 | 82 |  | 40 | 19 |  | 36 |

另外一种改进的方法是将增量取为 $d_i=RH(key,i)$。例如,Python 中的字典目前采用这种方法,它的 RH 函数是一个基于伪随机数生成器的函数,提供一个随机但可重复的地址探测序列,探测位置不仅与 key 有关,还与探测次数 i 有关。

【**例 11.2**】 设关键字集合为{19,1,23,14,55,68,11,82,36},哈希函数 H(key)= key % 11,哈希表的表长为11,并采用线性探测法处理冲突。构造哈希表,并求解等概率时查找成功和失败时的平均查找长度。

按照关键字给出的次序依次计算哈希地址,H(19)=8,H(1)=1;不发生冲突,19 和 1 依次存放在 8 号和 1 号位置;H(23)=1,发生冲突,从 1 号位置向后探测一个空位置,存放在 2 号位置;H(14)=3,H(55)=0;不发生冲突,14 和 55 依次存放在 3 号和 0 号位置;H(68)=2,发生冲突,从 2 号位置向后探测至 4 号位置,将 68 存放在 4 号位置;H(11)=0,发生冲突,从 0 号位置向后探测直至 5 号位置,将 11 存放在 5 号位置;H(82)=5,发生冲突,从 5 号位置向后探测一个位置,将 82 存放在 6 号位置;H(36)=3,发生冲突,从 3 号位置向后探测直至 7 号位置,将 36 存放在 7 号位置,如表 11.7 所示。

表 11.7　闭散列表构造及性能分析举例

| 哈希地址 | 0 | 1 | 2 | 3 | 4 | 5 | 6 | 7 | 8 | 9 | 10 |
|---|---|---|---|---|---|---|---|---|---|---|---|
| 关键字 | 55 | 1 | 23 | 14 | 68 | 11 | 82 | 36 | 19 | None | None |
| 成功查找比较次数 | 1 | 1 | 2 | 1 | 3 | 6 | 2 | 5 | 1 | | |
| 失败查找比较次数 | 10 | 9 | 8 | 7 | 6 | 5 | 4 | 3 | 2 | 1 | 1 |

当查找不发生冲突的关键字 19、1、14 和 55 时,比较次数为 1,而查找 11 时,由于冲突地址为 0,实际存储地址为 5,查找时从 0 号位置开始顺序比较,比较次数为 6。表 11.7 中的第 3 行列出了成功查找表中各关键字时的比较次数。因此,等概率下成功查找的平均查找长度为

$$ASL_{succ} = \sum_{i=1}^{n} p_i c_i = \frac{4*1+2*2+3+5+6}{9} = \frac{22}{9}$$

如果查找目标的哈希地址为 0,而在表中不存在,则比较从 0 号位置开始,直至遇到 9 号的空位置,假设认为目标与空位置的 None 也发生了比较,则共比较 10 次。通过哈希函数计算,H(key)=key % 11 的值有 0~10 共 11 种可能,表 11.7 中的第 4 行列出了对哈希地址分别为 0~10 的记录的失败查找的比较次数。因此,等概率下失败查找的平均查找长度为

$$ASL_{unsucc} = \sum_{i=0}^{10} p_i c_i = \frac{10+9+\cdots+1+1}{11} = \frac{56}{11}$$

可以看到,用线性探测法解决冲突导致的聚集现象使得平均查找长度较大。

**2. 链表法**

**链表法**(chaining)又称**链地址法**或**拉链法**。用链表法处理冲突构成的散列表称为**开散列表**。它将所有哈希地址相同的同义词记录都连接在同一链表中,哈希表中存储各链表的首指针。

【**例 11.3**】　设关键字集合为{19,1,23,14,55,68,11,82,36},哈希函数为 H(key)=key % 7,用链表法解决冲突,构造哈希表,并求解等概率下查找成功和失败时的平均查找长度。

依次计算每个关键字的哈希地址,生成新结点插入在对应单链表的首位置,可得到如图 11.34 所示的哈希表。

查找各条单链表首结点对应的关键字,如 14、36 等时,比较次数为 1;查找 1 和 68 则

比较两次；查找 19 则比较 3 次。因此，等概率下成功查找的平均查找长度为

$$ASL_{succ} = \sum_{i=1}^{n} p_i c_i = \frac{6*1+2*2+3}{9} = \frac{13}{9}$$

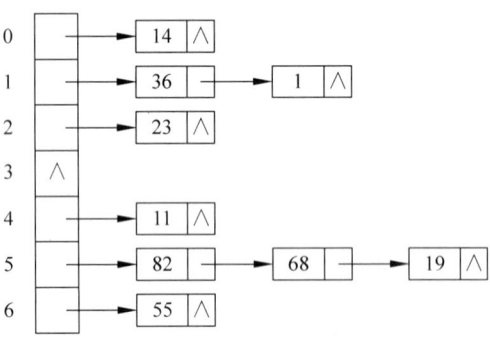

图 11.34 开散列表构造举例

失败查找的情况共有 7 种，即哈希地址分别为 0~6。如查找 21，哈希地址为 0,21 与 14 比较一次。因此，等概率下失败查找的平均查找长度为

$$ASL_{unsucc} = \sum_{i=1}^{7} p_i c_i = \frac{4*1+2+3}{7} = \frac{9}{7}$$

比较例 11.2 和例 11.3，两者的关键字集合相同，而后者采用的哈希函数为 key％7，哈希函数导致的冲突产生的概率更大，但后者的平均查找长度更短。

### 11.4.4 哈希表的实现

**1. 闭散列表的实现**

1) 闭散列表的类定义

以下为闭散列表 HashTable 的类定义及部分方法。为简化起见，假设关键字为正整数，哈希函数用除留余数法设计，取关键字除以 11 得到的余数；以开放定址法的二次探测法解决冲突。HashTable 类的初始化方法生成了一个长度为 size 的列表 table 作为哈希表。

```
class HashTable:
    def __init__(self, size):
        self._table = [None for i in range(0, size)]
        self.hash_size = size

    def hash(self, key):
        return key % 11
```

2) 插入算法

插入记录 r 的步骤如下。

(1) 计算哈希地址：probe=hash(r.key)。

(2) 当 table[probe]不为 None、table[probe]!=r 且探测次数尚未达到限制时，循环

计算下一个探测地址 probe。

（3）如果 table[probe]为 None，即找到一个空位置，插入该记录，返回 True。

（4）如果 table[probe]＝r，即哈希表中有与 r 的关键字相同的记录，插入失败，返回 False。

（5）如果达到探测次数(self.hash_size＋1) / 2，插入失败，返回 False。

insert 算法在具体实现时，用 skip 表示当前探测地址与下一探测地址之间的距离。假设当前探测地址为 probe，则下一探测地址为(probe＋skip) ％ m。在二次探测解决冲突时，skip 是一个增量为 2 的等差数列，在循环探测时 skip 每次递增 2，如表 11.8 所示。用 probe_count 计数探测次数，当探测次数到达(self.hash_size＋1) / 2 时停止探测。

表 11.8 相邻探测地址之间的距离

| probe | h | h+1 | h+4 | h+9 | h+16 | h+25 |
| --- | --- | --- | --- | --- | --- | --- |
| skip | 1 | 3 | 5 | 7 | 9 | 11 |

根据以上思想编写算法如下：

```
def insert(self, r):
    probe = self.hash(r.key)
    probe_count = 0
    skip = 1
    while self._table[probe] and self._table[probe] != r \
            and probe_count < (self.hash_size + 1) / 2:
        probe_count += 1
        probe = (probe + skip) % self.hash_size
        skip += 2
    if not self._table[probe]:
        self._table[probe] = r
        return True
    elif self._table[probe] == r:
        raise Exception("重复错误")
    else:
        raise Exception("上溢出")
```

3）查找算法

查找过程和记录的插入过程基本一致。在哈希表中查找给定目标 target 的步骤如下。

（1）计算哈希地址 probe＝hash(target)。

（2）当 table[probe]不为 None、table[probe].key！＝target 且探测次数尚未达到限制时，循环计算下一探测地址 probe。

（3）如果 table[probe]为 None 或探测次数达到(self.hash_size＋1) / 2，则查找失败，返回 None。

（4）如果 table[probe].key＝target，则查找成功，返回找到记录的 value 值。

```python
def search(self, target):
    probe = self.hash(target)
    probe_count = 0
    skip = 1
    while self._table[probe] and self._table[probe].key != target \
            and probe_count < (self.hash_size + 1) / 2:
        probe_count += 1
        probe = (probe + skip) % self.hash_size
        skip += 2
    if not self._table[probe] or probe_count >= (self.hash_size + 1) / 2:
        return None
    else:
        return self._table[probe].value
```

**2. 开散列表的实现**

1) 开散列表的类定义

在开散列表中，各条链表中的结点即为 3.4.1 节中定义的单链表结点类 Node 的对象。

以下为开散列表类 ChainHashTable 的定义及部分方法。假设关键字为正整数，哈希函数用除留余数法设计，取关键字除以 7 的余数。在初始化方法中生成一个长度为 size 的列表作为哈希表，列表的每个元素将指向同义词记录构成的单链表的首指针，初始全为 None。

```python
from Record import Record
from Node import Node
class ChainHashTable:
    def __init__(self, size):
        self._table = [None for i in range(0, size)]
        self.hash_size = size

    def hash(self, key):
        return key % 7
```

2) 插入算法

当插入记录 r 时，首先计算哈希地址 i＝hash(r.key)，在 i 号链表中检查该结点是否已存在，如存在，则插入失败，返回 False；否则生成记录 r 对应的结点 new_node，将 new_node 直接插入为第 i 条链表的首结点，插入成功，返回 True。

```python
def insert(self, r):
    i = self.hash(r.key)
    p = self._table[i]
    while p:
        if p.entry == r:
            raise Exception("重复错误")
```

```
        p = p.next
    new_node = Node(r)
    new_node.next = self._table[i]
    self._table[i] = new_node
    return True
```

3）查找算法

当查找给定目标 target 时，首先计算哈希地址 i＝hash(target)，获得 i 号单链表的首指针 p，然后在以 p 为首的单链表中查找 target 的对应记录。

```
def search(self, target):
    i = self.hash(target)
    p = self._table[i]
    while p:
        if p.entry.key == target:
            return p.entry.value
        p = p.next
    return None
```

## 11.4.5 哈希查找性能分析

由于存在冲突，哈希查找的平均查找长度通常并不等于 1。哈希查找的平均查找长度与选用的哈希函数、冲突处理方法和哈希表的饱和程度有关。如果哈希函数散列均匀，则在讨论平均查找长度时可以忽略哈希函数带来的影响。

哈希表的饱和程度用哈希表的**装载因子**（load factor）表示，定义装载因子为

$$\alpha = \frac{n}{m} = \frac{哈希表中记录的个数}{哈希表的长度}$$

装载因子 α 越小，哈希表越稀疏，产生冲突的可能性越小。对于开放定址法，α 值必须小于或等于 1。结合考虑空间效率和冲突产生的概率，开放定址法解决冲突时 α 的取值范围一般为 0.5～1，用链表法解决冲突时 α 可取大一些。表 11.9 给出了不同冲突处理方法对应的平均查找长度。

表 11.9 不同冲突处理方法对应的平均查找长度

| 冲突处理方法 | 平均查找长度 成功查找 | 平均查找长度 失败查找 |
| --- | --- | --- |
| 线性探测法 | $\frac{1}{2}\left(1+\frac{1}{1-\alpha}\right)$ | $\frac{1}{2}\left(1+\frac{1}{(1-\alpha)^2}\right)$ |
| 二次探测法 | $-\frac{1}{\alpha}\ln(1-\alpha)$ | $\frac{1}{1-\alpha}$ |
| 链表法 | $1+\frac{\alpha}{2}$ | $\alpha+e^{-\alpha}$ |

可以看到,哈希表的平均查找长度是α的函数,而不是n的函数。这说明用哈希表构造查找表时可以选择一个适当的装填因子α,使得平均查找长度限定在某个范围内。在3种冲突处理方法中,链表法的平均查找长度最小,时间性能最优。

表11.10和表11.11分别给出了对900个记录采用相同哈希函数、不同冲突解决方法进行成功查找和失败查找实验测得的平均查找长度。在这两个表中可以看到链表法的平均查找长度最短,特别是在失败查找时优势明显,这是因为查找经常针对一个空链表或非常短的链表,此时无须进行或很少进行关键字的比较。对于开放定址法,装载因子较小时的成功查找,简单的线性探测法并不比二次探测法慢多少。但是,对于失败查找,特别是装载因子较大时,线性探测法与二次探测法的平均查找长度相差很大,这是因为这时候线性探测法从冲突位置开始顺序探测到一个空位置的过程会很长。

**表 11.10 成功查找时平均查找长度的实验比较**

| 装载因子 α | 0.1 | 0.5 | 0.8 | 0.9 | 0.99 | 2.0 |
|---|---|---|---|---|---|---|
| 线性探测法 | 1.05 | 1.6 | 3.4 | 6.2 | 21.3 | — |
| 二次探测法 | 1.04 | 1.5 | 2.1 | 2.7 | 5.2 | — |
| 链表法 | 1.04 | 1.2 | 1.4 | 1.4 | 1.5 | 2.0 |

**表 11.11 失败查找时平均查找长度的实验比较**

| 装载因子 α | 0.1 | 0.5 | 0.8 | 0.9 | 0.99 | 2.0 |
|---|---|---|---|---|---|---|
| 线性探测法 | 1.13 | 2.7 | 15.4 | 59.8 | 430 | — |
| 二次探测法 | 1.13 | 2.2 | 5.2 | 11.9 | 126 | — |
| 链表法 | 0.10 | 0.50 | 0.80 | 0.90 | 0.99 | 2.00 |

## 11.5 Python 的集合和字典

Python内置类型中的字典(dict)和集合(set和frozenset)都是基于闭散列表技术实现的数据结构,采用改进的双哈希函数探测法解决冲突。由于实现原理相同,实现方法基本类似,以下以字典为例进行简单介绍。

**1. Python 中的字典**

字典中的每个元素是key-value(关键字-值)对,与记录的概念一致。关键字key必须是不变对象,以保证在一个对象的生命周期内其哈希地址不变。value值可以是任何对象。在初始化空字典或建立小字典时,哈希表的初始长度为8。在不断插入元素时,如装载因子超过2/3,系统将更换更大的存储块,把字典中的已有内容重新散列到新存储块里。当字典不太大时按当时字典中实际元素的4倍分配新块,元素超过50000时则按实际元素个数的两倍分配新块。

在Python系统中,一些内部机制也基于字典实现。例如Python的命名空间(namespace)就是一个字典,它管理着特定范围内定义的所有标识符,将每个名称映射到相应的值。

### 2. Python 内置的 hash 函数

Python 为内置的数值类型(包括整型、浮点型)、字符串类型、元组以及不可变集合等不可变类型分别定义了 hash 函数,用于对该类型的对象进行**哈希码**计算。哈希码由关键字决定,是独立于具体哈希表的整数。对于两个值相同的数 a 和 b,即使 a 和 b 的类型不同,它们的哈希码总是相同的,例如,hash(−100)=hash(−100.0)=−100。

当进行字典或集合运算时,在得到哈希码之后,还需根据哈希表的长度 m 通过一个**压缩函数**将哈希码压缩在哈希表的下标范围为 0~m−1,即转换为一个哈希地址。最简单的压缩函数采用除留余数法构造。

也就是说,在 Python 中哈希地址的计算分成两个阶段,首先是哈希码的确定,然后通过压缩函数将哈希码转换成跟哈希表长度有关的哈希地址。

哈希函数只能将不变的对象转换为哈希码。如果对可变对象(例如 list 对象)调用 hash 函数,将会抛出 TypeError 异常。

不同类型的对象有不同的 hash 函数。例如,Python 中字符串和元组的哈希码基于多项式法计算;位数不很长的整数的哈希码即为自身,如 hash(10000)就是 10000。

浮点类型数据的 hash 函数基于将整数的模归约运算扩展到有理数。例如,2%5=12%5,即 2%5 的求解可以归约为 12%5,也就是当 p=2,P=5 时,p 模 P 的归约 reduce(p)=12。

假设任意有理数 x=p/q,x 模 P 的归约定义为 p 模 P 的归约除以 q 模 P 的归约,即 reduce(x)=reduce(p)/reduce(q),从而可以将任意浮点数转换为一个 0 至 P−1 的整数或无穷大。

任何有理数 x 的 hash 函数定义如下,其中 P 为形如 $2^n-1$ 的值。

$$hash(x) = \begin{cases} reduce(x) & x \geqslant 0 \\ -reduce(x) & x < 0 \end{cases}$$

可以发现,即使对位数很长的浮点数,hash 函数的计算也主要对应于简单的数据移位等操作,从而保证可以快速运算。

### 3. Python 字典的查找和插入

为了查找关键字 search_key 所对应的值 search_value,首先调用 hash(search_key) 计算 search_key 的哈希码;压缩函数再根据当前哈希表的大小得到哈希地址;然后根据该地址到哈希表里查找元素。若表中的该位置为空,则抛出 KeyError 异常;若不为空,则该位置会有一对 found_key:found_value,比较 search_key 和 found_key 是否相等,若相等,则返回 found_value,若不相等,即产生了冲突。

Python 中解决冲突的策略类似于双哈希函数探测法。当发生冲突时,根据伪随机数生成器提供的基于原始哈希码的地址增量计算得到新的哈希地址,继续到哈希表中查找。若表中的该位置是空的,则同样抛出 KeyError 异常;若非空,则比较关键字是否一致,一致则返回对应的值;若又发现冲突,则重复以上步骤。

元素的插入过程与查找过程基本一致,只不过在发现空位置时存放该元素;不为空时检查当前位置的关键字是否与待插关键字相同,若相同,则更新当前位置的值,否则即发生冲突,继续探测下一个位置。

## 11.6 查找小结

**1. 查找算法的性能比较**

表 11.12 中列出了顺序查找、二分查找、二叉查找树下的查找、AVL 树下的查找以及哈希查找的查找表结构、时间性能和优缺点对比。

表 11.12 各查找算法的比较

| 查找方法 | 查找表及存储结构要求 | 时间复杂度 | 优 缺 点 |
|---|---|---|---|
| 顺序查找 | 线性表,顺序或链式结构 | $O(n)$ | n 较大时查找比较耗时 |
| 二分查找 | 顺序表且表中元素按关键字有序排列 | $O(\log_2 n)$ | 需事先保持记录有序 |
| 二叉查找树下的查找 | 二叉树,二叉链表结构,记录按二叉查找树的要求排序 | $O(\log_2 n) \to O(n)$ | 二叉查找树的形态影响其查找性能 |
| AVL 树下的查找 | 平衡二叉树,二叉链表结构 | $O(\log_2 n)$ | 需建立平衡二叉树 |
| 哈希查找 | 哈希表,包括闭散列表和开散列表 | $O(1) \to O(n)$ | 性能与装载因子、冲突解决方法等因素有关,需要解决哈希函数、冲突解决方法、装载因子的选择等问题 |

**2. 不同查找表下基本操作的性能**

表 11.13 中给出了各种不同查找表下查找、插入和删除操作的时间性能对比。

表 11.13 不同查找表下基本操作的性能对比

| 基本操作 | 无序表 | 有序表 | 二叉查找树 | AVL 树 | 哈希表 |
|---|---|---|---|---|---|
| 查找 | $O(n)$ | $O(\log_2 n)$ | $O(\log_2 n) \to O(n)$ | $O(\log_2 n)$ | $O(1) \to O(n)$ |
| 插入 | $O(1)$ | $O(n)$ | $O(\log_2 n) \to O(n)$ | $O(\log_2 n)$ | $O(1) \to O(n)$ |
| 删除 | $O(n)$ | $O(n)$ | $O(\log_2 n) \to O(n)$ | $O(\log_2 n)$ | $O(1) \to O(n)$ |

## 11.7 上机实验

扫一扫

上机实验

# 习题 11

# 第 12 章

# 排 序

与查找一样,排序也是数据处理中的常用操作。排序的主要目的是方便查找。如第 11 章所述,当数据排成有序后,可以进行二分查找,查找性能优于无序表下的顺序查找。本章主要介绍各种经典内部排序算法,包括插入排序、选择排序、快速排序、堆排序、归并排序和基数排序等,并简要介绍 C++ 和 Python 采用的混合排序算法。

## 12.1 基础知识

### 12.1.1 相关概念

排序(sort)是指给定一个由 n 个**记录**构成的序列,对其中的所有记录按**关键字**大小排成有序的过程。根据具体要求不同可将序列排成递增或递减序列。本章以递增排序为例进行介绍,并将被排序的记录序列简称为**排序表**(sortable list)。

排序中的记录与第 11 章中记录的含义完全一致。排序中的关键字与第 11 章中关键字的含义基本一致。在排序过程中,关键字作为排序的依据,因此也被称为**排序码**。在查找中,为了识别唯一的记录,通常以主关键字进行查找。作为排序码的关键字,可以是主关键字或次关键字。当排序码是次关键字时,排序表中可能存在排序码相同的多个记录。

### 12.1.2 排序表的类型定义

由于排序之后,所有的记录按照关键字大小排成一个有序的线性序列,所以排序表属于线性表,排序是该线性表下特有的操作。排序表可以用顺序或链式结构存储。当存储结构不同时,适用的排序算法也会有所不同。

排序表中的每个元素是一个记录,记录之间可以根据关键字的值相互比较大小,记录类即第 11 章中的 Record 类。排序表类 SortableList 可以定义为第 3 章中线性表类的派生类，也可以直接定义为一个顺序表类或链表类。以下为顺序实现的 SortableList 类的基本框架，类中定义了各种排序方法。与顺序查找表一样，用 data 列表存储被排序数据。

```
from Record import Record
class SortableList:
    def __init__(self):                  #初始化一个空排序表
        self.data = []
    def create(self, alst):              #从列表创建一个排序表
    def traverse(self):                  #输出排序表的内容
    def insertion_sort(self):            #直接插入排序
    def bin_insertion_sort(self):        #折半插入排序
    def shell_sort(self):                #希尔排序
    def bubble_sort(self):               #冒泡排序
    def quick_sort(self):                #快速排序
    def selection_sort(self):            #简单选择排序
    def heap_sort(self):                 #堆排序
    def merge_sort(self):                #归并排序
```

## 12.1.3 排序的分类

根据排序表是否常驻内存，排序分为**内部排序**（internal sort）和**外部排序**（external sort）。如果在排序过程中所有数据都存放在内存中，排序时不涉及数据的内、外存交换，称为内部排序，简称**内排序**；如果数据量过大需要借助外存才能完成排序，则称为外部排序，简称**外排序**。本章只介绍内排序。

根据排序操作是否基于关键字间的相互比较，排序分为**基于关键字比较的排序**和**非基于关键字比较的排序**。基于关键字比较的排序通过关键字间的相互比较和被排序记录的移动使表中有序部分长度逐渐增大，从而逐步完成排序。根据有序部分长度增大方法的不同，基于关键字比较的排序又可分为插入类排序、交换类排序、选择类排序、归并类排序等。图 12.1 列出了部分经典排序算法。

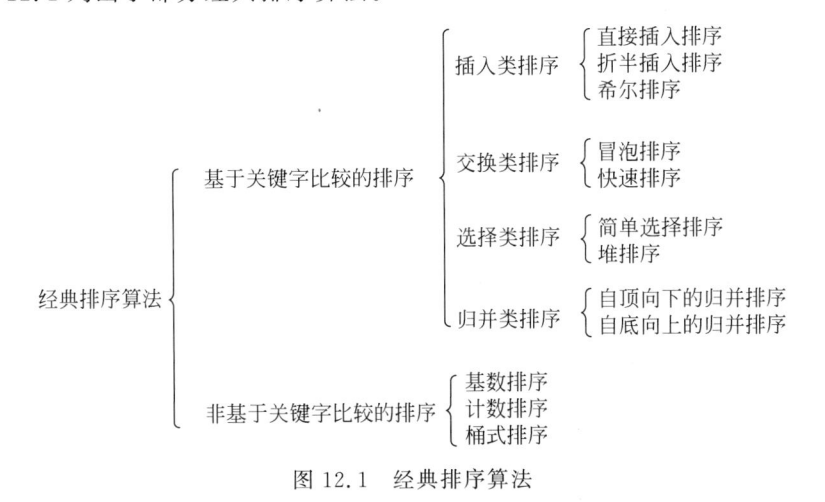

图 12.1 经典排序算法

常见排序算法有些适用于顺序表,有些适用于链表,也有算法同时适用于顺序表和链表。例如,堆排序仅适用于顺序表,基数排序主要针对链表进行,而插入排序和归并排序既可用于顺序表,也可用于链表。在 12.2 节~12.5 节分别介绍各排序算法在顺序表下的实现,在 12.6 节介绍链表下的基数排序。

### 12.1.4 排序算法的性能衡量

在衡量排序算法的性能时主要考虑时间效率、空间效率、稳定性及适应性等因素。在衡量算法的时间效率时,除了考虑时间复杂度,也常用关键字的比较次数和记录的移动次数进行量化计算。

由于排序的数据量可能非常庞大,而排序算法也常需要使用临时记录空间以完成排序,所以往往还需关注排序算法的空间性能。

如果能保证利用某个排序算法排序之后,关键字相同的任意记录之间的相对次序保持不变,则称该排序算法具有**稳定性**,是**稳定排序**;如果排序可能导致相同关键字的记录的相对次序发生变化,则称该排序算法是**不稳定排序**。在很多应用场合,保持关键字相同的记录的相对位置不变具有实际意义。

如果一个排序算法能保证对接近有序的序列工作得更快,则称该算法具有**适应性**。由于在实际场景中经常要处理接近有序的序列,所以具有适应性的算法有其实用价值。

## 12.2 插入排序

插入类排序的基本思想是将整个排序表看成由有序序列和无序序列两部分组成,每次将无序序列中的一个记录按其关键字的大小插入已排好序的有序序列中的适当位置以维持有序性,直到无序序列中的全部记录插入完成为止。如图 12.2 所示,设排序表的所有记录存储在 data 数组的 0~n-1 号位置。data[0]~data[i-1]部分已经有序,而 data[i]~data[n-1]为无序序列,每次将 data[i]插入有序部分中。以下分别介绍 3 种插入类排序方法,即直接插入排序、折半插入排序和希尔排序。

| 有序序列data[0]~data[i-1] | | 无序序列data[i]~data[n-1] |
|---|---|---|
| | data[i] | |
| 有序序列data[0]~data[i] | | 无序序列data[i+1]~data[n-1] |

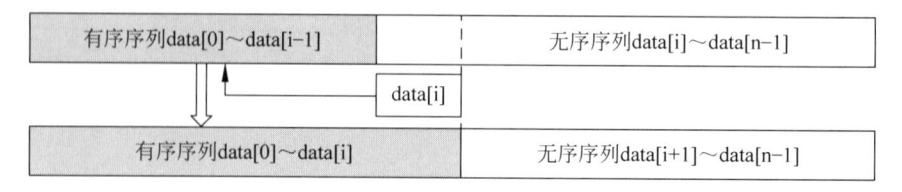

图 12.2 插入排序的基本思想

### 12.2.1 直接插入排序

**1. 排序思想**

在初始情况下,**直接插入排序**(insertion sort)将排序表的 0 号记录看成一个有序序列,从 1 号位置开始的所有记录构成无序序列部分。执行 n-1 次循环,每次从无序序列部分取出首记录,将它插入有序序列的合适位置,使有序序列部分仍然保持有序。在不发生混淆的情况下,直接插入排序也常被简称为插入排序。

**2. 将 i 号记录插入有序序列**

将无序序列的首记录(假设为 i 号记录)插入有序序列中包含两项工作:定位 i 号记录的插入位置,并将有序序列中插入位置及之后的所有元素向后移动。通常将这两项工作同时进行。将 i 号记录插入 data[0]~data[i−1] 有序序列的算法可描述如下:

(1) 检查 i 号记录是否大于或等于 i−1 号记录,如果是,则无须任何操作,返回。
(2) 将 i 号记录暂存在临时变量 temp 中,j 赋值为 i 号记录前趋位置 i−1。
(3) 在 j≥0 的条件下循环执行:j 号记录与 temp 记录做关键字大小比较,如 j 号记录的关键字大,则 j 号记录后移,j 减 1,继续循环,否则退出循环。
(4) 将 temp 记录存储在 data[j+1] 位置。

**3. 直接插入排序算法**

基于上述思想和分析实现的直接插入排序算法如下:

```python
def insertion_sort(self):
    for i in range(1, len(self.data)):    #依次将 i 号记录插在表中 0 至 i-1 部分的有序序列
        if self.data[i] < self.data[i - 1]:
            temp = self.data[i]                    #i 号记录暂存至 temp 中
            j = i - 1
            while j >= 0 and self.data[j] > temp:  #依次与之前的每个记录关键字比较
                self.data[j + 1] = self.data[j]    # 如前面的记录更大则后移
                j -= 1                             #j 往前移动
            self.data[j + 1] = temp                #将 temp 记录放在 j+1 位置
```

由于记录类 Record 中定义了比较记录大小的特殊方法,所以在本算法中可直接用 self.data[j] > temp 语句比较 j 号记录与 temp 记录的关键字的大小。

**4. 性能分析**

如果初始情况下排序表中的所有记录有序,如表 12.1 中的示例,顺序表中有 5 个记录,关键字依次递增,则在插入 i 号记录时只需跟 i−1 号记录做一次比较即插入成功,记录的移动次数为 0 次。因此,总的比较次数为 n−1 次,总的记录移动次数为 0 次。此时,时间复杂度为 O(n)。

表 12.1 直接插入排序示例 1

| 下标 | 0 | 1 | 2 | 3 | 4 |
|---|---|---|---|---|---|
| 关键字 | 1 | 3 | 6 | 7 | 10 |

如果初始情况下排序表中的所有记录反向有序,即递减有序,如表 12.2 中的示例,则插入 i 号记录时将跟它之前的递增有序序列中的所有(i 个)记录做比较,共比较 i 次,有序

序列中的所有(i个)记录都要向后移动,加上 i 号记录赋值给 temp、temp 记录写入 j+1 位置的两次移动,共需要 i+2 次移动。

表 12.2 直接插入排序示例 2

| 下标 | 0 | 1 | 2 | 3 | 4 |
|---|---|---|---|---|---|
| 关键字 | 10 | 7 | 6 | 3 | 1 |

此时,总的比较次数为

$$\sum_{i=1}^{n-1} i = \frac{n(n-1)}{2}$$

总的移动次数为

$$\sum_{i=1}^{n-1}(i+2) = \frac{n(n-1)}{2} + 2(n-1) = \frac{(n+4)(n-1)}{2}$$

此时,时间复杂度为 $O(n^2)$。

在初始排序表数据序列随机的情况下,将 i 号记录插入 data[0]~data[i-1]有序序列中时:

若 i 号记录不动,比较 1 次,移动 0 次;

若 i 号插入 i-1 号之前,比较 2 次,移动 1+2 次;

若 i 号插入 i-2 号之前,比较 3 次,移动 2+2 次;

以此类推;

若 i 号插入 1 号记录之前,比较 i 次,移动 i-1+2 次;

若 i 号插入 0 号记录之前,比较 i 次,移动 i+2 次;

因此,将 i 号插入 data[0]~data[i-1]有序序列中,平均情况下的比较次数为

$$\frac{1+2+\cdots+i+i}{i+1} = \frac{i}{2} + \frac{i}{i+1} \approx \frac{i}{2} + 1$$

平均情况下的移动次数为

$$\frac{(1+2+\cdots+i)+2i}{i+1} = \frac{i}{2} + \frac{2i}{i+1} \approx \frac{i}{2} + 2$$

于是,直接插入排序总的比较次数约为

$$\sum_{i=1}^{n-1}\left(\frac{i}{2}+1\right) = \frac{n(n-1)}{4} + (n-1)$$

总的移动次数约为

$$\sum_{i=1}^{n-1}\left(\frac{i}{2}+2\right) = \frac{n(n-1)}{4} + 2(n-1)$$

因此,在平均情况下,直接插入排序的比较次数和移动次数是最高次项为平方项的函数,且平方项的系数为 $\frac{1}{4}$,也可用 $\frac{n^2}{4} + O(n)$ 表示比较次数和移动次数。

综上所述,随着初始数据序列的不同,直接插入排序的时间性能表现悬殊。当表已经有序时达到最好情况,当表有序或接近有序时,算法的性能为线性阶 $O(n)$。当初始表中的数据逆序时为最坏情况,时间复杂度为 $O(n^2)$。平均情况下的时间复杂度与最坏情况

相同。

在直接插入排序算法中只用到一个 temp 记录作为辅助空间,空间复杂度为 O(1)。在插入 i 号记录时,如遇到的 j 号记录与之相同,不再移动 j 号记录,因此插入排序算法是稳定排序。当排序表基本接近有序时,插入排序的性能可达到线性阶,因此插入排序具有适应性。事实上,当 n 较小或者排序表已接近有序时常采用直接插入排序。

## 12.2.2 折半插入排序

**1. 排序思想**

**折半插入排序**(binary insertion sort)也被称为**二分插入排序**,它在直接插入排序的基础上做以下改进。

(1) 用二分查找的方法找到 i 号记录的插入位置,设为 low。
(2) 将有序序列部分 low 位置之后的记录从右侧开始集体向后移动。

如表 12.3 中的示例,将 4 号记录插入有序序列中,先用二分查找定位到它的插入位置为 1 号(low=1,high=0,二分查找失败位置),然后将从 3 号位置开始往前直至 1 号位置结束的记录依次向后移动一个位置,最后将暂存在 temp 中的关键字为 3 的记录写入 1 号位置。

表 12.3 折半插入排序示例

| 下标 | 0 | 1 | 2 | 3 | 4 |
|---|---|---|---|---|---|
| 关键字 | 2 | 4 | 6 | 8 | 3 |

**2. 折半插入排序算法**

基于上述思想实现的折半插入排序算法如下:

```
def bin_insertion_sort(self):
    data_len = len(self.data)
    for i in range(1, data_len):
        if self.data[i] < self.data[i - 1]:
            low = 0
            high = i - 1
            temp = self.data[i]
            while low <= high:
                mid = (low + high) // 2
                if temp < self.data[mid]:
                    high = mid - 1
                else:
                    low = mid + 1
            j = i - 1
            while j >= low:
                self.data[j + 1] = self.data[j]
                j = j - 1
            self.data[low] = temp
```

### 3. 性能分析

由于采用了二分查找确定待插记录的插入位置，与直接插入排序相比，在平均情况下总的关键字比较次数将会减少，但元素移动的个数并没有变化，因此折半插入排序的时间复杂度仍为 $O(n^2)$。

在折半插入排序算法中只用到一个 temp 记录作为辅助空间，空间效率为 $O(1)$。在二分查找过程中当遇到 mid 位置的记录与 temp 相同时，将接下来的搜索区间修改为 mid+1～high，这样能保证 temp 最后的插入位置一定在已有记录的右边，因此折半插入排序是稳定排序。与直接插入排序一样，折半插入排序算法也具有适应性。

## 12.2.3 希尔排序

### 1. 排序思想

**希尔排序**(Shell sort)是一种分组插入排序方法，也称**缩小增量排序**。其基本方法是先取一个整数 $d_1$($d_1$<n)作为第一个增量，将表的全部元素分成 $d_1$ 组，将所有距离为 $d_1$ 的倍数的元素放在同一个组中，然后对同组的数据进行直接插入排序；接着取第 2 个增量 $d_2$($d_2$<$d_1$)，重复上述的分组和组内插入排序，直到最后取增量为 1，即全部元素为一组进行直接插入排序。

假设对序列(16,25,12,30,47,11,16,36,9,18,31)进行增量依次为 5、3、1 的希尔排序。第一趟排序的增量为 5，即将位序依次相差 5 的元素分为一组，也就是(16,11,31)为一组，(25,16)为一组。以此类推，共有 5 组，如表 12.4 所示。

表 12.4 希尔排序示意图 1

| 下标 | 0 | 1 | 2 | 3 | 4 | 5 | 6 | 7 | 8 | 9 | 10 |
|---|---|---|---|---|---|---|---|---|---|---|---|
| 第 1 组 | 16 | | | | | 11 | | | | | 31 |
| 第 2 组 | | 25 | | | | | 16 | | | | |
| 第 3 组 | | | 12 | | | | | 36 | | | |
| 第 4 组 | | | | 30 | | | | | 9 | | |
| 第 5 组 | | | | | 47 | | | | | 18 | |

对这 5 组元素分别在组内做增量为 5 的插入排序，则第 1 组元素排完序后为(11,16,31)，第 2 组元素排完序后为(16,25)，以此类推。第一趟排序结束后各组的元素如表 12.5 所示。

表 12.5 希尔排序示意图 2

| 下标 | 0 | 1 | 2 | 3 | 4 | 5 | 6 | 7 | 8 | 9 | 10 |
|---|---|---|---|---|---|---|---|---|---|---|---|
| 第 1 组 | 11 | | | | | 16 | | | | | 31 |
| 第 2 组 | | 16 | | | | | 25 | | | | |
| 第 3 组 | | | 12 | | | | | 36 | | | |
| 第 4 组 | | | | 9 | | | | | 30 | | |
| 第 5 组 | | | | | 18 | | | | | 47 | |

经过第一趟排序,排序表的元素依次为(11,16,12,9,18,16,25,36,30,47,31)。该序列是无序序列,但相比原始序列更接近有序。从两个 16 的位置变化可以看出希尔排序是不稳定的。

第二趟排序的增量为 3,即将位序依次相差 3 的元素分为一组,如表 12.6 所示。

表 12.6 希尔排序示意图 3

| 下标 | 0 | 1 | 2 | 3 | 4 | 5 | 6 | 7 | 8 | 9 | 10 |
| --- | --- | --- | --- | --- | --- | --- | --- | --- | --- | --- | --- |
| 第 1 组 | 11 | | | 9 | | | 25 | | | 47 | |
| 第 2 组 | | 16 | | | 18 | | | 36 | | | 31 |
| 第 3 组 | | | 12 | | | 16 | | | 30 | | |

对这 3 组元素分别在组内做增量为 3 的插入排序,则第 1 组元素排完序后为(9,11,25,47)。以此类推,第二趟排序结束后各组的元素如表 12.7 所示。

表 12.7 希尔排序示意图 4

| 下标 | 0 | 1 | 2 | 3 | 4 | 5 | 6 | 7 | 8 | 9 | 10 |
| --- | --- | --- | --- | --- | --- | --- | --- | --- | --- | --- | --- |
| 第 1 组 | 9 | | | 11 | | | 25 | | | 47 | |
| 第 2 组 | | 16 | | | 18 | | | 31 | | | 36 |
| 第 3 组 | | | 12 | | | 16 | | | 30 | | |

经过第二趟排序,排序表的元素依次为(9,16,12,11,18,16,25,31,30,47,36)。

第三趟排序的增量为 1,即对第二趟排序的结果序列做一次直接插入排序,得到最终有序序列(9,11,12,16,16,18,25,30,31,36,47)。

因此,希尔排序的基本思想是对待排记录序列先做"宏观"调整,再做"微观"调整。先将待排序记录划分为若干子序列,并对这些子序列进行直接插入排序,待整个序列接近有序时,再对其进行直接插入排序。这样做实际上是充分利用了插入排序在表的长度较小、表接近有序时性能优越的特点。首先,当对表进行增量为 d 的分组时,插入排序所排序数据的长度是原来的 1/d;另外,每趟排序后的序列越来越接近有序,对最后若干趟长度较长的排序表进行组内直接插入排序时,性能可接近线性阶。

**2. 希尔排序算法**

根据上述思想实现的希尔排序算法如下,其中 while 循环体中的核心部分就是上述直接插入排序的代码,只不过用 gap 代替了 1。

```
def shell_sort(self):
    data_len = len(self.data)
    gap = data_len
    while True:
        gap = gap // 3 + 1              # 保证增量递减且最后为 1
        for i in range(gap, data_len):
            temp = self.data[i]
```

```python
            j = i - gap
            while j >= 0 and self.data[j] > temp:
                self.data[j + gap] = self.data[j]
                j -= gap
            self.data[j + gap] = temp
        if gap == 1:
            break
```

#### 3. 性能分析

对希尔排序时间性能的分析比较困难,到目前为止,对希尔排序的比较次数和移动次数的研究都只能覆盖某些特殊情况。研究表明,希尔排序的性能与增量序列的选取密切相关。例如,Hibbard 提出了一种增量序列($2^k-1, 2^{k-1}-1, \cdots, 7, 3, 1$),证明这种增量序列的希尔排序的时间效率可达到 $O(n^{1.5})$。而对于有的增量序列,希尔排序的性能可以达到 $O(n^{7/6})$,已经非常接近 $O(n\log_2 n)$。增量序列可以有多种取法,但应保证增量序列中没有除了 1 之外的公因子,并且最后一个增量值应为 1。

希尔排序算法只需用一个 temp 记录作为辅助空间,空间复杂度为 $O(1)$。由于关键字相同的元素在分组时可能出现在不同的组中,所以不能保证关键字相同的元素仍然保持原有的次序,可见希尔排序是不稳定的排序方法。另外,希尔排序具有适应性。

## 12.3 交换排序

交换类排序的基本思想是通过排序表中记录的关键字间的比较,在发生次序不符合排序要求时做相应交换。以下分别介绍两种交换排序方法,即冒泡排序和快速排序。

### 12.3.1 冒泡排序

#### 1. 排序思想

在利用**冒泡排序**(bubble sort)进行排序时,同样将排序表分成有序部分和无序部分。假设无序部分在前,有序部分在后,且有序部分的初始长度为 0。

对无序序列中的数据,从最左(即 0 号位置)开始,将相邻的两个记录进行关键字比较,如果左边记录的关键字小于或等于右边记录的关键字,则继续向右,否则交换左、右两个记录再继续向右,一趟排序结束后,无序序列的末尾为最大关键字记录,即有序序列中增加一个记录,如图 12.3 所示。对长度减 1 的无序序列重复以上过程,直到无序部分仅有一个记录时排序结束。

| 无序序列data[0]～data[i] | 有序序列data[i+1]～data[n-1] |
|---|---|

| 无序序列data[0]～data[i-1] | 有序序列data[i]～data[n-1] |
|---|---|

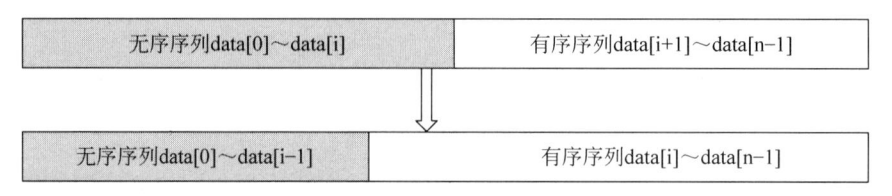

图 12.3 冒泡排序的基本思想

### 2. 冒泡排序算法思想

外层循环控制变量 i 取 n−1~1 的所有整数，一次循环的任务是对数组 data[0]~data[i] 的所有元素进行一趟排序，使得 data[i] 成为该范围内关键字最大的记录，data[i]~data[n−1] 成为一个全局有序序列。内层循环控制变量 j 依次取 0~i−1 的所有整数，如果 data[j]>data[j+1]，则交换两个记录。表 12.8 给出了一个冒泡排序的示例，7 趟排序依次获得下标位置 7、6、5、4、3、2、1 的正确元素，最后得到全部有序序列。

表 12.8 冒泡排序示例

| 下标 | 0 | 1 | 2 | 3 | 4 | 5 | 6 | 7 |
|---|---|---|---|---|---|---|---|---|
| 初始 | 16 | 25 | 11 | 30 | 47 | 12 | 16 | 36 |
| i=7 | 16 | 11 | 25 | 30 | 12 | 16 | 36 | 47 |
| i=6 | 11 | 16 | 25 | 12 | 16 | 30 | 36 | |
| i=5 | 11 | 16 | 12 | 16 | 25 | 30 | | |
| i=4 | 11 | 12 | 16 | 16 | 25 | | | |
| i=3 | 11 | 12 | 16 | 16 | | | | |
| i=2 | 11 | 12 | 16 | | | | | |
| i=1 | 11 | 12 | | | | | | |

### 3. 冒泡排序算法

根据上述思想，编写的冒泡排序算法如下：

```
def bubble_sort(self):
    data_len = len(self.data)
    for i in range(data_len - 1, 0, -1):          #目的是获得 i 号位置的正确值
        for j in range(0, i):
            if self.data[j] > self.data[j+1]:
                self.data[j], self.data[j + 1] = self.data[j + 1], self.data[j]
```

### 4. 冒泡排序改进算法

以上算法始终进行 n−1 趟冒泡，为提高算法性能，可在算法中加上某趟排序是否发生过交换的标记变量，如果该趟冒泡没有发生交换，说明无序部分数据已经有序，即可停止冒泡。例如表 12.8 中，在获得 3 号位置的最终记录 16 后，检测到该趟排序没有发生交换，即停止排序。

```
def bubble_sort2(self):
    data_len = len(self.data)
    for i in range(data_len - 1, 0, -1):          #获得 i 号位置的正确值
        exchange = False
        for j in range(0, i):
```

```
                    if self.data[j] > self.data[j + 1]:
                        self.data[j], self.data[j + 1] = self.data[j + 1], self.data[j]
                        exchange = True
            if not exchange:
                break
```

**5. 性能分析**

对改进的冒泡排序进行分析。如果初始情况下排序表中的所有记录有序，第一趟排序时，从最左记录开始依次与相邻记录比较，总的比较次数为 n−1 次，移动次数为 0 次，结束排序，时间复杂度为 O(n)。

如果初始情况下排序表中的所有记录反向有序，即递减有序，则总共做 n−1 趟排序，为获得 i 号记录，共需进行 i 次比较、i 次交换，在内部实现时，1 次交换即 3 次移动，因此总的比较次数为

$$\sum_{i=n-1}^{1} i = \frac{n(n-1)}{2}$$

总的移动次数为

$$\frac{3n(n-1)}{2}$$

冒泡排序算法最坏情况下的时间复杂度 $O(n^2)$，平均情况下的时间复杂度也为 $O(n^2)$。由于只需一个记录的辅助空间，空间复杂度为 O(1)。在冒泡排序过程中，当两个关键字相同的相邻记录发生比较时不发生交换，可见冒泡排序是稳定排序。冒泡排序具有适应性。

### 12.3.2 快速排序

**1. 排序思想**

**快速排序**(quick sort)是由 C. A. R. Hoare 在 1962 年提出的排序算法，该算法的基本思想为将序列中的某一记录设置为**枢轴**(pivot)，通常选取最左记录作为枢轴，通过一趟排序将枢轴交换到其最终位置，并使得所有小于枢轴的记录在枢轴的左边，所有大于或等于枢轴的记录在枢轴的右边，这个过程称为**一趟划分**(partition)，如图 12.4 所示。一趟划分后，除了枢轴之外的其余元素被分为两个子序列，即左子序列和右子序列，接下来对左子序列和右子序列分别进行快速排序，直至被排序子序列的长度小于或等于 1 为止。

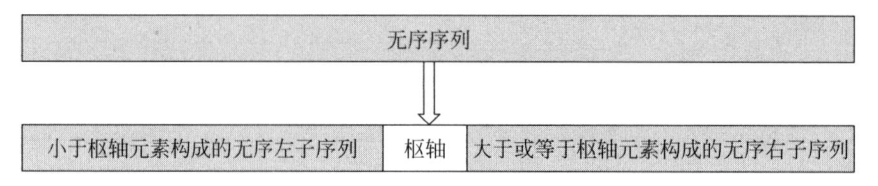

图 12.4  快速排序一趟划分示意图

因此快速排序采用分而治之的思想解决问题,将对整个序列的排序分解为对左子序列和右子序列的排序,是一种递归定义的排序。

**2. 一趟划分方法**

对数组 data 中 low～high 的元素进行一趟划分,假设选取 data[low]作为枢轴 pivot,在划分过程中始终保持图 12.5 所示的不变式,即 pivot 之后为小于 pivot 的区域 A,紧接着是大于或等于 pivot 的区域 B,后面是从 i 号位置开始的待处理区域。初始时,i=low+1,A 和 B 区域的长度都为 0。

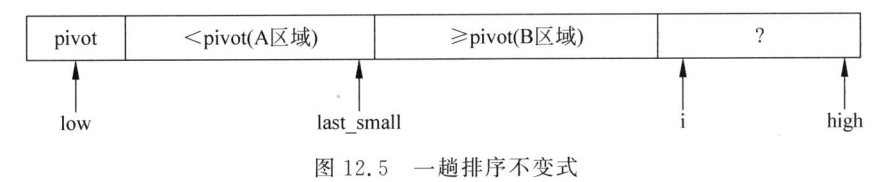

| pivot | <pivot(A区域) | ≥pivot(B区域) | ? |
|---|---|---|---|
| ↑low | ↑last_small | ↑i | ↑high |

图 12.5　一趟排序不变式

为了维持该不变式,如果 i 号记录大于或等于 pivot,则 i 加 1,即 B 区域的长度增加 1;否则将 i 号记录与 B 区域的最左记录进行交换,如图 12.6 所示。

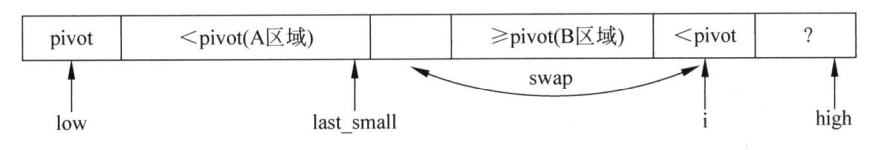

| pivot | <pivot(A区域) |  | ≥pivot(B区域) | <pivot | ? |
|---|---|---|---|---|---|
| ↑low | ↑last_small |  | swap | ↑i | ↑high |

图 12.6　在 i 号记录与 B 区域的首记录交换前

为了方便交换,记录 A、B 区域的分界点 last_small,设 last_small 为 A 区域的最右端位置。交换时,将 last_small 加 1,i 号记录与 last_small 位置的记录交换,接着 i 加 1。交换后的状态如图 12.7 所示。

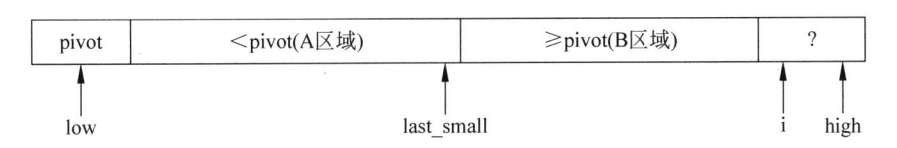

| pivot | <pivot(A区域) | ≥pivot(B区域) | ? |
|---|---|---|---|
| ↑low | ↑last_small | ↑i | ↑high |

图 12.7　在 i 号记录与 B 区域的首记录交换后

当 i 超出 high 的范围时,说明除了 pivot 之外的所有记录都已归入 A 区域或 B 区域,如图 12.8 所示,此时只需将 pivot 与 last_small 所指记录进行交换,即可达成如图 12.4 所示一趟划分的目标。

| pivot | <pivot(A区域) | ≥pivot(B区域) |
|---|---|---|
| ↑low | ↑last_small | ↑high |

图 12.8　枢轴之外的记录已归入 A 区域或 B 区域

在表 12.9 中取排序表中的 0 号记录 26 作为枢轴,依次将 1～8 号记录的每个关键字与枢轴比较,并始终维持图 12.5 所示的不变式要求,逐渐得到一趟划分结果。

表 12.9 快速排序一趟划分过程示例

| 下标 | 0 | 1 | 2 | 3 | 4 | 5 | 6 | 7 | 8 |
| --- | --- | --- | --- | --- | --- | --- | --- | --- | --- |
| 初始 | 26 | 67 | 67 | 9 | 6 | 43 | 82 | 10 | 54 |
| i=1 | 26 | 67 | | | | | | | |
| i=2 | 26 | 67 | 67 | | | | | | |
| i=3 | 26 | 9 | 67 | 67 | | | | | |
| i=4 | 26 | 9 | 6 | 67 | 67 | | | | |
| i=5 | 26 | 9 | 6 | 67 | 67 | 43 | | | |
| i=6 | 26 | 9 | 6 | 67 | 67 | 43 | 82 | | |
| i=7 | 26 | 9 | 6 | 10 | 67 | 43 | 82 | 67 | |
| i=8 | 26 | 9 | 6 | 10 | 67 | 43 | 82 | 67 | 54 |
| 一趟划分结果 | 10 | 9 | 6 | 26 | 67 | 43 | 82 | 67 | 54 |

### 3. 一趟划分算法

根据以上思想,编写的一趟划分算法如下:

```python
def partition(self, low, high):
    last_small = low
    for i in range(low + 1, high + 1):
        if self.data[i] < self.data[low]:
            last_small = last_small + 1
            self.swap(last_small, i)
    self.swap(low, last_small)
    return last_small

def swap(self, i, j):
    """将 i 号和 j 号位置的记录交换"""
    self.data[i], self.data[j] = self.data[j], self.data[i]
```

### 4. 快速排序递归算法

快速排序采用分而治之的思想解决问题,是一种递归排序。递归算法如下:

```python
def recursive_quickSort(self, low, high):
    if low < high:
        pivot_position = self.partition(low, high)
        self.recursive_quickSort(low, pivot_position - 1)
        self.recursive_quickSort(pivot_position + 1, high)
```

快速排序接口方法如下：

```
def quick_sort(self):
    self.recursive_quickSort(0, len(self.data) - 1)
```

### 5. 性能分析

假设每趟划分总是选取最左元素作为枢轴。首先来看一个例子，如果初始序列为 (26,33,35,29,22,12,19)，则一趟划分后的结果为 (19,22,12,26,33,35,29)。

接着对 26 的左序列 (19,22,12) 进行快速排序，以 19 为枢轴，这一趟划分后的结果为 (12,19,22)。

接着对 19 的左序列 (12) 进行快速排序，由于长度为 1，已经有序，递归返回。

接着对 19 的右序列 (22) 进行快速排序，同样递归返回。

接着对 26 的右序列 (33,35,29) 进行快速排序，以 33 为枢轴，划分结果为 (29,33,35)。

同样，由于 33 的左、右子序列的长度为 1，递归逐层返回，整个序列即为有序。

整个过程可以用如图 12.9(a) 所示的递归调用树来表示，其中每个圆圈结点表示当前的枢轴元素。从根结点开始，以 26 为枢轴，分成左、右两个子序列，接下来对左子序列以 19 为枢轴，分别划分为两个长度为 1 的左、右子序列 (12) 和 (22)，此时用方形的叶结点表示不再向下发生递归调用。当以 26 为枢轴时，下面的所有关键字分别与之做比较，比较 6 次；以 19 为枢轴时，下面的两个元素分别与之比较，共两次；以 33 为枢轴时，下面的两个元素 29、35 分别与之比较，共两次，总共比较 10 次。此时的快速排序是一种最好情形，递归调用树左右对称，高度为 $\lfloor \log_2 n \rfloor + 1$。所有比较都发生在以某个非叶结点为枢轴的划分过程中，该结点的每个子孙结点都与之比较一次，比较次数即为子孙结点的个数，因此对于每层的所有非叶结点，比较的总次数小于 n。又由于除叶子之外调用树共有 $\lfloor \log_2 n \rfloor$ 层，总的比较次数小于 $n \lfloor \log_2 n \rfloor$ 次，算法的时间复杂度为 $O(n \log_2 n)$。

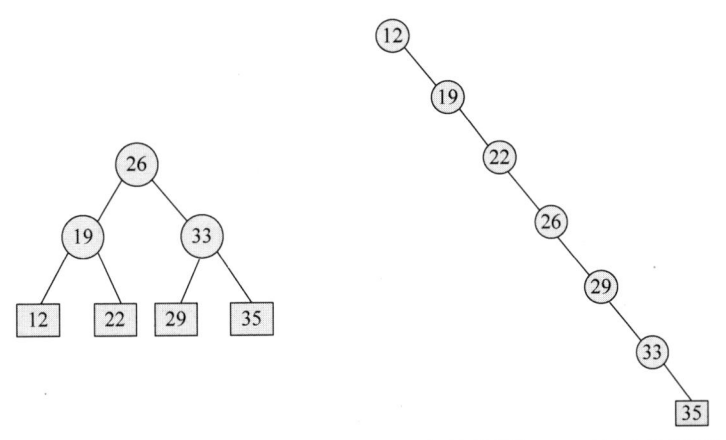

(a) 初始序列为 (26,33,35,29,22,12,19)　　(b) 初始序列为 (12,19,22,26,29,33,35)

图 12.9　快速排序递归调用树

如果初始序列为递增序列(12,19,22,26,29,33,35),假设仍选取最左元素作为枢轴,则每趟划分后,左子序列的长度都为0,右子序列比上一趟序列的总长度小1,可得到如图12.9(b)所示的递归调用树。递归调用树的高度为n,总的比较次数为n-1+n-2+…+1,即(n-1)n/2。算法的时间复杂度为$O(n^2)$,由于递归算法调用的额外开销,实际性能比冒泡排序等简单排序算法更差。

假设递归调用树的高度为h,即递归调用的最大嵌套深度为h,递归调用栈最多存储h个调用记录,空间效率为O(h)。由于h的范围为$\lfloor \log_2 n \rfloor +1$到n,所以快速排序的空间复杂度的范围为$O(\log_2 n)$到O(n)。

在Python环境中测试时发现,即使利用setrecursionlimit函数将递归嵌套深度设的足够大,但对较大量数据,如10000个元素构成的递增序列进行快速排序,且采用首元素为枢轴,依然可能发生递归调用栈溢出的错误。为避免出现这种极端情况,可在进行一次划分之前进行"预处理",即先对data[low].key、data[high].key和data[(low+high)//2].key进行相互比较,然后取关键字值"三者之中"的记录为枢轴记录。

在平均情况下,快速排序的时间复杂度为$O(n\log_2 n)$,且是内部排序中时间性能最好的一种,此时快速排序的空间效率为$O(\log_2 n)$。另外,从表12.9可以看出,两个67之间的相对位置发生了变化,可见快速排序是不稳定的排序方法。快速排序不具有适应性。

## 12.4 选择排序

选择类排序的基本思想是每次从待排序的无序序列中选取一个关键字值最小或最大的记录,将该记录交换到无序序列的最前或最后位置,经过n-1趟排序,获得长度为n-1的有序序列以及最后或最前的一个最大或最小记录。

### 12.4.1 简单选择排序

**1. 排序思想**

初始情况下,**简单选择排序**(selection sort)有序序列的长度为0,无序序列的长度为n,在无序序列中选择最小记录,将它与无序序列的首位置(即0号)元素进行交换,这样有序序列得到第1个元素;接着在剩下的无序序列中再次选出最小记录,与当前无序序列的首位置(即1号)元素进行交换,得到有序序列的第2个元素;依此类推,即在第i(0≤i≤n-2)趟排序时,在从i号位置开始到n-1号位置结束的无序列表中选择最小者与i号记录交换,如图12.10所示。

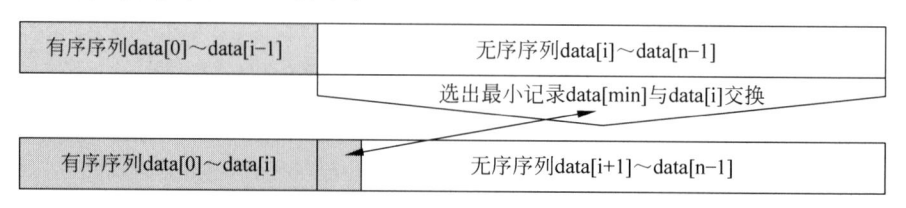

| 有序序列data[0]~data[i-1] | 无序序列data[i]~data[n-1] |
| --- | --- |
|  | 选出最小记录data[min]与data[i]交换 |
| 有序序列data[0]~data[i] | 无序序列data[i+1]~data[n-1] |

图12.10 简单选择排序的基本思想

对序列(21,25,49,25,16,8)进行简单选择排序的过程如表 12.10 所示。其中带阴影部分为有序列表部分,不带阴影部分为无序列表部分,通过 n－1 趟排序,依次获得无序列表中的最小者并与原 i 号位置元素进行交换。

表 12.10 简单选择排序过程示例

| 初始 | 21 | 25 | 49 | 25 | 16 | 8 | 主 要 操 作 |
|---|---|---|---|---|---|---|---|
| i＝0 | 8 | 25 | 49 | 25 | 16 | 21 | 获得初始无序序列中的最小者 8,并与原 0 号位置元素 21 交换 |
| i＝1 | 8 | 16 | 49 | 25 | 25 | 21 | 获得最小者 16 并与 1 号位置 25 交换 |
| i＝2 | 8 | 16 | 21 | 25 | 25 | 49 | 获得最小者 21 并与 2 号位置 49 交换 |
| i＝3 | 8 | 16 | 21 | 25 | 25 | 49 | 获得最小者 25 并与 3 号位置自身交换 |
| i＝4 | 8 | 16 | 21 | 25 | 25 | 49 | 获得最小者 25 并与 4 号位置自身交换 |

### 2. 简单选择排序算法

每趟排序在无序序列 data[i]～data[n－1]中获得最小关键字记录的方法为:设置变量 min 记录最小记录的位置,初值为 i,将 data 中 i＋1～n－1 号的每个记录依次与 data[min]进行比较,如果发现更小的 j 号记录,则将 min 更新为 j。全部比较结束后,data[min]中即为最小记录。实现的简单选择排序算法如下:

```
def selection_sort(self):
    for i in range(0, len(self.data) - 1):
        min = i
        for j in range(i + 1, len(self.data)):
            if self.data[min] > self.data[j]:
                min = j
        self.data[min], self.data[i] = self.data[i], self.data[min]
```

找到最小记录 data[min]后,直接将 data[min]和 data[i]进行交换。另外,也可以在最后一个语句前加上 min 是否等于 i 的判别语句,在 min 和 i 相等时不做交换,即将 selection_sort 的最后一行修改为:

```
if min != i:
    self.data[min], self.data[i] = self.data[i], self.data[min]
```

### 3. 性能分析

对 n 个记录进行简单选择排序,不管初始序列如何,对于第 i 趟排序,表中自 i＋1 位

置开始至 n−1 号位置共 n−i−1 个元素都要与当前的 data[min] 进行比较,总的比较次数始终为

$$\sum_{i=0}^{n-2}(n-i-1) = \frac{n(n-1)}{2}$$

由于每趟排序只做一次交换,所以 selection_sort 算法中记录移动的总次数为 3(n−1)。如果在 min 和 i 相等时不做记录移动,则最好情况下移动次数为 0。总的来说,选择排序减少了记录的移动次数,但是比较次数是插入排序平均情况下的 2 倍。选择排序算法的时间复杂度为 $O(n^2)$。其内部需要一个记录交换空间,空间复杂度为 O(1)。从表 12.10 可以看出,排序后两个 25 的相对位置发生了变化,可见选择排序是不稳定排序。选择排序不具有适应性。

### 12.4.2 堆排序

**1. 排序思想**

在 8.5 节介绍了堆的概念,并且用堆实现了优先级队列,现在利用堆进行**堆排序**(heap sort)。以递增排序为例,堆排序的基本步骤如下:

(1) 由初始序列建立大顶堆(此时整个序列仍为无序序列,有序序列的长度为 0)。

(2) 对 n−1~1 的所有 j 值执行循环,一次循环的目的是获得 data[j] 的正确元素,从而使尾部有序序列的长度增 1。

① 将堆顶的最大值 data[0] 与无序序列的尾部元素 data[j] 进行交换;
② 将 data[0]~data[j−1] 部分调整为一个新的大顶堆。

因此,堆排序涉及两个重要问题,即如何建初始堆以及如何调整堆。首先来看如何调整堆。

**2. 堆调整算法**

在堆排序基本步骤第(2)步的第①步中,将 data[j] 交换到了 data[0],使得 data[0]~data[j−1] 部分不再符合堆的要求,需要调整。这个调整过程即对应二叉堆删除操作中的 sift_down 算法,而现在需针对一个大顶堆从根开始逐层向下筛选。

假设已有大顶堆如图 12.11(a)所示,将堆顶最大值与最后一个元素 21 交换,可得到如图 12.11(b)所示的状态,此时最大值 100 在序列的尾部,已找到最终位置,接下来需将 21~66 部分调整为大顶堆。21 始终与其左、右孩子中的大者比较,若小于该孩子,则与该孩子交换。因此,21 首先与左、右孩子中的大者 86 进行交换,得到如图 12.11(c)所示的状态;然后 21 与 73 进行交换,得到如图 12.11(d)所示的状态;接着 21 与 66 进行交换,得到如图 12.11(e)所示的状态。

逐层向下筛选的算法与二叉堆删除堆顶时的 sift_down 算法基本相同,请读者参考 8.5.3 节的内容自行修改完成。

**3. 建立初始大顶堆**

无序序列建堆的过程就是对完全二叉树从下向上反复向下筛选的过程。如初始序列

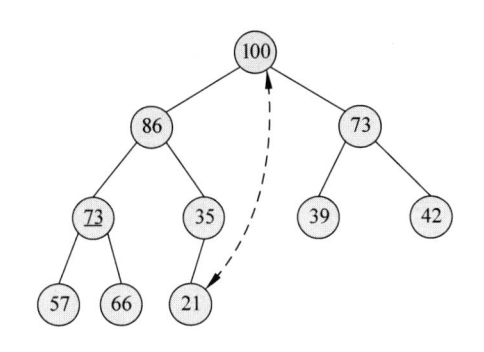

(a) 堆顶最大值将与最后一个元素21交换 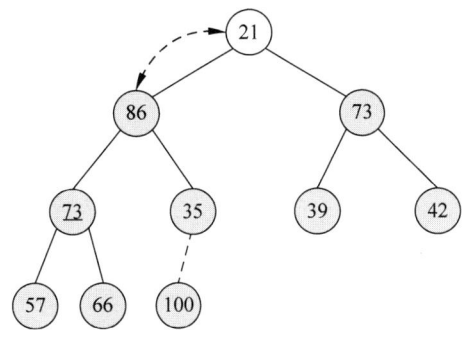　　(b) 21将与其左、右孩子中的大者86进行交换

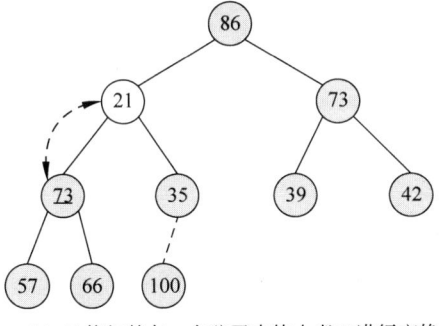

(c) 21将与其左、右孩子中的大者73进行交换 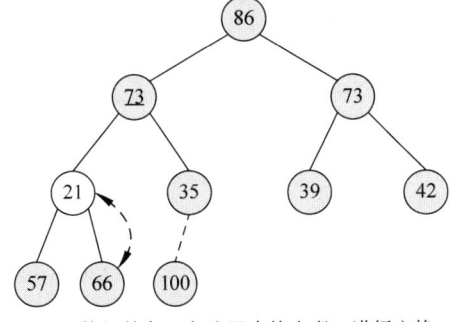　　(d) 21将与其左、右孩子中的大者66进行交换

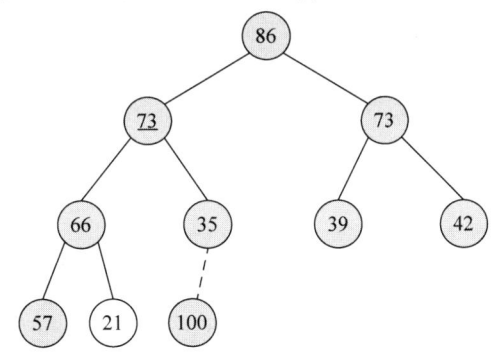

(e) 21交换为叶子，86~21部分已调整为新的大顶堆

图 12.11　堆调整过程

为(57,73,42,86,21,39,48,66,100,35)，对应完全二叉树如图 12.12(a)所示；建堆过程即依次对 21、86、42、73、57 为根的子树部分进行向下筛选，如图 12.12(b)~图 12.12(f)所示。这些结点的列表序号依次为 n/2-1~0，各图中用阴影标识的部分是该部分调整成堆的结果，读者可以跟前一张图的对应部分进行对比查看。

**4．堆排序算法**

根据以上思想，实现的堆排序算法如下：

(a) 初始序列

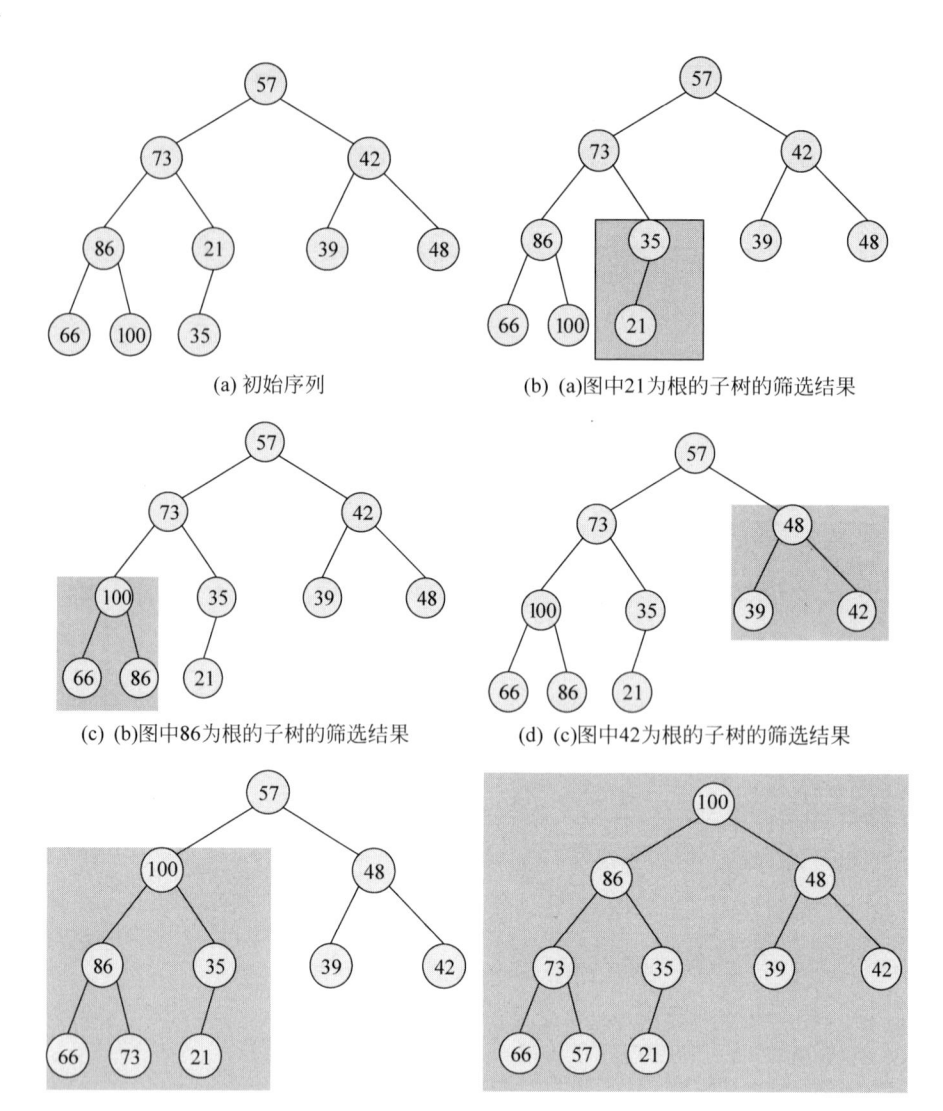

(b) (a)图中21为根的子树的筛选结果

(c) (b)图中86为根的子树的筛选结果

(d) (c)图中42为根的子树的筛选结果

(e) (d)图中73为根的子树的筛选结果

(f) (e)图中57为根的子树的筛选结果

图 12.12　建立初始大顶堆的过程示例

```
def heap_sort(self):
    data_len = len(self.data)
    #从最后一个非叶结点开始,将每个非叶结点为根的子树部分调整成堆
    for i in range(data_len // 2 - 1, -1, -1):
        self.sift_down(i, data_len - 1)
    for j in range(data_len - 1, 0, -1):
        #堆顶与j号元素交换
        self.data[0], self.data[j] = self.data[j], self.data[0]
        #将序列中0~j-1号部分调整成堆
        self.sift_down(0, j - 1)
```

### 5. 性能分析

(1) 对于高度为 h 的堆,一趟筛选最多比较 2(h-1)次,最多交换 h-1 次。

(2) n 个关键字建成的堆的高度 $h=\lfloor \log_2 n \rfloor +1$,在建好堆后,排序过程中 n-1 次筛选总的比较次数不超过 $2(\lfloor \log_2(n-1) \rfloor + \lfloor \log_2(n-2) \rfloor + \cdots + \lfloor \log_2 2 \rfloor) < 2n\log_2 n$。

(3) 建初始堆时做 $\lfloor n/2 \rfloor$ 次筛选,但由于每次筛选所针对的堆高度为 2 到 h 不等,总的比较次数最多为 4n。

因此,堆排序的时间复杂度为 $O(n\log_2 n)$。其总共需要一个交换用的辅助空间。从图 12.11 中可以看到,两个 73 的次序发生了变化,可见堆排序是不稳定的排序。堆排序不具有适应性。

## 12.5 归并排序

**归并排序**(merge sort)的过程基于归并的思想,即将两个或两个以上的有序子序列"归并"为一个有序序列。在内部排序中,通常采用的是 **2 路归并排序**(2-way merge sort),即将位置相邻的两个有序子序列进行归并,如图 12.13 所示。

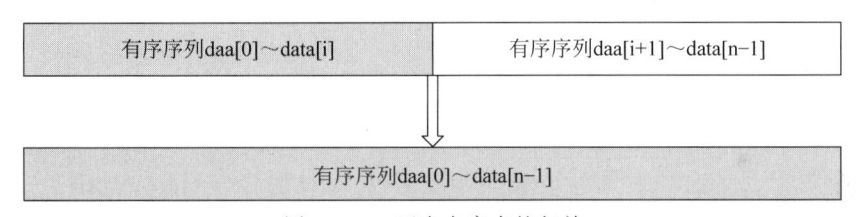

图 12.13 两个有序表的归并

在具体实施 2 路归并排序时通常有两种方式,即**自底向上的归并排序**和**自顶向下的归并排序**,以下分别介绍。

### 12.5.1 自底向上的归并排序

#### 1. 排序思想

将待排序记录 data[0]~data[n-1]看成 n 个长度为 1 的有序子表,把这些子表依次两两归并,便得到约 n/2 个有序的子表,然后把这约 n/2 个有序的子表两两归并,如此重复,直到得到一个长度为 n 的有序表为止。例如,对初始序列(53,7,52,1,98,10,87,25,63,46)采用自底向上的归并排序,过程如图 12.14 所示。

#### 2. 归并排序主算法

主算法 merge_sort 将待排序序列 data 数组中长度为 1 的有序序列归并到 temp 中,然后将 temp 数组中最长长度为 2 的有序序列归并到 data 数组中,再将 data 数组中最长长度为 4 的有序序列归并到 temp 数组中,将 temp 数组中最长长度为 8 的有序序列归并到 data 数组中,以此类推,直到有序序列的长度大于或等于 n 为止。data 数组存放最后排序的结果。

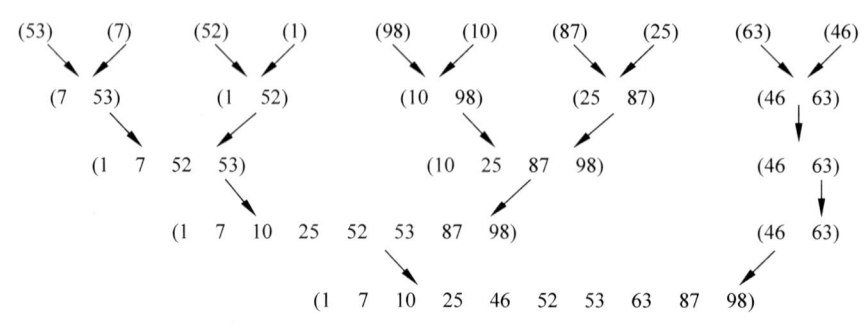

```
                (53)  (7)   (52)  (1)    (98) (10)   (87) (25)    (63) (46)
                  ↘ ↙        ↘ ↙          ↘ ↙          ↘ ↙          ↘ ↓
                 (7  53)    (1  52)     (10  98)     (25  87)     (46  63)
                    ↘         ↙            ↘           ↙             ↓
                    (1   7   52   53)     (10   25   87   98)      (46   63)
                              ↘                    ↙                  ↙
                              (1   7   10   25   52   53   87   98)  (46   63)
                                                      ↘                ↙
                                      (1   7   10   25   46   52   53   63   87   98)
```

图 12.14　自底向上归并过程示例

```
def merge_sort(self):
    m = 1                               # m 为已排序的子序列的长度,初值为 1
    n = len(self.data)
    temp = [None for i in range(0, n)]
    while m < n:
        #一趟归并,将 data 数组中各个最长长度为 m 的有序子序列归并到 temp 中
        self.merge_pass(self.data, temp, m)
        m *= 2                          # 子序列长度的加倍
        if m >= n:
            self.data = temp[::]
        else:
            #将 temp 数组中的各子序列再归并到 data 中
            self.merge_pass(temp, self.data, m)
            m *= 2
```

### 3. 一趟归并排序算法

一趟归并排序算法 merge_pass(source,dest,m)将 source 列表中长度最长为 m 的有序序列进行两两归并,归并结果保存在 dest 列表中。假设 source 列表长度为 n,如果 n 是 2m 的倍数,则需要 n/(2m)次归并;如果 n 不是 2m 的倍数,则还需对后面长度小于 2m 的部分做额外处理。如果多余部分的长度小于或等于 m,则该部分内容直接复制到 dest 中;如果多余部分的长度大于 m,即其中包含了一个长度为 m 的子表和另一个长度小于 m 的子表,将这两个子表进行归并即可。

如 m=1,序列中有 11 个元素。在 merge_pass 算法中 while 循环执行 5 次,将相邻的长度为 1 的子表进行合并,即(9)和(8)合并为(8,9),(5)和(3)合并为(3,5),以此类推,(7)和(1)合并为(1,7),最后多余一个元素 0,直接复制到 dest 中,如表 12.11 所示。

表 12.11　对排序表中长度为 1 的相邻有序子序列进行归并

| source | 9 | 8 | 5 | 3 | 2 | 9 | 4 | 6 | 7 | 1 | 0 |
|---|---|---|---|---|---|---|---|---|---|---|---|
| dest | 8 | 9 | 3 | 5 | 2 | 9 | 4 | 6 | 1 | 7 | 0 |

现在 m=2,序列中的 11 个元素依次两两有序。merge_pass 中的 while 循环执行两次,即将(8,9)和(3,5)合并为(3,5,8,9),将(2,9)和(4,6)合并为(2,4,6,9),多余 3

个元素,需单独将长度为 m 的有序表(1,7)和长度小于 m 的有序表(0)进行归并,如表 12.12 所示。

表 12.12　对排序表中最大长度为 2 的相邻有序子序列进行归并

| source | 8 | 9 | 3 | 5 | 2 | 9 | 4 | 6 | 1 | 7 | 0 |
| --- | --- | --- | --- | --- | --- | --- | --- | --- | --- | --- | --- |
| dest | 3 | 5 | 8 | 9 | 2 | 4 | 6 | 9 | 0 | 1 | 7 |

对应以上分析,merge_pass 算法如下:

```
def merge_pass(self, source, dest, m):
    n = len(source)
    p = 0
    #步骤1.两两归并source中长度为m的两个相邻子表
    while p + 2 * m - 1 <= n - 1:
        #将source列表中p～p+m-1区间和p+m～p+2m-1区间的两个相邻有序表
        #归并到dest列表的p～p+2m-1区间
        self.merge(source, dest, p, p + m - 1, p + 2 * m - 1)
        p += 2 * m
    if p + m - 1 >= n - 1:
        #步骤1做完后只剩一个有序子表,将该子表中的内容复制到dest相应区域
        for i in range(p, n):
            dest[i] = source[i]
    else:
        #如果步骤1做完后还剩两个子表,第1个长度为m,第2个长度小于m
        #归并最后两个长度不等的有序表
        self.merge(source, dest, p, p + m - 1, n - 1)
```

### 4. 两个有序表归并算法

算法 merge(self,source,dest,start,mid,end)将 source 列表的 start～mid 区间的有序左子表和 mid+1～end 区间的有序右子表归并到 dest 列表的 start～end 区间部分。如果 source[mid]小于或等于 source[mid+1],说明 source 中从 start 到 end 的所有数据已经有序,无须比较,直接复制到 dest 对应位置即可;否则利用双下标法对两个有序子表进行归并,分别用 i 和 j 指示待归并的两个有序子表的当前位置,比较对应位置记录(即 source[i]和 source[j])的关键字值,将更小的记录添加到目标表 dest 的当前位置 k。如果 i 或 j 超出有序子表的范围,则将另一个有序子表剩下的内容复制到 dest 的尾部。

```
def merge(self, source, dest, start, mid, end):
    if source[mid] <= source[mid + 1]:   #source 中从 start 到 end 的所有数据已经有序
        for i in range(start, end + 1):
            dest[i] = source[i]          #将 source 的所有内容复制到 dest 对应位置
        return
    i = start                            #i 为左子表的当前位置
    j = mid + 1                          #j 为右子表的当前位置
    k = start                            #k 为 dest 表的当前位置
```

```
            while i <= mid and j <= end:           # i 和 j 都未超出相应子表的右边界
                if source[i] <= source[j]:        # 左子表的当前元素小于或等于右子表的当前元素
                    dest[k] = source[i]
                    i += 1
                else:
                    dest[k] = source[j]           # 右子表的当前元素更小
                    j += 1
                k += 1
            while i <= mid:                        # 右子表处理完毕,复制左子表的剩余元素到目标表
                dest[k] = source[i]
                k += 1
                i += 1
            while j <= end:                        # 左子表处理完毕,复制右子表的剩余元素到目标表
                dest[k] = source[j]
                k += 1
                j += 1
```

## 12.5.2 自顶向下的归并排序

### 1. 排序思想

自顶向下的归并排序是递归定义的排序,算法可形式定义如下:

```
def recursive_mergeSort(lst):
    如果 lst 的长度大于 1:
        将 lst 分成左、右基本等长的两个子序列 leftList 和 rightList
        recursive_mergeSort(leftList)
        recursive_mergeSort(rightList)
        将两个有序子序列 leftList 和 rightList 归并成一个有序序列 lst
```

如对初始序列(53,7,52,1,98,10,87,25,63,46)采用自顶向下的归并排序,排序过程如图 12.15 所示。其中,向下的箭头表示递归调用,向上的箭头表示递归返回,返回时两个有序表进行归并,圆圈里的数字表示归并时的比较次数。

### 2. 归并排序接口方法

接口方法 merge_sort 负责调用递归函数 recursive_mergeSort 完成排序。合并总长度为 n 的两个子序列需要一个长度为 n 的记录列表空间,为了提高递归算法的空间效率,定义了 temp 列表作为各层次递归调用共用的空间。

```
def merge_sort(self):
    temp = [None for i in range(0, len(self.data))]
    self.recursive_mergeSort(self.data, 0, len(self.data) - 1, temp)
```

### 3. 归并排序递归算法

递归算法 recursive_mergeSort 对列表 source 的 left～right 区间部分进行归并排序,temp 列表作为辅助列表暂存归并结果,归并结束后再将 temp 列表的对应区间内容复制到 source 列表。

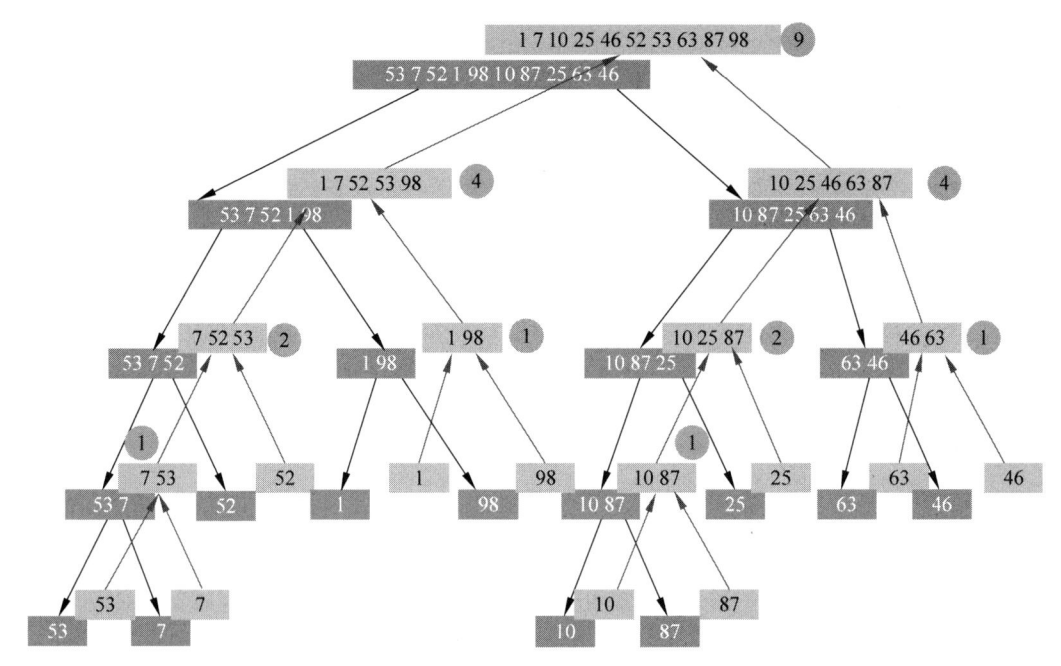

图 12.15　自顶向下归并过程示例

如果 left < right，被排序区间的长度大于 1，则计算 mid =（left + right）// 2，对 source 列表的 left~mid 区间部分和 mid+1~right 区间部分分别递归调用 recursive_mergeSort 算法进行归并排序；然后调用 merge 函数将这两个有序子表合并到 temp 列表的 left~right 区间，最后将 temp 列表的 left~right 区间中的数据依次写到 source 列表的 left~right 区间中。递归算法中调用的 merge 函数与 12.5.1 节中的 merge 函数完全一致。根据以上思想实现的递归算法如下：

```python
def recursive_mergeSort(self, source, left, right, temp):
    if left < right:
        mid = (left + right) // 2
        self.recursive_mergeSort(source, left, mid, temp)
        self.recursive_mergeSort(source, mid + 1, right, temp)
        self.merge(source, temp, left, mid, right)
        for i in range(left, right + 1):
            source[i] = temp[i]
```

**4. 归并排序性能分析**

两种归并排序算法的性能类似，下面以自顶向下归并排序为例进行性能分析。

图 12.16 是长度为 16 的表进行归并排序的递归调用树。由于递归返回的条件是被排序子表的长度小于或等于 1，所以对于长度为 16 的表进行逐层递归调用，分别对长度为 8、4、2、1 的子表进行归并排序，再逐层返回，分别对长度为 1、2、4、8 的有序子表进行合并，所有比较都发生在 merge 函数中，两个有序表归并时比较次数小于两表的总长度。

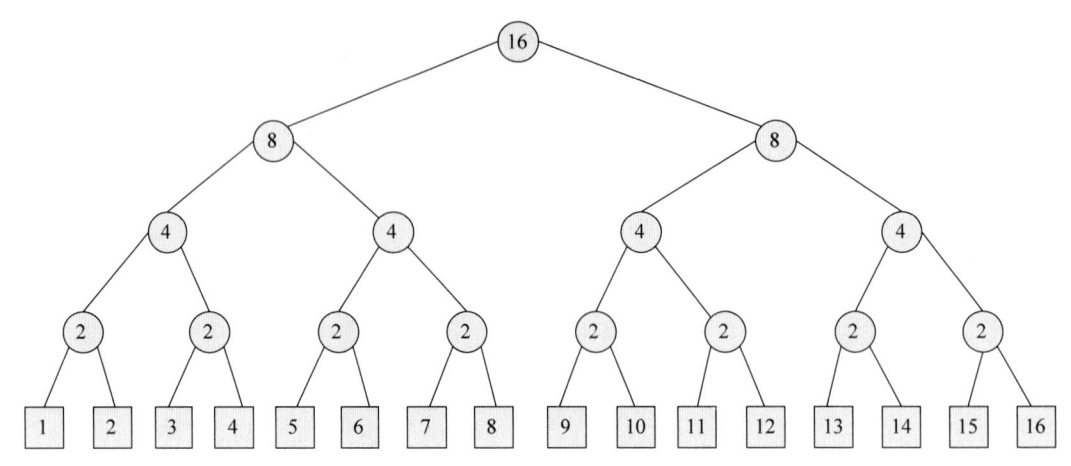

图 12.16　长度为 16 的表进行归并排序的递归调用树

从图 12.16 所示的递归调用树中可以看出，每层上列表的总长度为 n，因此每层（除最下层）上总的比较次数都小于 n。除了叶子之外，调用树共有 $\log_2 n$ 层，因此 n 个记录的归并排序，关键字的比较次数不超过 $n\log_2 n$。

当两个有序表合并到 temp 表中，记录移动的次数为两个表的总长度，再将 temp 的内容写回原表，移动次数也为两个有序表的总长度，因此每层上合并操作对应的移动次数为 2n 次，总移动次数约为 $2n\log_2 n$。

当 n 不是 2 的指数时，递归调用树不完全对称，但由于子表左、右基本均分，递归调用树左、右基本对称，上述关于递归调用树的层次、比较次数和移动次数的结论也近似成立。由此可见，归并排序的时间复杂度为 $O(n\log_2 n)$。

在本节介绍的方法中，归并排序采用 temp 列表暂存合并结果，因此空间效率为 $O(n)$。需要注意的是，当具体实现方法不同时，归并排序的空间性能和时间性能可能有所不同。

如果对一个链表进行自顶向下的归并排序，当两个有序表归并时，可以对链表中的结点重新排列而无须创建新的结点，空间效率与递归调用树高度一致，为 $O(\log_2 n)$。与顺序表可直接切分成两个基本等长的子表不同，将链表分成两个基本等长的子表的时间效率为 $O(n)$，两个有序单链表的归并操作的时间性能与顺序表下的归并一致，总的时间性能也为 $O(n\log_2 n)$。

类似地，自底向上的归并排序的时间性能可达到 $O(n\log_2 n)$，空间性能可达到 $O(n)$。

由于有序表归并时可以保证两个相同关键字的记录次序不变，所以归并排序是稳定排序。当相邻两个有序表归并时，如果第 1 个表的所有数据都比第 2 个表的小，则无须归并，因此归并排序具有适应性。

## 12.6　基数排序

前面介绍的各类排序算法都以关键字比较为基础，基数排序不需要进行关键字间的比较，它借助多关键字排序的思想，对一个关键字的多个位分别进行排序。接下来介绍多关键字排序和链式基数排序。

## 12.6.1 多关键字排序

假设对若干学生记录进行排序,每个学生记录包含 3 个关键字,即系号、班号和班内序号,例如记录(1,2,15)表示 1 系 2 班的 15 号学生。排序时首先按系号排序,系号相同时记录按班号排序,班号相同时记录按班内序号排序,则系号称为最主位关键字,班内序号称为最次位关键字,这样的排序称为**多关键字排序**。

多关键字排序有以下两种方法。

(1) **最主位优先法**(Most Significant Digit first,**MSD 法**):首先按最主位关键字进行分组,关键字相同的分在一组,然后对同一组中的记录按后一位关键字的大小次序分成各子组,再对每个子组按后一位的关键字大小继续分组,直到按最次位关键字对各子表排序后将各组按序连接起来,便得到一个有序序列。

例如,对学生记录进行排序时,首先将所有记录按系号递增分成不同的组,同一系的记录再按班号递增分成不同的组,同一班的记录按班内序号排序,然后将同一系中的各记录按班号递增序连接起来,全部记录再按系号递增序连接起来即排成有序序列。表 12.13 给出了最主位优先多关键字排序的示例。

表 12.13 最主位优先多关键字排序示例

| 初 始 序 列 | (3,1,30) | (1,2,15) | (3,1,20) | (2,3,18) | (2,1,20) |
|---|---|---|---|---|---|
| 按系号递增序分成 3 组 | (**1**,2,15) | (**2**,3,18) | (**2**,1,20) | (**3**,1,30) | (**3**,1,20) |
| 同系按班号递增序分组 | (1,**2**,15) | (2,**1**,20) | (2,**3**,18) | (3,**1**,30) | (3,**1**,20) |
| 同班按班内序号排序 | (1,2,**15**) | (2,1,**20**) | (2,3,**18**) | (3,1,**20**) | (3,1,**30**) |

(2) **最次位优先法**(Least Significant Digit first,**LSD 法**):它先从最次位开始对初始序列进行排序,接着按前一位关键字进行排序,如此重复,直到按最主位关键字进行排序并得到最终有序序列。表 12.14 给出了最次位优先多关键字排序的示例。

表 12.14 最次位优先多关键字排序示例

| 初始序列 A | (3,1,30) | (1,2,15) | (3,1,20) | (2,3,18) | (2,1,20) |
|---|---|---|---|---|---|
| 对 A 按班内序号排序得到序列 B | (1,2,**15**) | (2,3,**18**) | (3,1,**20**) | (2,1,**20**) | (3,1,**30**) |
| 对 B 按班号排序得到序列 C | (3,**1**,20) | (2,**1**,20) | (3,**1**,30) | (1,**2**,15) | (2,**3**,18) |
| 对 C 按系号排序得到最后结果 | (**1**,2,15) | (**2**,1,20) | (**2**,3,18) | (**3**,1,20) | (**3**,1,30) |

## 12.6.2 链式基数排序

**1. 排序思想**

如果多关键字排序的记录序列中各关键字的取值范围相同,在按 LSD 法进行排序时可以采用"分配—收集"的方法,其好处是不需要进行关键字间的比较。

对于数值或字符串类型的单关键字,可以看成由多个数位或多个字符构成的多关键字,此时可以采用这种分配—收集的办法进行排序,称为**基数排序**(radix sort)。

例如,对(369,365,167,623,39,237,138,230,129,637)这组关键字,首先按其个位数取值分别为 0~9 "**分配**"在 10 个"**桶**"中,之后按从 0 到 9 的顺序将它们"**收集**"在一起;然后按其十位数取值分别为 0~9 分配在 10 个桶中,之后按从 0 到 9 的顺序将它们收集在一起;最后按其百位数重复一遍上述操作。

桶是一个先进先出的容器,可以认为其逻辑结构是一个队列。

**2. 排序举例**

在实现基数排序时,为减少所需的辅助存储空间,应采用链表作为存储结构,链式基数排序的具体步骤如下。

(1) 将待排序记录构成一个单链表。

(2) 分配时,根据关键字当前位(从最低位开始)的取值将记录分配到不同的桶中,每个桶是一个链表,关键字当前位相同的记录分配到同一链表中,且后分配的记录添加在链表的尾部,因此每条链表是一个链队列。

(3) 收集时,按当前关键字位的取值从小到大将各链队列首尾相连成一个链表。

(4) 对每个关键字位均重复步骤(2)和(3)。

例如,关键字最长为 3 位整数的记录构成的单链表为:

p →369→365→167→623→39→237→138→230→129→637

每个关键字位有 0~9 共 10 种可能,对应 10 条链队列,为减少篇幅,在分配时没有画出空桶对应的队列。

(1) 对 p 为首的链表按个位数进行分配,分配结果为

f[0] →230← r[0]
f[3] →623← r[3]
f[5] →365← r[5]
f[7] →167→237→637← r[7]
f[8] →138← r[8]
f[9] →369→39→129← r[9]

其中,f[i]和 r[i]分别表示第 i 条链队列的队首和队尾指针。

接着进行收集,将各条非空链队列依次首尾相连,得到如下链表:

p →230→623→365→167→237→637→138→369→39→129

(2) 按十位数进行分配:

f[2]→623→129 ←r[5]
f[3]→230→237→637→138→39 ←r[3]
f[6]→365→167→369 ←r[7]

第 2 次收集得到如下链表:

p →623→129→230→237→637→138→39→365→167→369

（3）按百位数进行分配：

f[0]→39
f[1]→129→138→167 ←r[1]
f[2]→230→237 ←r[5]
f[3]→365→369 ←r[3]
f[6]→623→637 ←r[7]

第 3 次收集得到如下链表，为最终有序链表。

p →39→129→138→167→230→237→365→369→623→637

**3．排序算法**

以下排序算法在单链表结构下完成，相当于在 3.4.1 节定义的带头结点的单链表类中增加以下方法。为简化起见，以下算法对正整数进行排序，且每个正整数的位数最多是 d 位。

1）基数排序主算法

根据前面介绍的思想，实现的基数排序主算法如下：

```
def radix_sort(self, d):
    p = self.getHead().next          #获得排序链表的首结点 p
    for i in range(d):               #做 d 次分配和收集
        #将 p 为首的单链表中的所有结点分配到相应队列的末尾
        #queues 是存储形成的 10 条链队列的首尾指针的列表
        queues = self.distribute(p, i)
        #将 queues 中的各条非空队列连接成一条链表，p 指示该链表的首结点
        p = self.collect(queues)
    self._head.next = p              #排序链表的首结点指向 p
```

2）分配操作算法

分配操作算法将 p 为首结点的单链表中的各个记录按关键字的第 i 位分配到相应队列，i=0 表示个位，i=1 表示十位，以此类推。算法中形成了 10 条链队列，将所有队列的首尾指针存储在列表 queues 中并返回。完整代码如下：

```
def distribute(self, p, i):
    #queues[j][0]和 queues[j][1]分别存储 j 号队列的队首和队尾
    queues = [[None, None] for i in range(10)]
    while p:
        j = (p.entry // (10 ** i)) % 10  #j 为 p 结点的关键字的第 i 位数字对应的队列号
        q = p.next                        #用 q 指针暂存 p 的下一个结点
        #将 p 结点插入 j 号链队列的末尾
        if not queues[j][0]:              #原 j 号队列为空，结点 p 插入为 j 号队列的首结点
            queues[j][0] = queues[j][1] = p
        else:                             #否则，结点 p 插入在 j 号队列的末尾
            queues[j][1].next = p
```

```
            queues[j][1] = p
        p.next = None                    #设置 p 结点的指针域为空
        p = q                            #继续处理下一个结点
    return queues                        #返回队列列表
```

3) 收集操作算法

收集操作对 queues 中的 10 条链队列进行收集,返回形成的收集结果单链表的首指针。完整算法如下:

```
def collect(self, queues):
    front = rear = None                  #front 和 rear 为收集结果单链表的首、尾位置
    first = True                         #first 为第一次遇到非空队列标记
    for j in range(10):
        if queues[j][0]:
            if first:                    #第一次遇到非空队列,将该队列的队首赋给 front
                front = queues[j][0]
                first = False
            else:                        #已收集链表的尾指针 rear 与当前队首连接
                rear.next = queues[j][0]
            rear = queues[j][1]          #已收集链表的队尾更新为当前队列的队尾
    return front                         #返回一趟收集结果链表的首指针
```

**4. 性能分析**

对链表进行基数排序,分配和收集的实际操作仅是修改链表中的指针和设置队列的首、尾指针,并没有关键字间的相互比较。设 r 为关键字的"**基数**",如十进制数的基数为 10,二进制数的基数为 2;设 d 为最长关键字的位数,如上例中最长正整数的长度为 3,即 d=3。

每趟分配将 n 个记录依次添加到队列的尾部,时间复杂度为 $O(n)$;每趟收集将 r 条队列进行连接,时间复杂度为 $O(r)$;共做 d 趟分配和收集,因此基数排序的时间复杂度为 $O(d(n+r))$。

可见,基数排序所需的计算时间不仅与 n 有关,而且与关键字的位数 d 和关键字的基数 r 有关。由于 r 是一个常数,在 d 较小的情况下,链式基数排序的时间复杂度为 $O(n)$,具有线性阶的性能。

由于分配时形成了 r 条队列,每条队列设一个首指针和一个尾指针,所以空间效率为 $O(r)$。

由于记录分配总是插入在队列的尾部,记录收集仍保持队列的原有顺序,关键字相同的记录不会改变先后次序,所以基数排序是稳定排序。基数排序不具有适应性。

## 12.7 各种排序算法的比较

由于排序在计算机操作中的地位重要,排序算法一直是人们热衷研究的对象,实际上已有的排序方法远远不止上面讨论的几种。不管什么样的算法,主要从以下几方面进行

考虑：①时间复杂度；②空间复杂度；③算法简单性；④稳定性；⑤适应性；⑥适用存储结构；⑦记录本身的大小；⑧关键字的取值。

下面分别从这些方面对常见排序算法进行比较和分析。

**1. 时间复杂度**

表 12.15 列出了常见排序算法的时间性能和空间性能比较结果。假设序号 1～7 的各算法针对顺序存储的排序表，基数排序则针对链式存储的排序表。

表 12.15 常见排序算法的时间性能和空间性能比较

| 序号 | 排序算法 | 平均情况 | 最好情况 | 最坏情况 | 辅助存储空间 |
|---|---|---|---|---|---|
| 1 | 直接插入排序 | $O(n^2)$ | $O(n)$ | $O(n^2)$ | $O(1)$ |
| 2 | 希尔排序 | $O(n\log_2 n) \sim O(n^2)$ | 接近 $O(n\log_2 n)$ | $O(n^2)$ | $O(1)$ |
| 3 | 冒泡排序 | $O(n^2)$ | $O(n)$ | $O(n^2)$ | $O(1)$ |
| 4 | 简单选择排序 | $O(n^2)$ | $O(n^2)$ | $O(n^2)$ | $O(1)$ |
| 5 | 快速排序 | $O(n\log_2 n)$ | $O(n\log_2 n)$ | $O(n^2)$ | $O(\log_2 n) \sim O(n)$ |
| 6 | 堆排序 | $O(n\log_2 n)$ | $O(n\log_2 n)$ | $O(n\log_2 n)$ | $O(1)$ |
| 7 | 归并排序 | $O(n\log_2 n)$ | $O(n\log_2 n)$ | $O(n\log_2 n)$ | $O(n)$ |
| 8 | 基数排序 | $O(d(n+r))$ | $O(d(n+r))$ | $O(d(n+r))$ | $O(r)$ |

从平均情况下的时间性能来看，可将这些排序算法大致分为 4 类。

（1）直接插入排序、冒泡排序和简单选择排序的时间复杂度为 $O(n^2)$，其中插入排序最常用，特别是在元素基本有序或表长较小时。

（2）堆排序、快速排序和归并排序的时间复杂度为 $O(n\log_2 n)$，其中快速排序被认为是目前最快的一种排序方法，在待排序记录个数较多的情况下，归并排序比堆排序更快。

（3）希尔排序的性能与所选增量序列有关，性能介于 $O(n\log_2 n) \sim O(n^2)$。

（4）基数排序的时间性能是 $O(d(n+r))$，在关键字位数较少的情况下可以看成线性阶的排序。

从最好情况来看，直接插入排序和冒泡排序的时间复杂度最好，为 $O(n)$。其他排序算法最好情况下的时间复杂度与平均情况下的相同。

从最坏情况来看，快速排序的时间复杂度为 $O(n^2)$，直接插入排序和冒泡排序虽然与各自的平均情况相同，但系数约增加一倍，所以运行速度将降低一半。

简单选择排序在最坏、最好与平均情况下的时间性能相同。堆排序、归并排序、基数排序在最坏、最好和平均情况下的时间性能基本相同。

可以看到，基于关键字比较的排序算法，时间性能的下界为 $O(n\log_2 n)$。

**2. 空间复杂度**

在上述排序中，基数排序需要存储 r 条队列的首、尾指针，因此空间效率为 $O(r)$，由于采用链式结构，每个被排序记录都附加存储了指针域，与顺序结构下的算法相比，空间效率较差。12.5 节中介绍的两种归并排序算法的空间效率都为 $O(n)$。读者在实现自顶向下的递归归并排序时应注意,在每层递归调用时始终采用同一个辅助记录数组进行归并,否则空间效率会更差。快速排序的空间效率为 $O(\log_2 n) \sim O(n)$。其余排序算法的空间效率为 $O(1)$。

### 3. 算法简单性

由于直接插入排序、简单选择排序和冒泡排序算法原理简单,编程实现容易,一般称为简单排序。其他的排序在简单排序的基础上做了改进,编程实现复杂,称为高级排序。

### 4. 稳定性与适应性

12.1.4 节中介绍了算法的稳定性和适应性概念,表 12.16 中列出了各排序算法的稳定性和适应性。

### 5. 适用存储结构

常见排序算法有的只适用于顺序表,例如堆排序;有的更适用于链表,例如基数排序;有的既可用于顺序表,也可用于链表,例如插入排序和归并排序等,请参考表 12.16。

表 12.16 常见排序算法的稳定性和适应性

| 序 号 | 排序算法 | 稳 定 性 | 适 应 性 | 适用存储结构 |
| --- | --- | --- | --- | --- |
| 1 | 直接插入排序 | 是 | 是 | 顺序/链式 |
| 2 | 希尔排序 | 否 | 是 | 顺序 |
| 3 | 冒泡排序 | 是 | 是 | 顺序/链式 |
| 4 | 简单选择排序 | 否 | 否 | 顺序/链式 |
| 5 | 快速排序 | 否 | 否 | 顺序 |
| 6 | 堆排序 | 否 | 否 | 顺序 |
| 7 | 归并排序 | 是 | 是 | 顺序/链式 |
| 8 | 基数排序 | 是 | 否 | 链式 |

### 6. 记录本身的大小及关键字的取值

在利用 C、C++ 等语言实现时,如果记录本身比较大,记录移动的时间开销则会较大,此时应该选取记录移动次数较少的排序算法。例如在 3 种简单排序中,选择排序的记录移动次数为 $3(n-1)$ 次,是最合适的算法。另外,此时也可选用链式结构下的排序算法,这样排序时不需要移动记录本身,直接修改指针即可。对于 Python,由于移动的是记录的引用,所以可以忽略这个因素。

如果关键字是位数基本固定的正整数或字符串,则可以选用基数排序。

### 7. 常见排序的适用场合

根据上述分析,表 12.17 列出了常见排序的适用场合,供读者参考。可以看到这些排序各有优缺点,因此在实际应用时通常将各种排序进行混合使用。12.8 节将介绍 C++标准模板库(STL)中的排序和 Python 等语言中的 TimSort 排序,都是结合了多种排序的混合排序。

表 12.17　常见排序的适用场合

| 序号 | 排序算法 | 适用场合 |
| --- | --- | --- |
| 1 | 直接插入排序 | 待排序记录个数 n 较小,数据已基本有序 |
| 2 | 冒泡排序 | 待排序记录个数 n 较小,数据已基本有序。由于平均情况下的比较次数和交换次数均大于直接插入排序,所以优先采用直接插入排序 |
| 3 | 简单选择排序 | 待排序记录个数 n 较小,每个记录所占空间较大时 |
| 4 | 快速排序 | 初始数据存放于顺序表,待排序记录个数 n 较大,关键字分布随机,对稳定性不做要求 |
| 5 | 堆排序 | 待排序记录个数 n 较大,关键字分布可能出现正序或逆序的情况,无稳定性要求,可使用在只需找出序列中最大或最小的前几个记录的场合 |
| 6 | 归并排序 | 待排序记录个数 n 较大,内存空间允许,关键字分布可能出现正序或逆序的情况,有稳定性要求 |
| 7 | 基数排序 | 适用于关键字位数基本固定的正整数或字符串排序,且常用链表结构 |

## 12.8　高级语言中使用的排序

很多高级语言使用的排序算法综合利用了各种基础排序算法的优点,是混合排序。以下分别简单介绍 C++标准模板库(STL)中的排序算法以及 Python 和 Java 等语言中使用的 TimSort。

### 12.8.1　C++标准模板库中的排序

在 C++标准模板库中主要有两个排序算法,即 sort 和 stable_sort。

(1) void sort(RandomAccessIterator first,RandomAccessIterator last):该 sort 函数采用的是成熟的快速排序算法,并且目前大部分 STL 版本已经不是采用简单的快速排序,而是结合插入排序、堆排序算法,其时间复杂度为 $O(n\log_2 n)$。

当数据量大时 sort 函数采用快速排序算法,一旦划分后的数据量小于某个阈值,例如 16,为避免快速排序递归调用带来过大的额外负荷,则改用插入排序。如果递归层次过深,还会改用堆排序。排序的基本过程如图 12.17 所示。

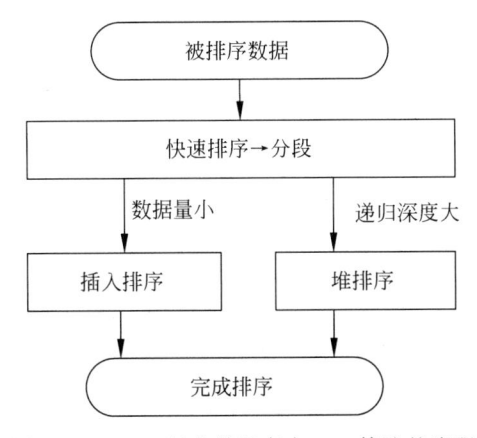

图 12.17　C++标准模板库中 sort 算法的流程

(2) void stable_sort(RandomAccessIterator first, RandomAccessIterator last): 该 stable_sort 函数采用归并排序算法, 当分配的内存足够时, 算法的时间复杂度为 $O(n\log_2 n)$, 其优点是会保证相等元素之间的相对位置在排序前后一致。如果没有足够的内存, 则需要对有序表进行就地合并, 此时算法的时间复杂度为 $O(n*\log_2 n*\log_2 n)$。

### 12.8.2 TimSort 排序

TimSort 算法是一种起源于归并排序和折半插入排序的混合排序算法, 最初由 Tim Peters 于 2002 年在 Python 语言中提出。其设计初衷是在对真实世界中的各种数据进行排序时可以有较好的性能。

目前, TimSort 算法经过不断优化, 已成为在 Python、Java、Swift、Android 等语言和平台下广泛使用的工业级排序。它综合自底向上的归并排序、折半插入排序、二分查找、指数查找等算法, 充分利用待排序数据可能部分有序的事实, 根据待排序数据的内容动态改变排序策略, 从而使算法的时间性能和空间性能尽可能达到最优。

**1. 相关概念**

(1) **N**: 排序数组的长度, 例如表 12.18 中 N 为 15。

(2) **run**: 排序数组中的有序子数组, 可以是非递减序或严格递减序, 即 "a0≤a1≤a2≤…" 或 "a0＞a1＞a2＞…"。例如, 表 12.18 中有 3 个 run。

表 12.18 TimSort 中的 run

| 1 | 2 | 3 | 3 | 5 | 3 | 4 | 9 | 7 | 6 | 5 | 4 | 3 | 2 | 1 |
|---|---|---|---|---|---|---|---|---|---|---|---|---|---|---|
| run1 ||||| run2 ||| run3 ||||||||

(3) **minrun**: 归并时 run 的最小长度。选取 minrun 的原则和方法如下:

① minrun 不应该太长, 因为 minrun 需通过折半插入排序获得, 而折半插入排序只有对短的 run 操作才是高效的。

② minrun 不应该太短, 因为 run 越短, 下一步就必须合并更多的 run。

③ 如果 N / minrun 是 2 的次幂(或略小于 2 的次幂)最好, 这是由于归并排序对相同长度的 run 执行得最好。因此 minrun 由 N 值计算而来, 最优 minrun 长度为 32~65。

④ 例外: 如果 N＜64, minrun＝N, TimSort 变成一个简单的折半插入排序。

⑤ minrun 的计算算法: 取 N 的最高 6 位, 如果剩下的其余位包含 1, 则再加 1 返回。可用以下 Python 程序表示获取 minrun 的算法。

```
def getMinrun(n):
    r = 0
    while n >= 64:
        b = n & 1
        r = r | b
        n >>= 1
```

```
    return n + r
print(getMinrun(3000))
```

例如,对于长度为 3000 的被排序数组,minrun 为 47。

**2. 排序基本工作过程**

以下概括描述 TimSort 的工作过程,实际实现还包括一些特殊情况处理及细节上的动态处理,涉及多个算法的调用。

(1) 若排序区间的长度小于或等于 1,已经有序,排序结束。
(2) 若排序区间的长度小于 64,进行折半插入排序后,排序结束。
(3) 初始化一个栈,用于存放每个 run 的起始位置和长度。
(4) 外层循环从左到右扫描数组,直至到达数组的右边界为止。

① 确定一个从当前位置开始的最长的自然 run,如果该 run 是一个严格下降段,则做逆置,逆置采用首尾交换法。

② 如果当前自然 run 的长度小于 minrun,通过折半插入排序将当前 run 的长度扩展为 minrun(如果已经到达末尾,当前 run 的长度只能短于 minrun),将当前 run(设为 X)的起始位置和长度信息入栈。

③ 当栈的长度大于 1 时,内层循环执行:

- 检查栈中记录的各个 run 是否破坏了以下不变式:

$|Z| > |Y| + |X|$　　　　(I)
$|Y| > |X|$　　　　(II)

其中,Z、Y、X 表示栈顶部从左到右连续的 3 个 run,如图 12.18 所示,其中|Z|表示 Z 的长度。

- 如果上述不变式(I)和(II)能继续保持,则跳出内层循环,继续外层循环(4)。
- 如果破坏了上述不变式(I),即$|Z| \leqslant |Y| + |X|$,则将 Y 与 X 和 Z 中的较小者合并,图 12.18 给出了 Y 与 X 和 Z 中的小者 X 合并前后栈的状态(具体包括 X 和 Y 相关的信息出栈,合并后 run 相关信息的入栈)。
- 如果破坏了上述不变式(II),即$|Y| \leqslant |X|$,则将 Y 与 X 合并,将合并后 run 的信息入栈。
- 继续检查栈顶的各 run 是否破坏了不变式,即循环至③。

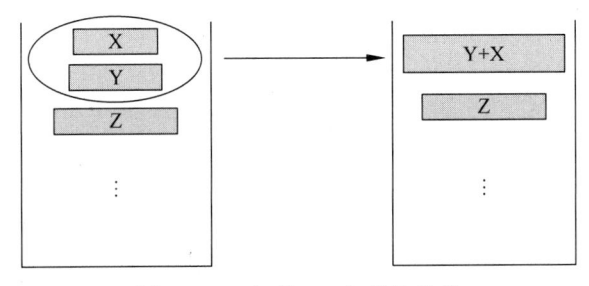

图 12.18　相邻 run 归并的条件

(5) 当栈的长度大于 1 时,合并栈中所有的 run,当栈中只有一个 run 时,排序结束。

以下对上述第(4)步中的③再加以举例介绍。

假设当前栈顶 Z、Y、X 这 3 个 run 的长度分别为 30、20、10,由于破坏了不变式(I),将 Y 和 X 合并成一个 run 并入栈,接下来栈顶的两个元素对应于 Z 和 Y+X,长度分别为 30、30,又破坏了不变式(II),则继续对栈顶对应的两个 run 进行合并。

又如,栈顶 Z、Y、X 这 3 个 run 的长度分别为 50、40、100,由于破坏了不变式(I),将 Y 和较短的 Z 进行合并,接下来栈顶的内容对应于 Z+Y 和 X,长度分别为 90、100,又破坏了不变式(II),则继续进行合并。

再如,假设 minrun 没有限定,目前从左到右依次获得的各个 run 的长度分别为 128、64、32、16、8、4、2、2,那么这些 run 的起始位置和长度信息依次入栈,且一直都不会得到归并,直到遇到最后一个长度为 2 的 run 才会引发 7 个完全等长有序表的合并。

由于归并排序对长度相同的 run 执行得最好,这样做的目的正是为了避免归并长度相差很大的 run,从而提高归并排序的效率。

### 3. 两个相邻 run 的归并

当两个相邻的 run,X 和 Y 合并时,将长度小的 run 中的元素复制到临时数组 temporary 中,然后按大小顺序将元素填充到 X 和 Y 构成的连续空间中,如图 12.19 所示。这样做的好处是使临时数组 temporary 的空间尽量小,从而提高空间效率。

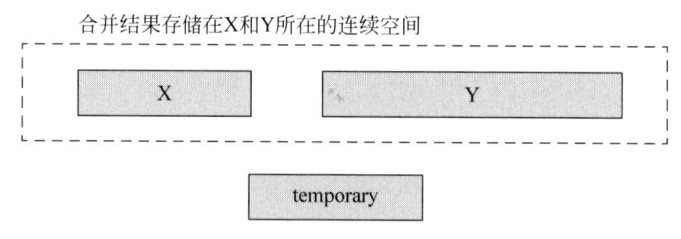

图 12.19 两个相邻 run 的归并

在图 12.19 中,X 的长度小于 Y,则将 X 的内容复制到 temporary 中,将 temporary 和 Y 的内容按有序表归并的方法归并到以 X 的起始位置开始的连续空间中。这时从 temporary 和 Y 的最左端开始比较元素,并将较小的元素移动到目标区域的当前位置,这是**自左向右的归并**(merge_lo)算法。图 12.20 演示了这一过程,现在 temporary 中的首元素 4 和 Y 中的首元素 5 进行比较,将较小的 4 移动到 X 的开始位置;接着 temporary 中的当前元素 9 和 Y 中的元素 5 进行比较,将较小的 5 移动到 X 中 4 后面的位置,以此类推。

如果 Y 的长度小于 X 的长度,如图 12.21 所示,则将 Y 的内容复制到 temporary 中,将 temporary 和 X 的内容合并到以 Y 的结束位置结束的连续空间中。这时从 temporary 和 X 的最右端开始比较元素,并将较大的元素移动到目标区域最右端开始的当前位置,这是**自右向左的归并**(merge_hi)算法。在图 12.21 中,现在 temporary 中的尾元素 23 和 X 中的尾元素 17 进行比较,将较大的 23 移动到 Y 的结束位置,接着 temporary 中的当前元素 21 将和 X 中的元素 17 进行比较,将较大的 21 移动到 Y 中 23 前面的位置,以此类推。

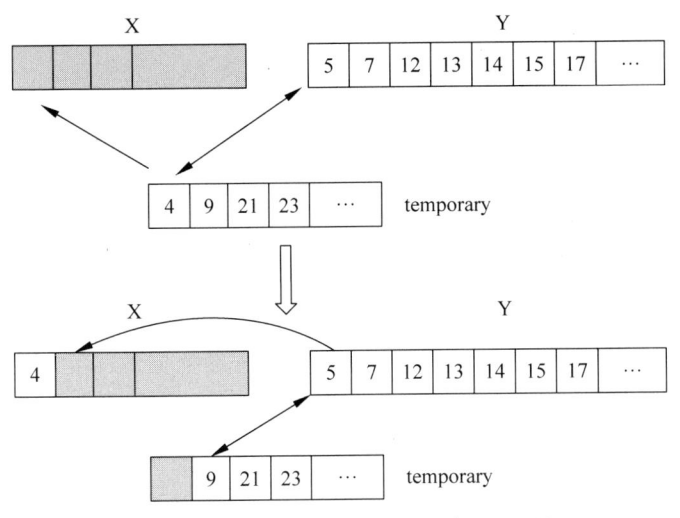

图 12.20　两个相邻 run 的 merge_lo 归并

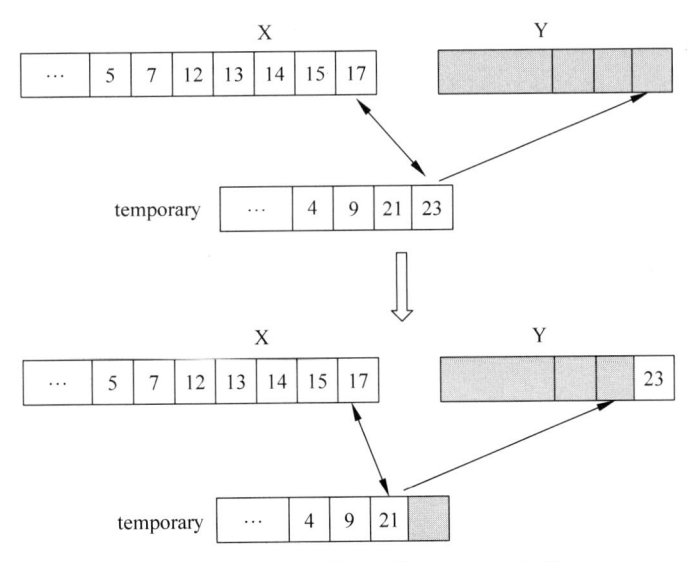

图 12.21　两个相邻 run 的 merge_hi 归并

在上述两个有序数组归并的过程中,每次获得一个元素放到目标位置,称为"**一次一对**"(one pair at a time)模式。

### 4. 归并的优化

在对 X 和 Y 两个 run 归并前,先使用二分查找在 X 中查找 Y 首元素的插入位置 k,那么 X 中 k 位置之前的元素就是合并后最小的那些元素;接着使用二分查找在 Y 中查找 X 尾元素的插入位置 m,那么 Y 中 m 位置之后的元素就是合并后最大那些元素。这些最小和最大元素的位置已经正确,无须比较和移动。例如:

```
X: [1, 2, 3, 6, 10]
Y: [4, 5, 7, 9, 12, 14, 17]
```

由于 Y 中的首元素 4 在 X 中的插入位置为元素 3 之后，X 中的尾元素 10 在 Y 中的插入位置为元素 12 之前，所以 X 中的元素 1、2、3 和 Y 中的元素 12、14、17 的位置正确，真正的归并只需对[6,10]和[4,5,7,9]进行，temporary 只需两个空间，从而进一步减少了归并的空间开销。

#### 5. 飞驰模式

在两个 run 进行归并时，当 TimSort 程序监测到"获胜者"都来自同一个 run 的次数到达阈值 min_gallop 时，"一次一对"模式将切换至**飞驰模式**（galloping）。所谓飞驰模式，即在两个 run 归并时，可以将某个 run 中的一块连续数据集体复制到目标区域中。

例如图 12.22 中，temporary 与 Y 进行归并，当监测到从 Y 中进入目标区域的元素个数到达 min_gallop 时进入飞驰模式。此时，在 Y 中用**指数查找**（exponential search）搜索 temporary 当前元素 21 的插入位置；21 在 Y 中的插入位置为 25 之前，则将从 9 开始直到 15 结束的这些元素批量移动到目标区域；再将 21 放到目标位置；接着在 temporary 中用指数查找搜索 Y 当前元素 25 的插入位置，同样将该 temporary 中该位置之前的一块连续数据移动到目标区域；然后在 Y 中搜索 temporary 当前位置的元素；如此往复，直到在两个表的搜索中都不能获得 min_gallop 这么长的连续块为止，此时切换回一次一对模式。

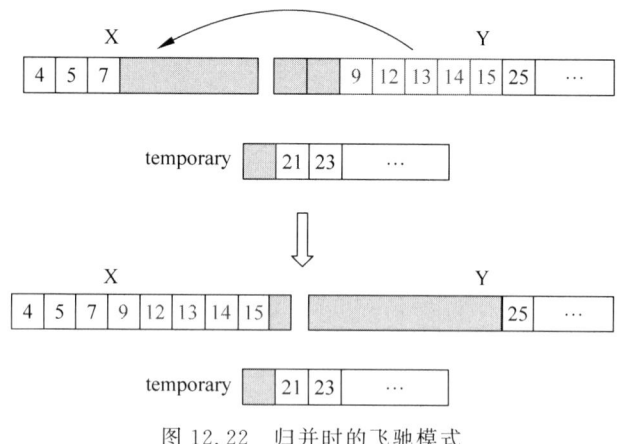

图 12.22　归并时的飞驰模式

指数查找又称为 galloping 查找。假设在列表 $R_1$ 中查找列表 $R_2$ 的下一个元素 x，指数查找分两个阶段进行：第一阶段找到 x 在 $R_1$ 中的下标范围($2^{k-1}$,$2^k$)或($2^{k-1}$,n−1)，即 $R_1[2^{k-1}]<x⩽R_1[2^k]$或 $R_1[2^{k-1}]<x⩽R_1[n-1]$，其中 n 为 $R_1$ 的长度；第二阶段则在第一阶段找到的范围内进行二分查找。

飞驰模式并不总是有效的，在某些情况下，飞驰模式比简单的顺序查找需要更多次的比较。根据开发人员所做的基准测试，只有当一个 run 的初始元素不是另一个 run 的前 7 个元素之一时飞驰模式才是有益的，这意味着初始阈值 MIN_GALLOP 为 7。为了避免飞驰模式的缺点，TimSort 采取了以下两个措施。

(1) 当 galloping 查找比二分查找效率低时就退出飞驰模式。

(2) 将阈值 min_gallop 设为一个动态变化的值,它的初值为 MIN_GALLOP。如果所选元素来自之前返回元素的相同数组,min_gallop 减少 1,从而鼓励返回到飞驰模式;否则该值将增加 1,从而阻止返回到飞驰模式。在数据随机的情况下,min_gallop 的值会变得很大,以至于飞驰模式基本不会出现。

综上所述,TimSort 在数据量小于 64 时进行折半插入排序,在数据量较大时其排序思想来源于自底向上的归并排序。它对相邻的长度至少为 minrun 的有序 run 进行归并,而不像 12.5.1 节中介绍的那样总是从长度 1 开始归并基本固定大小的子列表,从而减少了总的比较次数,提高了算法效率。

由于非递减有序的自然 run 必须严格递减,例如可以是[4,3,2,1]而不能是[4,3,2,2],run 中没有相同元素,所以对表进行逆置时不存在次序变化的问题;另外,算法总是合并相邻的 run,所以能保证排序的稳定性。

在归并过程中,根据待排序数据的当前状态,充分利用各个 run 中数据已部分有序的特性,进行多方面的动态优化,综合提升时间效率和空间效率,因此这是一种具有适应性的高效的排序算法。

TimSort 是一种具有适应性、稳定的高效混合排序算法。对于初始有序的数据,其性能最佳,最好情况下的时间复杂度为 O(n);平均情况和最坏情况下的时间复杂度为 $O(nlog_2 n)$;最坏情况下的空间性能为 O(n)。

## 12.9 上机实验

## 习题 12

# 参 考 文 献

［1］ 严蔚敏,吴伟明.数据结构[M].北京:清华大学出版社,1997.
［2］ Kruse R L,Ryba A J.数据结构与程序设计:C++语言描述(影印版)[M].北京:高等教育出版社,2001.
［3］ Miller B N,Ranum D L,Yasinovskyy R.Python 数据结构与算法分析[M].吕能,刁寿钧,译.2版.北京:人民邮电出版社,2019.
［4］ Goodrich M T,Tamassia R,Goldwasser M H.数据结构与算法:Python 语言实现[M].张晓,赵晓南,译.北京:机械工业出版社,2018.
［5］ 李春葆,李筱驰.数据结构教程[M].5版.北京:清华大学出版社,2017.
［6］ 刘小晶,杜选.数据结构:Java 语言描述[M].2版.北京:清华大学出版社,2015.
［7］ 裘宗燕.数据结构与算法:Python 语言描述[M].北京:机械工业出版社,2015.
［8］ Bryant R E,O'Hallaron D R.深入理解计算机系统[M].龚奕利,贺莲,译.北京:机械工业出版社,2016.
［9］ Lambert K A.数据结构(Python 语言描述)[M].李军,译.北京:人民邮电出版社,2017.
［10］ 张光河.数据结构:Python 语言描述[M].北京:人民邮电出版社,2018.